DEUS
ENQUANTO
RAZÃO

VITTORIO HÖSLE

Deus enquanto Razão

ENSAIOS
SOBRE
TEOLOGIA
FILOSÓFICA

Tradução:
Gabriel Almeida Assumpção

Edições Loyola

Título original:
God as reason – *Essays in philosophical theology*
© Vittorio Hösle

Published by arrangement with Vittorio Hösle.

Publicado em acordo com Vittorio Hösle.

Dados Internacionais de Catalogação na Publicação (CIP)
(Câmara Brasileira do Livro, SP, Brasil)

Hösle, Vittorio
　　Deus enquanto razão : ensaios sobre teologia filosófica / Vittorio Hösle ; tradução Gabriel Almeida Assumpção. -- 1. ed. -- São Paulo : Edições Loyola, 2022. -- (Filosofia da religião)

　　Título original: God as reason : essays in philosophical theology
　　ISBN 978-65-5504-142-2

　　1. Cristianismo 2. Religião 3. Teologia filosófica I. Título II. Série.

21-87795　　　　　　　　　　　　　　　　　CDD-210.92

Índices para catálogo sistemático:
1. Teologia filosófica　　　　　　210.92

Maria Alice Ferreira - Bibliotecária - CRB-8/7964

Preparação: Marta Almeida de Sá
Capa e diagramação: Ronaldo Hideo Inoue
　　Composição a partir de detalhe do painel de bronze de Filippo Brunelleschi (1377-1446), *Il sacrificio di Isacco* (1401-1402), criado por ocasião do concurso para a porta norte do Batistério de Florença, Itália. Foto de Sailko. © Wikimedia Commons: <https://commons.wikimedia.org/wiki/File:Brunelleschi,_sacrificio_di_Isacco.JPG>. Textura de fundo extraída da imagem de © stokkete | Adobe Stock.

Edições Loyola Jesuítas
Rua 1822 nº 341 – Ipiranga
04216-000 São Paulo, SP
T 55 11 3385 8500/8501, 2063 4275
editorial@loyola.com.br
vendas@loyola.com.br
www.loyola.com.br

Todos os direitos reservados. Nenhuma parte desta obra pode ser reproduzida ou transmitida por qualquer forma e/ou quaisquer meios (eletrônico ou mecânico, incluindo fotocópia e gravação) ou arquivada em qualquer sistema ou banco de dados sem permissão escrita da Editora.

ISBN 978-65-5504-142-2

© EDIÇÕES LOYOLA, São Paulo, Brasil, 2022

SUMÁRIO

	Prefácio	VII

TEOLOGIA FILOSÓFICA

Capítulo 1	A ideia de uma filosofia racionalista da religião e seus desafios	3
Capítulo 2	Por que princípios teleológicos são inevitáveis para a razão *Teologia natural após Darwin*	29
Capítulo 3	Estratégias de teodiceia em Leibniz, Hegel e Jonas	59
Capítulo 4	Racionalismo, determinismo, liberdade	87
Capítulo 5	Encefálio *Uma conversa sobre a questão mente-corpo*	115
Capítulo 6	Religião, teologia, filosofia	149

A TRADIÇÃO DE UM RACIONALISTA: INTERPRETAÇÕES DE TEXTOS CLÁSSICOS

Capítulo 7	Filosofia e a interpretação da Bíblia	167
Capítulo 8	Até que ponto o conceito de espírito (*Geist*) no idealismo alemão é um herdeiro legítimo do conceito de espírito (*pneuma*) no Novo Testamento?	201

Capítulo 9	Razões, emoções e presença de Deus no diálogo Cur Deus homo [Por que Deus se fez homem], de Anselmo de Cantuária *(com Bernd Goebel)*	**219**
Capítulo 10	Diálogos inter-religiosos durante a Idade Média e o período inicial da modernidade	**245**
Capítulo 11	Platonismo e antiplatonismo na filosofia da matemática de Nicolau de Cusa	**277**
Capítulo 12	Abraão pode ser salvo? E Kierkegaard pode ser salvo? *Uma discussão hegeliana de* Temor e tremor	**309**
Capítulo 13	Uma história metafísica do ateísmo	**337**
	Créditos das fontes	**351**
	Índice onomástico	**355**

PREFÁCIO

Filosofia e cristianismo se baseiam em uma relação especial com o *Logos*, isto é, a razão. Entretanto, muitas vezes foram hostis um ao outro. A causa mais profunda é que ambos fazem reivindicações absolutas para defender; e uma pluralidade de reivindicações absolutas, inevitavelmente, provoca dificuldades, se estas se contradizem. Talvez seja uma solução sábia prevenir tal contradição ao identificar o que é ontologicamente absoluto com o que é epistemologicamente absoluto, a razão, que forma o horizonte incontornável dentro do qual, unicamente, qualquer teoria — e, portanto, também qualquer teoria sobre Deus — pode reivindicar validade.

Os ensaios reunidos neste livro provêm de um filósofo que compreende o próprio trabalho sistemático tanto na filosofia teórica quanto na prática, como um ramo de uma tradição comprometida com um conceito forte de razão, buscando se inspirar especialmente em Platão, Giambattista Vico e Georg Wilhelm Friedrich Hegel, sobre os quais ele escreveu algumas de suas principais obras. Esse conceito de razão acarreta não só um compromisso com a consistência semântica e performativa como condições necessárias da verdade, mas também a defesa de princípios de uniformidade como condições sintéticas *a priori* da experiência e a confiança de que preferir sistemas de conceitos mais simples aos mais desajeitados, sendo que essa defesa e essa confiança fazem jus à experiência, captando a essência da realidade, não sendo idiossincrasia subjetiva. Para a razão prática, isso acarreta um compromisso com uma ética universalista, ainda que não necessariamente formalista. A esses princípios da razão, todas as tradições devem ser submetidas de forma crítica; uma vez que, por mais que a razão pressuponha, geneticamente, tradições, no nível de validade, ela desfruta de autonomia. Ao mesmo tempo, o autor se considera cristão, e os ensaios aqui apresentados, com duas exceções, foram todos escritos de 1997 a 2009, formando um todo consistente. São tentativas de encontrar uma interpretação do cristianismo que seja compatível com esse compromisso com a razão. Em uma época de fundamentalismo religioso irracional, de um lado, e de ateísmo agressivo, de outro, talvez tal tentativa mereça alguma atenção; ao menos, é uma posição intermediária mais plausível do que indiferentismo religioso, o que é provavelmente ainda pior que um ateísmo que, ao menos, mostra interesse na questão de Deus. Afinal, enquanto os críticos do fundamentalismo religioso estão corretos em apontar as forças da ignorância e o ódio que o impulsionam e que, de fato, se baseiam mais no autoengano que no engano de outros, a pessoa não religiosa parece ter dificuldades para entender que a religião permanecerá conosco, vivendo mais tempo que todas as grandes teorias da secularização, e que ela permanecerá sendo um dos mais poderosos motivos na alma humana. É muito mais sábio engajá-la produtivamente com a razão pura do que ignorá-la ou mesmo provocá-la com tolos insultos a essa dimensão na qual a pessoa mais humilhada no planeta também pode valorizar sua própria dignidade.

A primeira parte deste livro lida com questões de teologia filosófica (a importante questão do que é a contribuição específica do cristianismo para a moral e para a ética é ignorada neste volume). No primeiro capítulo, fundacional, eu discuto alguns dos desafios que uma abordagem do cristianismo comprometida com a razão deve enfrentar — a questão da liberdade e da necessidade em Deus, os problemas de graça e milagres, a autoridade da Igreja, a figura do Cristo. Sem negar as tensões óbvias, eu defendo a possibilidade de interpretar o cristianismo de forma que o compromisso com Deus como razão permaneça possível. O segundo capítulo trata da forma como a revolução darwiniana em nossa compreensão da teologia alterou as perspectivas do teísmo. Ele afirma que as objeções mais fortes contra o argumento de *design* são todas anteriores a Charles Darwin e que nada no darwinismo exclui uma interpretação teleológica do mundo, que é, de fato, acarretada pelo teísmo, mesmo que [o darwinismo] não a implique. Enquanto eu rejeito o argumento de *design* como um argumento independente, insisto que, como base em argumentos *a priori*, tais como as provas moral e ontológica, uma visão teológica do mundo pode ser defendida, e bem, mesmo depois de Darwin.

O terceiro capítulo aborda a objeção principal ao teísmo — o problema da teodiceia — e debate três soluções paradigmáticas, cada uma das quais acarreta um conceito significativamente distinto de Deus: as de Gottfried Wilhelm Leibniz, Georg Wilhelm Friedrich Hegel e Hans Jonas. Apesar da evidência fenomenológica pela posição de Jonas, eu sugiro que apenas uma forma de síntese das soluções hegeliana e leibniziana pode funcionar. De fato, muitas das teses metafísicas defendidas nestes ensaios são próximas da metafísica de Leibniz, que permanece sem igual em sua simplicidade, ao passo que a dialética de Hegel faz maior justiça às complexidades do mundo e à presença inegável da negatividade. A questão da onipotência divina leva inevitavelmente à questão da liberdade humana, que é discutida no quarto capítulo. Neste se articula um conceito compatibilista de liberdade que, eu acredito, tem algumas vantagens também no campo teológico. O compromisso com o princípio de razão suficiente é conectado com algum ceticismo em relação a uma epistemologia intuicionista, que parte de crenças básicas como fatos últimos. Sem dúvida, tal epistemologia pode ser utilizada para justificar a religião; mas seu problema principal é que ela pode ser usada para encorajar praticamente qualquer religião e mesmo qualquer visão irreligiosa desde que alguém a considere evidente e não possa ser mostrada inconsistência nela. Partir de crenças básicas pode ser inevitável, ao menos na medida em que essas crenças não sejam compartilhadas por uma comunidade universal; é difícil ver como uma abordagem que resida, em última instância, nessas convicções, seria mais que um dogmatismo que facilmente pode ser desafiado por outro dogmatismo que dependa de crenças básicas distintas. Nada garante que visões que partam de convicções básicas diferentes possam ao menos convergir.

Liberdade é uma propriedade da mente humana; portanto, toda teoria da liberdade, compatibilista ou não, deve abordar a questão do papel da mente na natureza. O quinto capítulo esboça minhas ideias sobre a questão mente-corpo, obviamente central para qualquer filosofia da religião, pois as religiões mais antigas já se baseavam em uma apreciação do papel específico da mente na natureza. Para lidar com essa questão, eu deliberadamente escolhi a forma de diálogo, também porque ela me permitiu representar as duas posições que eu considero mais plausíveis, deixando exatamente a minha preferência em aberto (o leitor atencioso, provavelmente, descobrirá qual postura o autor está inclinado a favorecer). Ademais, minha escolha da forma de diálogo se baseia na convicção de que a refutação imanente de adversários e a descoberta comum de premissas incontornáveis são fundamentos mais sadios para a filosofia em geral, e a filosofia da religião em particular, do que o início cartesiano com base nas evidências privadas de um indivíduo.

O sexto ensaio, enfim, tenta traçar linhas entre as três províncias diferentes da religião, a teologia baseada em textos de autoridade e a filosofia. Para esta obra, é crucial distinguir entre a teologia filosófica baseada na razão pura e a filosofia da religião e da teologia como fenômenos culturais. Estas são, na verdade, duas disciplinas muito diferentes que, no mundo anglo-americano, às vezes, são confundidas sob o homônimo de "filosofia da religião". Religião é mais que um sistema de pensamento; frequentemente, tem base em textos de autoridade — a exposição adequada dos quais é a tarefa da teologia. Filosofia não pode pressupor a autoridade desses textos, mas deve, a princípio, explicar por que religião e teologia partem de tais textos e como eles mudaram seus métodos interpretativos ao longo do tempo. Em segundo lugar, mesmo ao filósofo é recomendado reconhecer que sua própria empresa é um desenvolvimento de uma tradição, ainda que de uma tradição dedicada apenas à razão. A segunda parte deste volume, portanto, lida com predecessores de uma abordagem racionalista da fé que, na tradição cristã mais remota, era mais frequente do que uma doutrina teológica baseada na estrita demarcação de fé e razão por Tomás de Aquino estava disposta a reconhecer. Além de interpretações desses textos canônicos, os mais fascinantes dos quais são — dificilmente por acaso, se o que eu disse anteriormente procede — escritos em forma de diálogo; eu ofereço algumas reflexões gerais sobre como interpretar textos religiosos de autoridade e compreender suas interpretações.

O sétimo capítulo inicia esboçando as várias posições que filósofos tomaram em relação à Bíblia e traça as causas complexas que levaram ao surgimento da crítica bíblica moderna. Mesmo que possamos lamentar, com razão, a perda de certas possibilidades interpretativas que a hermenêutica pré-moderna continha, nenhum intelectual honesto deve rejeitar a crítica moderna; uma teologia que opõe religião à ciência moderna é ruim, e é ainda pior a teologia que visa a proteger a religião da historiografia moderna. Podemos, todavia, aprender algumas lições do complexo desafio de Hans-Georg Gadamer à tradição hermenêutica moderna. No oitavo capítulo, eu foco o conceito de *pneuma* do Novo Testamento e proponho uma interpretação pneumatológica do cristianismo, que pode ver no idealismo alemão o seu herdeiro legítimo. Eu não nego que o idealismo alemão tenha desistido, talvez rapidamente demais, de três preocupações decisivas para a tradição cristã, mas eu argumento tanto a favor da sinceridade quanto da plausibilidade da convicção idealista de que sua filosofia do espírito (*Geist*) era a única forma de continuar a inspiração pelo *pneuma* tão característico do Novo Testamento sob as condições da filosofia pós-kantiana. Não devemos nos esquecer de que Johann Gottlieb Fichte, Friedrich Wilhelm Joseph Schelling e Georg Wilhelm Friedrich Hegel foram treinados como teólogos cristãos; a seus olhos, eles permaneciam fiéis a essa tradição, mesmo quando a transformaram de acordo com as exigências do espírito que eles sentiam operando em sua época.

O capítulo 9, em coautoria com Bernd Goebel, e o capítulo 10 escrutinizam a relevância contemporânea de alguns dos mais importantes textos na história do pensamento cristão racionalista. Mostra-se que o *Cur Deus homo* [*Por que Deus se fez homem*] de Anselmo integra apreensões pré-kierkegaardianas nesse quadro racionalista; portanto, demonstra que compromisso existencial apaixonado é compatível com a confiança na razão. Os diálogos inter-religiosos inigualáveis de Pedro Abelardo, Raimundo Lúlio, Nicolau de Cusa e Jean Bodin não são apenas textos clássicos em si mesmos; eles contam uma história sobre o declínio da possibilidade de conversa inter-religiosa. A complexa contribuição de Nicolau de Cusa, tanto para a gênese da filosofia moderna da matemática quanto para a fundamentação de uma ciência natural que tem sua justificativa última na teologia racional, é o assunto do capítulo 11. Eu hesitei em incluir esse ensaio, escrito em 1988, mas finalmente decidi fazê-lo porque Nicolau de Cusa permanece o mais brilhante exemplo de minha tese de que a modernidade é a filha legítima do cristianismo. Tanto o construtivismo matemático — tão alheio ao mundo antigo e na raiz da Revolução Copernicana de Immanuel Kant — quanto o rearranjo nas categorias que levaram às descobertas científicas dos séculos XVI e XVII são antecipados por Nicolau de Cusa, cuja forma de cristianismo, mesmo se profundamente inspirada na tradição neoplatônica, é muito mais próxima de nossas sensibilidades e apreensões irremediavelmente modernas do que a *Suma* de Tomás de Aquino. Embora eu concorde com a visão de Hans Blumenberg sobre a centralidade de Nicolau de Cusa na gênese da modernidade, não compartilho sua opinião de que Giordano Bruno representa progresso em relação a Nicolau de Cusa. A legitimação da modernidade consiste não em romper todos os elos com a Idade Média Cristã, mas em uma transformação cuidadosa de seu legado. De um lado, nada na ciência moderna e na modernidade em geral acarreta o ateísmo; nesse aspecto, Blumenberg está equivocado. Portanto, por outro lado, os cristãos são fortemente aconselhados a não tentar a recuperação de uma forma pré-científica de cristianismo.

Mais ainda, os cristãos devem se abster de formas arcaicas de religião; afinal, a superação de sacrifícios sangrentos pelo autossacrifício de Jesus é um dos aspectos centrais do cristianismo. O décimo segundo ensaio contém uma refutação precisa do famoso arrazoado de Søren Kierkegaard sobre o sacrifício que Abraão tentou fazer de Isaac, enquanto, ao mesmo tempo, reconhece que a filosofia da história triunfalista dos hegelianos, de fato, perde algo crucial. Ao trabalhar rumo a uma compreensão racional do cristianismo, cristãos devem entender por que uma era secular se tornou uma possibilidade tão tentadora, uma vez que o problema da teodiceia é, para a teologia, aquilo que o crescimento do ateísmo é para a compreensão filosófica da religião como um fenômeno histórico. O *Uma era secular* de Charles Taylor é uma das tentativas mais complexas de lidar com essa ascensão; portanto, este livro termina com uma análise detalhada dessa teoria da secularização e o esboço de uma teoria alternativa que se atreve a ver até o ateísmo sob uma luz providencial.

O autor destes ensaios foi educado na Alemanha; cinco deles foram escritos originalmente em alemão, um em norueguês, e esses seis foram traduzidos para o inglês por quatro pessoas diferentes: Benjamin Fairbrother, James Hebbeler, Jason Miller e Jeremy Neill. Eu traduzi por conta própria a maioria das citações dos textos clássicos para o inglês e forneci o original nas notas de rodapé. Algumas vezes, os textos originais permaneceram sem tradução, quando não eram cruciais para o argumento no texto principal. Ainda que eu tenha cortado os textos originais aqui e ali para ajustá-los a este volume, e tenha também adicionado algumas novas notas de rodapé, o leitor sentirá as origens alemãs desses textos, que frequentemente se referem à literatura secundária da Alemanha. Eu confio, não obstante, que as afirmações feitas neles serão percebidas como dignas de consideração também por leitores que pertencem a tradições intelectuais distintas. Vale a pena mencionar, inclusive, que o autor, que hoje é católico, foi educado por professores luteranos em seus anos de formação. Provavelmente, os leitores católicos encontrarão pouquíssima submissão à autoridade da Igreja, ao passo que os protestantes não gostarão do forte compromisso com a razão e da diminuição do papel da autoridade das escrituras.

* * *

Eu me lembro com gratidão do reverendo Alois Högerle, que me mostrou, na infância, sua experiência com a fé católica. Um primeiro interesse na teologia da Idade Média foi despertado em mim pelo reverendo Charles Lohr, SJ, que foi meu professor na Universidade de Freiburg. Em minha época no Instituto de Pesquisa em Filosofia em Hannover, entre 1997-1999, e desde 1999, na Universidade de Notre Dame, muitas pessoas contribuíram para direcionar minhas reflexões mais e mais para o tópico da filosofia da religião; eu sinto necessidade de agradecer explicitamente ao reverendo David Burrel, a Friedrich Hermanni, Jan Hagens, Jennifer Herdt (cujos comentários sobre esses ensaios foram valiosos), Jonathan Israel, Gerald McKenny, Cyril O'Regan, Alvin Plantinga, Barbara e Mark Roche, H. E. Bishop Marcelo Sánchez Sorondo, ao reverendo Richard Schenk, OP, Leopold Stubenberg, reverendo Robert Sullivan, Joseph Wawrykow e, finalmente, mas não por último, a minha esposa Jieon Kim e a nossos filhos Johannes, Paul e, com muita esperança, em breve, Clara Hösle, nascidos teólogos filosóficos por meio de muitas conversas — ainda que eu saiba que, por razões muito diferentes, cada um deles possa rejeitar muitas de minhas declarações. E eu agradeço a todos os editores de volumes anteriores que graciosamente me permitiram ter meus textos reimpressos, e a Bernd Goebel, que generosamente me deixou incluir nosso ensaio sobre Anselmo neste volume. Eu dedico esta obra à memória de meu amigo Leif Hovelsen (1923-2011), cuja vida paradoxal como um "monge" itinerante luterano, como ele era chamado por seus amigos, permanece espantosamente inspiradora sempre que ele surge em minha memória, como frequentemente é o caso.

TEOLOGIA FILOSÓFICA

CAPÍTULO 1

A ideia de uma filosofia racionalista da religião e seus desafios

Uma das mais importantes mudanças intelectuais que ocorreram dentro da Igreja Católica nas últimas décadas é a mudança do fideísmo em relação ao racionalismo — ou, para ser mais preciso, e para usar conceitos comparativos, em vez de classificatórios, um movimento de uma postura mais fideísta para uma postura mais racionalista[1], uma vez que não há uma demarcação nítida, mas um contínuo entre as duas posições, e certamente nem mesmo a encíclica *Fides et ratio* [*Fé e razão*] de João Paulo II abraça o racionalismo e nada mais, mesmo que tenha reconhecido seu direito parcial de forma surpreendente. Também, o discurso de Regensburg de Bento XVI, de setembro de 2006, surpreendentemente, quase se aproximou de professar a razão como o critério de justificação da religião (embora esse ponto central tenha sido negligenciado em virtude da agitação feita em torno da talvez infeliz citação de Manuel II Paleólogo por Bento). Eu uso as palavras "surpreendente" e "surpreendentemente" porque a maior parte das vertentes da neoescolástica do século XIX em diante

---

1   Como é comum no mundo anglo-americano, eu uso o termo "filosofia da religião" para me referir ao que deveria ser chamado mais apropriadamente de "teologia filosófica", pois "filosofia da religião" seria mais adequado para a disciplina lidando com o fenômeno humano da religião, uma subdisciplina da filosofia da humanidade que faz intersecção com a filosofia social, a filosofia da história e a estética, entre outras. Também pertence a essa disciplina o estudo de patologias da religião humana, como superstição, fanatismo e sentimentalismo. Eu lido aqui apenas como questões metafísicas e epistemológicas relacionadas a Deus.

foi bem hostil ao racionalismo. Essas vertentes se desenvolvem na distinção de Tomás de Aquino entre *preâmbulos aos artigos de fé* e *artigos de fé*[2] e afirmam que os últimos não poderiam, e não deveriam, ser justificados pela razão. Certamente, Tomás de Aquino pensou que a existência de Deus era demonstrável racionalmente (e, portanto, não um *artigo de fé*) e, ainda no século XIX, Gregório XVI condenou a doutrina, originalmente defendida por Louis Eugène Bautain, de que a existência de Deus só podia ser aceita com base na fé[3]. Mas é justo o suficiente dizer que muitos teólogos do século XX foram fideístas mesmo em relação a esse princípio mais básico, embora essa atividade tenha prejudicado dramaticamente as chances de que a teologia possa ser levada a sério como ciência: afinal, por que se deveria respeitar uma alegada revelação de um ser cuja existência é, no máximo, dúbia? Sem propedêutica filosófica, teologia dogmática carece de qualquer fundamentação racional, e a crise da teologia fundamental, com sua disciplina central de uma teologia filosófica, não pode deixar o restante da teologia sem desafio. O fideísmo radical foi apoiado em especial pelos teólogos influenciados por Søren Kierkegaard e pelo movimento da chamada teologia dialética, mas também foi incentivado por teólogos católicos, especialmente aqueles sob o feitiço de Martin Heidegger e de seus sucessores pós-modernos[4].

O que proporcionou a mudança supracitada? De um lado, há o antigo argumento de que o apelo à fé subjetiva não garante a verdade. A situação não é significativamente modificada com o apelo à tradição religiosa compartilhado por milhões, pois há muitas tradições religiosas cujas reivindicações de verdade não são logicamente compatíveis umas com as outras. Além disso, dentro da mesma tradição, há interpretações radicalmente variáveis. Com base em uma ética universalista, há mesmo algo ofensivo e imoral na convicção de que minha tradição religiosa é superior à dos outros pelo simples motivo de que se trata da *minha* tradição; pois outras tradições podem muito bem usar as mesmas palavras contra mim. De outro lado, quanto mais seriamente a tradição cristã foi estudada, mais óbvio se tornou o fato de que a posição tomista não era a única (e que a neoescolástica mais antiga, focada apenas em Tomás de Aquino, muitas vezes sequer fez justiça a ele). Na teologia cristã (assim como

---

2   TOMÁS DE AQUINO, SANTO, *Summa theologica* I 1, 2; I 2, 2, II-II 1,5. Trad. bras.: *Suma Teológica. Parte I — questões 1,43: teologia, Deus, Trindade*, 2ª ed., São Paulo, Loyola, 2016.
3   Cf. DENZIGER, H.; SCHÖNMETZER, A., *Enchiridion Symbolorum, definitionum et declarationum de rebus fidei et morum*, Barcino, Herder, 1963, n. 2.751-2.756 e n. 2.756-2.769.
4   Essa má combinação é lamentável, dada a tendência niilista da filosofia de Heidegger, tão bem elaborada por JONAS, H., Gnosis, Existencialismus und Nihilismus, in: JONAS, H., *Zwischen Nichts und Ewigkeit*, Göttingen, Vandenhoeck & Ruprecht, 1963, 5-25.

na islâmica), sempre houve uma vertente racionalista ao lado de uma mais ou menos fideísta[5], e alguns dos maiores teólogos cristãos claramente defenderam a posição de que conteúdos concretos da verdade religiosa deveriam ser baseados apenas na razão. Eles não estavam satisfeitos com a posição intermediária, de acordo com a qual havia argumentos racionais (parcialmente históricos) para se acreditar em uma revelação cujos conteúdos não poderiam ser aceitos com base apenas na razão. Uma posição racionalista era especialmente tentadora em tempos nos quais havia uma clara consciência de que uma interpretação legítima da "revelação" — da escritura e da tradição — era, ela mesma, uma obra da razão. Se o sentido último da escritura era alegórico, tropológico e anagógico, então, esse sentido tinha de ser baseado em argumentos racionais os quais, por si só, poderiam ter o poder de transcender o sentido literal. Mesmo reconhecer as regras da piedade, a Igreja, ou as escrituras — como na obra principal de Orígenes, o padre fundador da teologia cristã[6] — não significava muito se a interpretação dessas regras por intelectuais não fosse considerada superior à interpretação de padres não intelectuais ordenados. Há pouca dúvida de que o jovem Agostinho[7] (não o tardio), João Escoto Erígena, Anselmo[8], Pedro Abelardo (em um grau limitado), os Vitorinos, Raimundo Lúlio e Nicolau de Cusa são racionalistas, no sentido de que reconhecem a autoridade da razão como o último tribunal de justificativa no que diz respeito às verdades da religião. Nesse aspecto, eles não estão muito distantes do princípio decisivo do Iluminismo, e isso mostra que os intelectuais cristãos da Antiguidade tardia e da Idade Média eram intelectualmente muito mais vivazes e diversos que os frequentemente submissos e não originais teólogos católicos após a Contrarreforma. Dificilmente se provaria acidental que Abelardo, Lúlio e Nicolau de Cusa fossem autores de importantes

---

5   A vertente racionalista não é limitada ao movimento heterodoxo do gnosticismo. Portanto, pode ser enganador ver racionalistas modernos como Hegel e Schelling principalmente como herdeiros do gnosticismo. Há, todavia, outros traços em comum. Ver o impressionante estudo de KSLOWSKI, P., *Philosophien der Offenbarung: Antiker Gnostizismus; Franz von Baader, Schelling*, Paderborn, Schöningh, 2001.

6   Ver ORÍGENES, *De principiis* I, Praef 2; I 5, 4; III 3, 4; III 5, 3; IV 2, 2; IV 3, 14. Trad. bras.: *Tratado sobre os princípios*, trad. J. E. P. B. Lupi, São Paulo, Paulus, 2012.

7   Ver AGOSTINHO, SANTO. *Contra academicos* I 3, 9 e *De ordine* II 9, 26. Estas obras se encontram na trad. bras.: *Contra os acadêmicos, A Ordem, A Grandeza da Alma, O Mestre*, São Paulo, Paulus, 2008. A autoridade é importante apenas no início do processo intelectual. Ver minha interpretação destes e de outros diálogos lidando com a relação de razão e autoridade em HÖSLE, V., *The Philosophical Dialogue*, Notre Dame, University of Notre Dame Press, 2012, 312 ss.

8   Ver GOEBEL, B., *Rectitudo: Wahrheit und Freiheit bei Anselm von Canterbury*, Münster, Aschendorff, 2001.

diálogos inter-religiosos (o gênero tendo sido, de certo modo, preparado pelo *Cur Deus homo* de Anselmo), pois quem tenta se engajar com pessoas de um pano de fundo diferente dificilmente pode apelar para sua própria fé, mas deve depender de argumentos racionais. Globalização, com sua mescla de pessoas de diversas tradições religiosas, é provavelmente uma importante causa social para a ressurreição do racionalismo no século XX tardio. Em comunidades fechadas, o desafio de outras religiões pode ser ignorado; em um mundo no qual várias tradições se interpenetram, todavia, isso não é mais factível.

Uma causa importante da abordagem fideísta à religião foi um conceito esvaziado de racionalidade que identificou a razão com razão *científica*, isto é, com experiência sistematizada somada à lógica e à matemática. Uma vez que o conhecimento de Deus não pode ser atingido por meios científicos, foi pensado como além do alcance da razão. Mas mesmo se alguns cientistas tentam monopolizar o termo "razão" para suas próprias atividades, não é difícil ver que não é nada racional se submeter a essa reivindicação. A razão é mais abrangente que a ciência, como Immanuel Kant, o mais importante teórico moderno da complexa arquitetura da razão, mostrou com maestria. A ética, por exemplo, é uma disciplina racional, ainda que afirmações valorativas não possam ser reduzidas a asserções descritivas, tais como aquelas com que lida a ciência — essa é a compreensão duradoura de David Hume[9]. Ao mesmo tempo, uma teoria dualista não é satisfatória se não há conexão entre sentenças descritivas e normativas, pois, afinal, o dever-ser deve ser implementado dentro do ser. Mas se o dever-ser não parte do ser, e ao mesmo tempo as duas esferas devem ser conectadas, o dever-ser precisa determinar pelo menos alguns aspectos do ser. Sem dúvida, a necessidade de interpretar o mundo natural como um lugar no qual as demandas do dever-ser possam ser realizadas é um dos argumentos mais fortes por um princípio moral por trás da natureza[10]. O argumento não mostra que todos os fatores do ser derivam do dever-ser, mas que, ao menos parcialmente, poderes determinantes devem ser atribuídos a este.

Também dentro do reino da razão teórica, há argumentos para um princípio espiritual de todo o ser. Estados mentais não podem ser identificados com estados físicos, e ao passo que estes parecem ser causa daqueles, é ao mesmo tempo inevitável que os resultantes processos mentais que captam um

---

9   Cf. HUME, D., *A Treatise on Human Nature* III 1, 1. Trad. bras.: *Tratado da natureza humana: uma tentativa de introduzir o método experimental de raciocínio nos assuntos morais*, trad. D. Danowski, São Paulo, Unesp, 2001.

10 Kant desenvolveu o argumento na segunda e na terceira *Críticas*. Uma versão moderna do "axiarquismo", a ideia de que valores determinam o ser, foi proposta por LESLIE, J., *Value and Existence*, Totowa, NJ, Rowan and Littlefield, 1979.

argumento estão logicamente conectados tanto quanto pelo fato de que eles são causas de consequentes processos eletroquímicos em um cérebro. Deve haver uma correspondência entre essas duas propriedades, e se não aceitamos uma força causal do mental sobre o físico, tal paralelismo não pode ser resultado de forças evolutivas impulsionadas pela seleção natural[11]. Isso é, como se sabe, a reformulação de Gottfried Wilhelm Leibniz da prova teleológica, e parece ser imune aos ataques de Hume e de Kant a essa prova, para não falar da destruição da psicoteologia tradicional por Charles Darwin, pois o argumento, como o utilizei aqui, de fato, pressupõe sua destruição por meio da categoria de seleção natural[12].

O estatuto da prova ontológica ainda é debatido, mas não está claro que não pode ser formulado de forma convincente. A reconstrução de Alvin Plantinga é o candidato mais plausível a uma versão convincente. Esta pressupõe, como Leibniz já sabia[13], a premissa central de que, "de fato, grandeza insuperável é possivelmente exemplificada"[14]. É claro, Plantinga se mostra ciente de que essa premissa deve ser garantida; e, de fato, isso parece pertencer à natureza de todos os argumentos: eles iniciam de premissas para chegar a uma conclusão, que sempre se pode rejeitar ao se negar pelo menos uma das premissas. A prova de uma pode até ser a redução ao absurdo da outra; se alguém considera a conclusão como inteiramente implausível, considerará a conjugação das premissas que conduziram a essa conclusão como refutada.

Todavia, há algumas suposições que são condições de possibilidade de certas atividades mentais consideradas pela maioria das pessoas como legítimas. A ciência, por exemplo, pressupõe a constância das leis da natureza. Esse princípio não é acarretado apenas pela lógica, pois não há contradição em supor mudanças súbitas de leis naturais, nem isso segue da experiência. Nós não sabemos da experiência o que ocorrerá no futuro, e o passado distante que não testemunhamos é reconstruído na base desse princípio e, portanto, não é ele mesmo um argumento para tal princípio. A ciência, portanto, pressupõe alguns princípios metafísicos que, eles próprios, não são fundados na experiência ou na lógica. Todavia, talvez eles possam ser feitos plausíveis ao se ape-

---

11   Ver cap. 5 deste volume.
12   Desnecessário dizer que eu acredito ser o darwinismo compatível com uma versão idealista objetiva do teísmo. Ver HÖSLE, V., Objective Idealism and Darwinism, in: HÖSLE, V.; ILLIES, C. (eds.), *Darwinism and Philosophy*, Notre Dame, University of Notre Dame Press, 2005, 216-242.
13   LEIBNIZ, G. W., *Nouveaux essais* II 10 § 7, in: LEIBNIZ, G. W., *Die philosophischen Schriften* V, Berlin, Weidmann, 1882, 419. Trad. bras.: *Novos ensaios sobre o entendimento humano*, trad. L. J. Baraúna, São Paulo, Nova Cultural, 2004.
14   PLANTINGA, A., *The Nature of Necessity*, Oxford, Clarendon, 1982, 216.

lar para alguns atributos de Deus, tais como ser um e ser atemporal[15], e/ou através do uso de argumentos teleológicos — só uma natureza com leis constantes permitiria a seres racionais finitos adquirir conhecimento e, portanto, agir de maneira moralmente responsável. Se o projeto da ciência pressupõe argumentos desse tipo, então, a racionalidade científica não é a forma mais básica de racionalidade, mas é fundamentada em uma forma antecedente de razão. Isso explicaria o bem conhecido fato histórico de que a revolução científica se deve a pessoas profundamente religiosas como René Descartes, Galileu Galilei, Johannes Kepler e Isaac Newton, que consideravam seu projeto científico uma consequência de suas convicções religiosas.

Para reviver uma filosofia racionalista da religião, seria importante mostrar que o projeto da ciência se torna bem mais plausível e racional quando determinados pressupostos seus são tornados explícitos, a saber, aqueles conectados com suposições clássicas da teologia racional. Ainda assim, um cético teimoso poderia negar a validade da ciência e, portanto, de sua base presumida, a teologia racional. Mas aquilo que nem o cético pode negar é a existência da verdade e sua inteligibilidade em princípio, pois essa é a pressuposição transcendental de todas as afirmações. A prova mais forte de Deus — porque não inicia de uma premissa aberta à dúvida — certamente seria uma que mostrasse que as ideias de verdade e de sua inteligibilidade só fazem sentido se o mundo for uma expressão de uma mente absoluta[16]. Eu mesmo argumentei que nossa capacidade de ter conhecimento *a priori*, que ao mesmo tempo não pode ser entendido consistentemente como sendo um conhecimento meramente subjetivo, mostra que o mundo é necessariamente estruturado de modo que corresponda às demandas conceituais de uma mente. Uma vez que essa é uma propriedade do mundo que nossas mentes finitas não podem conferir a ele, ela deve vir de uma mente antecedente à do mundo, isto é, uma mente divina[17].

---

15 Ver, por exemplo, DESCARTES, R., *Principia philosophiae* II 36 ss. Trad. bras.: *Princípios de filosofia*, São Paulo, Hemus Editora, 2007.

16 Ver SCHMIDT, J., *Philosophische Theologie*, Stuttgart, Kohlhammer, 2003, 79-105: "*Der atheologische Gottesbeweis*" [*A prova ateológica de Deus*]. Um importante livro recente que usa argumentos transcendentais para a fundamentação de uma visão metafísica reconhecendo no espírito a realidade é a última obra de WEISSMAHR, B., *Die Wirklichkeit des Geistes*, Stuttgart, Kohlhammer, 2006. Uma memorável defesa de uma metafísica espiritualista e teísta pode ser encontrada em uma recente obra do melhor filósofo analítico da Alemanha: VON KUTSCHERA, F., *Die Wege des Idealismus*, Paderborn, Mentis, 2006, 252 ss. Ela inicia da suposição (presumida uma simples hipótese) da inteligibilidade do ser.

17 Ver meu ensaio: HÖSLE, V., Foundational Issues of Objective Idealism, in: HÖSLE, V., *Objective Idealism, Ethics and Politics*, Notre Dame, University of Notre Dame Press, 1998, 1-40 e 201-209 (versão alemã de 1986).

Não é o propósito desse ensaio elaborar os argumentos e as ideias básicas da teologia racional. O que já deveria estar claro, todavia, é que se recomenda a qualquer tentativa de fazer sentido de tradições religiosas o estudo atencioso dos argumentos supracitados. Certamente, algumas discordâncias sobre os atributos divinos e a relação de Deus com o mundo são inevitáveis, uma vez que o divino transcende radicalmente a natureza humana, especialmente sua temporalidade, que permeia todos os nossos esforços cognitivos. Duas questões famosas sobre se Deus é onipotente e se a onipotência divina acarreta liberdade humana na forma compatibilista, ou permite uma forma libertária. Mas seria suicídio intelectual radicalizar essa apreensão a uma forma de teologia negativa que nega qualquer inteligibilidade a Deus, pois um Deus inteligível poderia muito bem ser mau, ou talvez idêntico à matéria. As propriedades básicas de Deus que, por si só, garantem veneração por ele são sua racionalidade e moralidade — de fato, ele é o padrão de todas as nossas reivindicações à moralidade e à razão.

Os filósofos que mais contribuíram para o desenvolvimento da teologia racional (como distinta de uma teologia que leva a tradição e a revelação em conta) são, certamente, Platão, Leibniz e Georg Wilhelm Friedrich Hegel. Devemos a Platão as compreensões de que nosso conhecimento não se reduz ao conhecimento empírico (mesmo que ele possa errar bem ao negar *qualquer* conhecimento empírico) e de que temos um conhecimento da Ideia do Bem que transcende o mundo factual e não pode ser identificado com nossos atos mentais[18]. O *Timeu* (29e ss.) oferece uma imagem do mundo como um lugar em que a Ideia do Bem se realiza — as estruturas básicas no mundo são como são porque realizam valor; ontologia se enraíza na axiologia. Platão, todavia, ainda não tem uma teoria da mente; o único dualismo que ele conhece é entre ideias e o mundo físico. Leibniz, ao contrário, tem uma teoria elaborada da subjetividade, integrada em uma visão de mundo axiológica. Como um bom luterano, todavia, ele não engloba uma ontologia de universais; e isso é uma séria ameaça à axiologia, que parece pressupor que valores de fato existem. O outro grande passo no desdobramento de Leibniz da ideia de uma teologia racional é seu uso de uma metafísica de mundos possíveis, que é indispensável se quisermos atribuir escolha a Deus.

Há três razões pelas quais a filosofia de Hegel é de enorme importância para toda pessoa interessada em teologia racional, e particularmente em uma

---

18 Ver meu prefácio a HÖSLE, V., *Platon interpretieren*, Paderborn, Schöningh, 2004, 19 ss. Trad. bras.: *Interpretar Platão*, trad. A. C. P. de Lima, São Paulo, Loyola, 2008. Sobre a teologia natural de Platão como continuação das doutrinas pré-socráticas, ver ENDERS, M., *Natürliche Theologie im Denken der Griechen*, Frankfurt, Knecht, 2000.

justificativa filosófica de afirmações cristãs básicas[19]. A primeira é que a complexa metafísica de Hegel reconhece três estratos do ser — ser ideal, natural e mental. Isso, em si, não é aceito como mero fato, mas está conectado a uma teoria da formação de conceitos que é tanto epistemológica quanto ontológica, e tenta ser uma transformação racional da crença cristã em um deus trinitário que cria o mundo segundo um padrão triádico. Em segundo lugar, Hegel é o primeiro grande filósofo que oferece uma metafísica da história elaborada ainda alheia tanto a Platão quanto a Leibniz. Ele é capaz de fazer sentido filosófico do desenvolvimento histórico do cristianismo, o que pode facilmente perturbar cristãos tradicionais, quando eles se tornam cientes dele. Em terceiro lugar, Hegel afirma que Deus é razão. Ao fazê-lo, ele continua uma tradição que já inicia com o Evangelho de João, mas há pouca dúvida de que ele a altera profundamente. Deus não é mais um ser externo a seres finitos; ele é apreendido por meio de reflexão no verdadeiro eu de alguém, na própria razão. Fundamentalmente, *Hegel identifica o transcendental com o transcendente*: o que é condição de possibilidade de nosso próprio pensamento — o sistema de categorias básicas — é algo absoluto porque não pode ser negado. Deus não pode ser diferente dele. É claro, Hegel reconhece que sua reconstrução de nossas categorias básicas não é idêntica ao verdadeiro conjunto de categorias básicas, mas ele permanece convicto de que o conjunto ideal de categorias seria o núcleo de qualquer conceito racional de Deus[20].

É essa afirmação que provocou a revolta contra Hegel. Outra razão foi que o teísmo de Hegel é não escatológico e não tem lugar para uma imortalidade da alma. Incidentalmente, depõe a favor da reconstrução dialética da história da filosofia de Hegel o fato de que seu extremo racionalismo em questões religiosas foi seguido por uma das formas mais radicais de fideísmo, a saber, a filosofia da religião de Kierkegaard. No que segue, eu discuto algumas das objeções que são feitas contra o racionalismo teológico; eu as respondo de um ponto de vista racionalista. Provavelmente as mais importantes críticas são apresentadas a seguir. Primeiro, o racionalismo sujeita Deus à razão, diviniza a razão humana, e não faz justiça à nossa experiência de finitude

---

[19] Estou ciente do fato de que há interpretações irreligiosas de Hegel. Eu defendo uma distinta em meu livro: HÖSLE, V., *Hegels System*, Hamburg, Meiner, 1987. Trad. bras.: *O sistema de Hegel. O idealismo da subjetividade e o problema da intersubjetividade*, trad. A. C. P. de Lima, São Paulo, Loyola, 2007.

[20] Analogamente, de um ponto de vista kantiano, Deus parece se tornar idêntico com a razão prática [pura]. Ver o impressionante livro de SCHWARZ, G., *Est Deus in nobis: Die Identität von Gott und reiner praktischer Vernunft in Immanuel Kants "Kritik der praktischen Vernunft"*, Berlin, Verlag TU, 2004.

e de pecado (I). Em segundo lugar, o racionalismo não nos permite reconstruir o conceito de graça (II). Em terceiro lugar, a autoridade da Igreja ou da escritura é inevitavelmente corroída pelo projeto do racionalismo (III). Enquanto essas três objeções podem também ser usadas pelos teístas não cristãos contra seus próprios filósofos racionalistas, a quarta e última objeção é específica do cristianismo. Ela simplesmente afirma que o racionalismo não pode fazer justiça à figura de Cristo (IV)[21].

I

Por que, apesar dessas objeções, é tão difícil se livrar do racionalismo? Antes de eu tentar lidar com as várias objeções, deixe-me afirmar que o preço de desistir do racionalismo pode ser muito alto. Isso é mais bem mostrado pelo *Frygt og Baeven* (*Temor e tremor*)[22] de Kierkegaard. Se Deus não é limitado pela razão e pela moralidade, mas, como a tradição voluntarista ensina, é sua vontade que determina o que é racional e bom, então poderia ser moral matar o próprio filho inocente, se Deus assim ordenar. Não é difícil ver que tal atitude é prejudicial a todas as convicções morais normais: terroristas jihadistas podem encontrar, nela, sua justificação. Certamente, voluntaristas razoáveis irão negar que jihadistas são autorizados por Deus, mas a questão é que eles não têm nada mais a oferecer além de sua convicção subjetiva contra a convicção subjetiva de outros. Para um racionalista, refutar a afirmação dos jihadistas é fácil. É impossível que Deus possa ter autorizado os jihadistas, uma vez que seus atos são contra a lei moral e a lei moral pertence à essência de Deus. Há boas razões para ver na doutrina tardia da *potência absoluta* e no colapso da tradição essencialista, à qual Tomás de Aquino ainda pertence, um dos eventos mais perigosos na história da teologia filosófica — e isso não só em relação à religião, mas também em relação à vida pública, pois toda a ideia de lei natural pressupõe alguma forma de essencialismo, e quem pensar que é a vontade arbitrária de Deus que faz algo bom facilmente conferirá a soberanos humanos a mesma capacidade. Thomas Hobbes, afinal, é profundamente enraizado na tradição religiosa voluntarista[23]. Se alguém aceita ordens de um tirano divino,

---

21 Ver, por exemplo, SALA, G. B., *Die Christologie in Kants "Religion innerhalb die Grenzen der blossen Vernunft"*, Weilheim, Gustav-Siewerth-Akademie, 2000.

22 Ver minha crítica no cap. 12 deste volume.

23 Ver FOISNEAU, L., *Hobbes et la toute-puissance de Dieu*, Paris, Presses universitaires de France, 2000.

pode facilmente se sujeitar a tiranos humanos. A recusa do escrutínio racional não é um ato responsável de fé, mas uma traição de uma faculdade que mais intensamente conecta humanos com Deus — esse é o ponto de vista dos racionalistas. Se esse é circular ou não depende do seguinte: se pode haver uma fundamentação última dos princípios básicos da razão, uma questão que eu não posso investigar aqui, ainda que eu apoie uma resposta afirmativa[24].

É claro, o voluntarista é movido pela reflexão de que limitar Deus pela lógica ou pela moralidade significa limitá-lo por algo externo a ele, portanto, privando-o de onipotência absoluta. A única resposta a essa objeção pode ser o fato de que as verdades lógicas, a lei moral e talvez todas as ideias e as leis do ser não são antecedentes a Deus, mas *são*, elas mesmas, o próprio Deus. Isso parece, todavia, transformar Deus em um conjunto de verdades absolutas. Não se compreende como ele ainda pode ser algo como uma pessoa. Como vimos antes, na tradição platônica, o verdadeiro ser é concebido em função do padrão de ideias. O demiurgo no *Timeu* provavelmente não é nada mais que a simbolização mítica do aspecto ativo na Ideia do Bem. Eu já concedi que Platão é incapaz de capturar a forma específica do ser da subjetividade finita; portanto, não deveria ser surpresa que ele tenha dificuldade de atribuir subjetividade plena a Deus, mesmo que se debruce sobre essa questão no *Sofista*. Mas quem reconhece que a mente é uma forma irredutível de ser, e que é axiologicamente superior ao ser não mental, não pode evitar interpretar Deus como mente. Ainda, é claro que não só o alcance, mas também a natureza da mente divina é bem distinta da natureza da mente humana. Deus não é apenas não espacial (e, portanto, não é um corpo); ele é, como a majoritária parte da tradição reconheceu, também não temporal. E essa é a razão que pode ser expressão de profunda religiosidade se alguém hesita em atribuir personalidade a Deus. Isso se tornou particularmente verdade no século XX, uma vez que a análise fenomenológica da personalidade por Edmund Husserl, Max Scheler e Martin Heidegger insistiu tão enfaticamente nos fatores temporais de pessoas humanas que parecia difícil atribuir personalidade a um ser atemporal. Não obstante, o ser de Deus deve ser mais próximo do ser mental do que do físico. Ele deve ser uma forma de razão atemporal na qual as várias ideias se conectam, pois, quando se aceita a ideia de que o ponto de partida da fundamentação última é a reflexão sobre o que necessariamente se pressupõe ao fazer certas afirmações, então, Deus não é simplesmente verdade, mas o sujeito que afirma e apreende essa verdade ao mesmo tempo. A doutrina cristã

---

24 Ver os importantes estudos de Dieter Wanschneider, especialmente WANDSCHNEIDER, D., Letztebegründung und Logik, in: KLEIN, H.-D. (ed.), *Letztbegründung als System*, Bonn, Bouvier, 1994, 84-103.

da Trindade imanente tentou fazer justiça à intuição de que, em Deus, *noesis* e *noema* são dois aspectos do mesmo ser.

Pode ser surpreendente que o ser de Deus combine traços de ser lógico e mental. A distinção entre *noesis* e *noema* não é algo básico do qual não se pode desistir? Bem, algo que é básico para seres finitos pode não ser básico para o ser absoluto. Sem dúvida, qualquer teoria racional sobre Deus é obrigada a respeitar o princípio de não contradição. Entretanto a teoria dos conjuntos de Georg Cantor é consistente, ainda que, para conjuntos infinitos, possam ser provadas determinadas verdades que seriam absurdas para conjuntos finitos. Nossa ontologia do cotidiano é baseada em objetos físicos; ela provavelmente não faz justiça a substâncias mentais, e certamente falha em capturar a forma peculiar de ser do absoluto. Já Agostinho declara que Deus é idêntico com suas propriedades, mesmo que isso contradiga a ontologia da substância de Aristóteles[25].

Embora o núcleo de Deus seja razão, vontade deve ser atribuída a Deus, pois ele deve ser capaz de pensar igualmente todos os mundos possíveis — portanto, o que leva à criação do mundo real não pode ser um ato de pensamento, mas um ato de vontade. É claro, sua vontade deve ser informada pela razão: *se* Deus é um criador perfeitamente bom e onipotente (o que não é o único conceito razoável de Deus), ele não pode escolher, entre todos os mundos possíveis, um mundo que não tenha valor máximo. Mas pode haver vários mundos com valor máximo; nada garante que só haja um mundo desse tipo, como Leibniz e o jovem Kant[26] cogitaram. Nesse caso, Deus pode até exercer uma forma de *liberum arbitrium indifferentiae*[27]. Deus, ademais, pode conhecer emoções — estados mentais estáveis de grande intensidade, como o amor e a felicidade, que experimentamos como os mais valiosos no complexo mundo de nossos próprios estados mentais. Mas ele não pode conhecer afetos, já que estes mudam com o tempo; é um antropomorfismo rude atribuir ira e ciúmes a Deus, como Lactâncio fez.

Ao interpretar Deus como razão, ele não é mais concebível como algo externo a nós, da maneira que um objeto físico ou mesmo outra pessoa o é. Ele não está fora de nós, mas deve ser encontrado em nosso âmago. Começamos a apreendê-lo ao refletir sobre o que nos faz capaz de reivindicar verdade e justiça. Embora uma interpretação transcendental de Deus pareça violar sen-

---

25 Ver *Confessiones* IV 16,20. Cf. também VII, 1,6. Trad. bras.: AGOSTINHO, SANTO, *Confissões*, 2ª ed., trad. M. L. J. Amarante, São Paulo, Paulus, 1997.

26 Ver seu ensaio "Versuch einiger Betrachtungen über den Optimismus", A 4 s., em KANT, I., *Werke* I, Wiesbaden, Insel, 1960, 588 ss.

27 Sobre essa questão, ver as excelentes reflexões por HERMANNI, F., *Das Böse und die Theodizee*, Gütersloh, Chr. Kaiser, 2002, 226-291.

timentos morais normais, mostra uma surpreendente similaridade com uma das mais importantes vertentes da vida religiosa — o misticismo. Tanto o filósofo transcendental da religião quanto o místico veem uma convergência final entre teonomia e autonomia: ao obedecer a Deus, ganhamos nosso eu verdadeiro; e atingimos Deus ao tentar capturar o que forma o núcleo de nosso eu. Sabe-se que Hegel viu, em Mestre Eckhart, um de seus predecessores[28].

A ideia de que Deus pode ser encontrado dentro do eu, todavia, não acarreta de modo algum que o eu seja idêntico a Deus. Quando analisamos o eu, nós o experienciamos como uma estranha mescla de qualidades opostas: temporalidade radical *e* a capacidade de apreender verdades atemporais, indisposição ou inabilidade de se conformar às exigências da lei moral *e* reconhecimento de sua validade incondicionada. O eu, claramente, não é divino — mas há algo divino nele. E é apenas por causa dessa faísca divina que nós somos capazes de reconhecer nossa distância do divino. Longe de nos fazer esquecer nossa finitude, é a consciência do núcleo divino do eu que nos torna dolorosamente conscientes do quão inadequada é nossa mentalidade normal em relação a Deus. Mas é também essa faísca que nos dá a esperança de que nossa mentalidade possa vir a ser mais digna de seu núcleo. Se a mente não é considerada idêntica a seu substrato físico, há também a razoável possibilidade de que esse processo de crescimento moral e mental possa ser continuado após a morte de nosso corpo. Uma interpretação dualista da mente é, como Descartes sabia[29], provavelmente uma condição necessária, nunca suficiente, para a crença na imortalidade. De acordo com os princípios supracitados, uma condição suficiente só poderia ser encontrada em considerações axiológicas. E deve-se reconhecer que há argumentos axiológicos que depõem contra a imortalidade[30]. A atitude que se con-

---

28 Ver NICOLIN, G. (ed.), *Hegel in Berichten seiner Zeitgenossen*, Hamburg, Meiner, 1970, 261, n. 397.

29 Ver, por exemplo, o fim da quinta parte de DESCARTES, R., *Discours de la methode*, Paris, Union générale d'éditions, 1951, 88. Trad. bras.: *Discurso do método*, 3ª ed., trad. M. E. Galvão, A. S. M. da Silva e H. Santiago, São Paulo, Martins Fontes, 2007. A postura anticartesiana de alguns teólogos modernos que opõem a crença na ressurreição do corpo à doutrina de Descartes é desencaminhada, pois eles, também, precisam de alguma forma de dualismo para lidar com o estado intermediário entre morte e ressurreição. E, uma vez que isso é garantido, não é fácil explicar por que a ressurreição é sequer necessária. A doutrina de que Deus arrebata o corpo ou, ao menos, o cérebro das pessoas mortas para preservá-las até a ressurreição e as substitui por matéria que parece idêntica a essas pessoas é um fator engenhoso, mas dificilmente atraente do materialismo cristão.

30 Isso é o que faz a postura de Hegel contra a imortalidade tão forte. Ver, particularmente, os trabalhos iniciais de Hegel sobre religião em HEGEL, G. W. F., *Werke* I, Frankfurt, Suhrkamp, 1969-1971, 100 e 195, e a anedota contada por Heirich Heine em NICOLIN, G. (ed.), *Hegel in Berichten seiner Zeitgenossen*, Hamburg, Felix Meiner, 1970, 234 s., n. 363. É claro,

sidera detentora do direito a uma recompensa pelos próprios feitos morais não é nobre; o autossacrifício heroico contém outra dignidade quando é feito sem esperança pela própria vantagem, mas só em respeito pela lei moral. Por outro lado, esperança escatológica é moralmente legítima quando se preocupa com alguém mais, como as vítimas da história. As injustiças que testemunhamos neste mundo são bem monstruosas, e, mesmo se houver bons argumentos para acreditar que, sem elas, virtudes importantes não chegariam a existir — por exemplo, tolerância pressupõe sofrimento e perdão pressupõe o pecado[31] —, essa justificativa consequencialista do sofrimento dos inocentes em prol do todo dificilmente poderia ser a última palavra. Se Deus é um kantiano, e não um utilitarista, dificilmente ele estará satisfeito com a instrumentalização das pessoas menos felizes sem qualquer forma de compensação por elas.

II

Graça é um conceito central da religião, e é frequentemente considerado incompatível com uma teologia racionalista, uma vez que, de acordo com tal abordagem, há razões para Deus ter criado o mundo como é; uma vez que ele é racional, deve seguir essas razões e não é livre para rejeitá-las. Contudo, quando não podemos experimentar o bem que recebemos dele como um dom gratuito, somos menos motivados a aceitar com humildade tudo o que somos e temos. O problema dessa objeção não é apenas o fato de implicar um enorme orgulho na própria humildade de alguém, que é modestamente oposto à arrogância da razão em pessoas como Platão e Leibniz. Leitores de *David Copperfield*, de Charles Dickens, provavelmente não mantiveram uma memória muito afetuosa da humildade ostensiva de Uriah Heep, que sempre cheira à contradição performativa. A falha mais séria é que a objeção se baseia em uma completa má compreensão de uma teologia racionalista. Quando a teologia racionalista fala da criação necessária do mundo por Deus, certamente não quer dizer que o mundo é logicamente necessário. Baruch Spinoza pode ter pensado assim, mas não se precisa nem da inteligência lógica superior de Leibniz para entender que isso não pode ser o caso: outros mundos são logicamente possíveis. Seria ainda menos apropriado pensar de uma necessi-

---

considerações metafísicas também desempenham um papel; pois, ainda que Hegel não seja um materialista, seu espiritualismo peculiar representa uma forma de monopsiquismo.

31 É claro, sofrimento e injustiça também causam vícios. Mas pode ser o caso que o valor de resultados positivos prevaleça de longe sobre o valor negativo desses vícios; afinal, eles são bem naturais e não mudam radicalmente o equilíbrio de valores que existiu antes.

dade nomológica: na criação do mundo, a escolha das leis da natureza está em jogo; logo, elas não podem constranger o criador. O que se quer dizer por necessidade em Deus vem mais perto do que experienciamos como necessidade moral: a boa pessoa realmente não pode cometer um assassinato; é sua própria natureza que a previne de fazê-lo. De modo semelhante, se Deus é perfeitamente bom, segue da bondade de sua natureza que ele precisa criar um mundo que não poderia ser melhor. Essa necessidade é uma necessidade intrínseca e, portanto, simultaneamente, uma manifestação da liberdade. Em seu livro influente sobre Deus como mistério do mundo[32], Eberhard Jüngel declarou que Deus é mais do que necessário. Mas ou ele quer dizer o que eu acabei de afirmar, ou seja, que a necessidade de Deus é compatível com a liberdade, caso em que sua asserção é correta, mas não original, pois foi feita pela tradição da teologia racional cristã — de Anselmo[33] a Hegel — com a qual Jüngel quer romper, ou ele quer dizer algo diferente. A única reconstrução significativa que eu consigo propor seria que a criação do mundo por Deus é um ato supererrogatório, uma vez que normas supererrogatórias não são fáceis de captar no usual sistema triádico de óptica deontológica: elas não são obrigatórias, e dizer que são permissíveis não faz justiça à sua diferença específica. De onde vem esse estatuto peculiar? Tem a ver com os limites da natureza humana: mesmo em determinada situação, seria moralmente melhor sacrificar a própria vida (por exemplo, porque salvaria muitas vidas inocentes); uma doutrina ética geralmente não pode prescrever tal ato, uma vez que nosso impulso de autopreservação é muito forte. Contudo os limites da natureza humana não se aplicam a Deus; portanto, não há forma de reconstruir a afirmação de Jüngel por meio do apelo a normas supererrogatórias. É verdade que pessoas religiosas são frequentemente caracterizadas por uma capacidade incomum de se engajar em atos supererrogatórios; todavia, seria um antropomorfismo transferir esse conceito a Deus.

O conceito de graça não tem apenas a presumida função de garantir a Deus a liberdade máxima; frequentemente, dá ao recipiente da graça o sentimento de ser algo especial, ainda que, ao mesmo tempo, a convicção de não ter merecido

---

32 JÜNGEL, E., *Gott als Geheimnis der Welt*, Tübingen, J. C. B. Mohr [Paul Siebeck], 1986. A polêmica contra o que Jüngel chama, com Abraham Calov e Karl Barth, de "*mixophilosophicotheologia*" (204, n. 1) é um engano, pois todas as disciplinas estão delimitadas pela análise conceitual e, portanto, nenhuma delas pode se livrar da filosofia. É uma boa ideia, também para os teólogos, caso eles queiram falar sobre necessidade, familiarizarem-se com os conceitos básicos de lógica modal.

33 *Cur Deus homo* II 5. Trad. bras.: ANSELMO, SANTO, *Por que Deus se fez homem*, trad. Daniel Costa, São Paulo, Novo Século, 2003.

a graça elicie profusa humildade. Isso pode ser compreendido com base em experiências humanas comuns: quando recebemos o mesmo que os outros ou algo que é devido a nós, não pensamos ser objeto de afeição especial, mas, quando somos privilegiados, sentimo-nos amados pela pessoa que nos trata bem: muito frequentemente, alguém que o faz vê, em puros acasos da vida, algo que é destinado a si, e só a si, e busca desenvolver uma relação especial com Deus, mesmo à custa dos outros, que são considerados menos dignos da graça. O conceito correto da relação de Deus com a humanidade, todavia, só pode advir do fato de que ele busca realizar tanto valor quanto possível; qualquer quinhão que recaia sobre um indivíduo deve ser graciosamente aceito, mas a verdadeira gratidão deve reagir ao mundo inteiro como um dom divino.

Não obstante, não se pode negar que haja um lugar legítimo para a experiência da graça. Mesmo se todas as pessoas que existem estejam lá porque pertencem ao melhor mundo possível (ou a um dos mundos com valor máximo que Deus escolheu), ainda há o fato inegável de que nem todas as pessoas têm o mesmo grau de proximidade com Deus. Se alguém parece ser relativamente próximo a Deus — vamos supor que seja a Madre Teresa —, ela própria ainda pode se perguntar: se a Madre Teresa necessariamente pertence ao mundo a ser criado por Deus, por que *eu* me tornei a Madre Teresa? Indexicalidade é uma questão notoriamente obscura, e pode ser que, para uma mente divina, o problema não exista. Contudo para uma consciência finita com acesso em primeira pessoa a si mesma, [indexicalidade] claramente é um problema; e, uma vez que não pode haver resposta objetiva, mesmo um racionalista pode admitir que a reflexão sobre essa questão desperta uma experiência de graça. Se tal experiência se transforma no desejo de dar aos outros em troca do dom divino do âmago do eu de um indivíduo (é um dom, pois nenhum o criou por conta própria), então podemos supor que isso tanto corresponde à vontade divina quanto contribui para um aprofundamento da própria autonomia, pois só nos tornamos autônomos transformando, o tanto quanto possível, o que recebemos em algo de nosso próprio feitio. Novamente, autonomia e teonomia convergem.

Rigorosamente conectada ao tema da graça é a questão dos milagres. O conceito é notoriamente difícil de definir. Primeiro, a afirmação dos fatos não é fácil, e, no caso de eventos ocorridos muito tempo atrás, quase nunca vai além da dúvida razoável; em segundo lugar, caso se possa provar que fatos extraordinários ocorrem, inevitavelmente se questiona se estes podem ser explicados por leis naturais (inclusive leis que correlacionem mente e corpo) talvez ainda desconhecidas. Há o problema adicional de que uma mente absoluta não deveria precisar de milagres, no sentido de intervenções *ad hoc*. Afinal de contas, nós admiramos mais um relojoeiro quanto menos temos de levar o relógio para que ele o conserte. Baden Powell expressou o argumento da seguinte maneira: "é derrogatório da ideia de um poder e sabedoria infinitos supor uma ordem das coisas tão imperfeitamente estabelecida que deve ser ocasionalmente interrompida e violada quando a necessidade do caso obriga"[34]. O ponto decisivo para uma pessoa religiosa é que a natureza manifesta uma ordem moral. Se tais manifestações ocorrem de acordo com leis conhecidas ou por meio de sua violação, não deveria importar. De fato, John Henry Newman desconecta o conceito de milagre da ideia de que este deve ocorrer contra as leis da natureza.

> Não haverá necessidade de analisar as causas, sejam supernaturais ou naturais, às quais eles devem ser referidos. Eles podem, ou não podem, nesse ou naquele caso, seguir ou ultrapassar as leis da natureza, e podem fazê-lo de forma manifesta ou duvidosa, mas o senso comum da humanidade irá chamá-los de milagrosos; pois por milagre fala-se popularmente, qualquer que seja sua definição formal, um evento que imprime na mente a presença imediata do *governador moral* do mundo[35].

Nesse sentido, uma pessoa cuja vida é salva por um evento surpreendente ou que, em função de um encontro importante, descobre qual é a sua verdadeira vocação, isto é, como ela pode desenvolver o melhor dos talentos que ela tem, pode muito bem ver um milagre operando. Se isso a motiva a atingir seu ápice moral, não há razão pela qual ela deva evitar pensar assim. Um critério decisivo para a escolha do mundo a ser criado é, certamente, que a natureza serve a fins morais e, portanto, tais eventos podem bem ter sido uma das razões pelas quais Deus escolheu tal mundo. Mas eles são causalmente conectados a muitos outros eventos, e nunca podemos excluir a possibilidade de que Deus não os escolheu a princípio por si próprio, mas porque eles preparam ou advêm de outros eventos com valor maior. Querer negar isso seria um sinal de vaidade, de desejo de se tornar o centro do universo.

Não deveria ser surpresa o fato de que as conversões são frequentemente percebidas como se fossem conectadas a eventos milagrosos. Entretanto o que faz das *Confissões* de Agostinho um extraordinário livro é o fato de que ouvir a voz cantando *"Tolle lege"* e a abertura da Bíblia (VIII 12, 29) são apenas os últimos eventos desencadeantes de uma longa história que prepara a conversão

---

[34] POWELL, B., On the Study of Evidences in Christianity, in: TEMPLE, F. et al., *Essays and Reviews*, London, John W. Parker, 1860, 94-144, 114.

[35] NEWMAN, J. H., *Apologia Pro Vita Sua*, Mineola, New York, Dover, 2005, 198 s.

com necessidade psicológica. A mãe cristã, a morte de um amigo próximo (IV 4, 7), a decepção com as autoridades maniqueístas (V 7, 12), o modelo pessoal e intelectual representado por Ambrósio (VI 3, 3 s.), o nojo diante da ambição mundana (VI 6, 9), a apropriação do platonismo (VII 9, 14) e, enfim, as histórias de conversão sobre os colegas de Vitorino, Antônio e Ponticiano (VIII 2 ss., 3 ss.) são todos passos decisivos aos quais quase qualquer evento poderia ter sido adicionado para desencadear a própria conversão de Agostinho. O "milagre" é muito menos relevante que sua pré-história. E, de fato, o verdadeiro milagre não é a voz misteriosa, mas a estrutura da mente humana que, mesmo em um tempo tão superficial quanto o da Antiguidade Tardia, não pode ser privado de seu desejo e da capacidade de retornar ao princípio divino. A história do cristianismo, com sua habilidade extraordinária de regeneração é, nesse sentido, milagrosa, e, quanto mais milagrosa, menos fatos inexplicáveis ocorreram nela[36].

III

Por que um racionalista precisa de uma Igreja, de uma tradição, de uma escritura? Mais uma vez, deixe-me iniciar com uma reflexão sobre o preço que se tem de pagar quando se dispensa a Igreja, a tradição ou a escritura do tribunal da razão. Sob muitos aspectos, o preço é mesmo maior do que quando se abraça um conceito voluntarista de Deus, pois a crítica voluntária do terrorista jihadista pode negar que este esteja realizando a vontade de Deus (mesmo se ele não tiver um argumento convincente a respeito disso). Afinal, uma afirmação de que Deus fala diretamente com uma pessoa, sem a mediação de razões, é inverificável (pelo menos de fora) e, portanto, mesmo um voluntarista pode negar a autoridade de revelações alegadas que outra pessoa finge ter recebido. Ele não é capaz de rejeitá-las baseado no conteúdo — uma vez que tudo é possível para Deus. Tampouco, porém, ele está coagido a assumir que elas surgem da fonte última de validade. A situação muda, no entanto, quando a última fonte é a Igreja — ou melhor, as pessoas em certo momento por conta de uma igreja, pois o que elas decretam, geralmente, é bem claro. Ora, nunca é a autocompreensão de uma igreja que determina o que é bom. Na ordem do ser, Deus e até mesmo a escritura, mais a tradição (no caso católico), vêm an-

---

36   Isso já foi dito por alguns apologetas cristãos antigos, mas ninguém o formulou de maneira tão bela quanto Dante no *Paradiso* XXIV, 106 ss. Trad. bras.: ALIGHIERI, D., *A divina comédia. Paraíso*, trad. Italo Eugênio Mauro, São Paulo, Editora 34, 1998.

tes da Igreja. Mas, considerando a ordem de conhecimento, as igrejas frequentemente reivindicaram que elas são a única forma de se acessar a vontade de Deus e que a razão deve se submeter a elas.

Há uma circularidade muito bem conhecida em querer fundar a legitimidade de uma Igreja em Deus e, ao mesmo tempo, de se fundar o conhecimento de Deus na Igreja. Pois, desse modo, qualquer igreja — e, de uma perspectiva externa, há muitas comunidades afirmando ser igrejas — pode encontrar uma forma de se justificar: ela simplesmente deve afirmar que foi fundada por Deus e que se pode entender isso apenas por submissão a sua autoridade. Uma autojustificativa pode ser possível para a razão, uma vez que qualquer negação dela ao mesmo tempo a pressupõe; mas isso, certamente, não vale para as diversas igrejas, cuja autoridade pode ser negada sem autocontradição performativa. Contudo, além de haver muitas igrejas em competição, cada igreja se modifica ao longo de sua história. A tradição é muito menos homogênea do que pode parecer a um primeiro olhar e, portanto, a crítica à neoescolástica que conduziu ao Segundo Concílio Vaticano poderia ser sinceramente baseada na autoridade dos padres. As variações no conceito de Deus que encontramos nos diversos livros e extratos do Antigo Testamento, bem como as diferentes cristologias oferecidas pelos quatro Evangelhos, mostram-nos que, pelo menos na tradição cristã, a escritura não é um bloco monolítico. Sua doutrina varia, e evoluiu. E, geralmente, nós podemos reconhecer progresso moral — basta comparar o livro de Josué com os livros proféticos[37].

Uma vez que os critérios de identidade para uma doutrina são ainda mais embaçados do que os critérios para a identidade pessoal, pode-se, certamente, defender a tese de que só houve um *desenvolvimento* de uma doutrina, sem perigo para seus conteúdos centrais e para sua identidade. Mas mesmo tal desenvolvimento, inevitavelmente, desencadeia a seguinte questão: por que uma igreja evolui[38]? E a melhor resposta pela qual se pode esperar seria que os novos conhecimentos baseados na razão levaram a uma modificação da posição original. A ideia de que a Sagrada Escritura guia a Igreja é uma expressão dessa confiança, e, sem dúvida, a filosofia otimista da história de Hegel é um desenvolvimento legítimo dessa ideia. Desnecessário dizer, seria um otimismo irresponsável o que acreditasse que qualquer posição constitui progresso moral ou intelectual; afinal, mesmo o mundo espiritual conhece formas de

---

37   Sobre a interpretação da Bíblia, ver o cap. 7 deste volume.
38   Uma impressionante visão geral da história do cristianismo pode ser encontrada em KÜNG, H., *Christianity: Essence, History and Future*, New York, Continuum, 1995. Trad. port.: *O cristianismo: Essência e história*, Lisboa, Temas e Debates, 2012.

crescente entropia. A reificação de novas ideias pelo propósito de se manter o poder hierocrático frequentemente leva à perda da verdade originalmente presente nessas ideias. Um retorno periódico aos inícios, portanto, é tanto saudável quanto necessário. Mas sofre-se de um profundo autoengano quando se acredita que essa tentativa de reforma é um verdadeiro retorno ao passado. Um adulto não pode se tornar uma criança novamente (apenas infantil), e toda análise sóbria da Reforma Cristã teria de conceder que ela não atrasou, mas acelerou a transformação do cristianismo, que, finalmente, gerou o mundo moderno. Apesar de todos os perigos e vícios peculiares à modernidade, parece óbvio para mim que uma interpretação religiosa dela é obrigada a reconhecer sua função no plano divino para a história humana. Uma tendência que prevaleceu por quase três séculos não pode, agora, ser vista como puramente negativa[39]. E, de fato, é óbvio que a força positiva da modernização é que ela destruiu o antigo mundo hierárquico e implementou o universalismo moral em novas instituições morais e econômicas[40]. Sem dúvida, um universalismo que se tornou completamente formal e desvinculado de uma interpretação religiosa do mundo não tende a ser estável; portanto, o totalitarismo é uma ameaça específica da modernidade. Ainda assim, a resposta correta de uma Igreja nunca pode ser a negação, mas, sim, a integração da modernidade, não só por causa de sua eficiência como também por causa do princípio moral que a impele e a enobrece.

Deixe-me retornar à minha questão: por que um universalista precisa de uma igreja? A resposta é relativamente simples. Reivindicações de verdade são universais, portanto, ninguém pode se contentar por ter encontrado a verdade sozinho. Certamente, não é o consenso que faz uma proposição verdadeira, mas, considerando nossa falibilidade, somos aconselhados a testar nossas convicções no discurso com outras pessoas. Inclusive, chegamos à autonomia racional só depois de uma longa educação durante a qual nós internalizamos tanto os erros quanto a sabedoria da tradição. Por meio da apropriação da tradição, viemos a conhecer argumentos de uma força intelectual

---

[39] Compare as reflexões de Alexis de Tocqueville sobre o "terror religioso" causadas nele pelo triunfo da democracia que ele não pôde deixar de interpretar senão como uma expressão da vontade divina. TOCQUEVILLE, A., *De la démocratie em Amérique* I, Paris, GF Flammarion, 1981, 61. Trad. bras.: *A democracia na América*, trad. Julia da Rosa Simões, São Paulo, Edipro, 2019.

[40] Ver a magnífica reconstrução por ISRAEL, J., *Radical Enlightenment*, Oxford, Oxford University Press, 2001. Trad. bras.: *Iluminismo radical: A filosofia e a construção da modernidade 1650-1750*, trad. C. Blanc, São Paulo, Madras, 2009. Ver também: ISRAEL, J., *Enlightenment Contested*, Oxford, Oxford University Press, 2006 e *Democratic Enlightenment: Philosophy, Revolution and Human Rights 1750-1790*, Oxford, Oxford University Press, 2011.

incrível, que nunca teríamos encontrado por conta própria. Como é um bem que a verdade venha a ser conhecida por mentes finitas, nós temos o desejo natural de espalhar a verdade quando achamos tê-la descoberto. E, nesse processo, podemos desenvolver laços pessoais uns com os outros, que vão bem além de ver uns aos outros apenas como ferramentas para o crescimento de nosso conhecimento individual (que é uma forma de instrumentalização recíproca)[41]. O que eu disse se aplica a todas as verdades — a ciência é, necessariamente, um processo intersubjetivo. No entanto isso vale particularmente para as verdades básicas das quais uma compreensão correta do próprio lugar e a tarefa no mundo dependem, isto é, para verdades religiosas. Elas devem desfrutar de uma estabilidade mais segura do que as verdades científicas, a essência das quais é ser desafiada periodicamente. Portanto, é de máxima importância que haja uma instituição respeitada que represente um consenso de longo prazo sobre questões metafísicas e morais básicas e que familiarize as pessoas com os argumentos em seu favor. No culto religioso, deve fomentar apoio emocional a favor desse consenso e forjar uma comunidade religiosa. Não é, de modo algum, exagero dizer que tal instituição tem um valor particularmente elevado e é, portanto, especialmente desejada por Deus, uma vez que mesmo uma criança tem, possivelmente, necessidades metafísicas, e certamente tem necessidades morais; essa instituição tem o direito e o dever de comunicar suas convicções às crianças, mesmo que elas não possam ainda ser baseadas em argumentos, enquanto o fim do processo educativo seja que os adultos possam, finalmente, estudar os argumentos e decidir autonomamente por sua validade. Isso inclui seu direito de abandonar sua igreja e escolher outra se eles acharem que ela expressa mais adequadamente as demandas da razão. Quanto mais uma igreja é capaz de integrar o elemento de reflexão crítica e inteligente em seu próprio quadro institucional, maior sua chance de sobreviver às condições da modernidade.

Igrejas são, como vimos, instituições socialmente indispensáveis, e o direito e o dever de contribuir para o desenvolvimento posterior de sua doutrina devem ser estendidos de forma que não ponha em perigo a estabilidade moral dessas instituições e a manutenção do consenso moral. É contra esse propósito a atitude de cada pessoa que tiver uma nova ideia fundar sua própria igreja. Como em um Estado, as pessoas devem se submeter à sentença final da corte suprema, mesmo se acharem que é uma má decisão; então, certa autodisciplina é essencial para a manutenção da unidade da Igreja. Um racio-

---

41 Sobre essa questão, ver HÖSLE, V. *Die Krise der Gegenwart und die Verantwortung der Philosophie*, München, C. H. Beck, 1997, 192 ss.

nalista radical como Johann Gottlieb Fichte reconhece que um erudito em teologia deve ter o direito de publicar sua opinião crítica, mas ele não tem o direito de ensiná-la do púlpito: "É certo proibi-lo de levá-las ao púlpito, e é inescrupuloso que ele o faça, se ele for esclarecido o suficiente"[42]. A necessidade de manter certa estabilidade bem como o desejo de que apenas pessoas de alta inteligência e integridade que são suficientemente familiarizadas com a tradição contribuam para o desenvolvimento posterior da doutrina justificam a limitação de estruturas democráticas na constituição interna de igrejas sensatas (a propósito, como nas instituições acadêmicas). Caso se reconheça que o estado constitucional moderno representa um complexo equilíbrio entre os dois princípios logicamente independentes, mas não incompatíveis, da democracia e do liberalismo, pode-se argumentar que apenas a presença de princípios organizacionais não democráticos em instituições não políticas mantém uma diversidade vital para uma sociedade liberal[43].

O desejo de diversidade pode levar a valorizar positivamente o fato de que há uma pluralidade de igrejas. É bem melhor que cada tradição religiosa se desenvolva independentemente em direção a um padrão maior de racionalidade teórica e prática do que atingir unidade institucional sem princípios morais sólidos. Por outro lado, o argumento contra a cisão de uma igreja pode ser facilmente usado a favor da necessidade de se superar divisões religiosas. Quanto mais a humanidade cresce unida, mais indispensável se torna adicionar um sistema de valores comuns a um mercado comum. Apenas os dois juntos permitirão que se formem estrutura políticas globais efetivas. A maneira mais promissora de se mover nessa direção é promovendo diálogo entre as religiões. No fim desse processo, pode ser atingida uma religião — como seria adequado a uma humanidade criada por um Deus.

IV

O maior desafio que o cristianismo apresenta para a razão, ou que a razão apresenta para o cristianismo, não é a doutrina da Trindade, pois as ideias trinitárias já são encontradas no neoplatonismo, e a versão peculiar que Hegel faz

---

[42] "Es ist ganz in der Ordnung, ihm zu verbieten, sie auf die Kanzel zu bringen, und es ist von ihm selbst, wenn er nur gehörig aufgeklärt ist, gewissenlos, dies zu thun". FICHTE, J. G., Das System der Sittenlehre nach den Prinzipien der Wissenschaftslehre, in: FICHTE, J. G., Werke IV, Berlin, de Gruyter, 1971, § 18 V 252.

[43] Ver minhas reflexões em HÖSLE, V., Morals and Politics, Notre Dame, University of Notre Dame Press, 2004, 721.

do pensamento trinitário mostra que um conceito mais complexo de razão, que leva o fracasso do conceito de empirismo a sério, é inteiramente compatível com a ideia de que nossas categorias básicas, portanto, as estruturas básicas da realidade, são triádicas. Mesmo que o triteísmo deva ser evitado a todo custo, um dos traços mais fascinantes da doutrina da Trindade é que ela busca um acordo entre subjetividade e intersubjetividade como princípios básicos da realidade — um acordo cuja articulação filosófica é realmente difícil, mas uma das tarefas mais dignas da razão. Em geral, os aparentes paradoxos do cristianismo provocaram esforços intelectuais incomparáveis nas tradições islâmica e judaica. E pode até ser dito que as estruturas da divisão de poder desenvolvidas em estados modernos ocidentais, que evitam atribuir soberania a um só órgão estatal, são indiretamente influenciadas pelo modelo trinitário.

Não só a doutrina da Trindade Imanente racionalmente acessível, mas também a da Trindade Econômica: Deus deve se manifestar na história humana e superar a alienação inerente ao estatuto do homem natural. A função da Igreja e de seu contínuo desenvolvimento nesse processo já foi discutida; e não há dificuldade em ver nisso uma manifestação do Espírito Santo. A questão espinhosa [para a razão] é a interpretação correta da natureza de Jesus Cristo. Que ele pertença a uma série de mediadores entre Deus e homem, isso é óbvio. Mas os profetas do Antigo Testamento também contam entre eles, e de Justino em diante o cristianismo reconheceu traços do divino mesmo além de sua própria tradição — por exemplo, no mundo grego. No Iluminismo, a comparação entre Sócrates e Jesus se tornou um lugar-comum. Poucos teólogos cristãos negariam, hoje, que mesmo os fundadores de outras religiões foram inspirados por Deus. O que, então, é único na figura de Cristo?

Há pelo menos três dificuldades com a cristologia ortodoxa, como formulada nos concílios ecumênicos (o estudo de cuja história nem sempre é moralmente edificante). A primeira objeção contra a singularidade de Cristo é que os defensores frequentemente tendem a considerar aqueles que não compartilham de sua interpretação de Cristo como excluídos da comunidade com Deus. Isso é moralmente intragável, e mesmo a tentativa de ter budistas salvos os declarando "cristãos anônimos" é, com frequência, percebida como condescendente (ainda que, em seu tempo, a teoria de Karl Rahner tenha sido estrategicamente esperta para mudar o entendimento tradicional de *extra ecclesiam nulla salus* [fora da Igreja não há salvação]). Em segundo lugar, há a questão da consistência. Não é, de modo algum, claro se o conceito de uma pessoa que é tanto um verdadeiro homem quanto um verdadeiro Deus faz sentido logicamente. Tal pessoa é tanto onisciente quanto não onisciente? Se é apenas onisciente, como a tradição supõe, ele ainda pode ser considerado um homem real? Se alguém defende a doutrina da *kenosis*⁴⁴ e nega a onisciência de Cristo (como faz em Mt 24,36 e como sugere a decepção da expectativa iminente), então, surge a questão de quais elementos comuns garantem a identidade entre a segunda pessoa e Jesus de Nazaré. Afinal, "nenhuma entidade sem critérios de identidade" é um princípio importante da ontologia analítica.

Talvez ainda mais intrincada seja, em terceiro lugar, a questão da reconstrução histórica de Jesus. Se aceitamos os métodos históricos tradicionais, chegamos a uma figura que é tanto um inovador moral extraordinário quanto alguém profundamente enraizado na cultura judaica de seu tempo. Dificilmente chegamos a uma figura onisciente (de acordo com padrões normais de reconstrução, Jesus nem mesmo parece ter adquirido um conhecimento da matemática grega contemporânea, que ele provavelmente, e de modo certeiro, não considerava relevante para sua missão). É claro, pode-se dizer que, por razões dogmáticas, devemos atribuir a ele todo o conhecimento. Mas, então, surge a questão de justificar tal asserção. Os fatos históricos claramente não fornecem tal justificativa; nem parece haver, apesar de memoráveis tentativas na tradição teológica, um argumento metafísico persuasivo para a existência de um deus-homem (se houvesse, então ainda permaneceria a questão sobre como podemos saber que o deus-homem é Jesus). Uma redução razoável da afirmação cristológica seria dizer que a doutrina moral de Jesus é a melhor possível e que ele próprio era moralmente perfeito, adicionando que, uma vez que a lei moral é o núcleo de Deus, o ensinamento e a vida dele pode justificar a doutrina de uma identidade (fraca) de Jesus com Deus. Isso é certamente uma abordagem razoável, mas não há forma de ir além da mera probabilidade em relação à perfeição moral de Jesus (é mais fácil vir a uma resposta positiva em relação a santos posteriores, onde a documentação é muito mais ampla e, historicamente, mais confiável).

Mais importante é o fato de que a normatividade de um certo comportamento não pode seguir do fato de que Jesus o representou⁴⁵. A relação é invertida: Jesus provavelmente o representou porque ele é moralmente perfeito. Isso não apenas segue de nossa crítica ao voluntarismo; é também o resultado da superioridade epistemológica de afirmações *a priori*, que encontramos na ética, sobre asserções *a posteriori*, que pertencem à pesquisa histórica. Como no século XVIII, em particular, Gotthold Ephraim Lessing e Imma-

---

44 Ela é expressa na carta de Paulo aos Filipenses, 2,7.
45 Isso vale, com maior razão, para os reformadores religiosos posteriores. O culto de seu fundador no luteranismo (sabiamente evitado pelo calvinismo) deve ou levar a frustrações, quando se estuda a figura em mais detalhe, ou a imitações absurdas (brilhantemente representadas de maneira caricatural no cap. XII do *Doutor Fausto* de Thomas Mann).

nuel Kant já compreenderam: a validade da ética nunca deve depender da pesquisa histórica. Mas, enquanto a teologia narrativa não nega esse ponto, ela é baseada em uma compreensão valiosa. Para treinar seres humanos em comportamento moral, histórias são excessivamente importantes. Um dos motivos pelos quais a Bíblia é um livro tão extraordinário é que, frequentemente, oferece muitas histórias sublimes sobre experiências humanas do divino; e o leitor historicamente treinado da Bíblia pode extrair prazer particular do fato de que ele é capaz de reconhecer uma complexa história em um nível *meta*, isso é, a história do desenvolvimento do conceito de divino que se desdobra nos vários autores humanos do livro dos livros.

Nas páginas introdutórias de seu livro recente sobre Jesus[46], Bento XVI insistiu nos limites do método histórico — fundamentalmente, ele não pode responder à questão valorativa e, portanto, à questão da apropriação presente de uma figura passada. Isso é, sem dúvida, uma crítica verdadeira e profunda do historicismo. Mas o desejo de apropriação, por mais legítimo que possa ser, não pode substituir o trabalho histórico nem deve influenciá-lo de forma tal que as experiências dos sucessores sejam projetadas de volta à fonte. A história é repleta de exemplos dessa tendência bastante humana, e uma ética universalista não pode desmerecer essas experiências em outras tradições nem as perdoar em sua própria tradição. Não há dúvida de que a vitalidade do cristianismo depende de tentativas sempre renovadas da imitação e da sucessão de Jesus. A lei moral não deve ser apenas apreendida teoricamente; ela deve ser vivida, e modelos são cruciais para esse propósito. Jesus não é apenas um professor de como devemos viver; a história de sua paixão é uma das mais importantes fontes de força em sofrer e morrer[47]. Reconhecer o divino nessa história é um feito moral muito maior do que vê-lo nos triunfos de um profeta guerreiro como Maomé.

O cristianismo tem uma mensagem social central, e não há exagero em dizer que o cristianismo, desde seu princípio até nossos dias, contribuiu imen-

---

46 RATZINGER, J., *Jesus of Nazareth*, New York, Doubleday, 2007. Trad. bras.: *Jesus de Nazaré: da entrada em Jerusalém até a ressurreição*, trad. B. B. Lins, São Paulo, Planeta do Brasil, 2011.

47 No último romance de Johann Wolfgang von Goethe, *Wilhelm Meisters Wanderjahre* (*Os anos de aprendizagem de Wilhelm Meister*), na galeria da Província Pedagógica, há uma aguda divisão entre a representação da vida e a da morte de Jesus — "pois muitos são chamados àquelas provações, mas apenas poucos são chamados a esta". GOETHE, J. W. v.; TRUNZ, E. (eds.), *Goethes Werke* III, München, C. H. Beck, 1981, 163. Trad. bras.: *Os anos de aprendizado de Wilhelm Meister*, trad. Nicolino Simone Neto, São Paulo, Editora 34, 2006. Goethe pode estar certo de que treinamento especial é necessário para compreender e apropriar a paixão, mas ele está errado em querer excluir de sua contemplação a maioria das pessoas, pois, ainda que o sofrimento imenso não incida sobre todos, todo ser humano tem a oportunidade de testemunhá-lo nos outros.

samente para a solução de problemas sociais[48]. Mas é de máxima importância ver que essa mensagem flui tanto de uma base metafísica quanto de uma base ética. Os mecanismos de redistribuição do estado de bem-estar social moderno podem ser compatíveis com o cristianismo, mas o cristianismo não pode ser reduzido a seu apoio. O ponto decisivo é que a ética cristã transcende a ideia de reciprocidade. Quem apoia o estado de bem-estar social só porque isso é de seu interesse de longo prazo não age por um motivo especificamente cristão. Nem é a mera transferência de dinheiro aos pobres uma conformidade suficiente com as exigências do cristianismo. A questão decisiva é o interesse pessoal no outro e a disposição a ser desafiado em seus próprios hábitos, mesmo que isso acarrete a humilhação de sentir o próprio fracasso em relação às exigências da lei moral[49]. Nem todas as formas de expressão dessa humilhação são moralmente ou esteticamente atraentes, mas a experiência de humilhação como tal é indispensável, dada a fraqueza da natureza humana.

Há pouca dúvida de que os dois maiores problemas políticos do nosso tempo são as desigualdades sociais em âmbito internacional e a questão ecológica. Ambos são problemas que dificilmente podem ser resolvidos pelo apelo a uma ética da reciprocidade. A qualidade da contribuição cristã para sua solução será um indicador decisivo da vitalidade duradoura do cristianismo e do futuro que ele terá.

---

[48] Ver HARNACK, A., *Das Wesen des Christentums*, Leipzig, J. C. Hinrichs, 1901, 56-65: "O Evangelho e a pobreza, ou a questão social".

[49] Provavelmente, nenhum outro autor moderno foi capaz de capturar esse aspecto da ética cristã de modo tão perfeito esteticamente quanto Charles Dickens. Ver meu ensaio: HÖSLE, V., "The Lost Prodigal Son's Corporal Works of Mercy and the Bridgegroom's Wedding: The Religious Subtext of Charles Dickens' *Great Expectations*", *Anglia* 126, 2008, 477-502.

CAPÍTULO 2

Por que princípios teleológicos são inevitáveis para a razão

Teologia natural após Darwin

Uma das características mais admiráveis de Charles Darwin é, sem dúvida, sua modéstia. Em sua *Autobiografia*, que foi iniciada em 1876 e continuou a receber acréscimos até 1882, ele sinceramente declara que sua obra foi "repetidas vezes elogiada em excesso"[1] e afirma que nunca foi particularmente talentoso em questões metafísicas: "meu poder de seguir uma linha de pensamentos longa e puramente abstrata é muito limitado; além disso, eu nunca teria sucesso com metafísica ou matemática" (140). Desnecessário dizer, ele compreendeu que sua revolução na biologia havia transformado o conceito de espécie e reduzido a distância entre humanos e outros animais, pois ele mostrou detalhadamente como o princípio de seleção natural poderia explicar inúmeros fatos no reino orgânico que haviam sido previamente considerados irredutíveis, incluindo a existência de comportamentos específicos e humanos em todas as suas facetas. Ainda assim, o enorme impacto que *A origem das espécies*, de 1859, teve imediatamente fora da comunidade científica de biólogos, no grande público, e seu rápido transbordamento para questões religiosas e filosóficas foi bem sur-

---

1   DARWIN, C., *The Autobiography of Charles Darwin 1809-1882*, New York/London, Norton, 1993, 126. Trad. bras.: *Autobiografia 1809-1882*, trad. V. Ribeiro, Rio de Janeiro, Contraponto, 2000.

preendente[2]. Apenas uma frase no fim do livro se refere à origem da humanidade[3], com a qual ele lidou nos trabalhos posteriores, de 1871 e 1872, e não há consequências explicitamente antirreligiosas extraídas nesse ou em qualquer um dos livros publicados por Darwin. Apenas no fim de *Variation of Animals and Plants under Domestication* [*Variação de animais e plantas sob domesticação*], de 1868, Darwin organiza, plenamente ciente de estar transgredindo os limites da própria disciplina, algumas questões críticas em relação à compatibilidade do mecanismo da seleção natural com o teísmo tradicional. O autodomínio intelectual de Darwin, que tão fortemente o distingue de alguns dos neodarwinistas contemporâneos como, por exemplo, Richard Dawkins[4], não era simplesmente um movimento cauteloso em virtude da preocupação com sua esposa ou do medo do ostracismo social: ele pensou com seriedade em questões religiosas nos anos imediatamente posteriores ao retorno de sua viagem ao redor do mundo e chegou à conclusão de que sua teoria não implicava em ateísmo. Portanto, é apropriado iniciar as reflexões seguintes com uma análise de suas ideias religiosas bem sutis, que certamente não são inferiores à análise da maioria dos cientistas contemporâneos que se dirigem a questões religiosas (I). Por isso, eu as coloco em um contexto de um desenvolvimento mais geral dos conceitos de Deus e da natureza e discuto a mais importante tentativa do século XIX de tornar o darwinismo compatível com o teísmo, a saber, a de Asa Gray. O foco em Gray se deve simplesmente à razão de que o progresso na filosofia é, se é que ocorre, de natureza muito distinta do que ocorre na ciência; portanto, podemos aprender de reflexões filosóficas dos séculos passados bem mais que podemos aprender de teorias científicas da mesma época (II). Enfim, eu discuto para concluir em que sentido, mesmo após a revolução darwiniana, uma interpretação teleológica da natureza permanece não apenas uma possibilidade como também uma necessidade (III).

---

2 Um bom panorama dos textos clássicos do debate pode ser encontrado em YOUNG, C. C.; LARGENT, M. A. (eds.), *Evolution and Creationism: A Documentary and Reference Guide*, Westport, CT, Greenwood, 2007.

3 DARWIN, C., *The Origin of Species by Means of Natural Selection*, Harmondsworth, Penguin, 1968, 458 (essa é uma versão original da primeira edição, de 1859). Trad. bras.: *A origem das espécies*, trad. Daniel Moreira Miranda, São Paulo, Edipro, 2018.

4 Ver, particularmente, DAWKINS, R., *The God Delusion*, London, Bantam, 2006. Trad. bras.: *Deus, um delírio*, trad. F. Ravagnani, São Paulo, Companhia das Letras, 2007.

I

No capítulo de sua *Autobiografia* dedicado à "crença religiosa" — páginas publicadas em forma completa não antes de 1958, pois a primeira edição, de 1887, fora sujeita à censura familiar —, Darwin descreve as razões que levaram ao declínio da fé anglicana na qual ele havia sido educado. Afinal, por algum tempo, ele cogitou se tornar um pastor anglicano. Ele afirma, até onde conhecemos seu histórico, de fato, que nunca desenvolveu fortemente os sentimentos religiosos (91); decerto, ele nunca foi um evangélico. Mas, ao mesmo tempo em que assimilou a teologia anglicana tradicional, e no início de sua viagem no *Beagle*, durante a qual seu livro favorito era o *Paraíso perdido* de John Milton, ele algumas vezes foi desprezado por oficiais ortodoxos "por citar a Bíblia como uma autoridade incontestável para assuntos de moralidade" (85). Como veio a ocorrer a lenta evaporação dessas crenças, a que ele tentou resistir em vão? As razões e causas que Darwin mencionou têm relativamente pouco a ver com sua grande descoberta científica. Quais são elas? Podemos subdividir o capítulo em questão em três seções principais. Na primeira (A), Darwin analisa os argumentos contra a Bíblia sendo baseados na revelação divina; na segunda (B), ele parte da teologia revelada para a teologia natural. Aqui, ele discute tanto os argumentos a favor da existência de Deus (B 1) quanto aqueles contra a existência de Deus (B 2), entre os quais surge a questão da teodiceia; e ele menciona também a questão logicamente independente da imortalidade da alma (B 3). Na terceira seção (C), ele reflete sobre seu próprio desenvolvimento — poder-se-ia dizer, sobre a evolução de suas próprias crenças religiosas e seu estatuto epistemológico. Tais reflexões são encontradas no fim do capítulo, mas também são intercaladas com argumentos em B; eu as discuto no contexto de (C).

(A) Em relação ao primeiro ponto, Darwin lida separadamente com o Antigo e o Novo Testamento. Em relação ao primeiro, ele menciona, de um lado, estórias historicamente falsas narradas nele e, de outro lado, os sentimentos primitivos atribuídos a Deus (como os "de um tirano vingativo"). Em relação ao Novo Testamento, ele é perturbado pela conexão do Novo Testamento com o desacreditado Antigo Testamento. Além disso, a incredibilidade intrínseca das estórias de milagres, a credulidade das pessoas vivendo naqueles tempos, a impossibilidade de ignorar que os Evangelhos foram escritos depois dos eventos narrados, bem como as contradições entre os evangelistas, levaram-no a "desacreditar no cristianismo como uma revelação divina" (86). Ele continua a reconhecer a beleza da moralidade do Novo Testamento, mas percebe que ela depende parcialmente de interpretações posteriores que não capturaram o sentido originalmente buscado. Esse sentido original compreende, por exemplo, a doutrina dos castigos eternos dos não crentes, e ele declara essa doutrina "condenável" (87). Claramente, não há nada nesses argumentos conectado com a ciência natural: eles são baseados em ideias éticas e pesquisa histórica; e mesmo o ceticismo geral em relação aos milagres não é tanto um resultado do desenvolvimento histórico, mas sua pressuposição. A maior parte dos argumentos mencionados, bem como outros direcionados contra a ideia *formal* de revelação, já havia ganhado espaço no século XVIII, um pouco no século XVII (pense-se apenas em Baruch Spinoza e Gotthold Ephraim Lessing), mesmo que eles tenham tido mais impacto no continente do que na Inglaterra. Contudo, a obra *Das Leben Jesu kritisch bearbeitet* [*A vida de Jesus, estudada criticamente*], de 1835-1836, de David Friedrich Strauss, veio como *The Life of Jesus Critically Examined* [*A vida de Jesus, examinada criticamente*], já em 1846, na tradução de Marian Evans, mais bem conhecida pelo seu pseudônimo George Eliot, e claramente esse livro mudou nossa relação com o Novo Testamento como nenhum outro antes ou depois[5]. O próprio Darwin reconhece que os argumentos propostos não têm "a menor novidade ou valor". Por "valor" ele provavelmente quis dizer "valor como contribuições originais", dificilmente "validade", pois ele insiste: "desde então, nunca duvidei, nem por um segundo sequer, de que minha conclusão estava correta" (87) — uma das passagens cuja publicação havia sido impedida por Emma Darwin. O colapso da crença ingênua na revelação, a propósito, não exclui uma compreensão da mensagem central cristã, na medida em que é justificável pela razão, como uma manifestação do divino e do todo da Bíblia como uma progressiva revelação; e certamente não preveniu o crescimento da teologia natural no início da modernidade, mas, ao contrário, o estimulou. Foi só a crise desta que apressou o declínio do teísmo. Vejamos em que Darwin contribuiu para essa crise.

(B 1) Na segunda seção, ele inicia afirmando, de forma bem concisa, a contribuição de sua teoria para a teologia natural. "O velho argumento de *design* na natureza, como dado por Paley, que outrora me parecia tão conclusivo, falha, agora que a lei da seleção natural foi descoberta". A frase não diz nem que a teoria da seleção natural[6] é *incompatível* com o teísmo nem que ela *destruiu todas as provas de Deus*. Na interpretação mais natural, mesmo que reconhecidamente não seja a única gramaticalmente possível, sequer menciona que o argumento de *design* foi derrubado pela nova teoria; mas ele limita essa declaração ao argumento de *design tal como exposto por Paley*. Darwin estudou mi-

---

5   Sobre os esforços filosóficos para entender o sentido da Bíblia, ver o cap. 7 deste volume.
6   O sentido intencionalista de "seleção" deve ser rejeitado quando se pensa sobre seleção natural. "No sentido literal da palavra, sem dúvida, seleção natural é um termo falso." DARWIN, C., *The Origin of Species 1876*, London, William Pickering, 1988, 66.

nuciosamente William Paley em Cambridge; ele menciona que, para passar em seus exames de bacharelado, teve de ler seu trabalho *A View of the Evidences of Christianity* [Uma visão das evidências do cristianismo], bem como *The Principles of Moral and Political Philosophy* [Os princípios de moral e filosofia política]. Obviamente, no entanto, Darwin tinha em mente a última obra de Paley, a *Natural Theology* [Teologia natural] de 1802, com a famosa comparação do relojoeiro[1], um livro cuja lógica "me deu tanto deleite quanto Euclides. O estudo cuidadoso dessas obras, sem tentar apreender período algum decorando, foi a única parte do curso acadêmico que, como eu senti então e ainda acredito, foi de menor utilidade para mim na educação da minha mente" (59). Ainda assim, pode-se entender a frase de Darwin citada anteriormente como implicando que o criacionismo especial de Paley é a única forma válida do argumento de *design*. Entretanto, que isso não é o caso é provado pelo contexto, pois Darwin continua: "tudo na natureza é resultado de leis fixas" e, depois, "mas ao se passar por alto pelas infindáveis belas adaptações com que nos deparamos em todo lugar, pode-se perguntar 'como se pode explicar o arranjo, em geral, benéfico do mundo?'" (87 ss.). Aqui, Darwin parece reconhecer a questão, tanto óbvia quanto afirmada por um amigo como Asa Gray, de que o conjunto de leis da natureza unicamente dentro do qual a seleção natural pode operar não é, por si mesmo, o resultado da seleção natural. O mecanismo da seleção natural pode explicar a adaptação de organismos individuais e espécies só sob a pressuposição de um sistema de leis que torna tal evolução possível. Se nenhum planeta tivesse água, por exemplo, não haveria vida, dado o conjunto de leis do nosso mundo; e é fácil imaginar outros mundos nos quais a seleção natural não levaria a formas de vida mais complexas que procariontes. Portanto, a interpretação correta da afirmação de Darwin deve ser que é direcionado apenas contra uma forma de argumento físico-teológico usando criacionismo especial. As causas para o desenvolvimento das diversas espécies são imanentes, mas, na medida em que vemos fins *no mundo como um todo*, não apenas na espécie, devemos ser autorizados a perguntar por que o mundo é tal que, nele, entidades inspiradoras de veneração como organismos existem. Nessa forma, alguém poderia dizer, mesmo que Darwin não use essa linguagem, que as provas cosmológicas e físico-teológicas se fundem: estamos buscando uma causa não simplesmente do mundo, como na prova cosmológica, ou da adaptação de uma só espécie, como na prova físico-teológica racional, mas de um mundo que permite a evolução de organismos tais como os conhecemos. E, de fato, Darwin não rejeita esse tipo de argumento. Ele afirma:

---

[1] Ver PALEY, W., *Natural Theology; or, Evidences of the Existence and Attributes of Deity, collected from the appearances of nature*, London, J. Faulder, 1809, 1 ss., 416 ss.

Isso segue da extrema dificuldade ou, ainda, da impossibilidade de conceber esse imenso e maravilhoso universo, inclusive o ser humano, com sua capacidade de olhar bem para trás e muito para o futuro, como resultado do mero acaso e da necessidade. Quando reflito assim, eu me sinto obrigado a procurar uma Causa Primeira com uma mente inteligente, em algum grau análogo à [mente] do ser humano; e eu mereço ser chamado de teísta (93).

Iremos retornar a essa passagem, uma vez que, em uma adição posterior, Darwin enfraqueceu essa afirmação.

(B 2) Darwin se dirige, então, à questão clássica da teodiceia, isto é, a existência do mal como um argumento *contra* a existência de Deus. Dos vários tipos de mal, ele menciona apenas o sofrimento. No início de suas reflexões, ele não parece pressupor que o mundo tenha de ser o melhor possível — ou, pelo menos, tal que não poderia ser melhor — para justificar os caminhos de Deus; ele parece (mas a aparência é enganadora) estar satisfeito com um equilíbrio em favor da felicidade[8]. E isso é afirmado claramente pelo otimista Darwin, ainda que este esteja ciente de que a ponderação de prazer e sofrimento seja muito difícil[9]. Mas ele vê na seleção natural, que pressupõe uma superprodução, um argumento para sua crença.

> De acordo com meu juízo, a felicidade definitivamente prevalece, ainda que isso possa ser muito difícil de provar. Se a verdade dessa conclusão for garantida, ela harmoniza bem com os efeitos que podemos esperar da seleção natural. Se todos os indivíduos de quaisquer espécies tivessem, habitualmente, que sofrer a um grau extremo, eles se negariam a propagar sua

---

8   Leibniz, às vezes, usa o argumento do equilíbrio, ainda que tal argumento não possa provar que o mundo atual seja o melhor possível; ver LEIBNIZ, G. W., Essais de théodicée § 258, in: LEIBNIZ, G. W., *Die philophiscen Schriften*, Berlin, Weidmann, 1875-1890, VI 269. Trad. bras.: *Ensaios de teodiceia sobre a bondade de Deus, a liberdade do homem e a origem do mal*, trad. W. de S. Piauí, J. C. Silva, São Paulo, Estação Liberdade, 2013.

9   Uma versão moderna dessa crença é criteriosamente articulada por BALCOMBE, J., *Pleasurable Kingdom: Animals and the Nature of Feeling Good*, New York, Macmillan, 2006. Trad. port.: *O reino do prazer. Saiba como os animais são felizes*, Sintra, Publicações Europa-América, 2008. A posição contrária foi urgida mais forçosamente pelo filósofo pessimista Arthur Schopenhauer, que com sarcasmo nos pede para comparar o prazer de um animal devorando outro com a dor de ser o devorado. SCHOPENHAUER, A., *Parerga und Paralipomena* § 149, *Zürcher Ausgabe: Werke in zehn Bänden*, 10 vols., Zürich, Diogenes, 1977, 9.317. Contudo, a comparação é injusta, pois o que deveria ser observado é o prazer que o animal então devorado desfrutara antes, ao longo de toda a sua vida, não o prazer momentâneo do predador. Além disso, Schopenhauer acredita que, embora um fim violento não seja tão comum na humanidade quanto é entre os outros animais, ainda assim, a vida humana é mais infeliz, pois a dor não é simplesmente transitória, mas tanto antecipada quanto lembrada (§ 153; 1977, 9.318 ss.).

espécie; mas não temos razão para acreditar que isso já aconteceu ou que ocorre com frequência. Algumas outras considerações, todavia, levam à crença de que todos os seres sencientes foram formados de modo a desfrutar, como regra geral, a felicidade (88).

Darwin, então, acrescenta que se o sofrimento durar muito, ele diminui o poder de ação, ao passo que sensações prazerosas não produzem esse efeito deprimente; "ao contrário, estimulam todo o sistema para a ação aumentada". Portanto, é razoável que a seleção natural use o prazer em vez da dor como estímulo para a ação, mesmo que essa "esteja bem adaptada para fazer uma criatura se proteger contra qualquer tipo de mal súbito" (89). Darwin menciona vários tipos de prazer, como os prazeres do empenho do corpo e da mente e da sociabilidade, e ele resume:

> A soma de tais prazeres como os que são habituais ou frequentemente recorrentes fornece, como dificilmente posso duvidar, aos seres sencientes um excesso de felicidade em oposição ao tormento, embora muitos ocasionalmente sofram em excesso. Tal sofrimento é bem compatível com a crença na seleção natural, que não é perfeita em sua ação (89 s.).

No fim do terceiro capítulo de *A origem das espécies*, ele se consola com a reflexão de que "a guerra da natureza não é incessante e nenhum medo é sentido, a morte é geralmente rápida, e os vigorosos, os saudáveis e os felizes sobrevivem e multiplicam"[10]. Não obstante, a existência de qualquer quantidade de sofrimento permanece um problema perturbador, e isso ainda mais entre animais do que entre humanos, pois estes, e somente estes, podem se beneficiar do sofrimento e melhorar moralmente[11]. "Esse argumento bem antigo sobre a existência do sofrimento contra a existência de uma primeira causa inteligente me parece forte" (90). Essa frase prova que Darwin considerava o problema do sofrimento um desafio sério ao teísmo. Ele não acreditava, porém, que sua teoria havia aumentado a dificuldade do problema. Ao contrário, achava que tinha fortalecido a teoria de que o equilíbrio é favorável ao prazer — uma teoria que, certamente, não é uma pressuposição suficiente, mas necessária para a solução de qualquer problema.

Há um aspecto dessa teoria, entretanto, que aos olhos de Darwin não destruía apenas uma das *provas* de Deus, mas poderia ser diretamente *inconsistente*

---

10 DARWIN, C., *The Origin of Species*, Harmondsworth, Penguin, 1968, 129.
11 Em relação a essa questão, Darwin concorda com SCHOPENHAUER, A., *Parerga und Paralipomena*, § 173; 1977, 9.351.

com a existência de Deus. Em seu capítulo da *Autobiografia*, ele alude meramente a Deus e nos remete às últimas páginas de *Variation of Animals and Plants under Domestication* [*Variação de animais e plantas sob domesticação*], afirmando que "o argumento dado lá nunca (...) foi respondido". O que é o seu argumento? Lá, Darwin compara o efeito benéfico da seleção natural baseado em variação ao uso de fragmentos de pedras cuja forma é resultado de diversos acidentes provocados por um arquiteto. Como geralmente fazia em sua obra, Darwin aceita o determinismo, isto é, ele insiste na existência de causas suficientes para a forma das pedras, ainda que elas não sejam mais bem conhecidas que as causas de variação eram em seu tempo. "E, aqui, somos levados a encarar uma grave dificuldade, aludindo à qual estou ciente de que estou viajando além de minha província adequada. Um criador onisciente deve ter previsto cada consequência que resulta das leis impostas por ele."[12] Mas é plausível supor que Deus realmente quis todas as variações, mesmo as que levaram a comportamentos especialmente repulsivos de animais? E, se negamos isso em um caso, como podemos mantê-lo em outro? "Por mais que o desejemos, dificilmente podemos seguir o professor Gray em sua crença 'de que a variação foi conduzida segundo certas linhas benéficas', como um córrego 'ao longo de linhas definidas e pacíficas de irrigação'". Duas coisas incomodavam Darwin em especial: a plasticidade da organização, que leva também a desvios nocivos, e o poder redundante da reprodução, que, de acordo com a base malthusiana de sua teoria, acarreta a luta pela existência. Essas coisas, segundo o cientista, "(...) devem parecer a nós leis supérfluas da natureza. Por outro lado, um criador onipotente e onisciente ordena tudo e prevê tudo. Portanto, encaramos uma dificuldade tão insolúvel quanto as dificuldades do livre-arbítrio e da predestinação" (372). Voltaremos à teoria de Gray e ao argumento de Darwin que parecem desafiar o teísmo mais diretamente, uma vez que afirmam que o mecanismo da seleção natural, de cuja existência não se pode duvidar, seja, de certo modo, "supérfluo" para um criador onipotente e onisciente.

(B 3) Na *Autobiografia*, Darwin aborda apenas brevemente a questão da imortalidade. Ele acha que a crença nela é "forte e quase instintiva", uma vez que lhe parece intolerável a ideia de que a vida se tornará extinta quando o Sol se tornar muito frio para a vida. "Para esses que admitem plenamente a imortalidade da alma humana, a destruição de nosso mundo não parecerá tão terrível" (92). Ainda assim, o leitor não terá a impressão de que o próprio Darwin compartilha dessa crença.

---

12   DARWIN, C., *Variation of Animals and Plants under Domestication*, vol. II, London, William Pickering, 1988, 371.

(C) A passagem então citada mostra que, na visão de Darwin, o fato de uma crença ser quase instintiva não prova que ela seja verdadeira. De fato, um dos aspectos mais incríveis do capítulo é a capacidade de observar as próprias crenças como se fossem algo externo. Darwin oferece, por assim dizer, uma "história natural" de suas próprias observações religiosas, como ele fez com os pontos de vista da humanidade no segundo capítulo de *The Descent of Man, and Selection in Relation to Sex* [*A descendência do homem, e seleção em relação ao sexo*], de 1871[13]. Essa postura é parcialmente baseada em seu trabalho como biólogo, que incluía, especialmente em *The Expression of the Emotions in Man and Animals* [*A expressão das emoções no homem e nos animais*], de 1872, uma observação imparcial não só de seus filhos, mas também de si mesmo. Parcialmente, ele pressupunha a rejeição de uma epistemologia intuicionista, isto é, a posição de que há convicções indemonstráveis e, não obstante, básicas e legítimas no que tange às questões religiosas. No mínimo, desde Friedrich Heinrich Jacobi a Alvin Plantinga, filósofos religiosos usaram tal epistemologia, que é de fato tentadora; pois não é fácil vislumbrar como, sem crenças básicas, a teoria de justificação pode começar a fazer sentido. E, uma vez que isso seja garantido, é difícil negar às nossas crenças religiosas básicas o mesmo estatuto que garantimos a nossas crenças básicas não religiosas.

Darwin, todavia, caçoa dessa postura, citando a observação de uma senhora dirigida ao notoriamente cético pai de Darwin: "eu sei que açúcar é doce em minha boca, e eu sei que meu redentor vive" (96). Sua objeção principal contra essa posição epistemológica de que tais "convicções internas e sentimentos são de qualquer peso quanto evidência do que realmente existe" é que pessoas diferentes frequentemente variam em suas convicções básicas e que, às vezes, essas são logicamente incompatíveis umas com as outras. Entre as religiões, por exemplo, não há consenso. Observa Darwin: "Mas não se pode duvidar de que hindus, maometanos e outros possam argumentar da mesma maneira e com a mesma força a favor da existência de um Deus, ou de muitos deuses, ou — como os budistas — de nenhum Deus" (90 s., analogamente em relação às crenças morais, *The Descent*..., I 99). Além do mais, nossas convicções mudam com o tempo. Darwin descreve a admiração quase religiosa que sentiu quando era um jovem naturalista na Floresta Amazônica, "mas, agora, as cenas mais grandiosas não despertariam tais convicções e sentimentos em minha mente. Pode ser verdadeiramente dito que eu sou como um homem que se tornou cego às cores" (92). Ele parece sugerir que a dimensão religiosa era

---

13 DARWIN, C., *The Descent of Man, and Selection in Relation to Sex*, Princeton, Princeton University Press, 1981, I 65 ss.

uma *interpretação* de qualidades brutas que, em si mesmas, não eram de modo algum necessariamente conectadas à ideia de Deus. Em geral, ele relata um aumento de ceticismo no desenvolvimento de sua mente: "Nada é mais memorável que a disseminação do ceticismo, ou do racionalismo, durante a segunda metade de minha vida" (95). Esse autodistanciamento, todavia, não se aplica aos sentimentos morais. "A maior satisfação é derivada de seguir certos impulsos, a saber, os impulsos sociais" (94). Às vezes, somos autorizados, e mesmo obrigados, a agir contra as expectativas de outras pessoas; então, uma pessoa "(...) terá a firme satisfação de saber que seguiu seu guia mais íntimo, ou sua consciência" (95). Mas não é claro por que nós deveríamos nos considerar mais limitados por nossa consciência do que por nossos sentimentos religiosos; afinal, as exigências de consciência variam entre diferentes pessoas.

O autodistanciamento exerce um papel central na já mencionada adição posterior da passagem em que Darwin se declara um teísta. Ele menciona que a convicção na existência de uma Causa Primeira se baseia em um processo de inferência, ponderando: "mas, então, surge a dúvida: pode a mente humana, que — eu acredito plenamente — se desenvolveu de uma mente tão baixa como a possuída pelo mais baixo animal ser confiada quando extrai conclusões tão grandiosas?" (93). A crença em Deus foi, afinal de contas, inculcada em crianças, e poderia muito bem ocorrer de a conexão entre causa e efeito não ser necessária, "mas provavelmente depende meramente de experiência herdada" (93). Portanto, Darwin se declara não mais um teísta, mas, sim, um agnóstico[14].

II

As ideias religiosas de Darwin não foram revolucionárias, mas, sim, baseadas no desenvolvimento da ciência e da filosofia no início da Modernidade. Há pouca dúvida, atualmente, de que o milagre da ciência moderna tenha sido profundamente enraizado em uma visão religiosa do mundo[15]. A religião ofe-

---

[14] Já em 17 de fevereiro de 1861, ele escreveu a Asa Gray: "com relação ao *design* etc. (...) eu não tenho objeção real, e tampouco fundamento real, tampouco uma visão clara — como eu disse anteriormente, eu me debato sem esperança na lama". DARWIN, C., *The Correspondence of Charles Darwin*, vol. 9, 1861, Cambridge, Cambridge University Press, 1994, 30. Darwin se refere a várias cartas, como, por exemplo, a de 26 de novembro de 1860. DARWIN, C., *The Correspondence of Charles Darwin*, vol. 8, 1860, Cambridge, Cambridge University Press, 1993, 496. A correspondência com Gray é uma fascinante mistura de questões botânicas, teológicas e políticas.

[15] Ver YOLTON, J. W. (ed.), *Philosophy, Religion and Science in the Seventeenth and Eighteenth Centuries*, Rochester, Rochester University Press, 1990.

receu tanto uma justificativa moral para a nova empreitada de facilitar a vida humana por meio do desenvolvimento da ciência e da tecnologia quanto uma fundamentação metafísica para o conceito básico de leis universais naturais que não toleram exceção alguma, um conceito ainda alheio ao mundo antigo, que faltava a suas pressuposições teológicas[16]. É verdade que muitos dos pais da ciência moderna não eram cristãos ortodoxos, isto é, que eles rejeitavam as doutrinas da Trindade e/ou da divindade de Cristo, como Isaac Newton o fez; mas a maioria deles era composta de teístas ou de deístas comprometidos. A distinção entre os dois conceitos, a propósito, é nebulosa e, muitas vezes, enganadora. Isso se deve parcialmente ao fato de que os diversos elementos usados para definir "deísmo" não são logicamente equivalentes e não são instanciados empiricamente de maneira simultânea. Georg Wilhelm Friedrich Hegel, por exemplo, assim como Matthew Tindal e John Toland, não aceita uma revelação além da razão, mas levou a doutrina da Trindade mais a sério que qualquer outro filósofo da modernidade. Charles Dickens não acreditava na divindade de Cristo, mas considerou a moral do Evangelho como não superada e insuperável. Para historiadores de teologia, um contínuo multidimensional entre teísmo tradicional e teologia natural ou racional é mais útil que a estrita oposição dos conceitos[17].

Outra razão pela qual a distinção entre teísmo e deísmo cria mais problemas que resolve é que uma das questões divisórias principais — se Deus apenas criou o mundo ou continua a intervir nele — é favorável a uma solução intermediária: Deus opera de acordo com as leis criadas, mas, no desenvolvimento do mundo segundo suas leis, ele mesmo está presente em certos eventos mais relevantes axiologicamente que em outros. Imediatamente após a publicação de *A origem das espécies*, um famoso volume que se tornou *best-seller* publicado por teólogos liberais se intitulava *Essays and Reviews* [*Ensaios e resenhas*], e despertou medidas disciplinares pela Igreja da Inglaterra (isso, todavia, não evitou que um de seus autores, Frederick Temple, se tornasse, posteriormente, arcebispo

---

16 É suficiente indicar o fim do segundo livro da *Física* de Aristóteles, em que o autor rejeita a teoria primitiva pré-darwiniana de Empédocles, que ainda não usa taxas reprodutivas diferenciais (198b10 ss.). Todo o argumento só funciona porque Darwin ignora o conceito de lei natural, como é corretamente observado por WAGNER, H., *Aristoteles: Physikvorlesung*, Darmstadt, Wissenschaftliche Buchgesellschaft, 1979, 479.

17 O declínio do deísmo no século XIX tem várias razões — uma, sem dúvida, que penetrou e transformou o cristianismo ortodoxo. Ele se tornou supérfluo. Eu uso "teologia natural" como equivalente a "teologia racional", mesmo que se possa objetar que a teologia natural é o subconjunto da teologia racional que só utiliza argumentos *a posteriori* para a existência de Deus. A teologia racional é mais ampla, uma vez que também reconhece argumentos *a priori* tais como o argumento ontológico e os argumentos morais.

da Cantuária). Nesse livro, o reverendo Baden Powell, que rejeitou com bases teológicas o criacionismo especial mesmo antes do livro de Darwin, argumentou que a crença em uma ordem do mundo sem interrupções, isto é, sem milagres, mostra mais respeito a Deus do que a suposição de que ele periodicamente precisa consertar sua criação por meio de intervenções especiais[18].

De onde essa concepção se originou? A ideia de que a ação divina é necessariamente canalizada segundo as leis da natureza foi articulada forçosamente por Spinoza. No entanto, as causas não são suficientes; todo evento deve ter, também, uma causa secundária, e nenhuma pode ser explicada apenas pelas propriedades eternas de Deus, isto é, por suas leis naturais[19]. O que é atraente nessa teoria não se limitou ao contexto panteísta, dentro do qual Spinoza o desenvolveu, nem a ideia como tal acarreta uma teoria da identidade substancial de mente e corpo ou uma rejeição de qualquer tipo de fisioteologia, ainda que o próprio Spinoza tivesse apenas desprezo por ela tanto quanto tinha por qualquer teoria realista de valores[20]. Como é bem conhecido, a busca pelos fins de Deus na criação de vários objetos naturais foi uma parte importante da ciência inicial — pense nas Conferências Boyle, iniciadas em 1692. Na Inglaterra, essa tradição durou muito mais do que no continente, até os Tratados de Bridgewater (1833-1840). Contudo, já no século XVIII, as várias "teologias de insetos" e similares eram algo de que se caçoava, por exemplo, no caso de Voltaire. Em sua obra magistral *Natur ohne Sinn?* [*Natureza sem sentido?*], Matthias Schramm mostrou como a pesquisa de Gottfried Wilhelm Leibniz, Leonhard Euler e Pierre Louis Maupertuis levou, enfim, a princípios extremos, particularmente ao princípio de menor ação, e já era uma reação aos absurdos teológicos que encontravam Deus nas relações meios-fins mais limitadas, fosse entre órgãos e seus organismos ou, pior, entre outras espécies e humanos. Uma teologia formal era considerada como mais promissora que a tradicional, orientada rumo a conteúdos concretos[21]. Leibniz foi o mais proeminente entre esses pensadores que buscavam uma mediação entre o postu-

---

18 POWELL, B., On the Study of Evidences in Christianity, in: TEMPLE, F. et al., *Essays and Reviews*, London, John W. Parker, 1860, 94-144, 114.

19 Ver SPINOZA, B., *Ethica* I 28. Trad. bras.: *Ética*, trad. T. Tadeu, 2ª ed., Belo Horizonte, Autêntica, 2009. Ver também CURLEY, E., *Spinoza's Metaphysics: An Essay in Interpretation*, Cambridge, MA, Harvard University Press, 1969, reconheceu que, ao fazê-lo, Spinoza antecipou o esquema explicativo de Carl Gustav Hempel-Paul Oppenheim.

20 *Ética* I, apêndice.

21 Ver SCHRAMM, M., *Natur ohne Sinn? Das Ende des teleologischen Weltbildes*, Graz/Wien/Köln, Styria, 1985, 71. Cf., por exemplo, KANT, I., *The Only Possible Argument in Support of a Demonstration of the Existence of God*, A 63 s. Kant fala da parcimônia da natureza (A 63, 141).

lado spinozista de que Deus age, necessariamente, por intermédio de leis e uma interpretação finalista do mundo, da qual nenhum teísta pode desistir. Leibniz aceita o princípio de razão suficiente e, portanto, um sistema onipresente de causas eficientes, mas ao mesmo tempo ensina que eles não excluem, logicamente, causas finais. O mundo da consciência não pode ser apreendido sem finalidade, e mesmo o sistema de leis da natureza, particularmente das leis do movimento, não é simples consequência da lógica, mas pressupõe um princípio axiológico[22]. Deus escolhe, entre todos os mundos possíveis, o mundo com um valor máximo: sua sabedoria é manifesta na escolha do todo, não na escolha de fins individuais.

A rejeição ao criacionismo especial por Darwin não foi nada mais que a aplicação, às espécies, da ideia de Spinoza de que Deus age apenas por meio de condições antecedentes e leis gerais: espécies não são fatores eternos do mundo e, portanto, também sua existência deve ser explicada por condições antecedentes (espécies anteriores) e leis gerais (entre as quais, o mecanismo de seleção natural é preeminente). Darwin, de fato, tinha uma profunda admiração por leis universais, e sua veneração foi uma das forças por trás de suas descobertas. Seu filho, William, escreveu brevemente após a morte do pai: "No que tange a seu respeito pelas leis da natureza, pode-se falar de reverência se não como um sentimento religioso. Nenhum homem poderia sentir mais intensamente a vastidão ou a inviolabilidade das leis da natureza"[23].

O cenário racionalista da filosofia dos séculos XVII e XVIII foi apresentado ao jovem Darwin não por Spinoza ou por Leibniz, mas por William Whewell[24] e John Frederick William Herschel, ambos dos quais ele conheceu

---

22 Ver LEIBNIZ, G. W., Principes de la Nature et de la Grace, fondés en raison, in: LEIBNIZ, G. W., *Die philosophiscen Schriften*, Hildesheim, Olms, 1875-1890, VI 598-606, 603. Uma das maiores contribuições da obra supracitada de Kant é que mesmo a existência de leis logicamente necessárias da natureza pode ser interpretada como uma manifestação da razão divina (A 56, 101, 118); portanto, ele combina Spinoza e Leibniz. Interessantes são, por exemplo, suas reflexões sobre as propriedades geométricas do hexágono e sua importância na natureza (A 95, 141, 152). Comparar com Darwin, *A origem das espécies*, Harmondsworth, Penguin, 1968, 274 ss. Sobre a colmeia.

23 Essa carta não publicada de 4 de janeiro de 1883 a Francis Darwin é citada de acordo com SLOAN, P., 'Pode ser chamado reverência', in: HÖSLE, V.; ILLIES, C. (eds.), *Darwinism and Philosophy*, Notre Dame, University of Notre Dame Press, 2005, 143-165, 143.

24 O terceiro Tratado de Bridgewater de Whewell já é citado nos cadernos [de Darwin] C 72 e C 91, em DARWIN, C., *Notebooks, 1836-1844*, Ithaca, New York, Cornell University Press, 1987, 262; 266. Ele oferecerá a primeira das duas epígrafes de *A origem*. A passagem pode ser encontrada no início do oitavo capítulo do terceiro livro. WHEWELL, W., *Astronomy and General Physics Considered with Reference to Natural Theology*, Philadelphia, Carey, Lea e Blanchard, 1833, 267.

pessoalmente, e nenhum dos quais aceitou sua teoria[25]. Entre os grandes filósofos, a influência mais importante foi David Hume, o que pode explicar o crescente ceticismo do Darwin idoso em relação às questões religiosas. Eu já aludi à influência de Hume quando falei de Darwin fornecendo uma "história natural" de suas próprias visões religiosas, e, de fato, os cadernos mais antigos mostram um impacto de longo alcance do pensador escocês[26]. As obras citadas são: *A Treatise of Human Nature* [Um tratado sobre a natureza humana], *An Enquiry Concerning Human Understanding* [Uma investigação sobre a compreensão humana], *A Dissertation on the Passions* [Uma dissertação sobre as paixões], *The Natural History of Religion* [A história natural da religião] e *Dialogues Concerning Natural Religion* [Diálogos sobre religião natural]. Estas obras devem ter sido particularmente fascinantes para Darwin, porque levaram a desenvolver uma poderosa crítica ao argumento de *design*, ainda que bem antes da própria teoria de Darwin — o que, de maneira interessante, deixa-se entrever na parte VIII da obra[27]. A influência de Hume é também presente na rejeição do livre-arbítrio por Darwin[28]; e, na *Autobiografia* tardia, o principal argumento contra a validade da prova cosmológica reflete a crítica de Hume ao conceito de causa. Também, a ideia de Hume de explicar a evolução da religião segundo leis universais é espelhada na crítica de Darwin de um filósofo

> que diz que o conhecimento inato do criador foi implantado em nós (...) por um ato isolado de Deus, e não como parte integrante necessária de nossas leis mais magníficas, as quais nós profanamos em pensá-las como incapazes de produzir cada efeito, de cada tipo que nos cerca[29].

Essa passagem é significativa porque prova que a rejeição do criacionismo especial da revelação no jovem Darwin andou de mãos dadas com um compromisso em relação ao teísmo ou ao deísmo. De fato, o darwinismo, como

---

25 Um passo intermediário entre a teoria geral e sua aplicação à biologia foi o uniformitarismo de James Hutton e Charles Lyell. Ver GRAY, A., *Darwiniana: Essays and Reviews pertaining to Darwinism*, New York, D. Appleton, 1884, 109. Ver também Thomas H. Huxley, que chamou *A origem das espécies* de "(...) sequência lógica dos *Principles of Geology* [*Princípios de geologia*]", em HUXLEY, T. H., *Darwiniana: Essays*, New York, D. Appleton, 1896, 232.

26 Ver C 270, C 267, M 104, M 155, N 101, N 184 (DARWIN, C., *Notebooks*, 321, 325, 545, 591, 596).

27 HUME, D., *Dialogues Concerning Natural Religion*, Indianapolis, Bobbs-Merrill, 1947, 185. Trad. bras.: *Diálogos sobre a religião natural*, trad. J. O. de A. Marques, São Paulo, Martins Fontes, 1992.

28 M 27, M 30 s., N 49 (*Notebooks*, 526, 526 s., 576 s.).

29 M 136; *Notebooks*, 553.

tal, é compatível tanto com uma interpretação spinozista quanto com uma interpretação leibniziana; e não é a ciência, mas, sim, a filosofia que deve decidir qual das duas interpretações é mais plausível.

Mais proeminente entre os contemporâneos de Darwin que compreenderam suas ideias e até mesmo tentaram integrar a ideia de seleção natural em uma visão de mundo teísta foi seu amigo e admirador, o grande botânico norte-americano Asa Gray, uma das poucas pessoas para as quais Darwin comunicou sua teoria antes de ter sido publicada[30]. (De fato, houve uma carta escrita por Darwin a Gray em 1857, que foi lida em 1º de julho de 1858, na Sociedade Lineu, para provar que Darwin havia desenvolvido sua teoria antes de ter conhecido a teoria análoga de Alfred Russel Wallace.) Gray, que era um protestante ortodoxo e tinha uma inteligência filosófica memorável, defende os princípios centrais do darwinismo com perspicácia contra seus críticos (por exemplo, Louis Agassiz), mas mantém que não é senão uma hipótese — todavia, a melhor hipótese disponível, que os teólogos são bem aconselhados a respeitar[31]. Suas reflexões sobre as consequências filosóficas do darwinismo impressionam o leitor por causa de sua apreensão completa da teoria[32], de sua ciência das questões metodológicas e epistemológicas em jogo, seu estilo elegante, sua religiosidade sóbria, sua imparcialidade e até mesmo seu respeito por opiniões diferentes e — enfim, mas não por último — seu humor sutil[33]. Portanto, não é surpreendente que seus variados ensaios sobre darwinismo e religião tenham sido colecionados, em 1876, em um volume (reeditado em 1884) e que, em 1880, ele tenha sido convidado a ministrar duas palestras sobre *Ciência natural e religião* na Escola de Teologia da Universidade Yale[34] — seu

---

[30] Outro importante darwinista cristão foi George Jackson Mivart [1827-1900], biólogo britânico cujas relações com Darwin, todavia, rapidamente pioraram após a publicação de seu *On the Genesis of Species* [*Sobre a gênese das espécies*], de 1871.

[31] GRAY, A., *Natural Science and Religion: Two Lectures delivered to the Theological School of Yale College*, New York, Charles Scribner's Sons, 1880, 458 ss.; *Darwiniana*, 260 s.

[32] "Eu declaro que você conhece meu livro tão bem quanto eu me conheço", Darwin escreveu a ele em 22 de julho de 1860 (*Correspondence*, vol. 8, 298).

[33] Eu posso mencionar que a cópia de *Natural Science and Religion* que estou usando (de uma das bibliotecas da Universidade de Notre Dame) é agraciada por uma dedicatória autografada em latim pelo autor, ao *"amicíssimo"* B. Peirce — sem dúvida, seu colega de Harvard, Benjamin Peirce, o notável matemático cristão e pai do maior filósofo americano, Charles Sanders Peirce, cuja filosofia tardia do amor evolutivo tem certas semelhanças com a teoria de Gray.

[34] Já em 26 de setembro de 1860, Darwin reagiu com as seguintes palavras aos artigos de 1860 por Gray: "eu não pretendo ser um bom juiz, uma vez que nunca frequentei a lógica, a filosofia etc.; mas é minha opinião que você é o melhor argumentador dos que eu já vi, seja quem for... os dois últimos ensaios são *de longe* os melhores ensaios teístas que eu já li" (*Correspondence*, vol. 8, 388). Em 24 de outubro de 1860, Darwin escreveu a Gray o que Lyell afir-

primeiro texto, publicado em março de 1860 no *American Journal of Science and Arts* [periódico americano de ciência e artes], e sua resenha de *A origem das espécies*, que, no fim, direciona-se às consequências filosóficas teológicas da inovação de Darwin. Gray corretamente afirma que o autor é silencioso a respeito de como ele "harmoniza sua teoria científica com sua filosofia e teologia" (*Darwiniana*, 56) e tenta reconstruir sua filosofia implícita. Aludindo à analogia do relojoeiro de Paley, ele pergunta, com uma dose de bom humor: "O que impede o senhor Darwin de dar uma extensão adicional *a fortiori* ao argumento de Paley, no suposto caso de um relojoeiro que, às vezes, produz melhores relógios e artifícios adaptados a condições sucessivas?" (57). Gray insiste no fato de que Deus deve ser concebido como atemporal; e ele diz que todo teísta filosófico deve adotar a ideia de que a intervenção do criador é feita ou desde todo o tempo, ou através de todo o tempo[35]. Ele vê perigos conectados com ambos os pontos de vista, o primeiro levando ao ateísmo, o segundo ao panteísmo, e claramente prefere o segundo. "Lei natural, segundo essa visão, é a concepção de ação divina contínua e ordenada" (58). Para solapar qualquer distinção entre criação inicial e intervenções posteriores, Gray apela — ironicamente, a meu ver — para "mentes mais profundas a fim de estabelecer, se elas puderem, uma distinção racional no tipo entre a obra de Deus na natureza, estabelecendo operações e as iniciando" (59). Gray insiste em uma "inteligência dirigente continuada", mas isso é compatível com um plano geral. Enquanto, no fim, ele garante que possa ter havido uma originação independente de certos tipos e, portanto, aceita "tanta intervenção quanto possa ser exigido", ele afirma que "a seleção natural, ao justificar os fatos, explica também muitas classes de fatos que mil atos independentes de

---

mara: "Valeria muito a pena se um pequeno livro pudesse ser pego por Asa Gray, pois a parte teológica é tão admirável..." (443). Os dois livros de Gray, de fato, merecem ser reimpressos hoje. O grande intelectual americano pode até contribuir postumamente para um fim na guerra cultural destrutiva nos Estados Unidos da América sobre a evolução, pois, como Darwin o chamara, ele era "um híbrido, um complexo cruzamento de advogado, poeta, naturalista e teólogo! — já houve um monstro assim antes?" (350). Em cartas aos outros, todavia, Darwin não era tão generoso. Aludindo à teoria dos três estágios de Auguste Comte, Darwin critica, em uma carta a Charles Lyell de 1º de agosto de 1861, Herschel e Gray como pessoas ainda presas no estado teológico da ciência (*Correspondence*, vol. 9, 226 s.).

35 Em outro ensaio, a teoria da ação direta ocasional é mencionada como uma terceira possibilidade. Entretanto, enquanto é reconhecida como a mais popular, Gray afirma que ela é a menos atraente a pessoas pensantes (*Darwiniana*, 159). Ele fala que a sugestão de que cada órgão é executado por Deus seria "uma ideia que foi estabelecida como a doutrina ortodoxa, mas que Santo Agostinho e outros padres cristãos erudito viriam como algo que cheirava a heterodoxia" (357). *Natural Science*, 83, também menciona Tomás de Aquino, Leibniz, e Nicolas Malebranche.

criação não explicam, mas deixam mais misteriosos que nunca" (61). Apenas alguns meses depois ele publicou, no mesmo jornal, um diálogo — "*Design versus necessidade*" — sobre diferentes formas de afirmar o valor do livro de Darwin para a teologia natural[36]. É interessante a nota adicionada ao fim dizendo que o oponente à interpretação teísta poderia ter usado o conceito de contingência, em vez do conceito de necessidade (86).

O terceiro ensaio também foi publicado em 1860, e tem o título programático "*Natural Selection not Inconsistent with Natural Theology*" [*Seleção natural não inconsistente com teologia natural*]. Gray menciona que a teoria evolucionista gradual de Darwin se adéqua bem a um antigo princípio da filosofia natural — ela "responde, de maneira geral, à Lei da Continuidade no mundo inorgânico, ou ainda análogo ao que pode ser justamente expresso pelo axioma leibniziano de que *a natureza não dá saltos*". Gray afirma que esse princípio não pode ser pressuposto *a priori*, mas defende a concepção de que "naturalistas com visões ampliadas não deixarão de inferir o princípio do fenômeno que eles investigam — perceber que a regra vale, sob devidas qualificações e formas alteradas, pelo reino da Natureza" (123). (Desnecessário dizer, a teoria posterior do equilíbrio pontuado é também uma forma de gradualismo.) Gray estava ciente de que "o princípio de gradação por meio da natureza orgânica pode (...) ser interpretado sob outras hipóteses além da teoria de Darwin" (126), mas certamente a teoria darwiniana oferece uma explicação dos fenômenos que nós observamos. Gray exemplifica sua teoria no que diz respeito à individualidade, que é conectada com a perda de reprodução vegetativa e foi adquirida, no curso da evolução, apenas lentamente, mesmo que o "próprio fundamento do *ser* seja distinto da *coisa*". Gray declara que apenas as plantas unicelulares são unidades reais, o que não é o caso das mais complexas.

> Na gradação ascendente do reino vegetal, a individualidade é, por assim dizer, buscada, mas nunca atingida; nos animais inferiores, ela é buscada com maior sucesso, embora incompleto; é realizada apenas em animais de posto tão elevado que a multiplicação vegetativa de ramos está fora de questão, onde todas as partes são estritamente membros e nada mais, e todas são subordinadas a um centro nervoso comum — é plenamente realizada apenas em uma pessoa consciente (125).

Na última seção do ensaio sobre "*Darwin and his reviewers*" [*Darwin e seus resenhistas*], Gray reitera a qualidade muito diferente dos resenhistas de *A origem*

---

36   Eu não fui capaz de descobrir a quem corresponde o "D. T.", que é o nome do interlocutor de "A. G.", correspondendo a Asa Gray.

das espécies, e ele é particularmente insultado pelos que insinuam que o livro de Darwin é ateu. Gray reconhece que Darwin se manteve, de propósito, silencioso a respeito de questões teológicas, e numa aplicação espirituosa da questão em jogo ao comportamento de Darwin em propor a questão ele comenta:

> Essa reticência, sob as circunstâncias, defende o *design* e lança questionamentos sobre a causa final e a razão. Aqui, como em instâncias superiores, seguros como somos de que haja uma causa final, não devemos ser excessivamente confiantes sobre a questão de podermos ou não inferir o particular ou o verdadeiro (144).

Uma explicação possível pode se encontrar no fato de que ele não esteja familiarizado com investigações filosóficas e, portanto, concentrar-se apenas nas causas secundárias. Outra pode ser que ele aprecie ser atacado como ateísta por pessoas imprudentes. Em geral, Gray escreve, um ateu só se compromete com a ideia de que há fins na natureza, mas não com a afirmação específica de que uma coisa ou um evento particular seja desejado por Deus. "A maioria das pessoas acredita que alguns foram feitos com desígnio, e outros não, embora eles caiam em um labirinto sem esperança sempre que tentam definir sua posição" (138). Toda pessoa inteligente aceita a providência geral em detrimento da particular, isto é, acredita que muitos eventos são almejados por Deus apenas na medida em que são consequência de leis gerais, e nenhum teísta sério atribui *design* apenas a eventos sobrenaturais (149). Em uma questão, todavia, Gray entra em terreno duvidoso, e é sua afirmação, forçosamente negada por Darwin, de que "a variação foi conduzida segundo certas linhas benéficas" (148). É verdade que as causas da variação eram desconhecidas naquela época (mesmo hoje, não sabemos todas elas), e também é verdade, como ele diz, que a teoria de Darwin não necessariamente acarreta que haja mais desvios nocivos do que já sabemos existir. "Monstruosidades inúteis, fracassos de propósito, e não sem propósito, de fato, ocorrem, às vezes; mas essas ocorrências são tão anômalas e improváveis na teoria de Darwin quanto em qualquer outra" (147). Entretanto, nessa passagem, ele tende a reduzir o papel das variações negativas, e insinua, de algum modo, a presença direta de Deus quando as causas secundárias ainda não são conhecidas. Em todo caso, Gray não afirma que o darwinismo conduz à teologia racional; de fato, ele reconhece que argumentos de *design* podem não convencer a todos: "Mas podemos insistir, com base nos motivos já insinuados, que, se eles eram bons antes da aparição do livro de Darwin, também são bons agora" (152). Ainda que não use essa linguagem, Gray aponta para o fato de que a *gênese* de um organismo não contribui para a questão se sua estrutura surpreendentemente adaptada se deve ao *design* (151 s.; cf. 259)[37]. Certamente, o darwinismo pode ser interpretado de forma ateia (159); mas essa interpretação não segue da teoria. "Se você importa o ateísmo em sua concepção de variação e de seleção natural, pode exibi-lo no resultado" (154). Gray reconhece o momento do acaso (que ele corretamente aloca não na seleção, mas na variação) como a maior pedra no caminho. Inúmeras dessas variações "não são melhoras, mas talvez o contrário, e, portanto, são inúteis ou sem propósito, e nascidas para perecer" (156). Contudo, Gray retruca dizendo que a natureza é abundante em instâncias análogas não apenas no mundo inorgânico, mas mesmo entre humanos. "Alguns de nossa raça são inúteis, ou piores, no que diz respeito à melhora da humanidade; ainda assim, a raça pode ser designada para melhorar — e pode, de fato, estar melhorando" (157).

De particular interesse é a afirmação de Gray de que Darwin trouxe de volta a teleologia para a ciência natural, "de modo que, em vez de morfologia *versus* teleologia, deveremos ter morfologia unida com a teleologia" (288). A teleologia (o termo foi cunhado por Christian Wolff), aqui, significa que uma espécie é útil à outra. A razão para esse retorno da teleologia em Darwin é que devemos à ecologia propriamente dita a ideia de mutabilidade das espécies[38]. Se as espécies não são eternas, mas sobrevivem apenas graças a uma constante luta pela existência, então,

> (...) a estrutura de todo ser orgânico é relacionada, na maneira mais essencial, embora frequentemente oculta, à estrutura de todos os outros seres orgânicos com os quais entram em competição pela comida ou por residência, ou dos quais tem de escapar, ou aqueles por elas predados[39].

É essa abordagem holística da natureza que justifica análises de interdependências causais entre diferentes espécies e conduz a uma "restauração da teleologia" (357), como Gray escreve no ensaio final do volume, "Teleologia Evolucionista". Entretanto, isso não é importante apenas para a ciência natural da biologia, mas torna o argumento de *design* mais plausível para os opo-

---

[37] Um argumento análogo pode ser encontrado em KANT, I., *Universal Natural History and Theory of Heaven* [*História natural universal e teoria dos céus*]: a explicação mecanicista da gênese do sistema solar não exclui sua interpretação teleológica (A XX ss., 71).

[38] O termo "ecologia" foi cunhado em 1866 pelo darwinista Ernst Haeckel (ver LEPS, G., Ökologie und Ökosystemforschung, in: JAHN, I. [ed.], *Geschichte der Biologie*, Hamburg, Nikol, 2004, 601-619, 601).

[39] *The Origin of Species*, 127.

sitores que sempre apontaram as estruturas disteleológicas na natureza. "Na teleologia compreensiva e de longo alcance, que pode vir a tomar lugar da anterior, conceitos restritos, órgãos e mesmo faculdades, inúteis ao indivíduo, encontram sua explicação e sua razão de ser. Ou eles foram úteis no passado, ou o serão no futuro" (375). As imperfeições têm a função de manter o processo evolutivo em andamento e de produzir melhores adaptações.

> Nesse sistema, as formas e as espécies, em toda a sua variedade, não são meros fins em si, mas toda a série de meios e fins, na contemplação da qual nós podemos obter visões do *design* na natureza mais amplas e mais abrangentes, e talvez mais dignas, além de mais consistentes do que anteriormente (378).

Novamente, Gray não nega que o argumento de *design* possa ser rejeitado: ele é familiar tanto com as conhecidas objeções de David Hume quanto com as de John Stuart Mill (todavia, não com as de Immanuel Kant). Todavia, ele reitera seu ponto de que, enquanto a questão de *design* no mundo for discutida pelos filósofos, enquanto o mundo existir, não há nada no darwinismo que seja hostil a essa hipótese. Ele apenas nos ensina a olhar a natureza como um todo e encontrar, ou rejeitar, *design* nela como um todo (379). Mas a seleção natural não torna a causa final totalmente supérflua? Gray indica que a seleção só opera se ocorrer variação em direção a novas formas; portanto, não pode explicar o que, de fato, pressupõe (385 s.).

Em suas palestras na Yale, *Natural Science and Religion* [*Ciência natural e religião*], Gray deixa a questão mais clara. Para ele, além de toda a teoria de evolução transespecífica, a própria seleção natural não é uma simples hipótese, e sim uma verdade (46), ao passo que a ideia de que variação é direcional e acidental não desfruta do mesmo estatuto. Mas quaisquer que sejam as causas exatas da variação, ao mesmo tempo ainda desconhecida, a seleção natural não pode ser uma delas e, portanto, não pode explicar, *por si mesma*, a lenta evolução em direção a formas mais e mais complexas (49). Ao mesmo tempo, junto à variação, "o princípio da seleção natural, tomado em seu sentido mais pleno, é o único conhecido a mim que pode ser considerado uma causa real, no sentido científico do termo" (70 s.). É uma causa apenas em união com as leis do mundo orgânico. Todavia, estas permanecem tão surpreendentes antes de Darwin quanto eram antes dele.

> A [seleção natural], cientificamente, é responsável pela formação de cada órgão, mostrando que, em dadas condições, um ocelo sensível, uma mão inicial ou um cérebro, ou mesmo um diferente matiz ou uma textura, devem

ser desenvolvidos como consequência de condições atribuíveis? Ela explica como e por que tanta sensibilidade, faculdade de resposta ao movimento, percepção, consciência, intelecto são correlacionados com tal e tal organismo? Eu respondo: não, de modo algum! A hipótese não faz nada disso. De minha parte, dificilmente eu posso conceber que alguém deveria pensar que a seleção natural é responsável, cientificamente, por esses fenômenos (73).

E, portanto, o argumento de *design* também pode ser utilizado, *se* já se é um teísta (84 s.). O conflito "(...) não é entre darwinismo e criacionismo direto, mas entre *design* e acaso, entre qualquer intenção ou causa intelectual e nenhuma intuição e nem causa primeira previsível" (89). Gray, no fim, menciona que argumentos explícitos a favor do teísmo não vêm do estudo da natureza — esse estudo tampouco os impede. Sua própria razão para acreditar em um princípio divino do mundo é que "(...) ele nos dá uma concepção trabalhável de como 'o mundo de formas e meios' é relacionado com 'o mundo de valores e fins'. A hipótese negativa não dá satisfação mental e nem ética" (91). Gray também aponta em direção a um argumento epistemológico, citando uma frase atribuída a James Clerk Maxwell, "que teria investigado todas as hipóteses agnósticas que conhecia, e descobriu que elas todas precisavam de um Deus para funcionar" (91). Em todo caso, Gray interpreta a evolução como a lenta instanciação dos valores desejados por Deus.

> À medida que as formas e espécies gradualmente avançam daquilo que era praticamente amorfo rumo a uma forma consumada, os fins biológicos crescem e se afirmam em crescente distinção, variedade e dignidade. Vegetais e animais pavimentaram a terra com intenções (93).

Então, ele adiciona algumas reflexões (pouco satisfatórias) à questão "insolúvel" do livre-arbítrio (97) e encerra com alguns argumentos sobre a imortalidade da alma.

Vimos que Darwin, no fim de *Variation*, permaneceu cético em relação à tentativa de Gray de reconciliar teologia natural com darwinismo. Parcialmente, isso se relaciona ao fato de que Gray olha para o darwinismo de uma perspectiva teísta, algo não tão evidente para Darwin[40]. Porém, Darwin nem sequer considerava óbvia a tese muito mais frágil de que sua teoria era *compatível* com o teísmo. Até onde consigo ver, há dois argumentos principais contra a afirmação de compatibilidade. Um dos argumentos não é usado pelo próprio

---

40 Ver MILES, S. J., Charles Darwin and Asa Gray Discuss Theology and Design, *Perspectives on Science and Christian Faith*, v. 23, 2001, 196-201.

Darwin, mas desempenha um papel importante em arrazoados comuns sobre o declínio da fisioteologia. De acordo com ele, todo o conceito de evolução destruiu a teoria de *design*[41], pois uma mente absoluta deve ser capaz de chegar, imediatamente, a seus fins; por que haveria um caminho longo em direção a eles? Todavia, Leibniz discute essa questão e aceita que o progresso rumo à perfeição em seres finitos pode ser compatível com o melhor mundo possível, uma vez que uma mudança rumo ao melhor, em si mesma, pode ser uma perfeição[42]. De fato, pode-se argumentar que tal mundo tem chances de ser mais interessante e desafiante que um mundo absolutamente estável.

O segundo argumento é relacionado, porém, mais específico: Darwin indica o poder redundante da reprodução e os desvios nocivos que seguem da plasticidade e da extrema variabilidade dos organismos. Mesmo que ele não o diga, parece-me que, para ele, a superprodução malthusiana é, de alguma forma, o oposto do princípio de mínima ação que tanto atraiu teólogos naturais no curso do século XVIII. As variações negativas e a superprodução com subsequente seleção não parecem a forma mais rápida como os resultados que Deus pode ter em mente e, portanto, são incompatíveis com a providência[43]. Como essas dúvidas podem ser respondidas? Em relação a variações nocivas, pode-se alegar, com Gray, que a ocorrência de tais desvios já era conhecida antes de Darwin; portanto, sua teoria não adiciona nada negativo aos antigos argumentos a respeito da teodiceia. Pelo contrário, a seleção natural *previne* esses desvios nocivos de se propagar e, portanto, limita os efeitos negativos do acaso e, inclusive, reivindica ser finalista em relação à adaptação[44]. O próprio Darwin, de fato, pensava que uma razão contra o criacionismo especial era estritamente teológica: este atribui resultados bem horríveis à vontade direta de Deus[45]. Como ele escreveu a Gray em uma carta de 2 de maio de 1860: "Eu não consigo me convencer de que um deus beneficente e onipotente poderia ter criado, por desígnio, os *Ichneumonidae* com a intenção expressa de sua ali-

---

41 Ver SCHRAMM, op. cit., 54 e 164 ss., que segue Hans Freudenthal.
42 Cf. seu texto: LEIBNIZ, G. W., Na mundus perfectione crescat, in: LEIBNIZ, G. W., *Kleine Schriften zur Metaphysik*, Darmstadt, Wissenschaftliche Buchgesellschaft, 1965, 368 ss.
43 Em uma carta a Gray de 5 de junho de 1861, Darwin rejeita a ideia de variação designada e escreve: "que enorme campo de variação indesignada há pronto para a seleção natural se apropriar, para qualquer propósito útil a cada criatura". DARWIN, C., *Correspondence*, vol. 9, 162; ver também vol. 8, 275, 389.
44 Ver MCMULLIN, E., Could Natural Selection be Purposive?, in: SECKBACH. J.; GORDON, R. (eds.), *Divine Action and Natural Selection*, Singapore, World Scientific, 2008, 115-125. Darwin já havia defendido essa ideia em DARWIN, C., *Correspondence*, vol. 9, 226.
45 DARWIN, C., *The Origin of Species*, 263.

mentação dentro dos corpos vivos de centopeias, ou que um gato deva brincar com camundongos"[46]. A ferramenta conceitual para lidar com tais fenômenos horrendos (que são facilmente superados pelo sofrimento e pela crueldade humana) é antiga. Quem quer que interprete, a meus olhos, razoavelmente, a onipotência divina como Deus sendo a causa de tudo é bem aconselhado a não desistir da diferença normativa entre diversos estados de coisas. O sofrimento não é desejado por Deus no mesmo grau que o prazer, ainda que seja impossível negar que ambos sejam desejados por ele, se eles ocorrem e se ele deve ser onipotente. A ferramenta intelectual usada por um teísta como Leibniz é dizer que Deus acerta determinados estados intrinsecamente negativos porque eles são, necessariamente, conectados com os estados positivos que ele busca com sua vontade antecedente, isto é, no sentido forte do termo, ainda que independentemente das consequências conectadas a eles[47].

Mas por que Deus aceitou um mundo no qual o sofrimento ocorre, tal como o mecanismo de seleção natural certamente implica? Uma resposta clássica é dizer que um critério decisivo é a simplicidade das leis da natureza, e que isso acarreta sofrimento, inclusive o de humanos inocentes. Mesmo quando se rejeita qualquer "direção" das variações, pode-se argumentar, dentro de uma visão de mundo teísta, que o mecanismo da seleção natural foi escolhido por Deus por quatro razões: em primeiro lugar, a seleção natural é um mecanismo extremamente simples com enorme poder causal — Wallace, em 1859, a comparou com "(...) o governador centrífugo de um motor a vapor"[48]. Em segundo lugar, a superprodução que, junto com a escassez de recursos, variação e herdabilidade dos traços, acarreta a seleção natural como consequência lógica, é uma expressão do princípio de plenitude: todas as formas de vida possíveis são tentadas, mesmo que apenas aquelas capazes de coexistir venham a durar. O valor da vida é a razão pela qual ela tenta se alastrar o tanto quanto possível, mesmo que o preço a pagar seja a luta pela existência, que, então, leva ao desenvolvimento de formas de vida mais complexas. Em terceiro lugar, paradoxalmente, a superprodução é o motivo da criação da escassez, que obriga organismos a se comportar economicamente e a tentar otimizar recursos: portanto, algo análogo ao princípio da mínima ação é imposto aos organismos pela reprodução redundante. E, em quarto lugar,

---

46 DARWIN, C., *Correspondence*, vol. 8, 224.
47 Ver *Essais de théodicee* § 114, VI 166. De maneira similar, TOMÁS DE AQUINO, SANTO, *Summa theologiae* I q. 19 a. 9 c. e q. 49 a.2 c.
48 WALLACE, A. R., *An Anthology of His Shorter Writings*, Oxford, Oxford University Press, 1991, 300.

dentro de um universo determinista, a seleção natural, junto a outras leis naturais e com dadas condições antecedentes, levou aos resultados que Deus desejou, tais como a existência de seres moralmente responsáveis.

III

Espera-se que as reflexões de Asa Gray, apoiadas nas considerações finais, tenham mostrado que o darwinismo e o teísmo não são incompatíveis logicamente, mas, como Gray escreveu, tampouco isso prova que o teísmo é verdadeiro. O teísmo, a suposição de que o mundo foi criado por uma mente absoluta, certamente acarreta uma interpretação teleológica do mundo como um todo, pois mentes agem segundo fins. A ideia inversa, todavia, não parece se manter, pois tanto Aristóteles quanto Arthur Schopenhauer defendem uma interpretação teleológica da natureza, mesmo sem a crença em um deus criador: os fins são imanentes à natureza. Quais são os argumentos a favor do teísmo? O argumento de *design* é, de fato, bem longe de ser convincente. *Se há um princípio divino do mundo, então, temos de interpretar o mundo em termos de fins, mas não é o mundo como tal que força a nós uma interpretação teleológica. Também há muita aparente disteleologia nele. Podemos explicá-la como necessária para fins desejáveis, mas apenas se já tivermos argumentos independentes para um princípio transcendente. Além disso, Hume, nos póstumos Dialogues Concerning Natural Religion [Diálogos sobre a religião natural], de 1779, e Kant, em O único argumento possível em apoio a uma demonstração da existência de Deus, de 1763, e também na Crítica da razão pura, de 1781 (B 648-658/A 620-630), distinguiram, corretamente, as maiores fraquezas do argumento[49]. Sua contribuição duradoura é que o argumento não pode ser fundado em uma base empírica. Iniciando com Hume, ele afirma que nós podemos inferir causas a partir de efeitos quando observamos os dois juntos em outros casos; "mas como esse argumento pode ter lugar onde os objetos são individuais, únicos, sem paralelo ou semelhança específica deve ser difícil explicar"[50]. Além disso, não está claro por que a causa do mundo, ela mesma,

---

49 Ainda é um fato surpreendente, na filosofia comparativa, que o pensador que chegou mais perto da crítica de Hume foi o indiano Ramanuja no século XI/XII no *Sri Bhashya* — um autor, é claro, desconhecido a Hume. Ver YANDELL, K. E., *Philosophy of Religion: A Contemporary Introduction*, London, Routledge: 1999, 205 ss. O fato prova uma estranha convergência no desenvolvimento da mente humana, é-se tentado a dizer: [prova] alguma teleologia na história da filosofia.

50 HUME, D., *Dialogues*, 149.

não precisa de uma causa (161), uma vez que, de acordo com o empirismo, todo o nosso conhecimento se baseia em experiências do mundo; nós podemos apenas dizer que a causa *do* mundo deve ser semelhante a uma das causas de ordem que encontramos *dentro* do mundo, e todas as mentes que conhecemos são finitas. De acordo com Hume: "Esse mundo (...) é muito falho e imperfeito, comparado a um padrão superior; e foi apenas o primeiro ensaio rude de uma divindade infantil, que em seguida o abandonou, envergonhado de sua performance falha" (169); poderia, também, ser a causa comum de várias divindades (167). Além da razão como tema de obras de arte, instinto, reprodução vegetativa e reprodução sexual são também temas de objetos memoráveis. Por que, então, deveríamos supor que uma dessas causas é mais provável de ser a origem do mundo do que outra?

> Qualquer um desses quatro princípios supracitados (e centenas de outros que estão abertos a nossa conjectura) pode nos fornecer uma teoria com base na qual julgamos a origem do mundo; e é uma parcialidade palpável e egrégia confinar nossa visão inteiramente a esse princípio pelo qual nossas mentes operam (178).

Pode-se negar a última frase adotando uma teoria cartesiana da prioridade epistemológica da perspectiva de primeira pessoa; mas, caso isso não seja feito, então a suposição de Hume "de que o mundo surgiu por vegetação de uma semente lançada por outro mundo" não é menos racional que a crença na criação do mundo por uma mente. Hume é ciente do fato de que há também um argumento *a priori* pelo teísmo, a saber, a combinação da prova cosmológica e ontológica proposta por Demea, mas seus interlocutores, Cleanthes e Philo, são unânimes em rejeitá-lo (188 ss.)[51].

Já na *História natural universal e teoria do céu*, de 1755 (A XVI s.), e, particularmente, em *O único argumento possível em apoio a uma demonstraçao da existência de Deus*, de 1763, Kant defende que o argumento de *design* só poderia provar a existência de um arquiteto, e não de um criador do mundo (A 116), e que não mostraria que a causa do mundo é perfeita, nem mesmo uma só (A 199 ss.). A primeira crítica é repetida na primeira *Crítica* (B 655/A 627),

---

51 Os contra-argumentos de Cleanthes, parcialmente, imploram a pergunta e, parcialmente, fazem pressupostos errados, portanto, ele confunde causas com razões (190) e, como Philo, aponta para o problema muito diferente de que a necessidade de Deus pode acarretar a necessidade do mundo (191) e, portanto, uma concepção spinozista, devemos deixar aberto se Hume compartilhou de todos os argumentos por Cleanthes, que, em outras partes do diálogo, argumenta de maneira embaraçosamente ruim.

onde a noção geral é expressa de que a causa inferida pode apenas ser proporcional ao efeito. A via empírica, portanto, nunca pode levar a uma totalidade absoluta (B 656/A 628)[52]. O argumento físico-teológico só pode levar a um ser absoluto por meio de uso sub-reptício do argumento cosmológico, que quer demonstrar um ser necessário e que, em si, pressupõe o argumento ontológico. De acordo com o Kant tardio, todavia, a forma cosmológica e a ontológica são, também, irremediavelmente falhas, ao passo que o jovem Kant ainda defendia uma nova versão da prova ontológica, da qual ele desistiu posteriormente. Ainda assim, como é bem sabido, a contribuição de Kant à teologia natural não é limitada ao trabalho destrutivo feito em *O único argumento possível* e na primeira *Crítica*. A *Crítica da razão prática* introduz Deus como um postulado da razão prática [pura] (A 223 ss.), e mesmo que o estatuto epistemológico do postulado seja pouco claro e controverso, claramente, Kant pode afirmar ter dado um novo fundamento ao argumento moral para a existência de Deus. Isso se liga à ruptura radical de Kant com a ética eudaimonista: a questão do que é nosso dever não pode ser reduzida à questão do que nos torna felizes. Mas, se o fato moral não pode ser reduzido a desejos naturais como o de felicidade, então, o dever moral não é parte deste mundo. Mas como ele pode operar no mundo? Como nós temos um dever de agir de acordo com a lei moral se o mundo natural não é um princípio maleável às demandas do dever? Kant lida com essas questões na *Crítica da faculdade de julgar*, de 1790, cuja segunda parte, a "Crítica da faculdade de julgar teológica", é a mais impressionante defesa do pensamento teleológico na modernidade após o colapso da fisioteologia tradicional. A defesa de Kant, todavia, insiste na teleologia sendo um princípio regulador, e não constitutivo (B 270): é um princípio subjetivo para se julgar os fenômenos. Kant reitera sua opinião de que a fisioteologia não cumpre o que promete, pois não tem potencial algum para resolver o problema do fim último da natureza (B 401); e não pode inferir uma causa com qualidades absolutas — se for o caso, a razão prática secretamente está fornecendo o que a razão teórica, por conta própria, não consegue fazer (B 404)[53]. De fato, baseado em argumentos puramente físico-teoló-

---

[52] Para ser justo, deve-se mencionar que, por exemplo, Paley está ciente de que os atributos que se pode conferir à causa do mundo são apenas "além de toda comparação" (*Natural Theology*, 443 s.).

[53] Ver também o ensaio de Kant de 1788 *On the Use of Teleological Principles in Philosophy*, A 36 s. Trad. bras.: KANT, I., Sobre o uso de princípios teleológicos na filosofia de Kant, trad. M. Pires, *Trans/Forma/Ação*, v. 36, n. 1. (2013) 211-283. Disponível em: <http://www2.marilia.unesp.br/revistas/index.php/transformacao/article/view/2923/2248>. Acesso em: 28 jan. 2020.

gicos, a causa do mundo poderia agir tanto por instinto quanto por razão (B 409). Apenas a ético-teologia pode levar a um verdadeiro conceito de Deus; a fisioteologia, por conta própria, pode muito bem levar a uma forma de demonologia (B 414). O fim último que nós, sempre cientes da natureza subjetiva dessa atribuição, devemos atribuir a Deus dentro da ético-teologia é o de seres humanos sob leis morais (B 415 s.). Sob esse fundamento, todavia, uma interpretação teleológica da natureza, dentro da qual nós, humanos, permanecemos inevitavelmente conectados, é legítima (B 419).

Certamente, nenhuma tentativa contemporânea de fazer sentido da teleologia na natureza pode ignorar Kant[54]. As principais razões pelas quais a visão de mundo propagada atualmente por neodarwinistas como Dawkins é tão pouco atraente são os dois âmbitos da normatividade e da mente. O naturalismo não faz justiça ao fato de que, como pessoas, nós temos, inevitavelmente, fins intelectuais e morais últimos que não podem ser reduzidos à execução de programas biológicos. Pode-se tentar explicar casualmente — por exemplo, por meio de fins sociobiológicos — como nossos conceitos morais se desenvolveram, ainda que essas tentativas de explicação, de fato, lancem luz sobre a *gênese* de algumas de nossas ideias — por exemplo, no campo da moralidade sexual, eles são, em princípio, incapazes de explicar de onde procede a *validade* de nossas convicções morais. Este é o problema geral de qualquer arrazoado *meramente* evolucionista: o espaço de razões, tanto nas esferas teóricas quanto nas práticas, é irredutível ao campo das causas. Uma vez que pensar e argumentar são ações e a ação é, inevitavelmente, orientada a fins, precisamos de uma teoria da finalidade para dar sentido ao que nós, como seres pensantes e atuantes, somos. Isso é, como Kant compreendeu corretamente, o ponto de partida de qualquer teleologia. Mas por que não é suficiente supor a natureza como mero reino de causas de um lado e racionalidade como uma esfera independente, do outro?

A resposta é que a unidade da natureza que foi apontada tão poderosamente pela biologia evolucionista é, de fato, hostil a qualquer teoria dualista do ser. Os únicos agentes racionais e morais que conhecemos são, afinal de contas, animais complexos, e, se não é plausível supor que as exigências morais categóricas impostas aos humanos são apenas o resultado de uma evolução contingente, então, é tentadora a ideia de que o desenvolvimento de seres morais foi um fim da natureza. Mas agentes com fins morais são o único fim

---

54   Isso não significa dizer que todas as suas ideias no campo da filosofia da religião são válidas. Portanto, a crítica de Kant não derruba a prova ontológica na versão proposta por PLANTINGA, A., *The Nature of Necessity*, Oxford, Clarendon, 1982, 197 ss. Sua validade e sua solidez eliminam as limitações subjetivas a que Kant sujeita juízos teleológicos.

da natureza? Parece um antropocentrismo bruto considerar a natureza préhumana como se fosse dotada de valor apenas instrumental para os humanos. É mais plausível ver, na lenta evolução da mentalidade e na capacidade de ter propósitos, outro fim da natureza. Mesmo que haja mecanismos causais para o desenvolvimento das espécies e, provavelmente, também, para a origem da vida, dificilmente se poderá negar que a vida, com sua adaptação aos órgãos e o todo do organismo, é caracterizada por uma forma de teleonomia, distinta tanto do reino inorgânico quanto da finalidade racional dos humanos. E não há nada incompatível com a ciência moderna quando se interpreta o desenvolvimento de objetos inorgânicos rumo a organismos e mentes autoconscientes como um desdobramento de fins cada vez mais complexos: produzir entidades que têm fins progressivamente complexos é, por assim dizer, um fim ou da natureza ou de seu criador; e o fim maior é a geração de um ser que pode questionar a respeito do que é um fim último[55].

Contudo, não há apenas fins práticos para agentes racionais, tais como justiça; um fim teórico deve ser um reconhecimento da verdade, sem o qual nem a ciência nem a filosofia fazem sentido. Ora, esse fim pressupõe duas coisas: primeiro, deve haver seres racionais capazes de seguir inferências, e, em segundo lugar, a natureza deve ser inteligível. Isso abrange implicações para a forma como a natureza deve ser estruturada. Caso se rejeite o interacionismo, isto é, a ideia de que estados mentais podem causar estados físicos, o argumento de seleção natural falhará em *explicar* o desenvolvimento de estados mentais, pois eles não serão úteis. Sem dúvida, se enganam aqueles que declaram que o epifenomenalismo é inconsistente com o darwinismo, pois pode-se supor que existam leis de superveniência garantindo que haja certos estados mentais que acompanham determinados estados físicos. Mas, como já sabemos, a existência de tais leis é pressuposta, e não explicada, pelo darwinismo. Há, todavia, uma questão adicional. Se quisermos levar nossos próprios pensamentos a sério, teremos de supor que alguns dos estados físicos do cérebro são tão interconectados causalmente que os estados mentais correspondentes, por exemplo, em uma dedução lógica, são, também, logicamente conectados. Tal pressuposto não é simplesmente um pensamento mágico; é a

---

55 Para uma elaboração concreta da forma como valores transcendentais são realizados na evolução, ver meu ensaio: HÖSLE, V., Objective Idealism and Darwinism, in: HÖSLE, V.; ILLIES, C. (eds.), op. cit., 216-242. Sobre uma interpretação teleológica possível de evolução em direção a humanos, ver WANDSCHNEIDER, D., "On the problem of Direction and Goal in Biological Evolution", in: HÖSLE, V.; ILLIES, C. (eds.), op. cit., 196-215. A respeito da superação do dualismo entre natureza e dever, ver ILLIES, C., *Philosophische Anthropologie im biologischen Zeitalter*, Frankfurt, Suhrkamp, 2006.

pressuposição transcendental de alguma investigação racional[56]. Uma explicação teleológica análoga poderia ser dada para aqueles parâmetros constantes da natureza, sem os quais a vida, ou a vida inteligente, não poderia ter se desenvolvido (é claro, não é possível justificar *todas* as leis naturais com tais considerações). Pode-se objetar que é um fato bruto que tal afinação defende, mas parar em fatos brutos raramente ajuda a ciência e a filosofia. Nossa curiosidade filosófica será mais bem satisfeita se pudermos reduzir as leis a um princípio do mundo que é, ele próprio, uma mente, e quer ser reconhecida por mentes finitas intramundanas. Tal redução é semelhante, em espírito, à satisfação da curiosidade científica, como quando o darwinismo não mais tinha de aceitar as espécies diferentes como meros fatos, mas poderia explicar sua existência. Contudo, é claro, no caso de explicações metafísicas, estão em jogo *razões*, e não *causas*, como nas explicações científicas. Explicações alternativas, não teleológicas, desses parâmetros constantes dificilmente podem convencer. É extraordinariamente implausível que eles e todas as leis da natureza sejam determinados pela lógica, como Spinoza parece ter acreditado. O modelo de multiverso, a ideia de que nosso mundo é apenas um entre tantos outros mundos, não contém tais fatores teleológicos — por outro lado, é inverificável por definição; e não há nada metafisicamente atraente na multiplicação de mundos atuais[57]. Ademais, o argumento pode ser facilmente espelhado para diminuir o fardo da teodiceia; se desfrutamos da ideia de que há muitos mundos atuais, talvez Deus tenha criado todos os mundos possíveis nos quais o bem se equilibra com o mal; nós estamos em tal mundo, mas não em um mundo com valor máximo.

A natureza, de acordo com esse arrazoado, não deve apenas ser estruturada de modo a produzir mentes; ela deve, também, ser inteligível. E isso significa que precisamos da razão para buscar teorias que são tão simples quanto férteis. Desnecessário dizer, qualquer boa teoria científica deve corresponder aos fatos empíricos; mas corresponder a eles é uma condição necessária, porém não suficiente para a qualidade da teoria científica. Já na *Crítica da razão pura*, Kant insistiu em afirmar tais princípios reguladores como a contínua

---

56   Ver cap. 5 desta obra.
57   Precisamos distinguir a concepção de multiverso no sentido estritamente modal do conceito de Lee Smolin sobre "seleção natural cosmológica", uma vez que, segundo ela, novos "universos" são criados pelo colapso de buracos negros, todos eles formando um novo mundo, mesmo que alguns parâmetros constantes possam diferir em vários "universos". A teoria é científica, e não metafísica, e não acrescenta nada ao fato bem conhecido de que apenas pequenas partes do mundo são lugares para a vida e para a mente. Além disso, a teoria tem pouco a ver com a seleção natural.

scala naturae de criaturas (B 670 ss./A 642 ss., especialmente B 696/A 668); na *Crítica da faculdade de julgar* (B XXVIII ss.), eles são interpretados como uma expressão da finalidade formal da natureza.

A teoria de Darwin, certamente, é uma das teorias científicas mais poderosas, pois aperfeiçoa a consiliência de várias disciplinas biológicas, mas também da biologia e das ciências lidando com humanos. Baseada em um argumento muito simples, nos permite encontrar causas para entidades como espécies que, antes dele, resistiam a qualquer explicação. Não nega, de modo algum, a complexidade e a beleza do mundo orgânico, mas nos ensina a vê-lo como uma rede complexa e frágil. Esse mundo pode facilmente ser destruído, e, para sua preservação, nós, humanos, mantemos uma responsabilidade moral, que aumenta nossa fé na inteligibilidade e, portanto, na finalidade formal da natureza por um preço muito modesto: não podemos mais pular diretamente para a Causa Primeira quando não compreendemos, ainda, as causas secundárias relevantes.

CAPÍTULO 3

Estratégias de teodiceia em Leibniz, Hegel e Jonas

Muito foi escrito sobre a importância moral, política e social da religião; mesmo intelectuais críticos concordam a respeito disso facilmente de imediato. Contudo, presumivelmente, a relevância teórica da religião não é inferior ao seu significado prático. Ao defender proposições que parecem contraintuitivas, a religião forçou a mente humana a assumir uma perspectiva sobre a realidade que difere da visão cotidiana; de fato, levou a mente humana a atingir abstrações e justificativas que são capazes de encantar até mesmo aqueles que não conseguem se identificar com o conteúdo dessas afirmações. Isso se aplica, especialmente, ao teísmo; a existência do qual foi chamada de "milagre" por um ateu como John L. Mackie, embora com certa ironia[1]. A teoria de que existe um deus onipotente, onisciente e absolutamente bom não se sugere espontaneamente à consciência natural; de fato, não foi desenvolvida até relativamente tarde na história da humanidade. Logo, encontrou resistências que têm seu ponto de partida, entre outras origens, na questão da teodiceia, isto é, na questão que se propõe a descobrir como a existência de Deus com esses três atributos pode ser reconciliada com a existência dos males[2]. Entre esses atributos, pode-se contar, em primeiro lugar, com as imperfeições físicas, tais como

---

1 MACKIE, J., *The Miracle of Theism: Arguments for and against the Existence of God*, Oxford, Oxford University Press, 1982.

2 Comparar, por exemplo, SWINBURNE, R., *The Existence of God*, Oxford, Oxford University Press, 1979, 200 ss. Trad. bras.: *A existência de Deus*, trad. A. Cuoco, Brasília, Academia Monergista, 2015.

a ocorrência de disteleologias no mundo orgânico que não são associadas com a dor, mas, também, em segundo lugar, com o sofrimento que certamente devemos atribuir a seres humanos, mas que, com boas razões, podemos também atribuir aos animais. A causa desses males pode ser de natureza física (isto é, doenças orgânicas), mas pode ser também de natureza diretamente psíquica (como é o caso de inúmeras doenças mentais). Em alguns casos, a causa do sofrimento é particularmente indigna, a saber, no caso do mal moral, que constitui a terceira categoria do mal — embora, em algumas teodiceias, seja considerado um problema menor, uma vez que está mais distante de Deus como a Primeira Causa do que as outras formas de mal.

Contudo, não é de modo algum meramente o caso de diferentes estratégias da teodiceia resultarem de conceitos distintos de Deus; o fracasso de diferentes estratégias da teodiceia, inclusive, conduziu a uma modificação do conceito de Deus. Há aparentemente uma interação entre a história do conceito de Deus e a história dos esforços de teodiceia; de fato, pode-se dizer que, em nosso tempo, o reconhecimento da existência do mal, especialmente do mal moral, tem evidência muito maior do que a crença na existência de Deus — em parte, graças a um maior ceticismo quanto a doutrinas *a priori* sobre Deus; por outro lado, por causa de maior sensibilidade moral e, também, em virtude um forte sentimento de autonomia, que é sensível a qualquer tentativa de sua instrumentalização, notavelmente para propósitos metafísicos. Não é mais um teísmo clássico que se apresenta dentro da questão da teodiceia, mas vice-versa; inicia-se com a objeção da existência do mal e tenta-se identificar qual conceito de Deus pode lidar melhor com isso.

No que segue, eu considero a capacidade de diferentes conceitos de Deus em oferecer uma solução à questão da teodiceia, e me concentro exclusivamente na dimensão abstrata da filosofia da religião. Ninguém nega que haja, também, uma dimensão existencial da questão da teodiceia — algumas pessoas se tornam ateias em consequência de golpes individuais do destino (outras, todavia, se tornam teístas em virtude de golpes do destino semelhantes); mas, da perspectiva da filosofia da religião, o sofrimento que afeta o estranho é semelhante ao sofrimento que afeta a si mesmo; de fato, do ponto de vista humano, é compreensível uma religiosidade que não é afetada pelo conhecido alcance do sofrimento humano, na medida em que afeta os outros, mas que começa a perder a credibilidade quando sofre uma grande perda. Todavia, essa postura não é moralmente respeitável com base em uma ética universalista. Assim como não lida com a questão psicológica, esse ensaio não aborda a dimensão sociológica da questão da teodiceia. Max Weber, certamente, está correto — as diferentes formas nas quais as diversas religiões lidam com o problema do sofrimento têm importantes consequências para a estrutura de uma sociedade[3]. Todavia, por mais interessantes que possam ser as consequências sociais de uma teoria, a filosofia está primariamente interessada na questão da verdade ou da falsidade de uma teoria — completamente independente de suas consequências.

A experiência religiosa original supõe a existência de uma multidão de poderes numinosos que interferem na vida humana, e muitos desses poderes são considerados perigosos — de fato, maliciosos e viciosos —; logo, o mal e o mal moral não existem apesar dos deuses, mas por causa deles. O dualismo do Avesta supõe um Deus especial como o princípio do mal moral. De modo semelhante, a antiga monolatria do povo de Israel não excluía a existência de outros deuses, mas, sim, meramente proibia sua adoração com base na suposição de uma característica peculiar de Javé que nem sempre consideraríamos positiva em seres humanos — o ciúme. Quanto mais essa monolatria se desenvolveu em henoteísmo e, finalmente, em monoteísmo, mais a existência do sofrimento se tornou um problema. Uma resposta óbvia dentro de uma religião que era decisivamente caracterizada pela categoria do pacto era que o sofrimento consistia em penalidade por uma quebra do pacto; e, de fato, essa resposta desempenhou um papel central na teologia da história dos livros históricos do Antigo Testamento. A grandeza do livro de Jó consiste no fato de que essa resposta, a que os amigos de Jó se atêm obstinadamente, é abandonada — pode haver sofrimento humano que não possa, em nenhuma condição, ser interpretado como castigo. Em meu juízo, a rejeição da falsa resposta é a verdadeira aquisição do livro, muito mais que a resposta positiva, aludida em direção ao fim e que, provavelmente, rompe com a ideia de um deus moral, já que Deus aparece como um poder último que não está limitado por ideias humanas de justiça.

Afinal de contas, a questão da teodiceia é relativamente fácil de resolver — ou, melhor, ele sequer aparece — quando se sacrifica o postulado de que Deus é, pelo menos até certo ponto, inteligível. Mas, então, o apelo intelectual da questão da teodiceia desaparece completamente; pois a posição de que Deus é onipotente, onisciente e perfeitamente bom, mas que sua bondade é compatível com a existência do mal e do mal moral de maneira fundamentalmente ininteligível a nós, é um sacrifício do intelecto. Tal sacrifício pode conter outros apelos; o apelo intelectual, por definição, ele não tem. A filosofia só pode

---

[3] Cf. WEBER, M., *Wirtschaft und Gesellschaft*, Tübingen, J. C. B. Mohr [Paul Siebeck], 1980, 314 ss.: parte dois, cap. 5, § 8: "*Das Problem der Theodizee*" [*O problema da teodiceia*]. M. Weber, *Wirtschaft und Gesellschaft. Grundriss der verstehenden Soziologie*, Tübingen, 1980. Trad. bras.: WEBER, M., *Economia e sociedade: fundamentos da sociologia*, trad. R. Barbosa e K. E. Barbosa, 4ª ed., Brasília, Editora UnB, 2000, 2009 (reimpressão).

levar uma teologia a sério se esta buscar racionalidade; e uma teologia só pode ser racional se ela atribui a seu sujeito, isto é, Deus, uma racionalidade que seja filosoficamente acessível — pelo menos em princípio, embora não até os últimos detalhes. É claro, há vastas diferenças entre racionalidade finita e infinita, mas essas diferenças não estabelecem uma incomensurabilidade; a consequência necessária da qual seria a impossibilidade de uma teologia racional.

A questão da teodiceia também não se apresenta quando se defende uma posição relacionada ao pensamento mencionado anteriormente, embora seja diferente dele. De acordo com ela, o critério para o que é "bom" reside apenas na vontade de Deus, pois, na medida em que se interpreta a criação como manifestação da vontade divina e não há critério avaliativo que transcenda essa vontade, dificilmente se pode falar de um mundo ruim — pois o que Deus fez é bom por definição. Dentro do quadro do voluntarismo, poderia ser argumentado que existe uma contradição entre as normas morais determinadas por Deus por meio de uma decisão arbitrária para o ser humano e os princípios aparentes de sua criação; mas a resposta voluntarista a isso é que Deus, como um soberano absoluto, não é limitado pelas normas que ele emite aos outros. É claro que essa "solução" para a questão da teodiceia é ainda mais perigosa do que a primeira, que se contenta com solapar qualquer tipo de argumentação clara e coesa; pois [essa segunda solução] destrói o senso de natureza absoluta da moralidade e faz Deus indistinguível de um tirano onipotente. Como Immanuel Kant observa, apropriadamente, em "Sobre o fracasso de todas as tentativas filosóficas de teodiceia", no que tange à opinião de que

> (...) erramos quando consideramos aquilo que é lei apenas relativamente a humanos nessa vida como uma lei por si e, portanto, defendemos que o que parece ser inapropriado de acordo com nossa consideração das coisas de uma perspectiva tão baixa também o seria quando considerado do ponto de vista mais elevado. Essa apologia, na qual a defesa é pior que a acusação, não requer refutação, e certamente pode ser livremente deixada ao desprezo de toda pessoa que tem o mínimo sentimento de moralidade[4].

---

4   "(...) wir darin irren, wenn, was nur relativ fur Menschen in diesem Leben Gesetz ist, wir für schlechthin als ein solches beurteilen, und so das, was unsrer Betracheuung der Dinge aus so niedrigem Standpunkte als zweckwidrig erscheint, dafür auch, aus dem höchsten Standpunkte betrachtet, halten": "*Diese Apologie, in welcher die Verantwortung ärger ist als die Beschwerde, bedarf keiner Widerlegung; und kann sicher der Verabscheuung jedes Menschen, der das mindeste Gefuhl für Sittlichkeit hat, frei überlassen werden*". KANT, I., *Über das Misslingen aller philosophischen Versuchen in der Theodizee*, A 201. Próximo do fim do tratado, todavia, a opção kantiana por uma teodiceia autêntica em vez de uma doutrinal resvala em uma proximidade não pretendida com o voluntarismo.

Enfim, a questão da teodiceia também se dissolve quando — começando de pressuposições completamente diferentes, mas alcançando uma conclusão similar como o voluntarismo — considera "bem" e "mal" como termos que fazem sentido apenas como referência a seres finitos. Essa é a posição de Spinoza, cujo deus não é um ser moral. (Pode-se, é claro, perguntar se, então, ainda faz sentido falar de "Deus". Mas Spinoza o faz sem reservas, e eu não teria problema algum de me referir à filosofia de Spinoza como um monoteísmo amoral, e não escatológico, dentro de uma taxonomia de conceitos de monoteísmo — mas tampouco eu teria problemas se outros quisessem usar o termo "monoteísmo" de maneira mais restritiva; não se deve brigar por nomes.) Pode-se dizer que Spinoza nega a Deus o predicado "perfeitamente bom", mas essa interpretação poderia se desencaminhar, na medida em que Spinoza, na terminologia de Hegel, não fornece um juízo negativo, mas negativamente infinito, sobre a proposição "Deus é perfeitamente bom". Deus, para ele, não é apenas limitadamente bom, ou mesmo mal, mas fica além da esfera da moralidade, a aplicação da qual leva Spinoza a erros de categoria (como a atribuição de propriedades da cor aos números). Todavia, ainda que a questão da teodiceia se dissolva nessa abordagem (assim como nos dois casos anteriores), uma vez que, agora, uma contradição não pode mais se desenvolver entre uma benevolência de Deus e a existência do mal, essa solução pode ser comparada à cura de uma dor de cabeça por decapitação. Quem considera a prova moral de Deus uma das duas maiores provas de Deus não pode aceitar uma teologia filosófica de acordo com a qual Deus não é mais um ser moral — ao menos, sem o sentido do termo "moral" que ainda é inteligível a nós.

Não obstante, é possível dizer que a questão da teodiceia, em toda a sua dificuldade, pressupõe a revolução do conceito de Deus por Spinoza. Essa proposição pode ser surpreendente por duas razões — de um lado, porque eu me referi, antes, ao livro de Jó, que lida com um percursor da questão da teodiceia e, de outro, porque eu disse que o deus de Spinoza está além do bem e do mal e, portanto, escapa da questão da teodiceia. De fato, essa proposição precisa ser explicada. Em resposta à primeira objeção, a tensão entre a existência de deuses bons e poderosos e a existência do mal foi reconhecida bem cedo — mesmo em religiões politeístas. Em Ésquilo e Sófocles (mas não mais em Eurípedes), a tragédia grega luta por um equilíbrio entre o sofrimento e a crença em um poder divino que, em meu juízo, não é amoral; portanto, a acusação final de Hyllus em *As Traquínias* de Sófocles, contra o pai divino de Hércules, que está sofrendo uma morte terrivelmente excruciante, pois ele foi pai de crianças e condena seu sofrimento (V. 1.266 ss.), permanece em tensão enigmática com o verso final (V. 1.278): "(...) e nenhuma dessas coisas que não é Zeus". Na filosofia grega, Trasímaco conclui, da ausência de justiça entre seres humanos, que os deuses não se importam com atividades humanas[5]. Que o cristianismo lidou com a questão da teodiceia desde muito cedo, isso é um conhecimento comum; afinal, o próprio Gottfried Wilhelm Leibniz usa elementos de teorias patrísticas e escolásticas repetidamente em sua *Teodiceia*[6].

E, ainda assim, tudo isso não muda o fato de que Leibniz não apenas cunhou o termo "teodiceia" — ele também radicalizou a teoria de maneira completamente nova. Desde Leibniz, essa questão é muito mais difícil de resolver do que antes dele; de fato, pode-se até dizer que seria necessária uma inteligência como a sua para buscar uma solução. (Eu me lembro desta piada bem conhecida: se o réu contrata um advogado muito bom, a audiência supõe que sua situação seja bem desesperadora — mas quão desesperadora deve ter sido a situação de Deus no século XVIII, se ele precisou criar uma inteligência como a de Leibniz com o propósito de escrever uma teodiceia!) Essas dificuldades são uma consequência da reformulação do conceito de Deus por Spinoza. Mas — com isso, chego à segunda objeção — é claro que não estou me referindo às modificações que transformam Deus em um ser amoral e, portanto, rompem com a teoria da teodiceia, pois Leibniz desfez tais modificações e, com isso, apenas resgatou a questão da teodiceia. Contudo, ele a recuperou de maneira significativamente mais séria, porque assumiu as outras modificações do conceito de Deus por Spinoza. Em que elas consistem? A melhor forma de interpretar a metafísica de Spinoza é lê-la como uma teologia racional da ciência moderna[7]. Como René Descartes, Spinoza quer estabelecer uma base racional para a ciência moderna; como Descartes, ele pensa que a certeza absoluta que a ciência moderna busca não é atingível sem um conceito de Deus. Três convicções, todavia, o distinguem de Descartes: primeiro, o fato de que a autoevidência do eu não pode ser a primeira base da filosofia, mas deve ser colocada dentro do quadro de uma teoria do ser; em segundo lugar, esse racionalismo implica que todas as proposições devem ser justificadas e, sobretudo, todos os eventos devem ser determinados causalmente; em terceiro lugar, que uma interação real entre o físico e o mental é impensável. Seu sistema resulta, em grande parte, dessas pressuposições. No

---

5 DIELS, H.; KRANZ, W. (eds.), *Die Fragmente der Vorsokratiker*, 3 vols., Berlin, Weidmann, 1954, 85 B 8. A formulação do problema em Epicuro é clássica, cf. Lactantius, *De ira Dei* 13, 20 s.

6 Cf. SCHENK, R., *Daedalus medii aevi? Die Labyrinthe der Theodizee in Mittealter, Jahrbuch für Philosophie des Forschungsinstituts für Philosophie Hannover*, v. 9, 1998, 15-35.

7 Eu sigo CURLEY, E., *Spinoza's Metaphysics*, Cambridge, MA, Harvard University Press, 1969, e BENNETT, J., *A Study of Spinoza's "Ethics"*, Indianapolis, Hackett, 1984.

ápice do ser, de acordo com Spinoza, há uma estrutura que se fundamenta à maneira da prova ontológica, a *causa sui*, que se manifesta em diferentes leis da natureza, tendo distintos graus de generalidade; adicionalmente a essa cadeia vertical de dependência, há uma cadeia horizontal de eventos, nos quais todo evento é plenamente determinado pelas condições antecedentes e pelo sistema de leis naturais. Spinoza não responde à questão de como as leis da natureza, ou a cadeia completa de condições antecedentes, seria explicada; mas, como ele claramente atribui a elas a modalidade da necessidade, poder-se-ia interpretá-lo como se pensasse que as leis da natureza são logicamente necessárias — e, evidentemente, não o são.

I

Representa a qualidade de uma solução o fato de ela conseguir resolver duas ou até mais questões que estiverem abertas em uma teoria anterior de um só golpe. Leibniz, que foi profundamente influenciado por Spinoza — ele o visitou pessoalmente em 1676 —, rejeita seu uso vago do conceito de necessidade, bem como sua negação dos atributos morais de Deus (e, além disso, a ausência de uma teoria satisfatória da individualidade subjetiva). De acordo com ele, em primeiro lugar, Deus é um ser moral, de fato, perfeitamente bom; e, em segundo lugar, é sua bondade perfeita — não a lógica formal — que explica por que o mundo é como é. O mundo não é baseado em uma necessidade lógico-matemática, mas em uma necessidade moral. Há — na continuidade da revolução dos conceitos de moralidade por Henrique de Ghent e Duns Escoto, que Spinoza parece não ter absorvido — um número infinito de mundos possíveis, fora dos quais apenas um é real — a saber, o nosso. E esse mundo é real porque é o melhor dos mundos possíveis e porque Deus como um ser perfeitamente bom, onisciente e onipotente é, necessariamente, aquele que cria o melhor dos mundos possíveis (o que não implica, dentro da lógica modal de Leibniz, que Deus necessariamente cria o melhor mundo possível). Que Deus é perfeitamente bom, onisciente e onipotente segue, para Leibniz, da prova ontológica de Deus, a saber, a via das perfeições, de acordo com as quais deve-se atribuir a Deus todas as propriedades positivas ao mais elevado grau. Ora, não foi apenas o senso comum de Voltaire (cujo *Cândido* é um romance prazeroso, mas não uma importante contribuição à metafísica) que não poderia vir a termos com a tese do melhor de todos os mundos possíveis; não só ela fica em um contraste antitético com a visão ainda mais contraintuitiva de Schopenhauer de que o nosso mundo é o pior de todos os mundos possíveis[8]; ela também contradiz a compreensão medieval do problema. No sexto artigo da vigésima quinta questão da primeira parte da *Suma teológica*, Tomás de Aquino questiona se "Deus pode fazer coisas melhores do que ele faz", e o afirma enfaticamente[9]. É verdade que ele menciona, preliminarmente, os argumentos que parecem favorecer uma negação da questão. Dois se referem à dogmática cristã e podem ser negligenciados em nosso contexto. Os outros dois são de natureza mais geral: Deus fez tudo da maneira "mais poderosa e mais sábia"[10] e, portanto, não poderia fazer nada melhor do que aquilo que ele fez; e o mundo em sua inteireza é muito melhor do que os seres individuais, extraordinariamente bom, e não poderia se tornar melhor. Mas, contra isso, Tomás de Aquino objeta que Deus não poderia tornar algo "melhor" (*melius*) caso se entenda o termo em um sentido adverbial, isto é, implicando "o feitor" (*ex parte facientis*), mas poderia fazê-lo caso se interprete o termo como um adjetivo, isto é, implicando "a coisa feita" (*ex parte facti*). É verdade, ele diz, que há algumas coisas que não podem ser mudadas e, portanto, não podem ser melhoradas, sem perder sua natureza (por exemplo, números), mas, falando de modo geral, deve-se distinguir entre melhoras com relação aos *essentialia*, que abolem algo, e melhoras que dizem respeito aos *accidentalia*, que são bem possíveis. Além disso, embora também seja verdade que, em um dado conjunto de coisas, as imperfeições deste mundo contribuem para a harmonia de sua ordem, isso não implica que nenhuma outra ordem, melhor, poderia existir, caso se pressuponha coisas diferentes.

É óbvio que o último argumento não toca Leibniz, de modo algum. O ponto crucial de Leibniz é: um mundo diferente do apresentado é possível, caso se faça outras pressuposições; mas ele pensa que um Deus que não prefere o melhor mundo não pode mais reivindicar o predicado "perfeitamente bom". E, considerando a distinção entre "o feitor" (*ex parte facientis*) e "a coisa feita" (*ex parte facti*), não é difícil ver que não faz sentido para um deus criador onipotente; pois o *factum* é função do *faciens* e não tem autonomia, na medida em que não se aceite um princípio da matéria que independa de Deus.

---

[8] SCHOPENHAUER, A., *Die Welt als Wille und Vorstellung*, Zürich, Diogenes, 1977, IV 683. Adendo ao livro 4, cap. 46. Schopenhauer diz entregar a prova para a sua tese, mas a prova é indutiva e, como tal, carregada de dificuldades análogas às da prova teleológica de Deus. Leibniz, todavia, deriva sua tese dedutivamente da prova ontológica de Deus. Além disso, disteleologias ou sofrimentos podem ser explicados por Leibniz apontando a simplicidade das leis da natureza de nosso mundo, já que isso é um valor positivo; mas Schopenhauer não pode usar o mesmo argumento para explicar por que o mundo não contém ainda mais sofrimento do que ele engloba.

[9] Em latim, "*utrum Deus possit meliora facere ea quae facit*".

[10] Em latim, "*potentissime et sapientissime*".

Pode-se dizer, sobre um escultor extraordinário, que ele fez a melhor coisa possível com uma pedra, mas a pedra poderia ter sido melhor. Contudo, se o escultor é também o criador da pedra, ele deve encarar a questão sobre "por que ele não criou uma pedra melhor". De fato, é fácil ver em qual princípio o compromisso leibniziano com Deus ao melhor de todos os mundos possíveis se baseia — é o princípio de razão suficiente. Como um ser racional, Deus deve ter uma razão para preferir esse mundo a outro, e, para um ser moral, isso só pode ser o valor do mundo. É verdade que Leibniz não nega que o mundo seja uma espécie de queda em relação a Deus; mas ele quer saber por que essa "queda" tem essa forma, e nenhuma outra.

Ora, poder-se-ia tentar, contra Leibniz, argumentar que Deus criaria o melhor dos mundos possíveis se existisse, mas que ele pode não existir. Essa última afirmação pode ser apoiada de duas formas. De um lado, pode-se argumentar que há uma série infinita de mundos possíveis de diferente valor que não pode ser encerrada, assim como a série de números naturais. Mas esse juízo teria muitas consequências que seriam as mais desagradáveis, para não dizer desastrosas, para todo o projeto de uma teologia racional. Em primeiro lugar, não haveria quase nada deixado das estruturas básicas do mundo que pudesse ser explicado, pois, se alguém afirmasse que Deus escolheu, por causa de sua benevolência, no mínimo um mundo com o valor n, poder-se-ia sempre responder que ele poderia igualmente ter escolhido um mundo com valor $n - 1$, já que ele deixou passar o mundo com o valor $n + 1$. Poder-se-ia afirmar que o valor total do mundo deveria ser maior do que zero, e isso não é muito caso se esteja interessado em descobrir por que o mundo é como é. Em segundo lugar, ter-se-ia de admitir que poderia haver um criador que não é onipotente, que poderia ter criado um mundo melhor que o mundo criado pelo deus onipotente, onisciente e perfeitamente bom[11], e essa concessão colocaria um monoteísta em um lugar difícil. Como resultado, todas as provas indutivas de Deus do tipo da cosmológica e da teleológica entrariam em colapso de uma vez por todas — mas isso não é uma objeção muito forte, pois elas não bastam, de todo modo, para se chegar ao Deus do teísmo. Por outro lado, poder-se-ia defender a tese de que a série supracitada chega a um fim, mas assume, num âmbito maior, uma pluralidade (possivelmente, até infinita) de mundos com o mesmo valor[12]. Essa possibilidade, que poderia deixar Deus na situação do Asno de Buridan, é consideravelmente menos perigosa para o projeto leibniziano. Mas Leibniz a rejeitou apontando o princípio de razão suficiente,

---

11 Cf. GROVER, S., Why Only the Best Is Good Enough, *Analysis*, 48, 1988, 224.

12 Cf. GRÄFRATH, B., *Es fällt nicht leicht, ein Gott zu sein* [*Não é nada fácil ser um deus*], München, C. H. Beck, 1998, 60 ss. Devo muito ao cap. desse livro sobre Leibniz.

que desapareceria em relação à criação divina[13]. Todavia, ele deve pressupor, é claro, que o princípio da razão suficiente é uma condição geral para a teoria dos mundos possíveis, e isso é tudo, menos convincente, pois, mesmo que se atribua um estatuto *a priori* para o princípio da razão suficiente e se suponha que este teria de ser válido em todos os mundos possíveis[14], isso não significa que ele preceda o princípio da contradição; porém isso teria de ser o caso de um mundo que tenha sido considerado possível, apenas porque isso colocaria em perigo a razoabilidade da escolha divina. Ao menos, essa objeção não põe em questão a tese leibniziana de que um deus perfeitamente bom, onisciente e onipotente não poderia preferir um mundo pior que um melhor.

O universo leibniziano é, como o de Spinoza, completamente determinista; mas as leis da natureza — que são, em grande parte, as leis das tendências do desenvolvimento das mônadas individuais — são fixas por razões morais, e são as condições antecedentes. Deve ser enfatizado, todavia, que, para Leibniz, "moral" significa "axiológico" e difere do conceito moderno de moralidade. De maneira nenhuma o critério primário do deus leibniziano é reduzir o sofrimento, mas outros aspectos desempenham um papel maior que Leibniz, todavia, não sistematiza exaustivamente e, especialmente, não hierarquiza. Entre as entidades possíveis, as vitoriosas são as que "(...) sendo unidas, produzem maior realidade, maior perfeição, maior inteligibilidade"[15]. Como se pode ver, aos critérios axiológicos pertencem também critérios puramente ontológicos: um mundo com mais entidades é melhor que um mundo com menos entidades. De acordo com Leibniz, a perfeição de um mundo é calculada segundo dois critérios que estão em certa tensão um com o outro — variedade de um lado, a ordem do mundo de outro.

> Segue da suprema perfeição de Deus que, ao produzir o universo, ele escolheu o melhor plano possível, no qual há a maior variedade possível com a maior ordem possível: o solo, o lugar e o tempo mais cuidadosamente utilizados: o maior efeito produzido pelo meio mais simples[16].

---

13 LEIBNIZ, G. W., Essais de théodicée § 416, in: LEIBNIZ, G. W., *Die philosophiscen Schriften*, Berlin, Weidmann, 1875-1890, VI 364. Trad. bras.: *Ensaios de teodiceia sobre a bondade de Deus, a liberdade do homem e a origem do mal*, trad. W. de S. Piauí, J. C. Silva, São Paulo, Estação Liberdade, 2013.

14 Eu entendo "mundo" como a totalidade de eventos intramundanos aqui, isto é, não como o todo consistindo em Deus e no mundo (na maneira supracitada).

15 No original, "*qui joints ensemble produisent le plus réalité, le plus de perfection, le plus d'intelligibilité*" (*Essais de Théodicée* § 201, VI 236).

16 "*Il suit de la Perfection Supreme de Dieu, qu'en produisant l'Univers il a choisi le meilleur Plan possible, où il y ait la plus grande varieté, avec le plus grand ordre: le terrain, le lieu, le temps, les mieux*

Pode haver tensões entre esses dois critérios, e falta um algoritmo de como atingir um grau ótimo para ambos os critérios. Se a simplicidade e a fertilidade fossem inversamente proporcionais uma à outra, todas as combinações de ambos os critérios teriam o mesmo valor desde que os dois fatores tivessem o mesmo peso; mas é claro que Leibniz teria rejeitado esse pré-requisito, e com duas boas razões. Além disso, ele parece ter preferido variedade à simplicidade. Para ilustrar essa tese, Leibniz essencialmente se contenta com as leis da conservação da física e os princípios da mecânica. Imediatamente após a passagem que acabo de citar, Leibniz menciona, além desses princípios construtivos, como outros critérios axiológicos, "o maior poder, o maior conhecimento, a maior felicidade e a maior bondade nas coisas criadas que o universo poderia permitir"[17]. O que preocupa, aqui, portanto, são as entidades concretas que podem resultar dessas leis; e o que conta é seu poder, o conhecimento, a felicidade e a bondade. Leibniz certamente toma poder como raio de ação das mônadas; o conhecimento corresponde à inteligibilidade do universo, pois o melhor de todos os mundos possíveis deve ser tão cognoscível quanto deve conter seres que possam conhecê-lo. Deus, portanto, não é apenas o arquiteto do mundo; ele é também o legislador da "Cidade de Deus". É apenas com a criação de seres morais e inteligentes que a benevolência de Deus realmente tem efeito; agora, finalmente temos — assim como com a felicidade, a qual, todavia, aparece apenas de passagem — um critério axiológico que mais provavelmente corresponde a nossas intuições morais:

> A Cidade de Deus, essa monarquia realmente universal, é um mundo moral dentro do mundo natural, e é a mais exaltada e mais divina das obras de Deus. E é nisso que a glória de Deus realmente consiste, pois não haveria glória alguma se sua grandeza e sua bondade não fossem conhecidas e admiradas pelos espíritos: é também em relação à cidade divina que ele, no sentido verdadeiro do termo, tem bondade, ao passo que sua sabedoria e seu poder são manifestos em todo lugar[18].

---

menagés: le plus d'effect produit par les voyes les plus simples" (*Principes de la Nature et de la Grace, fondés en raison*, § 10; VI 603).

[17] No original, "*le plus de puissance, le plus de connoissance, le plus de bonheur et de bonté dans les creatures, que l'Univers en pouvoit admettre*".

[18] "*Cette Cité de Dieu, cette Monarchie veritablement Universelle est un Monde Moral dans le Monde Naturel, et ce qu'il y a de plus elevé et de plus divin dans les ouvrages de Dieu et c'est en luy que consiste veritablement la gloire de Dieu, puisqu'il n'y en auroit point, si sa grandeur et sa bonté n'étoient pas connues et admirées par les esprits: c'est aussi par rapport à cette cité divine, qu'il a proprement de la Bonté, au lieu que sa sagesse et sa puissance se montrent partout*" (*Monadologie* § 86; VI 621f.). Trad. bras.: LEIBNIZ, G. W., Os princípios da filosofia ditos a monadologia, trad. M. Chaui, in: NEWTON, I.; LEIBNIZ, G. W., *Newton, Leibniz* (I), São Paulo, Abril Cultural, 1979, 103-115.

Ainda assim, as mônadas racionais não são os únicos seres com valor intrínseco, e se Deus prefere um ser humano a um leão, isso não significa, para Leibniz, que ele preferiria um homem acima de toda a espécie de leões[19].

Já foi sugerido que — se me é permitido associar Sigmund Freud com Leibniz — a felicidade não exerce um papel central na concepção do melhor dos mundos possíveis[20]. Mas é um critério entre outros, e a questão inevitável é como isso é compatível com a existência do sofrimento. Em resposta, Leibniz oferece um argumento que basicamente debilita seu feito revolucionário em relação à questão da teodiceia. Ele afirma, reiteradamente, que o bem no mundo ultrapassa e compensa o mal moral. Nosso engano se baseia no fato de que "o mal desperta nossa atenção mais que o bem: mas essa mesma razão prova que o mal é mais raro"[21]. Ora, essa afirmação é bem controversa de uma perspectiva empírica, e sua base empírica é bem rasa, mesmo quando se segue Leibniz ao supor outros seres racionais não humanos[22], porque nós temos ainda menos conhecimento empírico sobre eles; de fato, a inclusão da dimensão escatológica, que Leibniz preserva, tampouco pode ser justificada empiricamente. O voto de Kant em relação à questão da predominância do bem nesse mundo é bem conhecido:

> Mas a resposta a esse sofisma seria certamente deixada à decisão de cada pessoa com entendimento são, que viveu e refletiu longamente o bastante sobre o valor da vida, sendo capaz de pronunciar um juízo sobre isso, quando a questão é proposta a ela: todavia, eu não direi sobre a mesma condição, mas sobre quaisquer condições que ela quiser (não só de uma fada, mas desse nosso mundo terrestre), ela não desejaria atuar a peça da vida muitas vezes[23].

Pode ser respondido, todavia, que nós não viveríamos no melhor de todos os mundos possíveis se todos nós quiséssemos viver nossas vidas repetida-

---

19 LEIBNIZ, G. W., *Essais de théodicée* § 118; VI 169.

20 Isso vale, pelo menos, para a teoria tardia, por exemplo, na *Teodiceia*. No *Discurso de metafísica*, a felicidade de espíritos ainda conta como "o objetivo principal de Deus" ("*le principal but de Dieu*"; § V; IV 430).

21 No original, "*que le mal excite plustost nostre attention que le bien: mais cette même raison confirme que le mal est plus rare*" (*Essais de Théodicée* § 258; VI 269).

22 LEIBNIZ, G. W., *Causa Dei asserta per justitiam ejus* § 58; VI 447.

23 "*Allein, man kann die Beantwortung dieser Sophisterei sicher dem Ausspruche eines jeden Menschen von gesundem Verstande, der lange genug gelebt und über den Wert des Lebens nachgedacht hat, um hierüber ein Urteil fällen zu können, überlassen, wenn man ihn fragt: ob er wohl, ich will nicht sagen auf dieselbe, sondern auf jede andre ihm beliebige Bedingungen (nur nicht etwa einer Feen — sondern dieser unserer Erdenwelt), das Spiel des Lebens noch einmal durchzuspielen Lust hätte*" (*Über das Mißlingen*, A 203).

mente e não fôssemos capazes de fazê-lo; na medida em que se prefere a única vida acima do mero nada, a teoria de Leibniz seria suficientemente justificada. Mas o problema é que, desse modo, Leibniz retorna àquele antigo conceito da teodiceia que ele, de fato, queria superar, pois a existência de um deus onisciente, onipotente e perfeitamente bom não só acarreta que o valor do mundo seja positivo, mas que é máximo. Obviamente, essa tese vai além da primeira, que ainda não é necessariamente implicada por ela: afinal, é concebível que o melhor dos mundos possíveis tenha um valor negativo. Apenas se aceitamos o conjunto vazio como um mundo possível, a escolha do melhor mundo possível implica que ele tem valor positivo, na medida em que não conduz ao conjunto vazio. E precisamente esta propriedade do mundo, de ser ótimo, está longe de ser provada pelo predomínio do bem.

Ora, é claro que Leibniz não quer provar que o mundo é ótimo de maneira indutiva. Para ele, segue do conceito de Deus, cuja existência é estabelecida por cinco provas de Deus — a ontológica em sua versão lógico-modal e em sua versão pela via das perfeições, a prova cosmológica, a teleológica (na nova forma da doutrina da harmonia preestabelecida), e a prova por via das verdades eternas. A prova ontológica pela via das perfeições é exigida caso se queira que a doutrina do melhor dos mundos possíveis seja uma verdade analítica que segue do conceito de Deus; pois o deus provado segundo a lógica modal certamente não tem o atributo da bondade perfeita. O que Leibniz quer mostrar é, na verdade, que a proposição estabelecida *a priori* de que nosso mundo é o melhor de todos os mundos possíveis não está em contradição com fatos empíricos. Para fazer isso, não é o suficiente provar que, por exemplo, certos males são necessários em prol de bens maiores caso se pressupunha nosso sistema de leis morais; pois apenas a necessidade desse sistema de leis naturais está em questão. Todavia, é equivocado fazer uma objeção como a de Schopenhauer:

> Mesmo se for correta a demonstração leibniziana de que, entre os mundos possíveis, este ainda é o melhor, isso ainda não constituiria uma teodiceia. Pois, afinal, o criador não apenas criou o mundo como também a própria possibilidade: portanto, ele deveria tê-lo designado de modo que admitisse um mundo melhor[24].

A crítica é grotesca, pois, segundo Leibniz, ainda que as possibilidades pressuponham a existência de Deus, elas são dadas a sua razão, assim como os cri-

---

24 "*Wenn auch die Leibnitzische Demonstration, daß unter den möglichen Welten diese immer noch die beste sei, richtig wäre: so gäbe sie doch noch keine Theodicee. Denn der Schöpfer hat ja nicht bloß die Welt, sondern auch die Möglichkeit selbst geschaffen: er hätte demnach diese darauf einrichten sollen, daß sie eine bessere Welt zuließe*" (*Parerga und Paralipomena*, primero volume, cap. 12; IX 327).

térios axiológicos da criação. Portanto, Leibniz pode se contentar em mostrar que alguns males são necessários em prol de bens maiores por razões lógicas.

Como ele pode fazer isso? Talvez possa-se dizer que o feito de Leibniz consiste no fato de que ele reduza as três considerações mais importantes sobre teodiceia da tradição ao seu conceito de funcionalidade. A tradição — Agostinho, por exemplo — tentou fazer a existência do mal compatível com a existência de Deus, em parte, por meio da teoria da privação[25], por outro lado, por meio de uma teoria dialética rudimentar[26], e também, eventualmente, por meio de referências à opção livre pelo mal moral em prol de alguns anjos, respectivamente, em nome do primeiro ser humano, e de suas consequências[27]. No que tange à teoria da privação, ela é significativamente reinterpretada por Leibniz, comparada com a tradição, embora ele permaneça verbalmente comprometido com ela. Para Leibniz, cada ser finito, não apenas o ser inferior, é caracterizado pela privação. Em parte, isso se relaciona à substituição spinozista do sistema platônico-aristotélico de *eide* [ideias/formas] com o absoluto, em parte, com a teoria leibniziana de substância individual: comparado com o absoluto, pode-se falar de uma privação não apenas em relação a um cavalo doente, mas em relação a qualquer cavalo; e há conceitos individuais do cavalo saudável e do cavalo doente também. "Caracterizado por privação, é aquilo que expressa negação", está escrito em forte ruptura com o pensamento tradicional[28]. A esse contexto pertence o conceito de "mal metafísico" que, segundo Leibniz, consiste em simples imperfeição[29]. É verdade que Leibniz, como a tradição, defende que, graças à natureza privativa do mal, ele não tem uma causa eficiente, apenas uma causa deficiente; mas ele está tão preocupado com o princípio da razão suficiente que poderia se contentar com isso. A sugestão de que o mal *existe* não apenas exerce um papel em Leibniz (e não é difícil ver que resolve o problema apenas terminologicamente, pois, ainda que o mal não *seja*, mesmo assim ele existe, e sua existên-

---

25 Cf. por exemplo, AGOSTINHO, *De civitate Dei* XII 7. Trad. bras.: *A cidade de Deus contra os pagãos*, Parte II, trad. O. P. Leme, Petrópolis, Vozes, 2012.

26 Cf. por exemplo, AGOSTINHO, *De civitate Dei* XI 18 e 23.

27 Cf. por exemplo, AGOSTINHO, *De civitate Dei* XI II ss. E XIII I ss.

28 "*Privativum est, quod dicit negationem*" (VII 195); contrastar com TOMÁS DE AQUINO, SANTO, *Summa theologiae* I 1. 48 a.2. ad 1; a. 3 c. Cf. SCHÖNBERGER, R., Die Existenz des Nichtigen: Zur Geschichte der Privationstheorie, in: HERMANNI, F.; KOSLOWSKI, P. (eds.), *Die Wirklichkeit des Bösen: Systematisch-theologische und philosophische Annäherungen*, München, W. Fink, 1998, 15-47, 30, sobre uma aproximação de seu pensamento por Duns Escoto.

29 No original, "mal métaphysique" (*Essais de Théodicée* 21: VI 115).

cia permanece algo a ser explicado); e mesmo a velha ideia de que o mal se destrói parcialmente, e depende parcialmente do bem, para ter algum efeito, não responde à questão sobre por que Deus não criou um mundo feito apenas de coisas ou estados bons. Leibniz se atém à ideia de que, no reino de verdades ternas, deve haver uma causa ideal para o mal, e isso se deve ao fato de que, graças à singularidade de Deus — que segue do princípio da identidade dos indiscerníveis — tudo o que está fora de Deus deve ter um defeito ôntico[30]. Isso acarreta uma quantidade de entidades o maior possível, por causa do princípio da plenitude, isto é, uma variedade ôntica tão extensa quanto possível. Nessa ideia, a teoria da privação converge com a teoria dialética: o negativo (em um sentido mais que o formal, no qual o positivo também é o negativo do negativo) é necessário para que o positivo possa se destacar. "Os homens desfrutam da saúde o suficiente, ou agradecem a Deus por ela, mesmo sem ter estado doentes?"[31] Aparentemente, Leibniz teria de supor que essa dependência recíproca não se funda apenas em leis naturais, mas também na lógica; mas ele falha na elaboração de tal lógica dialética. Ele também meramente alude ao argumento de que apenas a existência dos males possibilita o desenvolvimento de virtudes especialmente valiosas[32], evidentemente porque Leibniz aceita uma ética pré-kantiana eudaimonista.

Ora, tal funcionalização do mal em relação ao melhor dos mundos possíveis também se aplica ao apelo à liberdade da vontade. É verdade que Leibniz criou uma complexa teoria da liberdade do ser humano individual, mas sua teoria é absolutamente compatível com um determinismo radical. A liberdade se origina da autonomia da mônada, a ideia da qual existe independentemente de Deus; porém a mônada foi criada em correspondência com o sistema das leis da natureza do melhor mundo possível, e todos os seus movimentos são determinados por esse sistema e pelas condições antecedentes. Em Deus, liberdade coincide com o máximo de racionalidade; o conceito de uma liberdade para agir contra a razão é um absurdo para Leibniz. Dessa perspectiva, o mal moral não é senão a consequência da limitação peculiar de uma mônada em relação à racionalidade. É verdade que os seres espirituais podem ser chamados a explicar suas ações, pois eles são *suas* ações, ainda que haja, simultaneamente, consequências para a totalidade do mundo. Contudo essa exoneração de Deus não é o suficiente, uma vez que, como ser onipotente e

---

[30] *Causa Dei*... § 68; VI 449

[31] "Goutet-on assés la santé, et en rend on assés graces à Dieu, sans avoir jamais été malade?" (*Essais de Théodicée* § 12, VI 109).

[32] § 23, VI 116 s. Cf. também a alusão a "*felix culpa*", § 10, VI 108.

onisciente, ele previu essas ações e deveria ter criado um mundo melhor com outras mônadas — é claro, *se* tal mundo tivesse existido. Portanto, para Leibniz, a inserção da liberdade humana não muda nada de importante em relação à questão da teodiceia. Mesmo uma vontade não compatibilista em geral teria de admitir que o sofrimento que surge para os seres humanos em consequência das doenças dificilmente é menor do que o sofrimento que eles experienciam por meio da maldade de seus companheiros humanos e que, portanto, dificilmente conduz mais longe a discussão sobre a teodiceia, primariamente, com base em um conceito não compatibilista de liberdade.

É claro, isso não explica as formas concretas de mal que existem no mundo. Segundo Leibniz, tal tentativa é, em princípio, além do poder do intelecto finito, porque pressupõe uma comparação de todos os mundos possíveis. O espírito finito, todavia, pode se contentar com a certeza de que vive no melhor dos mundos possíveis, mesmo que isso não o previna de lutar pelo que ele manteve como melhor, graças a sua finitude, embora ele, então, tenha de se reconciliar com o que eventualmente prevalece e o que é melhor no contexto do todo do mundo e da perspectiva de um intelecto infinito maximizando a utilidade total (que, como uma mente infinita, tem o direito de aguentar certos males). Que a teoria do melhor dos mundos possíveis dificilmente possa ser refutada empiricamente é algo que mesmo David Hume, o mais inteligente crítico da teologia racional, admite. Nos *Dialogues Concerning Natural Religion* [*Diálogos sobre religião natural*], no início da décima primeira parte, Philo declara que, ainda que os males do mundo sejam um argumento de forte plausibilidade contra o teísmo, é possível desenvolver uma teoria que torne a existência de Deus compatível com a existência do mal. Mas do mundo tal como é ninguém sem uma opinião enviesada derivaria um deus onipotente e perfeitamente bom.

> A consistência não é negada absolutamente, apenas a inferência. Conjecturas, especialmente onde o infinito é excluído dos atributos divinos, pode, talvez, ser o suficiente para provar uma consistência; mas nunca pode ser fundamento para inferência alguma[33].

É claro, as dúvidas de Hume dependem de sua contestação da prova ontológica na nona parte de seus *Diálogos*, que deve, de fato, ser a base de toda a teologia racional, em qualquer uma de suas muitas formas.

---

33   HUME, D., *Dialogues Concerning Natural Religion*, Indianapolis, Bobbs-Merrill, 1976, 205.

II

O contexto dentro do qual a questão da teodiceia se apresenta a Hegel difere significativamente do conceito leibniziano. De um lado, isso se deve a razões próprias à história da filosofia — Hume e Kant, cuja crítica às provas indutivas de Deus ainda não foi superada, ainda que eu não pense que se possa dizer o mesmo sobre a análise que estes fizeram da prova ontológica de Deus, medeiam entre o racionalismo do início da filosofia moderna e os sistemas do idealismo alemão. Kant, aqui, é mais construtivo que Hume, uma vez que elabora uma nova prova ético-teológica de Deus, baseada em sua concepção inédita de moralidade para a qual não há equivalente em Hume, uma prova que poderia — como se pode conjecturar, indo além de Kant — ser combinada com a prova ontológica, cosmológica, e a teleológica. De outro lado, a estrutura de seus sistemas [isto é, do sistema de Leibniz e do sistema de Hegel] é consideravelmente diferente, ainda que ambos os pensadores sejam os maiores racionalistas da tradição. Todavia, Hegel conhecia Leibniz apenas superficialmente e, em particular, nunca aceitou sua metafísica dos mundos possíveis, ao passo que a influência de Spinoza sobre ele dificilmente pode ser exagerada. Entretanto, pode-se perguntar: com isso, ele não fica fora da história da questão da teodiceia, como estabelecemos em relação a Spinoza? A pergunta é perfeitamente justificada e, especialmente, a crítica injustificada que Hegel faz ao dualismo de Kant sobre ser e dever quase sugere uma resposta afirmativa. Retomemos a seguinte passagem de Hegel, que é, todavia, extraída de um capítulo sobre a religião judaica de suas *Lições sobre filosofia da religião*, que são, portanto, apenas parcialmente reflexivas de suas próprias convicções teológicas:

> O bem consiste no fato de que o mundo é. O ser não pertence a ele, como o ser é, aqui, reduzido à condição de um momento, e é apenas um ser posto ou criado (...) A manifestação do nada, a idealidade dessa existência finita, aquele ser, não é verdadeira independência, essa manifestação na forma de poder é justiça e, daí em diante, a justiça é feita às coisas finitas[34].

É verdade que isso soa muito devoto — isso lembra Jó 1,21, "Javé deu, Javé tirou; bendito seja o nome de Javé!" —, mas não se deve deixar passar o

---

34 "*Die Güte ist, daß die Welt ist. Das Sein kommt ihr nicht zu; das Sein ist hier herabgesetzt zu einem Moment und ist nur ein Gesetztsein, Erschaffensein (...) Die Manifestation der Nichtigkeit, Idealität dieses Endlichen, daß das Sein nicht wahrhafte Selbständigkeit ist, diese Manifestation als Macht ist die Gerechtigkeit; darin wird den endlichen Dingen ihr Recht angetan*" (17.58 s.; Hegel é citado de acordo com MOLDNHAUER, E.; MICHEL, K. M., *Werke in zwanzig Bänden*, Frankfurt, Suhrkamp, 1969-1971).

spinozismo por trás disso; de acordo com essa concepção, todo mundo com coisas finitas, que vem a um fim, prova a justiça e a benevolência de Deus.

Ainda assim, aparências enganam, nesse caso. Em contraste com Spinoza, Hegel desenvolveu uma teoria das ideias; de fato, pode-se dizer que sua *Enciclopédia* é a maior tentativa de realizar o programa platônico-aristotélico de *eide*. Em um aspecto, Hegel é muito mais ambicioso que Leibniz; ele quer compreender, em detalhe, por que o mundo é como é; ele não está contente com a suposição genérica de que é simplesmente o melhor dos mundos possíveis. Sua indiferença em relação aos possíveis mundos alternativos de Leibniz[35] resulta de sua convicção de que o mundo analisado por ele é o mais racional; de fato, o único racional. Quem garante essa racionalidade é o conceito, para Hegel, de autoridade normativa, de cujo desenvolvimento dialético devem resultar as estruturas básicas do mundo. Contudo — e na medida em que isso vale, as aparências não são completamente enganosas — a normatividade do conceito não é especificamente moral: o conceito de organismo é tão normativo quanto o conceito de estado, e tem a função de diferenciar instanciações bem-sucedidas das malsucedidas. Obviamente, não posso comentar aqui extensivamente sobre o método do desenvolvimento hegeliano de conceitos e os resultados que ele adquire parcialmente por meio dele — e, parcialmente, sem ele[36]. Apenas algumas observações fundamentais são necessárias.

Primeiro, o método que Hegel aplica é dialético: um conceito positivo é seguido de um negativo, que é combinado, ou sintetizado, com o primeiro a um terceiro. De acordo com ele, esse passo triplo é a estrutura básica da realidade e seu princípio, Deus, que é epítome das categorias inevitáveis da realidade (às quais pertencem também a categoria do bem que é, todavia, entendida de modo puramente formal como uma formação do objeto por meio do sujeito). Isso traz, em segundo lugar, a consequência de que Hegel, como Jakob Böhme e Friedrich Wilhelm Joseph Schelling em seu ensaio sobre a liberdade, sujeita a teoria do mal moral como privação a uma impressionante crítica fenomenológica e, em contraste com Leibniz, integra o negativo no absoluto. Deus é a unidade das categorias positivas e negativas, e não apenas o portador de propriedades positivas. Hegel integra, de maneira complexa, teologia especulativa, ontologia, lógica e filosofia transcendental, parcialmente

---

35 Cf. suas considerações de lógica modal no segundo capítulo da terceira seção de sua lógica da essência (6.200 ss.) e o capítulo sobre Leibniz em suas lições sobre história da filosofia (20.233 ss.).

36 Cf. HÖSLE, V., *Hegels System*, Hamburg, Meiner, 1998. Trad. bras.: *O sistema de Hegel. O idealismo da subjetividade e o problema da intersubjetividade*, trad. A. C. P. de Lima, São Paulo, Loyola, 2007.

porque ele quer provar a ideia absoluta, o passo mais elevado da lógica, indiretamente — por meio da prova da inconsistência das categorias precedentes. Isso significa, em terceiro lugar, que o negativo se origina de Deus — ainda que possa assumir formas concretas, como o mal moral, apenas fora de Deus, pois em Deus, como Hegel diz, o negativo é ideal ou um momento, isto é, ele não pode irromper e, portanto, não é ameaçador. Isso ocorre apenas na natureza e no espírito, que são, na lógica, como antítese e síntese para a tese, com a natureza sendo compreendida como a ideia exterior a si mesma, a primeira expressão da qual é espaço, e espírito como o retorno da natureza à lógica. Disso segue, em quarto lugar, que, para Hegel, a tarefa de compreender a racionalidade do mundo se relaciona, predominantemente, ao reino do espírito, ao passo que Leibniz não deriva muito mais que a existência de seres racionais e faz uso, especialmente, de leis da natureza física quando ele lida com questões concretas. Hegel também está interessado nelas, mas muito menos que em determinações do espírito. Dentro da filosofia do espírito, paradoxalmente, é para a filosofia da história que Hegel reserva o termo "teodiceia". É verdade que, rumo ao fim de suas lições sobre a história da filosofia, ele diz: "A filosofia é a verdadeira teodiceia, em oposição à arte e à religião e a suas sensações"[37]; mas, dentro das disciplinas individuais da filosofia, a filosofia da história é claramente privilegiada, pela perspectiva da teodiceia:

> Nossa investigação é, nessa medida, uma teodiceia, uma justificativa de Deus, que Leibniz experimentou, à sua maneira, com categorias ainda indeterminadas e abstratas, de modo que o mal no mundo deveria ser compreendido, e o espírito pensante teria de ser reconciliado com o mal moral. De fato, em nenhum lugar há um desafio maior para tal conhecimento reconciliador do que no mundo da história[38].

Isso é paradoxal por dois motivos. Em primeiro lugar, não é fácil explicar, dentro do quadro de uma teoria segundo a qual se supõe que o mundo seja racional ou o melhor possível, por que motivo ele não é assim desde o início,

---

[37] "*Die Philosophie ist die wahrhafte Theodizee, gegen Kunst und Religion und deren Empfindungen*" (20.455).

[38] "*Unsere Betrachtung ist insofern eine Theodizee, eine Rechtfertigung Gottes, welche Leibniz metaphysisch auf seine Weise in noch unbestimmten, abstrakten Kategorien versucht hat, so daß das Übel in der Welt begriffen, der denkende Geist mit dem Bösen versöhnt werden sollte. In der Tat liegt nirgend eine größere Aufforderung zu solcher versöhnenden Erkenntnis als in der Weltgeschichte*" (12.28; cf. também a frase final das *Lições*, 12.540). Trad. portuguesa da primeira parte das *Vorlesungen über die Philosophie der Weltgeschichte* [*Lições sobre filosofia da história mundial*]: *A razão na história: introdução à filosofia da história universal*, trad. A. Morão, Lisboa, Edições 70, 1995.

por que deveria haver um desenvolvimento rumo à racionalidade. Leibniz se debruçou sobre essa questão. No pequeno texto "*An mundus perfectione crescat*" (escrito entre 1694 e 1696), ele inicialmente enfatizou que acreditava que o mundo sempre retém a mesma perfeição, ainda que partes desse mundo troquem sua perfeição entre si. Mas, em direção ao fim, ele escreve que, já que as almas não se esquecem do passado, elas têm de trabalhar para gerar pensamentos cada vez mais explícitos, e o mundo teria de se aperfeiçoar ainda mais, "se não pudesse acontecer de ser produzida uma perfeição que não pudesse ser ampliada"[39] — uma condição que, a propósito, põe em perigo sua teoria do melhor dos mundos possíveis. Evidentemente, a tese do progresso só pode se tornar consistente com a tese do melhor dos mundos possíveis caso se suponha que o fato do progresso em si, e a experiência mental relacionada a ele, tenha um valor maior do que poderia ser atingido se a condição anterior fosse dada desde o início. Para Hegel, é claro, as coisas são mais fáceis, uma vez que, para ele, a ideia do desenvolvimento é centralmente integrada em sua metafísica, e, particularmente, porque o espírito se origina da natureza, é fácil entender por que a consciência da liberdade e sua institucionalização dentro do estado constitucional moderno só pode ser o resultado de um lento desenvolvimento. O primeiro passo da criação é a completa externalidade do espaço, fora da qual, após muitos passos intermediários — especialmente o do mundo orgânico —, o espírito emerge. Caso se opte por uma evolução em vez de uma emanação, o desenvolvimento posterior fica fácil de explicar — em direção ao objetivo do qual, todavia, o ser posterior, de acordo com o modelo de emanação, se torna alheio. Em Hegel, é problemático o fato de que ele inicia com o espaço, mas defende explicá-lo com o método dialético — concretamente, com a autoaplicação da ideia absoluta a si mesma[40].

A segunda questão com a escolha da filosofia da história, como o real lugar da teodiceia, diz respeito, é claro, ao fato de que a história nem sempre foi um lugar de amabilidade interpessoal. Hegel, de quem o olhar fenomenológico para a realidade, mesmo para os abismos da realidade, é consideravelmente mais agudo que o de Leibniz — que, mesmo quando adulto, sempre reteve algo de criança em si, e no curso da criança memorável que fora nos primei-

---

[39] No original, "*si fieri non potest ut detur perfectio quae non augeri queat*". Eu cito esse texto, que não está na edição Gerhardt, de acordo com LEIBNIZ, G. W., *Opuscules métaphysiques/Kleine Schriften zur Metaphysik*, Darmstadt, Wissenschaftliche Buchgesellschaft, 1985, 368-372, 370. Uma filosofia da história antiga e bem detalhada, comprometida com ideias leibnizianas básicas, é a *Ciência nova*, de Vico, de 1725.

[40] Cf. WANDSCHNEIDER, D.; HÖSLE, V., Die Entäusserung der Idee zur Natur und ihre zeitliche Enfaltung als Geist bei Hegel, *Hegel-Studien*, v. 18, 1982, 173-199.

ros anos de vida, foi um garoto prodígio de boa índole[41] —, Hegel conhece a brutalidade da história:

> Quando observamos esse espetáculo das paixões e vimos as consequências de sua violência, da ignorância que não só a acompanha, mas até mesmo, e especialmente, se liga ao que são boas intenções e fins legítimos; quando vimos disso o mal, o mal moral, o declínio dos impérios mais prósperos que o espírito humano produziu; então, só podemos ficar imbuídos de sofrimento por essa transitoriedade geral e terminar com aflição moral, indignados com o bom espírito — provido que esse espírito exista em nós — por tal espetáculo, na medida em que esse declínio não é apenas obra da natureza, mas também da vontade de seres humanos[42].

E, ainda assim, mesmo que a história pareça ser um matadouro, "sobre o qual a felicidade das pessoas, a sabedoria dos estados, e a virtude dos indivíduos foi sacrificado"[43], ainda que os períodos de felicidade sejam apenas páginas vazias na história[44], isso não muda nada sobre o veredito triunfante de Hegel, de que tudo isso serve ao propósito final de progresso na consciência e na realidade da liberdade. Até mesmo indivíduos da história mundial são meramente ferramentas para se atingir o propósito final.

Que Hegel ainda defenda a teodiceia (e ainda que, em seu caso, qualquer compensação escatológica pelas vítimas da história esteja faltando), se deve, de um lado, ao fato de que, para ele, ainda mais do que para o Leibniz tardio, a felicidade não é um critério crucial para a perfeição ou a racionalidade do mundo. No sacrifício heroico da felicidade reside uma dignidade especial do ser humano; de fato, para Hegel, mesmo o princípio gerador do estado constitucional

---

41 Leibniz ainda está bem longe da "escola da suspeita" (composta por Karl Marx, Friedrich Nietzsche, Sigmund Freud), que transformou tão implacavelmente a filosofia. Ele o diz por conta própria: "Eu nao gosto de julgar as intenções das pessoas negativamente" ("*Je n'aime pas de juger des gens en mauvaise part*"; Discours § XIX, IV, 444). Trad. bras.: LEIBNIZ, G. W., Discurso de metafísica, trad. M. Chaui, in: NEWTON, I.; LEIBNIZ, G. W., *Newton, Leibniz* (I), São Paulo, Abril Cultural, 1979, 117-152.

42 "*Wenn wir dieses Schauspiel der Leidenschaften betrachten und die Folgen ihrer Gewalttätigkeit, des Unverstandes erblicken, der sich nicht nur zu ihnen, sondern selbst auch und sogar vornehmlich zu dem, was gute Absichten, rechtliche Zwecke sind, gesellt, wenn wir daraus das Übel, das Böse, den Untergang der blühendsten Reiche, die der Menschengeist hervorgebracht hat, sehen, so können wir nur mit Trauer über diese Vergänglichkeit überhaupt erfüllt werden und, indem dieses Untergehen nicht nur ein Werk der Natur, sondern des Willens der Menschen ist, mit einer moralischen Betrübnis, mit einer Empörung des guten Geistes, wenn ein solcher in uns ist, über solches Schauspiel enden*" (12.34 s.).

43 2.35.

44 12.42.

moderno não é a ideia de felicidade, mas a ideia de liberdade. De outro lado, Hegel considera a própria reclamação sobre o mundo um mal moral que é diretamente punido pelo sofrimento que é conectado a essa reclamação:

> A celebrada questão sobre a origem do mal moral no mundo, na medida em que ao menos como mal, inicialmente, se entende o que é meramente desagradável e doloroso, surge nesse estágio do sentimento formal prático. O mal moral não é nada senão a incompatibilidade entre o que é e o que deve ser. Esse "deve ser" tem muitos sentidos — de fato, um número infinito deles —, já que os fins arbitrários podem, também, ter a forma de *dever*. Mas, em relação aos fins arbitrários, o mal moral apenas executa o que é corretamente devido à vaidade e à nulidade de seu planejamento, pois eles, em si, já são o mal moral[45].

Não se pode contestar que, em relação a algum sofrimento do mundo, esse sofrimento, e não o mundo, seja o verdadeiro problema (lembre-se do pessimismo de Schopenhauer, que é mais em função de seu caráter do que em função do mundo). No entanto, como o sofrimento subjetivo também é uma parte do mundo, isso apenas muda o problema de lugar[46]. E, mesmo que se possa vir a termos com o sofrimento de um culpado, não seremos capazes de subsumir todo sofrimento sob ele — e Hegel não faz isso. No curso posterior dessa observação, na qual explicitamente se refere a Böhme, ele declara que o mal e a dor ainda são alheios à natureza orgânica porque esta ainda não veio ao contraste entre o conceito e a existência dentro dele e, portanto, não chegou ao *dever*. Mas Hegel não deixa dúvida de que o mal e a dor não são um preço muito alto pelo nível maior de ser, característico da vida e do espírito[47]. Sua concepção lembra o bem conhecido dito de Agostinho:

---

45 "*Die berühmte Frage nach dem Ursprung des Übels in der Welt tritt, wenigstens insofern unter dem Übel zunächst nur das Unangenehme und der Schmerz verstanden wird, auf diesem Standpunkte des formellen Praktischen ein. Das Übel ist nichts anderes als die Unangemessenheit des Seins zu dem Sollen. Dieses Sollen hat viele Bedeutungen und, da, die zufälligen Zwecke gleichfalls die Form des Sollens haben, unendlich viele. In Ansehung ihrer ist das Übel nur das Recht, das an der Eitelkeit und Nichtigkeit ihrer Einbildung ausgeübt wird. Sie selbst sind schon das Übel*" (*Enzyklopädie* § 472 A; 10.292 s.). Trad. bras.: *Enciclopédia das ciências filosóficas em compêndio*, vol. 3: *A filosofia do espírito*, trad. P. Meneses e J. Machado, São Paulo, Loyola, 1995.

46 Cf. Philo nos *Dialogues* de Hume, 196: "Eles não têm razão justa, alguém diz: essas reclamações procedem apenas de sua disposição desconexa, descontente, ansiosa (...) e pode haver possivelmente, eu respondo, um fundamento mais correto da infelicidade que tal temperamento miserável?".

47 Sobre o modo de existência dos animais, é dito: "O ambiente de contingência externa contém fatores que são quase inteiramente alheios; ele exerce violência perpétua e ameaça de perigos sobre o animal e seu sentimento, que é inseguro, ansioso e infeliz" (*Enzyklopädie*

Mas, assim como a natureza sensitiva, mesmo quando sente dor, é superior à pedra, que não pode sentir dor alguma, também a natureza racional, mesmo quando infeliz, é mais excelente que a natureza desprovida de razão ou sentimento; portanto, não pode experimentar sofrimento algum[48].

De forma semelhante, Hegel interpreta o mal moral, o maior avanço do mal. Para ele, é a consequência necessária da emancipação da subjetividade, "a reflexão mais íntima da subjetividade, em si, como em oposição ao objetivo e geral, que o considera como mera aparência"[49].

Como a dor acompanha, necessariamente, o fenômeno da vida, o mal moral é o outro lado da consciência:

> A origem do mal em geral, reside no mistério da liberdade, isto é, no aspecto especulativo da liberdade, sua necessidade de se emancipar do caráter natural do mal e ser internamente contra ele (...). O ser humano, então, é simultaneamente como tal ou por natureza e por meio de sua reflexão, em si, moralmente mal, de modo que nem a natureza como tal, isto é, se não fosse a naturalidade da vontade permanecendo em seu conteúdo especial, nem a reflexão que se volta para si mesma, conhecimento como tal, se não se mantivesse nesse contraste, é mal em si[50].

O mal moral é a absolutização de desejos naturais contra o universal representado pelo bem por meio da reflexão, isto é, algo que não deve ser. De acordo com Hegel, a responsabilidade por isso cabe exclusivamente ao sujeito individual. Mas o mal moral é necessário na medida em que esse ponto de vista

---

§ 368; 9.502; "*Die Umgebung der äußerlichen Zufälligkeit enthält fast nur Fremdartiges; sie übt eine fortdauernde Gewaltsamkeit und Drohung von Gefahren auf sein Gefühl aus, das ein unsicheres, angstvolles, unglückliches ist*"). Trad. bras.: *Enciclopédia das ciências filosóficas em compêndio*, vol. 2: *A filosofia da natureza*, trad. P. Meneses e J. Machado, São Paulo, Loyola, 1995.

48 "*Sicut autem melior est natura sentiens et cum dolet quam lapis qui dolere nullo modo potest: ita rationalis natura praestantior etiam misera, quam illa quae rationis vel sensus est expers, et ideo in eam non cadit miseriam*" (De civitate Dei XII 1).

49 No original, "*die innerste Reflexion der Subjektivität in sich gegen das Objektive und Allgemeine, das ihr nur Schein ist*". *Enzyklopädie*, § 512, 10.317.

50 "*Der Ursprung des Bösen überhaupt liegt in dem Mysterium, d.i. in dem Spekulativen der Freiheit, ihrer Notwendigkeit, aus der Natürlichkeit des Willens herauszugehen und gegen sie innerlich zu sein (...) Der Mensch ist daher zugleich sowohl an sich oder von Natur als durch seine Reflexion in sich böse, so daß weder die Natur als solche, d.i. wenn sie nicht Natürlichkeit des in ihrem besonderen Inhalte bleibenden Willens wäre, noch die in sich gehende Reflexion, das Erkennen überhaupt, wenn es sich nicht in jenem Gegensatz hielte, für sich das Böse ist*". Trad. bras.: HEGEL, G. W. F., *Linhas fundamentais da filosofia do direito, ou Direito natural e ciência do estado em compêndio*, trad. P. Menezes et al., São Leopoldo, Ed. Unisinos, 2010.

da ruptura deve emergir — "ele constitui (...) a separação de animais irracionais e o ser humano"; "chamadas pessoas primitivas, inocentes — pior do que maus", lemos no adendo escrito à mão a esse parágrafo[51]. É evidente que Hegel deve interpretar o mito da queda com base nesses pré-requisitos — não como um conto de decadência, mas como um estágio transitório necessário no caminho para a humanidade plena. "O paraíso é um parque onde apenas os animais, e não os seres humanos, podem permanecer (...) a queda é, portanto, o eterno mito do ser humano, através do qual ele se torna um ser humano."[52]

Os dois parágrafos supracitados da *Enciclopédia* (com a versão mais detalhada do segundo na *Filosofia do Direito*) são a contribuição mais importante de Hegel à questão da teodiceia: o mal e o mal moral têm seu lugar no autodesenvolvimento necessário do conceito. Ainda assim, Hegel difere de Leibniz em um aspecto: aparentemente, ele supõe verdadeira contingência ontológica, a saber, em um duplo sentido que ainda precisa ser estritamente distinguido. De um lado, ele parece considerar as leis da natureza de uma forma não tão determinística e, possivelmente, parece acreditar na liberdade humana da vontade de maneira não compatibilista. Por outro lado, é óbvio para ele que, com a externalização rumo à natureza, a ideia se entrega à esfera da contingência, que nem a razão finita nem o próprio absoluto conseguem alcançar. Portanto, a questão de teodiceia é, em certo sentido, desarmada, uma vez que, para Hegel, a existência concreta do mal e do mal moral — mas não a existência de estruturas correspondentes — não é mais a responsabilidade do absoluto, mas uma consequência de sua autoexternalização rumo à natureza. Com essa visão, Hegel é mais platônico que Leibniz; portanto, podemos encontrar nele um retorno à antiga doutrina da privação: o irracional no mundo é mero fenômeno, distinguível da realidade em um sentido empático do termo[53]. Conectada com essa posição, há uma exortação a uma espécie de visão estoica diante das adversidades do ser — é importante discernir a rosa na cruz[54].

---

51   No original, "*er macht (...) die Scheidung des unvernünftigen Tieres und des Menschen aus*"; "*Sogenannte Natur-, unschuldige Völker-Schlimmer als böse*" (7.263).

52   "*Das Paradies ist ein Park, wo nur die Tiere und nicht die Menschen bleiben konnen (...) Der Sündenfall ist daher der ewige Mythus des Menschen, wodurch er eben Mensch wird*" (12.389). A interpretação da queda por Hegel difere abertamente da interpretação de Agostinho, e é mais próxima da de Irineu de Lyon, para quem Adão pecou mais por tolice do que por malícia e deveria, portanto, ser salvo. De fato, de acordo com ele, a exclusão da árvore da vida não foi tanto um castigo quanto uma reversão da anterior atemporalidade do pecado. Cf. DE LYON, I., *Adversus haereses/Gegen die Häresien III*, Freiburg, Herder, 1995, 281 ss., cap. 23.

53   *Enzyklopädie* § 6; 8.47 s. Trad. bras.: HEGEL, G. W. F., *Enciclopédia das ciências filosóficas em compêndio*, vol. 1: *A Ciência da lógica*, trad. P. Menezes e J. Machado, São Paulo, Loyola, 1995.

54   7.26 s.

III

Hans Jonas, a quem devemos uma das contribuições mais convincentes para a discussão sobre a teodiceia em nosso século, não pode se identificar nem com essa teoria da privação e sua "dessubstancialização dos males, que se reconcilia com Deus por trás das costas dos sofredores"[55], nem com a funcionalização das atrocidades da história para a maior glória do estado constitucional moderno. Sua nova abordagem é explicada, de um lado, pela crise da teologia racional desde o meio do século XIX, de outro lado, pelo excesso de experiência de mal moral no século XX. Não é coincidência o fato de Jonas ser judeu — assim como não é coincidência o fato de a rejeição da filosofia otimista da história do hegelianismo por Walter Benjamin/Max Horkheimer/Theodor W. Adorno e Karl Löwith ter se originado de homens que tiveram de experimentar o genocídio de seu próprio povo. Em *Der Gottesbegriff nach Auschwitz* [*O conceito de Deus depois de Auschwitz*][56], Jonas inicia com essa experiência, que, como ele diz, nos obriga a abandonar a autoridade sobre a história[57]. De fato, o espírito moderno nos coage a conceber o mundo como deixado a si mesmo e a suas leis, não tolerando interferência alguma. Deus — é dito em uma história mítica com alusões à cabala — se abriu à contingência do vir a ser, e na evolução, primeiro da vida, depois do espírito, a divindade chega à experiência de si mesma.

> Com a aparência de ser humano, a transcendência despertou para si mesma e, daí em diante, acompanha suas ações com respiração suspensa, esperando e acenando, com alegria e com dor, com satisfação e com decepção[58].

O deus de Jonas é um deus que sofre, ele é um deus em evolução, cuja relação com a criação muda constantemente; ele é um deus que se importa. E ele não é um deus onipotente.

Jonas até pensa que há uma contradição na ideia de onipotência — porque poder sugere uma resistência que deve ser superada, que não pode existir sob a condição de onipotência. Além disso, onipotência e bondade perfeita

---

55 "*Entwirklichung der Übel, die sich hinter dem Rücken der Leidenden mit Gott versöhnt*". Friedrich Hermanni, "Die Positivität des Malum", in: *Die Wirklichkeit des Bösen*, 49-72, 72.

56 Eu cito JONAS, H., *Philosophische Untersuchungen und metaphysische Vermutungen*, Frankfurt, Suhrkamp, 1992, 190-208. Esse texto foi publicado pela primeira vez em 1984. Trad. bras.: *O conceito de Deus após Auschwitz: uma voz judia*, São Paulo, Paulus, 2016.

57 193.

58 "*Mit dem Erscheinen des Menschen erwachte die Transzendenz zu sich selbst und begleitet hinfort sein Tun mit angehaltenem Atem, hoffend und werbend, mit Freude und mit Trauer, mit Befriedigung und Enttäuschung*" (197).

(Jonas não fala de onisciência, talvez porque ele a interprete como um fator de onipotência) não são simultaneamente compatíveis com a existência do mal, pelo menos quando se quer defender a inteligibilidade de Deus. Mesmo a suposição de uma mera restrição da onipotência não nos leva mais longe:

> Pois, em vista da imensidão do que, entre os portadores de sua imagem na criação, alguns deles, repetidamente — e de maneira plenamente unilateral — infligem em outros inocentes, esperar-se-ia que o bom Deus, às vezes, quebraria sua própria regra de restrição de poder — por mais rigorosa que fosse — e interviria, com um milagre salvífico[59].

Então, segundo Jonas, devemos supor que Deus se despojou de qualquer poder de interferir no curso físico das coisas. "Agora, cabe ao ser humano fazê-lo. E ele pode fazê-lo na medida em que vê, no curso de sua vida, que não ocorre, ou não ocorre com frequência, e não por causa dele, de Deus se arrepender de ter deixado o mundo vir a ser."[60]

A razão pela qual Jonas é um dos maiores filósofos do século XX é também evidente nesse texto — todas as reflexões teóricas são ancoradas em reflexão pessoal, não meramente por referência hermenêutica às opiniões dos outros. Ainda assim, não se deveria concordar com Jonas tão rapidamente. O deus em *Draussen von der Tür* [*O homem lá fora*], de Wolfgang Borchert, é uma figura bem vergonhosa, e o deus de Jonas se aproxima dele de forma alarmante, apesar de sua dignidade indisputável. Também, seu criticismo lógico do conceito de onipotência é insuficiente: para um ser atemporal, a onipotência só pode ser construída de forma onicausal, e é exatamente como Spinoza e Leibniz o compreendem, para quem Deus não interfere com as leis da natureza e não precisa fazê-lo, uma vez que ele as criou. O fato de Jonas não discutir o conceito de onicausalidade, é claro, tem a ver com sua rejeição ao determinismo, que é acarretado por esse conceito. Além disso, mesmo que a triunfante negligência das vítimas da história por Hegel seja inaceitável, não se deve dispensar, tão rapidamente, a concepção filosófica de Hegel de que o estado constitucional ocidental seja o fim da história — ela experimentou outra confirmação parcial no fim do século XX e é, embora não possa apagar o sofri-

---

59 "*Denn bei dem wahrhaft und ganz einseitig Ungeheuerlichen, das unter seinen Ebenbildern in der Schöpfung dann und wann die einen den schuldlos andern antun, dürfte man wohl erwarten, daß der gute Gott die eigene Regel selbsi äußerster Zurückhaltung seiner Macht dann und wann bricht und mit dem rettenden Wunder eingreift*" (204).

60 "*Jetzt ist es am Menschen, ihm zu geben. Und er kann dies tun, indem er in den Wegen seines Lebens darauf sieht, daß es nicht geschehe oder nicht zu oft geschehe, und nicht seinetwegen, daß es Gott um das Werdenlassen der Welt gereuen muß*" (207).

mento das vítimas do totalitarismo, ao menos mais consoladora do que, por exemplo, uma filosofia da história pessimista, que facilmente se torna uma profecia que se autorrealiza.

Contudo, Jonas está completamente certo a respeito de uma coisa: caso se tenha de escolher entre onipotência e bondade perfeita, o segundo atributo é preferível. Caso se queira encontrar o caminho de volta a Deus após Auschwitz, então, este tem de ser um deus que não aprove esses crimes. De fato, a terrível tragédia do ateísmo justificado moralmente, que faz desistir do conceito de Deus por causa da indignação gerada em consequência da injustiça neste mundo, reside no fato de que, mais cedo ou mais tarde, este transforma o fundamento de sua própria indignação em um sentimento subjetivo de desconforto ou até mesmo aceita o mal moral: o caminho de Arthur Schopenhauer a Friedrich Nietzsche é incrivelmente reto. A lei moral deve ter uma dignidade independentemente dos caprichos dos indivíduos e da maldade da história, caso queira limitar a vontade humana. De fato, a lei moral kantiana contém alguns dos atributos de Deus: é válida incondicionalmente, isto é, é absoluta, permanece fora do espaço e do tempo, e é fonte de todo valor. Mas se a lei moral não pode ser reduzida a uma existência factual, de onde vem a possibilidade de que a existência corresponda a ela? (Pois, certamente, é uma possibilidade, ainda que talvez seja mais que mera possibilidade.) Evidentemente, o ser não pode ser completamente independente da lei moral, caso ele deva se encaminhar a ela em seu desenvolvimento histórico. Uma solução possível seria o ser empírico considerar a lei moral como seu único princípio — e, ainda que seja contraintuitiva diante do mal, certamente é mais econômica que a outra solução, que supõe um segundo (ou terceiro etc.) princípio além da lei moral para explicar o ser, ou que é contente com a fatualidade das leis da natureza. Talvez seja possível justificar por que apenas uma multiplicidade de seres é capaz de sofrer, e mesmo capaz de cometer maldades, a quem realiza a lei moral em toda a sua inteireza em um mundo acessível à experiência, mas em seu futuro desenvolvimento, é imprevisível para esses seres; e talvez também seja possível mostrar por que, entre outras coisas, os princípios da teoria darwiniana, que explicam muitos males que nos preocupam, contam entre as leis deste mundo[61]. Mas isso é apenas uma sugestão. Graças a Deus, o ser humano moral não precisa de uma teoria complexa para considerar os males no mundo uma oportunidade para sua derrota ativa.

---

61 Cf. HÖSLE, V.; ILLES, C., *Darwin*, Freiburg, Herder, 1999, versão original do *Darwinism and Philosophy*, citado anteriormente.

CAPÍTULO 4

Racionalismo, determinismo, liberdade

Um livro excelente sobre o determinismo termina com o seguinte conselho:

> Como uma "solução prática", eu recomendo a tática do avestruz: não pensar muito a fundo ou por muito tempo nas questões levantadas aqui e, na vida cotidiana, continuar com a presunção de que o "eu" que escolhe e o eu a que nós atrelamos juízos de valor são autônomos. Deixe aqueles que quiserem se autodenominar filósofos assumir o risco à sua saúde mental que deriva de pensar muito sobre o livre-arbítrio[1].

Infelizmente, pertencendo ao grupo de alto risco chamado "filósofos", eu quero dedicar pelo menos algum tempo e alguma energia a refletir sobre a relação entre liberdade e determinismo. Eu não declaro, nesse ensaio, a verdade do determinismo, mas quero fazer, tanto quanto possível, um arrazoado favorável a ele e, certamente, quero defender o compatibilismo, isto é, a ideia de que o determinismo não exclui um conceito significativo de liberdade. Pelo menos, eu quero rejeitar algumas concepções grosseiramente equivocadas sobre o determinismo que levaram a expectativas exageradas em relação à mecânica quântica — como se apenas essa teoria pudesse nos libertar de uma visão horrível e, em última análise, imoral do mundo. Não há dúvida sobre o fato de que a teoria quântica significa um desafio profundo para a ontologia, mas sua importância filosófica permaneceria elevada o suficiente se, por exemplo, ela fizesse cumprir uma revolução na mereologia (a doutrina da

---

1 EARMAN, J., *A Primer on Determinism*, Dordrecht, Reidel, 1986, 250.

relação entre as partes e o todo) e em relação ao princípio de localidade sem, ao mesmo tempo, solapar o determinismo ou mesmo o realismo. De todo modo, a teoria quântica não é a única forma de superar o determinismo, e talvez não haja necessidade urgente de superar o determinismo.

A recusa aparentemente teimosa de Max Planck e de Albert Einstein em rejeitar uma interpretação não determinista da mecânica quântica é explicada por categorias psicológicas de natureza reducionista apenas por pessoas que não estão familiarizadas com os argumentos a favor do determinismo. Tais argumentos já desempenharam um papel na filosofia antiga; todavia, não é difícil ver por que, na Antiguidade Tardia e na Idade Média, o determinismo se tornou uma posição mais concreta, atraente aos filósofos de toda as três religiões monoteístas. As doutrinas de presciência divina e, ainda mais, a de onipotência divina são, no mínimo, mais facilmente compatíveis com um universo determinista do que com um universo não determinista, ainda que muito esforço tenha sido dedicado para provar que uma vontade livre não era excluída por essas duas doutrinas. No início da modernidade, finalmente, uma visão determinista de mundo foi facilmente aceita, parcialmente, por motivos teleológicos — embora as mudanças no conceito de Deus que ocorreram nessa época tenham sido profundas — e, por outro lado, por posições ateias ou mesmo agnósticas. É significativo que um dos clássicos do determinismo — talvez o mais conhecido — preceda os *Philosophiae Naturalis Principia Mathematica* de Isaac Newton, de 1686: a *Ética* de Baruch Spinoza, de 1677. Isso mostra que o triunfo do determinismo não pressupôs a emergência da mecânica clássica, embora fosse um engano negar que tenha sido favorecido por ela.

E, ainda assim, há argumentos filosóficos para o determinismo que não dependem do estado da arte na física; e, como o determinismo não precisou da física newtoniana para ser articulado como posição filosófica, não pode ser refutado pela substituição da física newtoniana por outros paradigmas. Eu pressuponho, aqui, pelo bem do argumento, que a mecânica newtoniana seja uma teoria determinista. Isso, todavia, é uma posição não compartilhada por todos. John Earman a nega explicitamente — ainda que introduzindo soluções das equações matemáticas relevantes que poderiam ser consideradas não genuinamente possíveis fisicamente[2]. Ele considera a física especial relativista mais amigável em direção ao determinismo. Contudo, eu não discutirei tais questões neste ensaio (preciso ignorar, também, a teoria das leis estatísticas).

Devo me restringir, nesse contexto, a um conceito bem rudimentar de determinismo. Entendo por "determinismo" uma posição ontológica, e não

---

2   EARMAN, J., idem, 33 ss.

epistemológica; portanto, previsibilidade não é um acontecimento necessário no conceito aqui pressuposto, embora tenha determinado um papel enorme em sua história[3]. O universo deveria ser chamado de determinista se tudo o que ocorresse já estivesse implícito no que ocorreu antes e nas leis naturais, se — para ser mais preciso — o presente fosse compatível com apenas um desenvolvimento futuro. Para compreender essa definição não é necessário analisar em detalhe o difícil conceito de causalidade. Todavia, há elos óbvios entre o determinismo e o princípio de razão suficiente, ainda que seja errado considerar a proposição "todo evento tem uma causa" como o equivalente do determinismo. Esse princípio só está implicado pelo determinismo porque um estado anterior do mundo pode ser considerado como causa do outro, mas a mera afirmação, em si, ainda não implica determinismo. Isso é verdadeiro pelo menos quando não adicionamos algo como "as mesmas causas sempre têm os mesmos efeitos". Poder-se-ia imaginar um mundo em que cada evento tivesse uma causa, mas as mesmas causas sempre produzissem efeitos diferentes, e seria absurdo chamar tal universo de "determinista".

Ainda assim, poder-se-ia responder que essa adição já estava implícita em nossa pressuposição. De fato, essa proposição, bem compreendida, e ainda mais o determinismo não são tanto uma asserção sobre as "causas" como uma asserção sobre o caráter universal de determinadas posições. Este pressupõe uma metafísica das leis naturais, outro ponto que, infelizmente, tem de ser ignorado neste ensaio. Aqui, quero apenas chamar atenção para o fato de que a teoria de que as mesmas causas devem ter os mesmos efeitos é formalmente similar ao princípio básico da ética e do direito de que causas iguais devem ser tratadas com igualdade. Essa teoria sugere algum princípio geral na arquitetônica de nossa razão, um princípio anterior à cisão entre razão teórica e prática. Eu não estou pressupondo, em minha definição aproximada de determinismo, que leis da natureza são coextensivas com leis físicas — de fato, tal pressuposição, obviamente, seria falsa. Pode-se duvidar certamente de que as leis da química possam ser reduzidas às leis da física[4]; e é reconhecido que as leis psicofísicas nunca serão reduzidas às leis da física, que não contêm conceitos sobre a vida da mente.

A questão do determinismo e da liberdade não é apenas, e talvez nem mesmo principalmente, uma questão da filosofia da física. É ligada a diversos campos da filosofia — pode-se mesmo arriscar que haja poucas questões filosóficas tão proximamente ligadas a tantas outras disciplinas filosóficas. Como

---

[3] Cf. o famoso primeiro capítulo *Essai philosophique sur les probabilités* de Laplace, com a alusão a uma "inteligência" capaz de prever tudo. Trad. bras.: LAPLACE, P.-S., *Ensaio filosófico sobre as probabilidades*, Rio de Janeiro, Contraponto, 2010.

[4] Ver PRIMAS, H., *Chemistry, Quantum Mechanics, and Reductionism*, Berlin, Springer, 1981.

veremos, opções epistemológicas influenciam, fortemente, a racionalidade ou a irracionalidade de suposições deterministas; e a forma antiga, diodoriana, de determinismo mostra que questões de lógica (especialmente de lógica modal) também estão em jogo[5]. Se o mundo é determinista ou não, esta é uma importante questão metafísica. Há poucos fatores que caracterizam a estrutura do mundo tão profundamente quanto esta — os próprios conceitos de ser, substância e tempo mudam se aceitamos o determinismo. Contudo, o interesse geral no determinismo não é limitado à natureza, no sentido mais estrito da palavra; a questão existencialmente relevante é se isso também se aplica às ações humanas. Sua relação com a natureza e a consciência, junto ao quesito mente-corpo, está no núcleo da controvérsia determinismo-liberdade. A controvérsia tem importantes consequências na ética, especialmente para a doutrina de sanções — e, uma vez que fundamentos de nossas concepções de direito e de estado consistem em questões de direito criminal e de castigo, também se trata de consequências de grande preocupação para a filosofia do direito e a política. Os elos com a teologia filosófica dizem respeito, em parte, à escatologia (um tópico relacionado ao ensaio anterior, mas ignorado neste), em parte, à relação entre liberdade e necessidade em Deus.

Nas páginas seguintes, eu desenvolvo, em primeiro lugar, alguns argumentos clássicos a favor do determinismo (I); em segundo lugar, eu indico as mais importantes objeções contra o determinismo e as principais estratégias usadas para evitá-lo, e explico por que considero que essas estratégias permanecem problemáticas (II); enfim, eu explico por que, afinal de contas, pode-se lidar com certas preocupações dos críticos do determinismo por meio de uma forma mais sutil de determinismo (III). De fato, um dos propósitos deste ensaio é distinguir diferentes formas de determinismo e mostrar que, ao passo que algumas são repugnantes e mesmo autocontraditórias, outras são mais interessantes e desafiadoras. A concepção proposta aqui, de um determinismo não materialista, é muito próxima à da filosofia de Gottfried Wilhelm Leibniz. É algo cuja verdade eu não quero afirmar, mas apenas discutir com pessoas que talvez estejam muito propensas a deduzir, da não aceitabilidade de algumas formas de determinismo, a impossibilidade de todas as formas. No curso do meu ensaio, eu esboço brevemente as posições de muitos filósofos do passado, pois nunca fui capaz de me convencer de que as posições tardias na história da filosofia são sempre as melhores.

---

5   Sobre a lógica por trás do determinismo antigo — que eu precisei ignorar neste ensaio — cf. SCHUHL, P.-M., *Le dominateur et les possibles*, Paris, Presses Universitaires de France, 1960, E. VUILLEMIN, J., *Nécessité ou contingence: l'aporie de Diodore et les systèmes philosophiques*, Paris, Edition de Minuit, 1984.

I

Um dos fatores determinantes do início da filosofia moderna é seu racionalismo. Por "racionalismo" eu quero dizer uma forte confiança na razão como a última capacidade intelectual. Em um sentido mais amplo da palavra, o racionalismo pode ser atribuído também àqueles autores modernos que insistem na importância da experiência. Portanto, pode-se considerar mesmo os empiristas como John Locke, George Berkeley e David Hume como pertencentes à família maior dos racionalistas, pois eles consideram racional fundamentar o conhecimento na experiência. A ideia central comum, tanto em relação aos racionalistas (no sentido mais estreito) quanto em relação aos empiristas é sua oposição à autoridade e à tradição como justificativas últimas de reivindicações de validade. Entretanto, a palavra latina *ratio*, da qual surge "racionalismo", não significa apenas "razão"; significa também "causa" e "fundamento". Portanto, o racionalismo geralmente é comprometido à aceitação de alguma forma do princípio de razão suficiente. A aplicação desse princípio multifacetado a eventos conduz (com a adição supracitada) ao determinismo, e, portanto, o determinismo pode ser considerado como se estivesse implicado no racionalismo, no sentido mais amplo da palavra. As duas formas de racionalismo, todavia, são meramente conectadas, não logicamente equivalentes. René Descartes é um racionalista no sentido epistemológico da palavra, mas nega uma determinação de ações humanas, como também rejeita a necessidade de Deus. Hume não é um racionalista no sentido mais amplo do termo epistemológico, mas defende alguma forma de determinismo metodológico em relação aos eventos (ações incluídas). E ainda, apesar da independência lógica de duas formas de racionalismo, certa conexão entre os dois é óbvio, e isso torna razoável iniciar com reflexões a favor do racionalismo epistemológico.

A razão principal para o racionalismo da filosofia moderna foi o profundo desejo de liberdade. As poderosas tradições da Idade Média foram sentidas como limitações da liberdade política e intelectual, cuja reivindicação foi o propósito final de uma obra tão seminal quanto o *Tractatus theologico-politicus* [*Tratado teológico-político*] de Spinoza. Crenças tradicionais devem ser justificadas, e suas razões devem ser esclarecidas; este é um aspecto do racionalismo moderno. Ao mesmo tempo, surgiu o projeto de libertar a humanidade de problemas aparentemente perenes, como a fome, as pragas e guerras, que claramente limitam a liberdade de ações humanas. Logo, foi compreendido que apenas uma análise não enviesada da natureza e da sociedade ajudaria a atingir essa meta, e, portanto, um apelo à razão ou à experiência teve de substituir as tradicionais filosofias da natureza, o ser humano tradicional e o estado tradicional. Tinha de se explicar, encontram-se causas de tais problemas para obter a chance de superá-los. Mas por que tais projetos de justificação e explicação são conectados com a "razão"? Em uma aproximação muito rude, pode-se dizer que a razão é a capacidade humana que faz a pergunta original: "por quê?". Essa capacidade já está presente em crianças, e a rejeição da questão correspondente por educadores, embora às vezes importante e mesmo inevitável para a estabilidade de uma sociedade, frequentemente é prejudicial ao desenvolvimento filosófico do indivíduo em questão. A questão "por quê?" é, de fato, um elo entre racionalismo no sentido epistemológico e determinismo, e o anel intermediário da corrente é o princípio da razão suficiente.

A teoria de que todo processo pressupõe uma causa já é encontrado em Platão[6], e em Boécio nós encontramos o argumento explícito de que, para algo acontecer sem uma causa, contradiria o princípio (eleático) de que nada vem do nada[7]. Na *Ética* de Spinoza, algo como o princípio de razão suficiente é afirmado como o terceiro axioma do primeiro livro, e mesmo que ele não distinga terminologicamente entre causas e razões, em sua visão da estrutura ontológica do mundo, é feita uma clara distinção entre coisas e eventos, de um lado, e leis naturais (as leis da natureza divina), do outro. Ambas são "causadas", mas de formas diferentes: eventos individuais, apenas por outros eventos com base em leis gerais, leis gerais por outras leis, mais gerais, culminando na *causa sui* (que pode ser compreendida em termos da prova ontológica). Pode-se falar de níveis horizontais e necessários de "causalidade". Nós poderíamos afirmar que apenas eventos poderiam ter causas; leis, por outro lado, englobam razões — se é que tais razões são concebíveis. De fato, a tentativa de Spinoza de fundamentar as leis gerais é inteiramente insatisfatória; não é sequer claro se ele gostaria de defender a posição do panlogismo, de acordo com a qual as proposições sobre leis naturais são analíticas.

Suas asserções sobre o nível horizontal de "causalidade" são mais elaboradas. É nesse nível que se pode falar de determinismo, ainda que o princípio de razão suficiente abranja tanto o nível horizontal quanto o vertical. Spinoza explicitamente aplica o determinismo aos dois atributos inteligíveis da subs-

---

6   Ver seu *Filebo*, 26 e. Trad. bras.: PLATÃO, *Filebo*, trad. F. Muniz, Rio de Janeiro/São Paulo, Ed. PUC-Rio/Loyola, 2012. Ver também *Timeu*, 28 a, c.

7   BOÉCIO, *De consolatione philosophiae* V 1: "*Nam nihil ex nihilo exsistere vera sententia est, cui nemo umquam veterum refragatus est, quamquam id illi non de operante principio, sed de materiali subiecto hoc omnium de natura rationum quasi quoddam iecerint fundamentum. At si nullis ex causis aliquid oriatur, id de nihilo ortum esse videbitur; quodsi hoc fieri nequit, ne casum quidem huius modi esse possibile est, qualem paulo ante definivimus*". Trad. bras.: BOÉCIO, *A consolação da filosofia*, trad. W. Li, São Paulo, Martins Fontes, 1998. Sobre o acaso, assim definido, foi dito logo anteriormente: "*Quis enim cohaerente in ordinem cuncta deo locus esse ullus temeritati reliquus potest?*".

tância, tanto ao pensamento quanto à extensão; cada ação humana e cada pensamento são causados e predeterminados. Como consequência desse determinismo, Spinoza nega o caráter de substancialidade a tudo, até mesmo a Deus — Deus é a única substância. Isso representa um rompimento impronunciável com a ontologia aristotélica, que tem como seu ponto de partida a suposição de diferentes substâncias sensíveis (a concepção spinoziana, todavia, contém certos traços em comum com a metafísica eleática). Para Aristóteles, assim como para seus seguidores antigos e medievais, essa planta, esse gato, esse homem são entidades dentro de seus próprios direitos. Para Spinoza, eles são apenas modos de uma extensão geral que, em si, é apenas um atributo de uma estrutura mais universal, que, por si só, pode causar a si própria: a substância divina. Como causados, os modos individuais só manifestam leis naturais, mas não subsistem por conta própria e, portanto, não podem ser chamados de "substâncias"[8], ainda que haja razões pragmáticas para o observador isolar "fatias" específicas da *res extensa*.

A física de Spinoza é o desafio mais forte ao pensamento atomista que se pode conceber — é uma forma de "ontologia de campo"[9]. O tempo não cria nada novo; entender o mundo como necessário significa compreendê-lo "*sub specie aeternitatis*" [do ponto de vista da eternidade] (II p. 44 cor. II). Enquanto Deus pode ser considerado "livre" na medida em que existe baseado apenas na necessidade de sua própria natureza (I p. 17), uma liberdade da vontade é impossível (I p. 32, II p. 48). Argumentos teleológicos, que foram tão importantes para a filosofia e para a ciência antiga e medieval, são rejeitados no apêndice ao primeiro livro. Em relação às quatro causas tradicionais, Spinoza se interessa, principalmente, pela causa eficiente. Asserções sobre o comportamento teleológico de organismos ou seres humanos tem de ser traduzidas para uma linguagem em termos de causas eficientes. Se algo parece acidental, isto é, indeterminado, é graças a nossa ignorância (I p. 33); e, de fato, deve-se conceder a Spinoza que é difícil, se não impossível, excluir a possibilidade de parâmetros ocultos determinando um processo.

A profunda influência que Descartes exerceu sobre Leibniz é evidente. Apesar de grandes diferenças entre a personalidade de cada um, as carreiras, os métodos e estilos dos dois pensadores, não se pode negar que eles compartilham um programa semelhante de teologia racional e que, para ambos, o racionalismo no sentido epistemológico implica determinismo. Ainda assim, pelo menos os dois aspectos seguintes distinguem os conteúdos de suas filosofias. Em primeiro lugar, ainda que Leibniz compartilhe da rejeição do ato-

---

8   Ver a observação já presente em DESCARTES, R., *Principia Philosophiae*, I 51.
9   BENNETT, J., *A Study of Spinoza's "Ethics"*, Indianapolis, Hackett, 1984.

mismo por Spinoza, ele insiste no caráter substancial das mônadas, os centros subjetivos reconhecidos também por Spinoza, mas imersos no único atributo do pensamento[10]. Não há átomos, uma vez que a matéria pode sempre ser dividida, mas há unidades individuais que servem como base dos diferentes fluxos de consciência e que diferem ontologicamente uns dos outros. Em segundo lugar, Leibniz é muito mais interessado na "série" vertical do que Spinoza, e ele entende que o programa panlógico não pode ser concretizado. O mundo como um todo é contingente, não necessário por si; portanto, não razões lógicas, mas apenas razões morais que foram rejeitadas por Spinoza podem explicar por que o mundo é como é.

Contudo, isso não nega o princípio de razão suficiente — pelo contrário, o pressupõe. Leibniz é o primeiro a concedê-lo em uma importância igual à do princípio da não contradição:

> Nossos raciocínios se fundam em dois grandes princípios, o da não contradição (...) e o da razão suficiente, graças ao qual nós consideramos que nenhum fato pode ser considerado verdadeiro ou existente, nenhuma asserção é verdadeira se não há uma razão suficiente para ser assim, e não de outro modo, ainda que essas razões, muito frequentemente, não possam ser definidas por nós[11].

Como argumentos *a favor* desse princípio (que, para ele, não acarreta que as mesmas causas devam ter os mesmos efeitos), Leibniz declara o seguinte:

> Sem esse grande princípio, nunca poderíamos provar a existência de Deus, e perderíamos uma quantidade infinita de raciocínios muito corretos e muito úteis, dos quais este é o princípio: e isso não permite nenhuma exceção; de outro modo, sua força seria enfraquecida. Portanto, não há nada tão frágil quanto aqueles sistemas em que tudo oscila e é cheio de exceções[12].

---

10 "*Mihi nondum certum videtur, corpora esse substantias. Secus de mentibus*", escreve Leibniz em suas anotações sobre a *Ética*: LEIBNIZ, G. W., *Die philosophischen Schriften*, Berlin, Weidmann, 1875-1890, I, 145. Todas as obras de Leibniz são citadas de acordo com essa edição. Sobre o estudo de Spinoza por Leibniz, ver o esplêndido trabalho recente de LAERKE, M., *Leibniz lecteur de Spinoza*, Paris. Honoré Champion, 2008.

11 "*Nos raisonnements sont fondes sur deux grands Principes, celuy de la Contradiction (...) Et celuy de la Raison suffisante, en vertu duquel nous considerous qu'aucun fait ne sauroit se trouver vray ou existant, aucune Enontiation veritable, sans qu'il y ait une raison suffisante, pourquoy il en soit ainsi et non pasautrement, quoyque ces raisons le plus souvent ne puissent point nous être connues.*" Monadologie § 31 s., VI, 612.

12 "*Sans ce grand principe, nous ne pourrions jamais prouver l'existence de Dieu, et nous perdrions une infinité de raisonnements tres justes et tres utiles, dont it est le fondement: et il ne souffre aucune ex-*

Leibniz teme que mesmo uma só exceção a esse princípio poderia colocar em perigo a obra da razão — pois, se admitirmos que há fatos sem causas ou razões, então, nunca poderemos desconsiderar que a busca pelas causas ou razões em um determinado caso é sem sentido, e que aqueles que se satisfazem com uma mera facticidade estão corretos. Em particular, ele temia que seus argumentos a favor da existência de Deus falhassem se esse princípio perdesse sua validade absoluta.

A força persuasiva do determinismo deve ter sido poderosa, de fato, se não só a maioria dos grandes filósofos do século XVII e XVIII estava convencida dele, mas se mesmo o pensador a quem devemos a maior revolução em nosso conceito de causalidade permanece comprometido com uma forma de determinismo, pelo menos como uma forma de pensamento da mente humana, sem um compromisso ontológico. Eu devo ignorar, aqui, a difícil questão que determina se os projetos epistemológicos de *A Treatise of Human Nature* [Um tratado sobre a natureza humana] e de *An Enquiry Concerning Human Understanding* [Uma investigação sobre o entendimento humano] são similares ou, ao menos, compatíveis um com o outro, mas pode-se afirmar, com segurança, que Hume considera vazia a ideia de uma ação livre da vontade não determinada por nada em ambas as obras. Todo nosso trato social pressupõe regularidades no comportamento de nossos colegas humanos que não são significativamente diferentes das regularidades dos corpos naturais

> Não há filósofo cujo julgamento seja tão firmado nesse sistema fantástico da liberdade que não seja capaz de reconhecer a força da evidência moral; e, tanto na especulação como na prática, procede com ela como um fundamento razoável. Ora, a evidência moral não é nada senão uma conclusão que diz respeito às ações das pessoas derivadas da consideração de seus motivos, de sua índole e da situação (*Tratado*, II.III.I).

Hume reconhece a liberdade como "um poder de agir ou não agir segundo as determinações da vontade" (*Investigação*, § VIII, Parte I). Mas essa liberdade compartilhada por todo indivíduo que não é um prisioneiro e está acorrentado é compatível com fatores que determinam a vontade, sendo estes funções do caráter e da situação. Como Locke coloca, liberdade implica a existência da vontade; portanto, a própria vontade não pode ser chamada de "livre" (Locke, *An Essay Concerning Human Understanding*, II 21, especialmente 16).

---

ception, autrement sa forcé seroit affoiblie. Aussi n'est il rien de si foible que ces systemes, où tout est chancelant et plein d'exceptions." *Théodicée*, § 44, VI, 127.

Hume não é o único filósofo que simplifica a concepção sutil de determinismo apresentada por Spinoza e por Leibniz eliminando a prova ontológica e a prova cosmológica originalmente conectada com o programa do racionalismo e se interessando, meramente, pela série horizontal de eventos. Os filósofos ateus e materialistas do século XVIII e XIX perseguem um projeto similar, embora com base em uma epistemologia dogmática. Mesmo que Arthur Schopenhauer possa ser considerado um materialista apenas de modo superficial, faz sentido se concentrar em sua posição como paradigmática desse tipo alternativo de determinismo, uma vez que ele dedicou reflexões mais explícitas ao princípio de razão suficiente do que todos os filósofos materialistas antigos que eu conheço. Além disso, Schopenhauer elaborou o determinismo em sua aplicação para ações humanas de forma que, mesmo que não seja realmente original, é mais concreta que todas as aplicações anteriores. Eu não reivindico, de modo algum, fazer justiça à filosofia de Schopenhauer como um todo — eu devo ignorar tanto seu núcleo, a metafísica da vontade, quanto a estranha mescla de idealismo transcendental e realismo —, mas tentarei nomear os elementos principais desse tipo peculiar de determinismo. De fato, sua dissertação *Über die vierfache Würzel des Satzes vom zureichenden Grunde* [*Sobre a quádrupla raiz do princípio de razão suficiente*], bem como seu *Über die Freiheit des menschlichen Willens* [*Sobre a liberdade da vontade*], representa passos importantes na história de nossa teoria. Quando, em discussões populares, surge o fantasma do determinismo, frequentemente se associa a ele fragmentos de argumentações desenvolvidas por Schopenhauer[13]. Ele foi influente também porque desenvolveu, assim como, antes dele, Thomas Hobbes e Spinoza, uma ética imanentista que é baseada em proposições meramente descritivas. O projeto de uma justificação da ética foi integrado na visão de mundo determinista "horizontal".

A intenção principal da dissertação de Schopenhauer foi a distinção de quatro classes de objetos às quais o princípio de razão suficiente é aplicado, assumindo formas diferentes. Schopenhauer reconheceu que essas formas tinham um fator comum: todas as quatro garantem uma unidade de nossas concepções, "devido a qual nada que subsiste por si e é independente, nem nada singular e separado pode se tornar objeto para nós"[14]. A primeira classe é for-

---

13 Argumentos similares foram desenvolvidos posteriormente por Friedrich Nietzsche, cuja consciência de questões metodológicas ligadas ao determinismo, todavia, é muito limitada — Nietzsche não foi, quaisquer que seus outros méritos possam ter sido, talentoso nos ramos "mais difíceis" da filosofia; suas reflexões sobre epistemologia são diletantes e até mesmo autocontraditórias.

14 "(...) vermöge welcher nichts für sich Bestehendes und Unabhängiges, auch nichts Einzelnes und Abgerissenes, Objekt für uns werden kann." SCHOPENHAUER, A., *Werke in zehn Bänden*, Zürich, Diogenes, 1977, § 16, V 41.

mada por representações empíricas; para essa classe, o princípio de razão suficiente aparece como a lei da causalidade, como o *principium rationis sufficientis fiendi*. Ela afirma que toda mudança é causada por outra; e não pode haver causa primeira, apenas uma série infinita de eventos. Corolários desse princípio são o princípio de inércia e a lei da conservação de substância. As mudanças pressupõem algo estável, a saber, a matéria, mas também as forças da natureza. As leis que determinam as ações dessas forças são eternas e não podem ser explicadas; a prova cosmológica é rejeitada com tanta força quanto a prova ontológica. A causalidade se manifesta em três formas: no mundo inorgânico, como uma causa no sentido mais estreito da palavra, em plantas, como um estímulo, e em animais (inclusive humanos), como um motivo. Os motivos pressupõem cognição e, portanto, um processo de mediação que é mais complexo nos humanos do que em outros animais, mas isso não muda o caráter determinista do mundo. Dado o caráter e o motivo, as ações de uma pessoa seguem com a mesma necessidade que a queda de um corpo em um campo gravitacional. Apenas o princípio de causalidade pode transformar a massa amorfa de sensações em um todo estruturado, em um mundo objetivo — por meio da suposição de que as sensações têm uma causa externa. Com essa reflexão, Schopenhauer busca fundamentar a natureza *a priori* do princípio de causalidade, enquanto rejeita a demonstração de Immanuel Kant na primeira *Crítica*, que havia insistido na relação causal como a única forma de garantir uma ordem temporal objetiva (*Crítica da razão pura*, A 189 ss./B 232 ss.). Schopenhauer, deve-se observar, não visa fundamentar a validade do princípio da razão suficiente. Ele considera tal tentativa absurda, uma vez que sugeriria o princípio que tenta provar[15].

A segunda classe de aplicações para o princípio da razão suficiente com que Schopenhauer lida consiste em conceitos; nesse reino, o princípio se torna o *principium rationis sufficientis cognoscendi*. Juízos têm de ser justificados, e Schopenhauer reconhece quatro tipos de razão para a verdade das proposições, conforme sejam verdades lógicas, empíricas, transcendentais ou metalógicas. Todavia, é claro que a justificativa logo chega a um fim — ou com um fato empírico, ou com um princípio transcendental, como o de causalidade (V 172, § 50). A terceira classe consiste em formas de intuições *a priori*; nesse caso, Schopenhauer trata da demonstração de verdades matemáticas (*principium rationis sufficientis essendi*). De interesse especial é sua teoria de que uma demons-

---

15 "*Wer nun einen Beweis, d.i. die Darlegung eines Grundes, für ihn fordert, setzt ihn eben hiedurch schon als wahr voraus, ja, stützt seine Forderung eben auf diese Voraussetzung. Er geräth also in diesen Cirkel, daß er einen Beweis der Berechtigung, einen Beweis zu fordern, fordert*" (par. 14, V 38).

tração convincente pode, no entanto, falhar em apreender a razão ontológica para um teorema matemático. A quarta classe, enfim, consiste na própria subjetividade do indivíduo, isto é, o sujeito da própria vontade. Como o *principium rationis sufficientis agendi*, o princípio para essa classe se torna a lei de motivação já discutida dentro da primeira classe, mas agora com base na introspecção. Para Schopenhauer, a vontade é o fator essencial de uma pessoa; intelecto e razão são apenas suas ferramentas. Em *Über die Freiheit des menschlichen Willens* [*Sobre a liberdade da vontade*], Schopenhauer explica, com o caráter peculiar da introspecção, a ilusão do livre-arbítrio, uma ilusão favorecida ainda mais pelo desejo teleológico de encontrar uma exoneração de Deus na vontade livre, na medida em que esta pode ser responsável pelos males[16]. Permanece memorável, todavia, o fato de que a obra de Schopenhauer encerra, surpreendentemente, com uma invocação da liberdade transcendental de Kant, que ele considera necessária para permitir a possibilidade de imputação moral.

II

Esta é de fato a primeira, se não a principal, objeção contra o determinismo: que parece impossível considerar pessoas "responsáveis" por suas ações se tudo o que elas fizeram e farão for predeterminado por um estado anterior do mundo. Castigo e até mesmo formas mais frágeis de sanções pessoais parecem pressupor que a pessoa poderia ter agido de outra forma; portanto, não são aplicados quando a pessoa tiver sido, por exemplo, forçada a cometer o feito reprovável; mas, em certo sentido da expressão, isso não pode ter sido o caso considerando que o universo é um sistema determinista[17]. É sempre seguro afirmar que uma pessoa poderia ter agido de outro modo caso tivesse tomado outra decisão; mas o problema é que essa pessoa não tomou a decisão e poderia não o

---

16 Seção IV, VI 107. Uma explicação semelhante das convicções antideterministas é dada por HUME, D., *Treatise*, II.III.II. A defesa engenhosa do livre-arbítrio por Alvin Plantinga, baseada em sua esplêndida retomada da necessidade *de re*, não resolve o problema da teodiceia melhor que a solução compatibilista de Leibniz, pois Plantinga também tem de responder à questão: por que Deus escolheu criar um mundo com Adolf Hitler, se concedermos a ele que esse homem tinha uma memorável depravação transmundana. Cf. PLANTINGA, A., *The Nature of Necessity*, Oxford, Clarendon, 1982, 164 ss.

17 Eu não distingo, nesse ensaio, entre a proposição P ("tudo pode ser explicado de maneira determinista") da proposição Q ("nosso mundo é um sistema determinista"). P e Q não são estritamente equivalentes. (Cf. VON KUTSCHERA, F., *Grundfragen der* Erkenntnistheorie, Berlin, de Gruyter, 1982, 279 ss.). No entanto, necessita-se apenas introduzir todas as leis independentes pressupostas por P como axiomas de uma teoria para se alcançar Q.

ter feito, dadas as leis da natureza e um estado anterior do universo[18]. Pode-se prontamente conceder a Leibniz que a necessidade em jogo não é lógica, mas é ainda uma necessidade, dado o mundo factual em que vivemos.

Ora, o "compatibilismo" sempre ensinou que nosso sistema de sanções pode sobreviver mesmo se aceitarmos a verdade do determinismo — só deveríamos interpretá-lo de maneira diferente, relacionado ao futuro, e não ao passado. Os chamados deterministas duros, de um lado, reconhecem uma incompatibilidade entre determinismo e nossa prática de sanções sociais; mas, enquanto eles deduzem disso que nossas práticas não são apropriadas, os indeterministas, ao contrário, veem em nossas práticas uma prova do absurdo do determinismo. Não é apenas o amor pelos hábitos inerentes a tempos imemoriais que previne os indeterministas de reformar nossa prática de sanções. Eles argumentam que o malfeitor deve merecer o castigo (o que não é o caso se a justificativa principal para o castigo for seu efeito de dissuasão) e que ele é honrado por ser considerado responsável. Ainda que Peter Strawson pertença à grande família de compatibilistas, poder-se-ia tentar encontrar material contra o determinismo em seu brilhante ensaio *"Freedom and Resentment"* [*Liberdade e ressentimento*][19]. De fato, não é de interesse do malfeitor a mudança da atitude reativa à objetiva que ocorre quando chegamos à convicção de que determinada pessoa é um indivíduo psicótico, e isso tem como consequência não mais ressentirmos seu comportamento, mas o considerarmos como alguma calamidade que simplesmente precisa ser colocada sob controle. Certamente, um mundo em que indivíduos só conhecessem atividades objetivas em relação uns aos outros seria mais pobre emocionalmente, pois eles acreditariam que atitudes reativas não fazem sentido em um universo determinista.

Mas não é apenas a nossa prática de sanções que parece contradizer crenças deterministas — nosso autoentendimento também o faz. Nós nos consideramos livres e reagimos com raiva diante daqueles que tentam antecipar nossas decisões. Talvez a convicção de nossa liberdade seja mesmo um pressuposto de nosso agir. Portanto, alguns críticos do determinismo argumentam que essa posição deve levar ao fatalismo, a saber, à recusa do agir, porque o que ocorrer ocorrerá também sem nossa contribuição. Particularmente, um determi-

---

18 Essa questão foi levantada de maneira especialmente convincente por INWAGEN, P. van. Ver, por exemplo, seu ensaio "The Incompatibility of Free Will and Determinism", *Philosophical Studies*, v. 27, 1975, 185-199.

19 STRAWSON, P. F., "Freedom and Resentment", *Proceedings of the British Academy*, v. 48, 1962, 187-211. Trad. bras.: Liberdade e ressentimento, trad. J. Conte, in: CONTE, J.; GELAIN, I. L. (orgs.), *Ensaios sobre a filosofia de Strawson, com a tradução de Liberdade e ressentimento & moralidade social e ideal individual*, Florianópolis, Editora da UFSC, 2015, 245-269.

nismo fisiológico que nega o poder causal de estados mentais convidaria ao quietismo: as pessoas devem simplesmente analisar como seus neurônios se comportarão. Em qualquer caso, não se pode negar que a crença em nossa liberdade é uma das intuições mais fortes que temos. Se aceitarmos uma epistemologia intuicionista, deveremos levar a intuição muito a sério.

Em geral, uma epistemologia intuicionista deve rejeitar teses centrais do racionalismo no sentido epistemológico da palavra. Em sua base, é inteiramente impossível perguntar, como fez Leibniz, por uma justificação de toda asserção, porque isso levaria a um regresso infinito. Há certezas finais que não podem e não precisam ser fundamentadas. Mesmo Schopenhauer defende tal posição em relação a razões, enquanto ele também considera que toda mudança tem uma causa. O princípio de causalidade em si pode ser fundado? Schopenhauer nega essa questão, ele tenta justificar apenas seu estatuto *a priori*, não sua validade. Mas se o princípio de causalidade não é justificado de forma convincente, por que deveríamos aceitá-lo? Ninguém irá negar que é importante e útil — ainda que isso não implique que devamos sacrificá-lo a uma de nossas intuições mais estimadas, a saber, a intuição de nossa própria liberdade. Isso é ainda mais convincente na medida em que o determinismo não é nada mais que um programa geral, não realizado completamente nem mesmo para o domínio da física. Estamos muito longe de entender todos os fatores determinando o comportamento humano — mesmo quando dificilmente se pode negar, por exemplo, que a criminologia nos mostrou uma série de causas para a criminalidade, tanto individuais quanto sociais. Todavia, é sempre possível considerar essas causas como se meramente tornassem determinado comportamento mais provável, não como causas suficientes, já que ninguém, pelo menos num futuro próximo, seria capaz de nomear todos os fatores que, juntos, criassem condição suficiente para uma determinada ação.

Essa forma de pensar, todavia, mostra apenas que não precisamos aceitar o determinismo — não que devamos rejeitá-lo. Além disso, compartilha a fragilidade geral do intuicionismo: a princípio, porque minhas intuições não são, necessariamente, também as intuições de outras pessoas (um ponto que põe em perigo sua reivindicação da verdade, uma vez que a verdade é, necessariamente, intersubjetiva, e até mesmo elicia a suspeita de que certezas podem ser variáveis dependentes de fatores sociais, como o poder em suas diversas formas, inclusive a educação[20]); em segundo lugar, mesmo em meu conjunto de intuições, pode haver algumas que se contradigam — nesse caso, qual eu devo escolher? Intuicionismo geralmente não inclui um critério para resolver conflitos entre intuições contraditórias. Se formos francos, devere-

---

20   Essa suspeita está onipresente em *Über Gewissheit*, de Wittgenstein.

mos confessar que a maioria de nós aceita tanto uma versão do princípio da razão suficiente como a crença em nossa própria liberdade (talvez, também na liberdade de outros seres humanos); portanto, a insistência na segunda intuição pode facilmente ser contra-atacada apontando-se a primeira.

É nesse contexto que foi proposto um tipo de solução que poderia ser chamado de "perspectivista". De acordo com essa concepção, que existe em diversas variantes, tanto o determinismo quanto o indeterminismo são perspectivas necessárias em nossa mente, mas são válidas em níveis distintos. A versão mais famosa vem de Kant, cujo argumento sutil e mesmo astuto tem a seguinte forma: o princípio de causalidade é necessário para a ciência, para a física e também para a psicologia. Mas essa necessidade não pode ser fundada na experiência, que já pressupõe o princípio; portanto, surge da razão. Uma vez que Kant concebe a razão, fundamentalmente, como uma faculdade subjetiva, a determinação causal diz respeito apenas ao fenômeno, ou seja, o mundo como parece a nós, não ao númeno, o mundo em si. Portanto, é possível assumir que, no mundo real, há entidades que não são determinadas pelo passado, mas ainda têm a capacidade de iniciar uma nova série causal. Essa suposição — que, no domínio da razão teórica, é apenas uma possibilidade — se torna uma necessidade no domínio da razão prática. Devemos acreditar, por razões morais, na liberdade transcendental de agentes morais. A limitação idealista subjetiva das reivindicações da experiência e da ciência por Kant foi muito influente, mesmo em nosso século, e é suficiente para nos libertar da ameaça do determinismo. Esses filósofos da mecânica quântica que a interpretam de forma não realista e não determinista podem ter boas razões para fazê-lo, mas eles vão muito longe se sua única meta é superar o determinismo. Uma interpretação não determinista e realista da teoria é suficiente para esse propósito, assim como uma interpretação determinista e fenomenalista.

A solução de Kant tem um grande mérito que falta em muitas outras soluções "perspectivistas" (que, após a "virada linguística" e o Wittgenstein tardio, agora preferem falar de diferentes "jogos de linguagem"). Kant apresenta uma clara hierarquia das duas posições. Ele pressupõe — talvez com certa ingenuidade — a superioridade do ponto de vista da razão prática porque não considera a lei moral algo meramente subjetivo, como faz com a ciência natural. Se não se compartilha dessa pressuposição, há uma perda, pois não teríamos critério para decidir qual perspectiva é, em última instância, a correta. De fato, não se consegue nada garantindo que há perspectivas legítimas diferentes. Enquanto elas não podem ser simultaneamente verdadeiras, deve-se escolher entre elas.

Em sua famosa palestra *Vom Wesen der Willensfreiheit* [*Sobre a essência da liberdade da vontade*], Planck propôs uma solução para nosso dilema que insistia no caráter determinista das leis da física (e também da mecânica quântica) e da natureza em geral, enquanto garantia a liberdade irredutível da vontade subjetiva do ponto de vista da introspecção. "Considerada de fora, objetivamente, a vontade é causalmente limitada; considerada de dentro, subjetivamente, a vontade é livre."[21] Isso não deveria levar a uma contradição; Planck apela mesmo para a teoria da relatividade para explicar por que, em diferentes sistemas, proposições distintas podem ser feitas com exatamente o mesmo direito. Mas a comparação é grosseiramente enganadora — pois movimento é uma categoria relativa, enquanto determinação não o é. O próprio Planck parece reconhecer isso quando afirma que o indivíduo agente apenas se sente livre (312) — o que, é claro, é compatível com o fato de ele ser determinado. Não se pode, ao mesmo tempo, ser determinado e não determinado — só se pode dizer que há duas posições diferentes em relação a essa questão. Mas, então, surge a questão inevitável: qual posição é a correta? Kant tenta responder a essa questão, Planck não o faz.

Enquanto o compatibilismo busca mostrar que o determinismo não põe em risco nossas intuições comuns e enquanto o perspectivismo quer demonstrar que o determinismo e a crença na vontade livre são posições apropriadas a diferentes níveis de nosso pensamento, também há tentativas de refutar o determinismo para mostrar que é errado e talvez até mesmo autocontraditório. Ulrich Pothast categorizou um grande número de argumentos desse tipo, isto é, ele os reduziu a alguns tipos elementares. Além disso, ele mostrou que nenhum desses argumentos é, de fato, convincente. Seu livro *Die Unzugänglichkeit der Freiheitsbeweise* [*A inacessibilidade das provas da liberdade*][22] merece elogio especial graças a sua memorável capacidade de tratar, com igual competência, tanto argumentos analíticos quanto "continentais"; ele obtere sucesso em mostrar uma estrutura lógica comum envolvida em linguagens diferentes. O que são os tipos elementares?

Um grupo de autores insiste na impossibilidade de prever o futuro com certeza absoluta. Tal impossibilidade, a propósito, é uma consequência imediata de uma teoria física de décadas recentes, a saber, a teoria do caos: desvios infinitesimais de um dado valor podem levar a um comportamento muito diferente do sistema físico relevante. Uma vez que há limites à nossa aproximação

---

21 "*Von außen, objektiv betrachtet, ist der Wille kausal gebunden; von innen, subjektiv betrachtet ist der Wille frei.*" PLANCK, M., "Vom Wesen der Willensfreiheit", in: PLANCK, M., *Vorträge und Erinnerungen*, Darmstadt, Wissenschaftliche Buchgesellschaft, 1979, 301-317, 310d.

22 POTHAST, U., *Die Unzulänglichkeit der Freiheitsbeweise*, Frankfurt, Suhrkamp, 1980. Pothast também editou importantes textos sobre nosso problema no volume: POTHAST, U., *Seminar: Freies Handeln und Determinismus*, Frankfurt, Suhrkamp, 1978. Eu devo muito aos dois livros.

de valores físicos em medidas, seres humanos nunca serão capazes de antecipar qual curso determinado sistema tomará. Mas é muito fácil objetar, contra esse argumento, que nenhuma pessoa razoável já defendeu o determinismo epistemológico e que o indeterminismo epistemológico não acarreta indeterminismo ontológico. A mecânica quântica pode levar à destruição do determinismo ontológico; a teoria do caos, por conta própria, certamente não.

Mais interessantes são os argumentos que não fazem uso de teorias físicas concretas, mas são mais gerais. Sendo assim, Karl Popper afirma dispor de um argumento válido também dentro da mecânica clássica contra o determinismo, um argumento baseado na impossibilidade de uma descrição completa do mundo por um sistema que sempre deve deixar a si mesmo de fora, pelo menos sob um aspecto[23]. Além disso, encontra-se o argumento de que não se pode saber, hoje, o que alguém decidirá em dez dias — de outro modo, ou a decisão teria de ser feita hoje, e não em dez dias, ou a diferença categorial entre prognóstico e decisão seria atenuada[24]. O argumento tem pressupostos questionáveis; mas, mesmo se o concedermos, mostrará tão pouco quanto o argumento de Popper de que a minha decisão não é predeterminada, mas apenas que eu não consigo saber antes de assumi-la. Ninguém nega que a perspectiva do eu, que, por tantos aspectos, de fato é um privilégio único também implica certas restrições: não se pode objetificar a si mesmo como outras pessoas. Mas permanece ininteligível por que isso deveria provar a liberdade em um sentido ontológico do termo.

O segundo grupo de autores trabalha com a distinção entre razões e causas[25]. Para compreender uma ação, argumenta-se, devemos reconhecer o caráter intencional de atos psíquicos; mas a lógica da intencionalidade é completamente distinta da lógica das causas. O mérito desses autores é que eles reconhecem claramente que o indeterminismo é, no melhor dos casos, uma pressuposição necessária mas nunca suficiente da liberdade. Agir de forma inteiramente previsível ainda não é agir livremente; uma ação pode ser considerada minha apenas se for desejada e causada por mim. Alguns filósofos tentaram deduzir, desse fato, que uma vontade livre até envolve determinação[26].

---

23 POPPER, K. R., "Indeterminism in Quantum Physics and in Classical Physics", *British Journal for the Philosophy of Science*, v. 1, 1950, 117-133, 173-195.

24 Além de Planck, no ensaio supracitado, Stuart Hampshire também defendeu esse argumento. Cf., por exemplo, seu livro: HAMPSHIRE, S., *Freedom of the Individual*, London, Chatto & Windus, 1965, cap. 3.

25 MELDEN, A. I., *Free Action*, London, Routledge, 1967, e KENNY, A., *Will, Freedom, and Power*, Oxford, Blackwell, 1975.

26 HOBART, R. E., "Free Will as Involving Determination and Inconceivable without It", *Mind*, v. 43, 1934, 1-27.

Mas mesmo essa afirmação é muito ambiciosa, é claro que um modelo de autodeterminação é necessário se quisermos ter mais que um comportamento aleatório. Se essa autodeterminação deve transcender o determinismo, deve ter certas qualificações adicionais que, todavia, são difíceis de especificar e de conceber porque desistimos do fio categórico da causalidade[27]. Temos de nos expressar da seguinte maneira: a ação é causada pela pessoa, e a própria pessoa é inteiramente livre em causar a ação (uma qualidade que muitos filósofos e teólogos só atribuiriam a Deus); uma explicação causal do ato relevante é, portanto, inconcebível.

Eu não discutirei tais tentativas[28], mas retornarei à distinção clara entre causas e razões. Nossos autores analisam a natureza peculiar de decisões responsáveis nas quais argumentos a favor e contra uma possível ação sempre desempenham um papel. Eles estão completamente corretos em rejeitar uma ontologia naturalista que conhece apenas causas e ignora razões. Não só tal ontologia jamais poderia ser justificada, uma vez que justificativas pressupõem razões, como tal ontologia negaria a diferença entre humano e outros animais — pois seres humanos são animais capazes de apreender razões. Contudo, a diferença entre razões e causas, por mais importante que seja, não implica consequências indeterministas. Razões como tais não causam nada, mas, sim, a compreensão das razões, isto é, um ato mental (ou seu correspondente físico), que, junto a uma série de outros fatores, pode causar o comportamento humano. A pessoa livre, de acordo com um conceito profundo de liberdade, não é uma pessoa cujas ações não podem ser responsabilizadas. A pessoa livre é a pessoa que segue as razões mais embasadas. A capacidade de seguir razões, todavia, pode muito bem ser causada por diferentes fatores, como educação, fatores de caráter pessoal, inteligência e outros. Em qualquer caso, a distinção essencial entre razões e causas pode ser facilmente integrada em um sistema determinista[29].

Para refutar uma posição, pode-se tentar mostrar que ela contradiz algumas suposições consideradas verdade pelo oponente, que, todavia, pode estar

---

27 Alguns filósofos da causalidade argumentam que é nossa intervenção no reino físico que gera a ideia de causalidade, que nunca poderia ser deduzida da relação entre corpos e que, portanto, nossa autodeterminação é um conceito mais claro que o da causalidade normal. Ao passo que isso pode ser geneticamente verdade, ainda não resolve a questão da validade; ademais, a ideia mais evidente tem a ver com a conexão causa-efeito entre nosso corpo e um corpo externo, não com a autodeterminação interna do eu.

28 Um importante exemplo é CHISHOLM, R. M., *Human Freedom and the Self*, Lawrence, University of Kansas Press, 1964.

29 Ver HÖSLE, V., *Die Krise der Gegenwart und die Verantwortung der Philosophie*, München, C. H. Beck, 1997, 234 ss.

disposto a desistir dessas suposições se for o preço que ele tem de pagar para defender tal posição. Portanto, é melhor que o crítico possa mostrar que uma posição é imediatamente autocontraditória. A contradição pode subsistir no âmbito proposicional, ou pode ser uma contradição entre a própria posição e as pressuposições necessárias para sua performance. Argumentos que mostram uma contradição do último tipo foram chamados de "transcendentais", e são uma poderosa ferramenta para fundamentar princípios básicos de epistemologia e de metafísica. Portanto, não é surpresa que um argumento transcendental a favor da liberdade tenha sido elaborado na discussão sobre o determinismo — o que é particularmente interessante — tanto por filósofos pré-analíticos quanto por filósofos analíticos[30].

O argumento tem a seguinte estrutura: para reivindicar a verdade do determinismo, deve-se apelar a uma norma da racionalidade. Portanto, deve-se, a princípio, ser capaz de julgar segundo essa norma, mas isso pressupõe liberdade: se nossos atos e nosso comportamento fossem apenas função de um processo causal cego, nós não poderíamos nos determinar segundo a verdade e a racionalidade. O argumento, de fato, é suficiente para rejeitar um determinismo naturalista, que nunca pode chegar a justificar reivindicações de verdade. É impossível dizer "sou determinado por uma série cega de eventos, e eu afirmo isso como verdade", pois a proposição só pode ser levada a sério se for mais que o resultado de um processo causal. Entretanto, pode-se desconsiderar que seja tanto o resultado de um processo causal quanto algo a mais? Não poderia ser tal determinação uma razão melhor para confiar em mim que um *liberum arbitrium indifferentiae*, que ainda me garantiria a possibilidade de contradizer os juízos da razão?

Estou mesmo disposto a dar um passo à frente e admitir que o fato de ser capaz de argumentar e de haver, em geral, pessoas capazes de seguir razões não pode ser uma verdade contingente. Isso gera consequências importantes em relação à compreensão de modalidades que não podem ser analisadas aqui; a tarefa de reduzir a distância entre o conceito formal e transcendental de necessidade ainda deve ser bem compreendida. Mas, se eu aceito a ideia de que o mundo deve conter pessoas capazes de seguir razões e de discutir racionalmente reivindicações da verdade no que tange a questões como o determinismo, então, nada nos previne de acreditar que a existência de tais pessoas é proporcionada por um processo causal. Indeterminismo não é a única conse-

---

30 RICKERT, H., *System der Philosophie. Erster Teil: Allgemeine Grundlegung der Philosophie*, Tübingen, J. C. B. Mohr, 1921, 302 s.; BOYLE, J.; GRISEZ, G.; TOLLEFSEN, O., *Free Choice*, Notre Dame, University of Notre Dame Press, 1976.

quência possível que pode ser extraída de nosso argumento; uma solução concebível é também um determinismo não materialista, que aceita restrições teleológicas a todo o sistema do mundo sem, todavia, violar a ordem causal pela interferência concreta de fins. Os fins determinam as leis da natureza e as condições iniciais — mas, com isso, sua tarefa está cumprida.

III

Isso corresponde bem meticulosamente à complexa concepção determinista de Leibniz, a quem eu retornarei depois de a minha breve discussão sobre as estratégias indeterministas ter demonstrado que seus argumentos não são convincentes. Nem mesmo a estratégia kantiana é realmente convincente. De um lado, o preço que Kant precisa pagar por seu idealismo transcendental é alto; ele tem de supor um mundo separado de entidades ininteligíveis, as coisas em si, sobre as quais, não obstante, ele precisa fazer afirmações. De outro lado, não sabemos se o indeterminismo realmente é necessário para os tratos gerais de nossa prática de sanções (e isso não pode ser recebido como um argumento válido para o indeterminismo, pois, sem ele, nossas formas mais cruéis de punição não poderiam ser justificadas[31]). Talvez seja verdade que o criminoso não poderia agir de outra forma, dada a pessoa que ele é; mas ainda assim ele continua sendo quem é. Portanto, criminosos não podem reclamar de seu castigo, pois só poderiam fazê-lo em nome de uma metafísica que nega a substancialidade de seus próprios eus, e, então, não seria mais eles que reclamariam disso, e dificilmente poderiam reivindicar quaisquer direitos. Em uma proposição como "eu acredito que minhas ações sejam o produto de causas existentes há muito antes de meu nascimento" há uma completa abstração das *próprias* ações, mesmo quando um autor como Pothast escreve "com o mesmo direito, ou com a mesma falta de direito, com a qual alguém, usando essa descrição, distancia-se de suas próprias ações, ele poderia se distanciar de si mesmo"[32].

Eu iria ainda mais longe: tais pessoas não poderiam nem mesmo se distanciar de si mesmas, pois tal ato de distanciamento pressupõe, no nível performativo, um ato subjetivo do eu. O eu não pode ser evitado; nessa inevi-

---

31　Theodor W. Adorno — cuja contribuição ao nosso problema, geralmente, é tagarela e verborrágica — reprova corretamente Kant por um desejo repressivo de punir. Cf. ADORNO, T. W., Frankfurt: Suhrkamp, 1973, 257. Trad. bras.: *Dialética negativa*, Rio de Janeiro, J. Zahar, 2009.

32　"*Mit ebenso viel oder wenig Recht, wie sich jemand mittels dieser Beschreibung von seinen Entscheidungen distanziert, könnte er sich überhaupt von sich selbst distanzieren*" (*Die Unzulänglichkeit*, 392).

tabilidade há uma dica do absoluto, que justifica os direitos peculiares do eu e que pode reivindicar substancialidade, mesmo que o conceito, nesse uso, tenha um sentido muito diferente do sentido da metafísica aristotélica. Uma sociedade entraria em colapso não só empiricamente, mas em sua própria exigência de ser levada a sério em uma perspectiva moral se aceitasse um distanciamento das próprias ações tal como sugerido. Não obstante, Strawson está correto quando afirma que optar por um comportamento objetivo, em vez de escolher um reativo, não tem nada a ver com a questão do determinismo. Há algo na essência de uma pessoa que determina se ressentimos suas ações ou começamos a objetificar seu comportamento, e pode muito bem ser que esse algo seja determinado em ambos os casos. Portanto, podemos, ao mesmo tempo, ressentir o comportamento de malfeitores e ter certa compaixão por eles; e essa compaixão nos previne de aplicar sanções que os destruiriam. Eu acredito que a última meta do castigo seja a prevenção futura dos males, mesmo que essa meta só possa ser alcançada se agirmos como se o criminoso tivesse sido livre no passado. A verdadeira liberdade é a racionalidade moral, mas só temos uma chance de elevar os malfeitores a ela se supusermos que eles também são livres em ações más[33]. Quanto à compaixão pelo malfeitor, também certa modéstia em relação a si e até mesmo um senso de gratidão em relação ao criador serão peculiares à pessoa moral que está convencida desse tipo de determinismo — qualidades que, eu acredito, recomendam as formas mais consideradas de determinismo[34].

Além disso, é claro que o indeterminismo epistemológico é, de fato, um pressuposto para nossas ações — mas isso ainda não prova o determinismo ontológico. Precisamente porque não sabemos o que irá acontecer, temos o dever de fazer nosso máximo para realizar o bem. O fatalismo, de modo algum, é implicado pelo determinismo ontológico, mas apenas pelo determinismo epistemológico. Leibniz dedicou muito da energia de sua sutil e nobre mente ao refutar a razão preguiçosa, que vê no determinismo um convite à preguiça. Todavia, o determinismo não garante que algo ocorrerá se outra coisa acontecer — por exemplo, se nossa ação ocorrer; e o determinismo ontológico não reivindica antecipar nossas ações. Leibniz assevera corretamente que o argumento — ou melhor, o sofisma — prova demais: nem mesmo os

---

33 Ver minha discussão sobre o castigo em HOSLE, V., *Morals and Politics*, Notre Dame, University of Notre Dame Press, 2004, 678 ss.

34 Eu tenho de concordar, todavia, que o fenômeno do remorso é um problema sério para o determinismo. Mas não é insolúvel, uma vez que a essência do verdadeiro remorso pode ser interpretada como uma mudança de nosso comportamento passado que contradizia a razão prática.

defensores do fatalismo beberão um veneno dizendo "Se eu tiver de morrer, morrerei, se não, eu não morrerei".

> Não é verdade que o evento ocorrerá independentemente do que se faça; ele ocorrerá porque se faz o que leva a ele; e se o evento é predeterminado, também a causa que o proporciona é predeterminada. Portanto, a conexão entre efeitos e causas, longe de estabelecer a doutrina de uma necessidade que danifica a prática, serve para destruí-la[35].

Cada pessoa deve admitir que a crença de não ser determinado nas próprias ações e decisões é, no mínimo, uma ilusão necessária e saudável. Quando eu tenho de tomar uma decisão, fazer uma reflexão sobre as causas me determinando, é inteiramente inútil, porque preciso me concentrar nas razões relevantes. Mas isso não significa que as causas não mais existam. Como a psicanálise nos ensina, mesmo causas inconscientes podem continuar a operar. Portanto, devo tentar me tornar consciente dos motivos inconscientes do meu comportamento. Isso pode até levar a uma alteração de minha estrutura motivacional. De fato, erram aqueles deterministas que ensinam que nós só podemos agir como quisermos, mas não podemos querer o que nós quisermos — pode-se tentar mudar os próprios desejos, mesmo se isso for um processo longo e tortuoso. No entanto, ainda que haja volições de ordem superior, eu não quero contradizer aqueles deterministas que insistem no fato de que há causas para a existência de tal capacidade em determinados seres humanos e sua não existência em outros.

Os argumentos contra o determinismo podem parecer fracos; mas, se não há argumentos positivos para ele, por que deveríamos levá-lo tão a sério? Não se pode concordar, com Schopenhauer, que o princípio de razão suficiente simplesmente não precisa ser provado — seria estranho se o princípio demandasse algo que ele próprio não pudesse satisfazer. Schopenhauer vislumbra algo importante quando afirma que uma prova dele seria circular, mas não percebe que a impossibilidade de fundamentar um princípio de outro modo que não fosse de forma circular pode ser uma prova de que ele é um princípio primeiro. Esse círculo deve ser distinguido do círculo vicioso, todavia, porque seu trato também deve ser acompanhado pelo trato posterior, de que o princípio não pode ser negado sem ser, simultaneamente, pressu-

---

[35] "*C'est qu'il est faux que l'évenement arrive quoyqu'on fasse; il arrivera, parce qu'on fait ce qui y mene; et si l'évenement est écrit, la cause qui le ferà arriver, est écrite aussi. Ainsi la liaison des effects et des causes, bien loin d'établir la doctrine d'une nécessité prejudiciable à la practique, sert à la détruire*" (*Théodicée*, prefácio, VI, 33).

posto[36]. Isso se aplica, por exemplo, ao princípio de não contradição. Deve-se admitir, todavia, que o princípio da razão suficiente não desfruta do mesmo estatuto lógico, pois não é contraditório negá-lo, mesmo que toda tentativa de o negar com ajuda de um argumento pressuponha alguma forma dele[37]. Leibniz, de todo modo, não oferece reflexões satisfatórias sobre a fundamentação de princípios, e, certamente, uma das maiores falhas em sua metafísica é sua completa inabilidade de fundamentar (e mesmo nomear, de maneira satisfatória) os critérios morais que permitem a Deus escolher entre os mundos possíveis. A teoria de uma fundamentação transcendental da ética é completamente alheia a Leibniz, ainda que a ética ou, melhor dizendo, a axiologia adquira no quadro da metafísica de Leibniz o estatuto de filosofia primeira.

Não obstante, Leibniz lança alguns argumentos importantes que explicam por que ele se atém a esse princípio de forma tão teimosa, particularmente no contexto de sua teologia filosófica. Pode soar paradoxal, mas é, em última instância, um argumento ético que leva Leibniz a abraçar o determinismo. Pois talvez ainda maior que na ordem do conhecer seja a função desse princípio na ordem do ser da teologia racional de Leibniz: o próprio Deus precisa aplicá-lo na criação do mundo. Leibniz rejeita a ideia de que Deus poderia ter criado outro mundo além do mundo real, de que não havia razão suficiente para preferir o mundo existente a mundos alternativos possíveis. Ele concede, como eu já disse, que não há razões lógicas para a necessidade do mundo atual, mas insiste na existência de razões morais determinando a escolha do mundo real. Deus deve criar o melhor mundo possível[38], embora sua necessidade não seja, obviamente, nada externa a Deus, mas a própria autodeterminação de Deus. Leibniz considera como repulsiva em especial a concepção voluntarista, de acordo com a qual não só a estrutura do mundo, mas também os deveres morais, dependem de um ato de vontade arbitrário de Deus. Tal posição — como defendida por Descartes e Hobbes — tornaria Deus indistinguível de um tirano todo-poderoso, pois nenhum critério moral além do poder divino existiria para avaliá-lo[39]. Leibniz considera ainda mais repugnante a concepção de que não

---

36 Ver APEL, K.-O., "Das Problem der philosophischen Letztbegründung im Lichte einer transzendentalen Sprachpragmatik", in: KANITSCHEIDER, B. (ed.), *Sprache und Erkenntnis, Festschrift für G. Frey*, Innsbruck, Amoe, 1976, 55-82.

37 Ver Sexto Empírico, *Adversus Mathematicos*, IX, 204.

38 O conceito de melhor mundo possível pressupõe muita coisa — por exemplo, que há só um mundo com o valor axiológico máximo. Essa pressuposição é muito forte, mas não discutirei alternativas possíveis aqui. Se alguém a abandona, então, alguma forma de *liberum arbitrium indifferentiae*, de fato, deve ser atribuída a Deus, ou tem de se desistir da ideia de que apenas o mundo atual é real.

39 *Théodicée*, Discurso Preliminar, § 37, VI, 71.

há critérios objetivos de bem e de mal, mas que a capacidade de violar normas morais é a verdadeira expressão da liberdade e algo maior do que a obediência em relação a eles — seja Deus ou o ser humano que tenha sua "liberdade". Essa concepção é familiar aos amigos da literatura alemã, por intermédio das palestras de Eberward Schleppfuss, descrito no décimo terceiro (!) capítulo do *Doutor Fausto* de Thomas Mann. Schleppfuss é *Privatdozent*[40] de teologia em Halle, mas suas palestras, ainda mais que seu nome e sua aparência, sugerem que ele é uma das manifestações do demônio no sublime romance de Mann.

De acordo com Leibniz, liberdade e necessidade moral coincidem não apenas em Deus, mas também em seres morais humanos. Leibniz rejeita apaixonadamente a ideia de que a pessoa irracional e imoral poderia reivindicar mais liberdade que a pessoa dedicada à razão. Nos *Novos Ensaios*, Philalèthe afirma "que o próprio Deus não poderia escolher o que não é bom, e que a liberdade de seu ser onipotente não o previne de ser determinado pelo melhor"[41]. E ele acrescenta:

> Ser determinado pela razão de maneira ótima, isso é ser livre ao máximo. Alguém ia querer ser um idiota pelo motivo de que um idiota é menos determinado por reflexões sábias que um homem de senso comum? Se a liberdade consiste em sacudir o jugo da razão, os loucos e os estúpidos serão os únicos livres, mas eu não acredito que, por amor de tal liberdade, uma pessoa gostaria de ser louca, com exceção daquelas que já são loucas[42].

Como Spinoza, Leibniz não pode levar a sério a ideia do *liberum arbitrium indifferentiae*: os fatores determinantes são desconhecidos a nós, mas isso não significa que eles não existam. Mesmo quando se comete um ato contrário ao próprio interesse para mostrar a própria liberdade, está-se, na verdade, determinado pela vontade de demonstrar a própria liberdade[43]. A pessoa boa não pode agir de maneira que não seja moral, como até mesmo Schelling re-

---

40 Na Alemanha, um professor que tem livre-docência, mas ainda não detém uma cátedra na universidade. (N. do T.)

41 No original, "*que Dieu luy même ne sauroit choisir ce qui n'est pas bon et que la liberté de cet Estre tout puissant ne l'empeche pas d'estre determiné par ce qui est le meilleur*".

42 "*Estre determiné par la raison au meilleur, c'est estre le plus libre. Quelqu'un voudroit-il estre imbecille, par cette raison, qu'un imbecille est moins determiné par de sages reflexions, qu'un homme de bon sens? Si la liberté consiste à secouer le joug de la raison, les foux et les insensés seront les seuls libres, mais je ne crois pourtant pas que pour l'amour d'une telle liberté personne voulût estre fou, hormis celuy qui l'est déja*" (II 21, § 49 s., V 184).

43 *Nouveaux Essais* II 21, § 25, V 168. O mesmo argumento é encontrado em SCHOPENHAUER, A., *Über die Freiheit des menschlichen Willens*, seção III, VI 82.

conhece em *Über das Wesen der menschlischen Freiheit* [*Sobre a essência da liberdade humana*], que, em muitos aspectos, rompe com tradições anteriores da teologia racional. Contudo, Schelling concorda, em relação ao indivíduo finito: "Já de acordo com o sentido da palavra, a religiosidade não permite uma escolha entre posições opostas, não permite uma *aequilibrium arbitrii* (a peste de toda moral), mas apenas a máxima determinação a fazer o que é certo, sem escolha alguma"[44]. Ao mesmo tempo, a obra de Schelling constitui um importante passo na fenomenologia do mal — um avanço que, em princípio, pode ser integrado em um sistema determinista.

O desafio do determinismo de Leibniz é ainda maior, na medida em que ele rejeita — novamente, com Spinoza — qualquer forma de "interacionismo". Desde a descoberta duradoura cartesiana, segundo a qual estados mentais e estados físicos não podem ser reduzidos uns aos outros, mas devem ser caracterizados por duas classes de predicados diferentes, mutuamente excludentes, a questão mente-corpo tem incomodado os filósofos. Se aceitamos tal dualismo (que eu considero inevitável, mesmo que eu admita de imediato que ele, infelizmente, cria muitos problemas alheios à filosofia antiga e medieval), há basicamente quatro combinações possíveis para determinar a relação entre estados mentais e físicos. Ou há interações causais entre os dois domínios (essa posição será chamada, aqui, de "interacionismo"; às vezes, a possibilidade específica que se quer determinar quando se fala de "dualismo" em um sentido estrito da palavra), ou os estados mentais são funções dos estados físicos (epifenomenalismo), ou ainda os estados físicos são projeções dos estados mentais (idealismo subjetivo); pode haver também conexões causais entre os dois domínios, mas não diretamente de um para o outro (paralelismo).

Enquanto o interacionismo parece a posição mais natural e tem sido reelaborado nas últimas décadas por vários filósofos[45], as objeções contra ele, tal como foram entendidas já no século XVII, são poderosas. Em primeiro lugar, não é claro como uma relação causal entre dois domínios tão diferentes pode ser concebida sem minar a diferença ontológica entre eles[46]. E, em segundo

---

44 "*Schon der Wortbedeutung nach läßt Religiosität keine Wahl zwischen Entgegengesetzten zu, kein aequilibrium arbitrii (die Pest aller Moral), sondern nur die höchste Entschiedenheit für das Rechte, ohne alle Wahl.*" SCHELLING, F. W. J., *Über das Wesen der menschlichen Freiheit*, Stuttgart, Reclam, 1974, 111. Trad. bras.: *A essência da liberdade humana. Investigações sobre a essência da liberdade humana e das questões conexas*, trad. M. Schuback, Petrópolis, Vozes, 1991.

45 Ver, por exemplo, POPPER, K. R.; ECCLES, J., *The Self and Its Brain*, Berlin, Springer, 1977, e JONAS, H., *Macht oder Ohnmacht der Subjektivität?*, Frankfurt, Insel, 1981.

46 Ver as já famosas cartas da princesa Elisabeth da Boêmia para Descartes e a crítica de Spinoza a Descartes no prefácio ao quinto livro da *Ética*.

lugar, a hipótese de que um movimento físico pode ser causado por algo imaterial põe em risco as leis físicas da conservação (e, também, abre a porta para crenças mágicas[47]). Mesmo que Descartes seja um dos primeiros filósofos a ver, nas leis de conservação da física, uma expressão da imutabilidade de Deus, e mesmo que ele aduza a conservação do momento como um exemplo[48], ele ainda considera o momento como uma grandeza escalar, e não como um vetor. Portanto, ele deve acreditar que a *res cogitans* pode influenciar a mera direção do *spiritus animales* sem alterar a quantidade de momento. Contudo, já no século XVII, a natureza vetorial do momento foi descoberta e, portanto, a crença cartesiana em uma possível mudança de direção sem uma violação da lei de conservação correspondente tinha de ser abandonada[49]. O ocasionalismo foi uma das tentativas de lidar com essa nova situação, e dificilmente pode haver dúvida de que, comparado a ele, a doutrina da harmonia preestabelecida de Leibniz representa um progresso considerável[50].

De acordo com Leibniz, nenhum evento físico — nenhuma ação, também — é causado por algo mental, mas apenas por estados físicos antecedentes. O mundo é estruturado de tal forma, todavia, que, simultaneamente com certos eventos mentais, os eventos físicos correspondentes ocorrem, e vice-versa. Quando eu quero levantar meu braço, não é minha vontade que o levanta, pois minha vontade não pode causar nada físico, apenas outros estados mentais, tais como, por exemplo, um sentimento de satisfação ou frustração; a causa do erguer é um estado físico (por exemplo, o estado do meu cérebro). Mas não é por acaso que eu geralmente levanto meu braço quando quero levantá-lo — Deus garante tal correspondência entre os estados físicos e os estados mentais. O desenvolvimento dos estados mentais segue uma lógica

---

[47] Schopenhauer interpreta, com certa plausibilidade, fenômenos parapsicológicos como uma extensão do poder que a mente tem sobre o próprio corpo a outros corpos, em SCHOPENHAUER, A., *Über den Willen in der Natur* [*Sobre a vontade na natureza*] (V 307).

[48] *Principia Philosophiae* II 36.

[49] Poder-se-ia tentar argumentar que as leis de conservação são apenas idealizações, que as mudanças causadas pela *res cogitans* são mínimas ou mesmo, como Hans Jonas aponta, que há um desvio das leis em ambas as direções — tanto na percepção quanto na ação — de modo que as duas formas se anulam. Mas todas essas soluções são inteiramente insatisfatórias.

[50] Cf. a crítica de Leibniz ao ocasionalismo no *Systeme nouveau de la nature et de la communication des substances* [*Sistema novo da natureza e da comunicação das substâncias*]: "Para resolver problemas, não é suficiente usar a causa geral e fazer vir o que se chama *Deus ex machina*" ("*pour resoudre des problemes, il n'est pas assez d'employer la cause generale, et de faire venir ce qu'on appelle Deum ex machina*", IV 483). Trad. bras.: Sistema novo da natureza e da comunicação das substâncias (1695), in: LEIBNIZ, G. W., *Sistema novo da natureza e da comunicação das substâncias e outros textos*, trad. E. Marques, Belo Horizonte, Editora UFMG, 2002, 15-30.

especial fundada na natureza peculiar da mônada individual: isso distingue nitidamente a posição de Leibniz da epifenomenalista. Enquanto o epifenomenalismo deve negar mesmo a continuidade ontológica da vida mental (todo estado mental é causado por um estado físico, e é incapaz de produzir outro estado mental) e deve negar ainda mais vigorosamente seu poder para agir no mundo físico, Leibniz defende fortemente a primeira qualidade — mesmo considerando que todas as proposições sobre atos mentais de uma mônada são, em última instância, proposições analíticas. E, ainda que, no que diz respeito ao poder da mônada de agir, Leibniz negue um impacto direto em estados físicos, ele certamente reconhece que a criação do mundo físico por Deus foi feita com a intenção de garantir uma correspondência com os estados mentais de diferentes mônadas. Isso significa que as essências das mônadas criadas — não, todavia, os atos concretos da mônadas existentes — determinam eventos físicos, por meio da escolha do melhor mundo possível por Deus. Iria além da tarefa desse ensaio analisar a concepção de Leibniz em mais detalhes — um de seus problemas principais é que não é fácil justificar, em sua base, a suposição de um mundo externo (que Leibniz, de fato, parece interpretar meramente como um fenômeno compartilhado intersubjetivamente); e é ainda mais difícil imaginar razões suficientes para a correspondência de estados físicos e mentais. Entretanto eu acho que o paralelismo deveria reviver em nosso tempo, para o qual a questão mente-corpo recuperou uma importância comparável à relevância que ele tinha no século XVII.

Eu reitero que não é o propósito deste ensaio argumentar a favor da verdade do determinismo. Considero uma teoria que supõe uma pluralidade de entidades capaz de iniciar uma série causal por conta própria como uma alternativa filosófica muito séria, e sou frequentemente tentado por ela (mesmo que eu não acredite que de fato resolva o problema da teodiceia com mais facilidade, também porque a dor infligida pela natureza em organismos sencientes ainda é enorme). Eu acho, todavia, que então se torna muito natural negar a onipotência de Deus[51], como Hans Jonas, um dos maiores teólogos filosóficos do nosso tempo, teve a coragem de fazer. O preço por esse passo é alto, por exemplo, em termos de filosofia da história. Mas certamente vale a pena desenvolver os argumentos mais fortes possíveis para tal teoria. O que eu queria mostrar, neste ensaio, é que há diferentes tipos de determinismo, e que um determinismo do tipo leibniziano lida relativamente bem com algu-

---

51 Sua onisciência permanece muito mais fácil de defender, como já mostrado por Lorenzo Valla em *De libero arbitrio*. A doutrina mais famosa de Molina pressupõe a compatibilidade entre a onipotência divina e a liberdade humana, e não a prova.

mas das questões que outros determinismos são incapazes de responder. Não será surpreendente se eu encerrar com o desejo de que esse tipo de filosofia, também, possa ser desenvolvido de maneira tão persuasiva quanto possível, e necessária em nosso tempo, de modo que a competição entre os dois sistemas possa ser tanto justa quanto interessante.

CAPÍTULO 5

Encefálio

Uma conversa sobre a questão mente-corpo

Filônio: Teófilo, sobre o que você está pensando? Para ter certeza, posso dizer por sua expressão facial que você está se concentrando atentamente e meditando sobre algo difícil, mas não posso descobrir o conteúdo de seus pensamentos. Só você tem acesso imediato a esse conteúdo, e cabe apenas a seu livre-arbítrio decidir se você quer compartilhá-lo conosco.

Encefálio: a inabilidade de inferir o conteúdo de pensamentos de uma expressão facial pode ser inquietante para os behavioristas. Na verdade, o behaviorismo está fora de moda. Mais sutis são os materialistas que iniciaram seu caminho para dentro. Aqui, não se fala só do chamado reino interior (esse termo revela a inabilidade dos próprios dualistas de transcender a espacialidade, da qual o mental supostamente escapou), mas também de algo físico, ainda que seja algo oculto sob o crânio — a saber, o cérebro. Esses materialistas mais sutis compensam sua inabilidade de inferir o conteúdo do pensamento ao afirmar, primeiro, que atitudes proposicionais — sem dúvida, os estados mentais mais significativos — não têm a determinidade qualitativa que, de acordo com a opinião persistente de alguns, caracteriza uma dor de dente ou uma percepção vermelha, por exemplo, e que incomoda qualquer um que queira reduzir o mental ao físico. Aqui, é conveniente que, ao menos, o pensamento de que π é um número transcendental — e que, portanto, um círculo não pode ser feito quadrado com régua e compasso — não parece muito distinto, segundo a admissão dos idealistas mais radicais, da convicção, digamos, de que há apenas cinco poliedros regulares. Quem quer que se concentre em atitudes proposicionais como a classe decisiva de estados ou eventos mentais, portanto, está livre da questão dos *qualia*.

Filônio: Sério?

Encefálio: E, em segundo lugar, pode certamente ser explicado pela biologia evolucionista por que a inabilidade de interpretar intenções foi uma vantagem: quem quer que tenha sido capaz de se disfarçar pôde sobreviver por mais tempo e deixar mais prole (talvez com muitas mulheres, cada uma das quais ele levou a crer que era sua única amante). Mas isso não muda o fato de que, em breve, poder-se-á ser capaz de descobrir o que um ser humano está pensando, mesmo que ele esteja indisposto a revelá-lo — isto é, se as neurociências continuarem a fazer tais grandes avanços. Não será sequer necessário abrir o crânio, mas apenas admitir pequenos sensores — cerebroscópios — no cérebro de alguém, e a determinação de qualquer estado cerebral dado responderá todas as questões que são legitimamente levantadas no que diz respeito a outro ser humano. Mas, como — infelizmente! — ainda não chegamos lá, eu também devo te pedir, Teófilo, que nos revele o que estava pensando agora.

Teófilo: Que coincidência! Ou eu deveria dizer "que harmonia preestabelecida!". Eu estava refletindo sobre a questão mente-cérebro por algum tempo antes de ver vocês dois, e agora vocês dois apresentam essa mesma questão. Todavia, talvez não seja uma harmonia preestabelecida, mas você reconheceu, por meio de algo em minha expressão facial, o que eu estava pensando; isso é inteiramente possível, ainda que você não estivesse consciente disso. Eu me lembro, uma vez, de estar em um voo de avião quando abruptamente perguntei sobre um conhecido, e meu amigo respondeu que ele estava sentado cinco fileiras a nossa frente. Eu fiquei completamente surpreso, pois sua presença não havia entrado em minha consciência até então; mas o fato de eu ter pensado subitamente nele é mais facilmente explicado por eu ter, de certo modo, o percebido.

Encefálio: Como todas as investigações sobre subcepção, sua anedota mostra que as tarefas cognitivas de seres humanos podem ser assimiladas mesmo sem consciência; boa parte do cérebro humano parece funcionar não muito diferentemente do que um aparato que realiza tarefas de diferenciação — por exemplo, o olho mágico em um elevador que reabre as portas sempre que alguém coloca um objeto entre elas na altura certa. É possível que os cérebros sejam a realização de complexas máquinas de Turing e seus algoritmos, e que o algoritmo mestre que forma a base para o desenvolvimento desses algoritmos seja chamado seleção natural.

Filônio: Talvez uma parte de nosso cérebro trabalhe como uma máquina; mas outra parte, que opera de forma diferente porque atua de modo conscientemente, sem dúvida, é mais interessante. De fato, somos *interessados* nessas funções inconscientes apenas porque também *somos* — ou, dizendo melhor, porque somos basicamente — seres conscientes com a capacidade de elevar pensamentos inconscientes à consciência. Nós somos *nós*, ou seja, "eus", graças apenas à nossa consciência.

Sua explicação, Teófilo, de que nós percebemos inconscientemente, em sua expressão facial, aquilo sobre o que você estava pensando certamente não pode ser excluída *a priori*; quando pessoas pensam que estão encontrando simpatia, geralmente não notam, conscientemente, a dilatação das pupilas de outrem, que frequentemente correlacionam com a simpatia por um parceiro de conversa, e do qual tal simpatia é inferida. Mas eu compartilho o ceticismo de Encefálio em relação aos pensamentos individuais, pois eles são sempre correlacionados a algo na expressão facial do indivíduo; há simplesmente muitos pensamentos e pouquíssimas variáveis na expressão facial (ainda que haja, com certeza, mais do que em geral percebemos inconscientemente). Além disso, não é necessário supor telepatia para obter uma explicação muito mais fácil para tal convergência. Quando o vimos, nós dois pensamos sobre nossa última conversa com você e Hilas, que, após tocar em muitas questões morais e políticas, finalmente chegou à questão mente-corpo, cuja clarificação é indispensável caso se queira entender como ações — e, portanto, também ações morais são sequer possíveis. A lembrança dessa conclusão de nossa última discussão pode ter despertado em nós — conscientemente ou inconscientemente — pensamentos sobre a questão mente-corpo. Algo mental — uma lembrança, talvez combinada com uma explicação — eliciou algo mental.

Teófilo: Isso é, de fato, uma explicação plausível; e talvez o desejo surgido há pouco tempo, de refletir então sobre a questão mente-corpo, também tenha sido causado pela expectativa de sua visita iminente. Incidentalmente, concordo com a visão compartilhada pelos dois de que atitudes proposicionais concretas não podem ser correlacionadas a expressões faciais individuais. Minha observação não se referiu ao *conteúdo* de meus pensamentos, mas ao *sentimento* de perplexidade que foi, talvez, refletido em meu rosto — e ao fato de que nenhum outro problema filosófico provoca o tipo de profunda perplexidade causada pela questão que diz respeito à relação entre mente e corpo. E esse sentimento de permanecer diante de um mistério tem *qualia* que atormentam; de fato, são *qualia* que não vêm a calhar[1].

Encefálio: Eu não reconheço isso em mim mesmo. Ou, para ser preciso com a linguagem, que gosta tanto de nos tentar com palavras que hipostatizam

---

1 Isso é uma tentativa de tornar viável o trocadilho alemão "*ist eine Qual, ja durchaus ein Quale*" [é um tormento, na verdade, um tormento] (nota de Jammes Hebbeler, tradutor para o inglês).

— um fato que permitiu a um feiticeiro da floresta negra[2] formular toda uma metafísica a partir de uma palavra de quatro letras — "nada" —, e um fato que também permitiu a mentes mais iluminadas[3] formular toda uma metafísica a partir de duas letras — "eu" —, *meu cérebro* não reconhece isso *nele*.

Filônio: Eu deveria dizer "seu felizardo", ou "pobre coitado"? Você resolveu o problema? Ou talvez haja, entre nós, neste mundo, um zumbi de verdade — isto é, um ser sem subjetividade que, exteriormente, age como um sujeito? Até agora, eu supunha que tais seres existiam apenas em mundos totalmente diferentes; mas nosso mundo parece estar mais repleto de maravilhas do que eu imaginava. Você não está familiarizado nem com aqueles *qualia* mais simples, não vinculados a atitudes proposicionais, como o gosto de uma manga? Responda-me sinceramente, Encefálio, para que nossa discussão seja coroada com sucesso.

Encefálio: Que moralismo é esse? Este cérebro está preocupado com a verdade, e nada mais.

Filônio: A veracidade certamente não é condição suficiente para a descoberta da verdade, mas poderia, certamente, ser uma condição necessária — ao menos no que diz respeito ao mental.

Encefálio: Veracidade se refere a um estado interno, e isso é o que meu cérebro não quer permitir.

Filônio: Isso também vale para a não veracidade. Então, meu pedido pode ser restrito a "por favor, não seja não veraz!".

Encefálio: Eu também, não posso negar, se não quiser ser desonesto, que eu acreditava, em minha juventude, que havia sentido o gosto da manga e o cheiro de ovos podres. Entretanto, como nem sei se nós três entendemos pelo termo "qualia" as mesmas coisas, talvez, na fruição de mangas, você não sinta a mesma coisa que eu sinto quando como kiwis, e vice-versa; e como não há nada mais importante para mim que uma ciência fundamentada intersubjetivamente e nada mais duvidoso do que chafurdar em algo puramente subjetivo, meu cérebro desenvolveu um mecanismo para abater conceitos desse tipo.

Teófilo: Meu caro Encefálio, algo que já sabemos é que você não é um narcisista, e esse fato faz de você — pelo menos nessa era — não desgostável. Mas me conte: o que distingue uma cognição para você não é justamente isto: que ela possa ser verificável intersubjetivamente?

Encefálio: De fato, eu me preocupo é com a intersubjetividade! E, por essa razão, rejeito categoricamente a introspecção como um método cientí-

---

2   Martin Heidegger (nota de Jammes Hebbeler, tradutor para o inglês).

3   Johann Gottlieb Fichte e seus seguidores (nota de Jammes Hebbeler, tradutor para o inglês).

fico, pois a introspecção traz, com ela, o primado do acesso da primeira pessoa, que alguns chegam até a designar infalível: se acreditamos em algo sobre nossos estados mentais, então supostamente deve ser tal como acreditamos. Essa pretensa infalibilidade de nossos juízos em relação a nossos próprios estados e seu fantástico inverso — se nós temos estados mentais, então devemos também saber que nós os temos —, juntos, constituem a doutrina da transparência do "eu". É uma doutrina que ninguém familiarizado com o falibilismo, resultado da epistemologia moderna, pode levar a sério até mesmo por um breve momento. Pode-se reconhecê-la, facilmente, como um descendente da antiga crença em um deus onisciente — no fundo, é apenas uma instância secularizada do teísmo. O "eu" que é transparente a si mesmo como o legado idealista de Deus! Tem caroço nesse angu!⁴

Filônio: Dado que você não possui *qualia*, eu não me atrevo a julgar a maneira como as coisas de outro modo são com sua visão; mas que seu olhar é agudo para as conexões na história das ideias é, sem falha, evidente — mesmo de uma perspectiva de terceira pessoa. Ou eu deveria dizer segunda pessoa?

Teófilo: Sua questão sugere que, junto ao acesso de primeira e terceira pessoa ao mental, há também um acesso de segunda pessoa? Uma sugestão interessante, sobre a qual eu gostaria de ouvir mais de você em outra ocasião. Apenas duas coisas devem ser frisadas sobre as preocupações de Encefálio. Em primeiro lugar, o acesso privilegiado aos próprios atos mentais é restrito aos atos mentais presentes; e eles constituem apenas uma pequena fração da nossa vida mental, que constantemente busca entender a si mesma com um todo e, portanto, deve abranger o futuro e o passado — com todo o risco de erro. A própria identidade só pode ser construída pelo percurso temporal; e minha memória de atos mentais antigos pode muito bem ser enganosa. Nós escrevemos, em nossos diários, o que nós sentimos, por exemplo, de modo que, posteriormente, podemos perceber essas coisas de maneira renovada, como se fosse em terceira pessoa.

Filônio: Claramente, é a extensão do tempo que faz nos tornarmos constantemente terceiras pessoas para nós mesmos; de algum modo, a pontualidade do puro "eu" é particularmente bem adequada para a pontualidade do agora. De todo modo, é precisamente por meio de atos de retenção e protensão que pressupõem essa extensão, que a temporalidade presente do "eu" ganha uma intensidade particular.

---

4 Opção de expressão idiomática para substituir a expressão inglesa "*I can smell that rat!*" (Posso sentir o cheiro desse rato!), que não faria sentido em português como expressão idiomática, mas só literalmente. Em função dessa mudança na expressão idiomática, mudaremos olfato para visão no parágrafo seguinte, sem comprometer o argumento do autor. (N. do T.)

Teófilo: Onde nada está escrito, posso muito bem me curvar à autoridade de um amigo — a Filônio, por exemplo — que diz se lembrar muito bem de uma vez em que fiquei bravo por causa de alguma coisa, ainda que eu mesmo não seja mais capaz de me lembrar dele — ao menos, se foi provado que a memória de Filônio é tão boa quanto, ou melhor que a minha. Se, além disso, eu posso encontrar uma causa para explicar por que foi natural, dada minha psicologia, esquecer aquela raiva ou mesmo suprimi-la ativamente, e se causas semelhantes não são encontradas em Filônio, então eu acreditaria sem hesitação nele e não em mim quando se trata desses meus estados mentais passados. Quem quiser realmente conhecer a si mesmo deve, portanto, se objetificar — de fato, precisa-se da ajuda de outros; autoconhecimento inteligente deve combinar modos de acesso de primeira pessoa com modos de terceira pessoa. Quem quer praticar apenas a introspecção não é apenas um solipsista e, portanto, um monstro moralmente; é também incapaz de se compreender.

Encefálio: Finalmente, uma observação razoável!

Filônio: Mas eu teria sido capaz de ver apenas a manifestação de sua raiva, ou de ouvir suas expressões sobre esse problema; eu não teria sido capaz de perceber sua raiva em si. Mesmo com memória excelente, minha autoridade não vai além da *expressão* de sua raiva. Você talvez poderia ter se disfarçado.

Teófilo: Se eu reconheço a autoridade de suas memórias, então, eu também pressuponho, junto a esse *qualia*, sua honestidade em sua expressão em relação a esse problema; portanto, estamos quites nessa questão. E essa pressuposição mútua é natural — de fato, transcendentalmente necessária —, de modo que deve ser feita constantemente, aceita até que se prove o contrário. Apenas dúvidas concretas permitem alguma suspeita. Você nunca despertou tal suspeita em mim; eu espero que seja também o caso de que eu nunca a tenha despertado em você.

Encefálio: Moralismo parece ser uma função habitual do cérebro de vocês, idealistas!

Teófilo: E, *a fortiori*, não há infalibilidade em relação aos próprios estados mentais futuros. Um bom psicólogo pode predizer que o maníaco-depressivo que acabou de experimentar uma fase maníaca irá, em breve, cair em depressão, e com muito mais certeza que o paciente em questão.

Encefálio: Qual foi o segundo ponto que você levantou antes?

Teófilo: Que memória notável que, se eu estiver interessado posteriormente em uma reconstrução de nossa discussão, eu levarei devidamente em conta! Meu primeiro ponto anterior não restringiu a transparência do mental ao presente? E o mental não presente não incluía o mental passado, bem como o mental futuro? Então, eu continuarei como se meu segundo ponto dissesse respeito a outra coisa. E, de fato, o seguinte me ocorre — de onde quer que seja que novas ideias cheguem a nós. Sua busca pela intersubjetividade é honrosa, e eu entendo a apreensão no que tange a uma cultura que se deleita na inexpressividade do estado interior de um indivíduo ao mesmo tempo em que, orgulhosamente, sofre disso. A crença de que se está sozinho no universo com seus próprios *qualia* e incapaz de compartilhá-lo com outros seres humanos é acompanhada de um *qualia* particular — que, a propósito, mostra que algumas atitudes proposicionais, e talvez as mais interessantes das filosóficas, são ao menos preocupadas com o *qualia* (parece diferente quando se acredita que há uma ordem moral do mundo e quando não se acredita — de fato, supostamente, mesmo a dor física de seres humanos religiosos causada pela mesma inflamação tem *qualia* diferentes nos não religiosos). De todo modo, o que continuamente me incomoda na condição que eu acabei de descrever é que ela se tornou bem universal. Lord Chandos[5] de Hugo von Hofmannsthal foi entendido por muitos leitores, evidentemente, e a técnica literária do monólogo interior, que supostamente abre uma esfera de interioridade que permanece oculta por não ser compartilhada, teve muito sucesso. Ele articulou emoções em linguagem e, ao fazê-lo, transformou as emoções em algo acessível intersubjetivamente — emoções nas quais muitos se reconhecem e que, de fato, talvez sejam sentidas por alguns mais intensamente agora, após terem sido vertidas em linguagem para eles. O mundo interior fechado das heroínas de Virginia Woolf se torna mais acessível às mulheres leitoras inteligentes dessa autora do que aos parceiros de suas heroínas; de um lado, isso é trágico, mas, de outro lado, mostra que tal estado de ser fechado não é absoluto, que uma autora excepcionalmente dotada pode abri-los. A intersubjetividade complexa exige labor trabalhoso, mas cada retrato inteligente de suas dificuldades deve, de certo modo, tê-las dominado; e tal retrato mostra aos outros como se pode fazer com que a ponte levadiça desça.

O assunto do autor sutil é difícil e cheio de riscos, porque se pode entender outra pessoa, na maior parte dos casos, apenas quando se busca compreender a si mesmo; e essa busca nem sempre é lisonjeadora. Mas talvez ela prometa mais compreensão da subjetividade do que remexer os cérebros das outras pessoas com ajuda de cerebroscópios.

Encefálio: Eu gostaria de fazer isso em meu próprio cérebro também!

Teófilo: Você sempre foi caracterizado por um grande senso de justiça. Em todo caso, por mais que você professe ser um falibilista, você não vai que-

---

5 "Letter of Lord Chandos to Francis Bacon" [*Carta de Lorde Chandos a Francis Bacon*], um manifesto artístico por Hugo von Hofmannsthal (nota de Jammes Hebbeler, tradutor para o inglês).

rer arriscar como esses escritores; portanto, você rejeita a introspeção e a compreensão psicológica que vem com esse modo de acesso (esse modo de acesso não pode, como eu disse, ser o único). Você quer observar apenas os fatos duros — isto é, o que é dado no mundo externo —, pois todos nós temos o mesmo acesso a eles. Mas de onde vem essa suposição? Você mesmo até supõe que é possível para nós sentir, de modo totalmente diferente, o que nós dois chamamos de "verde" — o que eu sinto como verde você sente como vermelho (em minha língua).

Encefálio: É claro! E, precisamente por essa razão, eu quero me livrar dos besouros na caixa: o que quer que você sinta, não importa; o principal é que concordamos em nossas expressões!

Teófilo: Mas é realmente um acordo quando os termos se referem a conteúdos de consciência? De fato, estamos, então, todos falando na mesma linguagem?

Encefálio: A linguagem não se refere a besouros em caixas fechadas, mas a objetos públicos; e é irrelevante como os besouros se sentem, ou se eles sequer existem, na medida em que a referência aos objetos funciona de forma confiável.

Filônio: Um aparelho — quero dizer, um aparelho que não seja um cérebro — não faz a mesma coisa? E eu suponho, frequentemente de maneira mais confiável, dada a feliz ausência da interferência de outras funções cerebrais, que muitas vezes são confundidas com *qualia*?

Encefálio: Mas é claro!

Filônio: Isso significa que o "inter" em intersubjetividade, a que você aspira, representa precisamente a eliminação do sujeito? De fato, nosso procedimento cognitivo, que prescinde da introspecção, parece chegar a isso, e eu não tenho certeza de que a ética lida melhor com essa fundamentação do que no caso do solipsismo.

Teófilo: Você levantou a questão que eu estava buscando solucionar. Sempre penso que o conceito de intersubjetividade envolvia mais que subjetividade, mas Encefálio parece pensar que o que é comum a todos os sujeitos na verdadeira intersubjetividade é precisamente isto: que a subjetividade de cada um foi eliminada.

Encefálio: A verdadeira intersubjetividade é apenas a verdadeira objetividade. Apesar de seus cantos de sereia sobre mangas e mulheres que são autoras sensíveis, o caso permanece sendo o seguinte: porque eu tenho mais de uma razão para temer que um quadro conceitual introduzido artisticamente por filósofos dualistas me forçaria, como um ovo de cuco deixado em meu ninho, a fazer concessões de que eu me arrependeria, eu quero — isto é, meu cérebro quer — simplesmente negar qualquer familiaridade com *qualia*. Pois identificar *qualia* com estados cerebrais, reconhecidamente, não é fácil; eles realmente se sentiriam diferentes — se fossem existir. Estados físicos são, todavia, o todo da realidade; portanto, não há *qualia*.

Teófilo: Bem-vindo, Hilas... Eu estava esperando o tempo todo que você, também, viesse e enriquecesse nossa conversa.

Hilas: Perdão, amigos, se cheguei muito tarde; mas, já que eu conheço vocês e tenho pensado sobre nossa última discussão, já apostei no caminho para cá — comigo mesmo e, reconhecidamente, sem muito risco — que eu chegaria aqui enquanto estivessem discutindo a questão mente-corpo. Como exatamente vocês chegaram a esse tópico, eu não posso saber; há muitos caminhos levando a essa Roma intelectual, que magneticamente atrai todos os que se autodenominam filósofos. Mesmo sem ter entrado no cérebro de Encefálio, suspeito que essa declaração decisiva, "estados físicos são, todavia, o todo da realidade; portanto, não há *qualia*" — a única coisa que eu ouvi — foi precedida de outra premissa, algo do tipo "*qualia* não podem ser identificados com estados físicos ou com estados cerebrais".

Encefálio: Mesmo se você tivesse concordado em apostar com outra pessoa em relação a essa questão, teria envolvido pouco risco. Você não fez nada senão imputar padrões elementares de racionalidade a meu cérebro.

Hilas: Talvez não a seu cérebro, mas a propriedades mentais pertencentes a ele — ao que ocorre nele. Essa imputação ainda não significa, é claro, que eu compartilhe de sua opinião. De fato, ainda vemos que isso não me permite me afiliar a sua posição. Felizmente, pode-se defender intuições materialistas sem ter de advogar uma identidade de propriedades mentais e físicas, como você tão frequentemente faz; pois ao menos os *qualia* se protegem poderosamente contra tal identificação. Outros argumentos me levaram para longe de identificar propriedades físicas e mentais. Em primeiro lugar, os mesmos estados mentais podem ser realizados em nosso mundo de maneiras diferentes — em espécies diferentes, todavia, e talvez mesmo em entidades inorgânicas diferentes, como computadores futuros. Mesmo seres sem cérebro, ou com um cérebro constituído de maneira totalmente diferente, podem sentir dor; contestar isso com base no fato de que a consciência está atrelada ao cérebro seria, claramente, uma afirmação circular. E, em seres humanos, os mesmos estados de consciência podem ser conectados a estruturas cerebrais bem diferentes; todos nós sabemos de relatos sobre pessoas nas quais uma parte do cérebro foi destruída e, ainda assim, pensam de forma similar à maneira como pensavam antes. O cérebro parece ter uma tremenda plasticidade.

Encefálio: Infelizmente, não em pacientes com Alzheimer!

Hilas: Eu não afirmei, de modo algum, que todas as mudanças no cérebro são irrelevantes para a consciência porque meu argumento contra uma identificação não o exigia. E, por sua vez, como um famoso homem[6] demonstrou, não há identidades contingentes no caso de designadores rígidos; mas nem "dor" nem "disparo de fibras C" são designadores não rígidos. Tais identidades, é claro, seriam contingentes — logo, não são identidades; pois, certamente, pode haver mundos em que há seres com autoconsciência nos quais a dor é estimulada por meio de fibras totalmente diferentes, ou por meio de algo totalmente diferente de fibras.

Filônio: Eu nunca sequer ouvi um argumento convincente que eliminaria, como logicamente impossível, seres sem corpo que têm vida mental.

Encefálio: Nem todo contrassenso é digno de uma refutação explícita; e ao menos o mundo em que vivemos não é um mundo em que substâncias espirituais sem corpo existem. De modo semelhante, eu nunca conceberei que, em nosso mundo, estados físicos ou mentais que não são idênticos a estados físicos podem ser causa de mudanças físicas. A lei da conservação de momento não pode ser desafiada, e isso apenas porque René Descartes interpretou erroneamente o momento como uma grandeza escalar, em vez de entendê-lo corretamente como um vetor; ele foi capaz de sugerir seu mito risível sobre interações na glândula pineal. Esse mito falha, independentemente de qualquer lei particular da física, devido ao fato de que o mundo físico é causalmente fechado; acreditar que um evento físico pode ser causado por algo não físico é animismo, e isso nós realmente devemos superar na era da ciência.

Hilas: Eu concordo com a última parte, ainda que eu considere a arte que pertence a épocas animistas mais interessante do que a arte de nosso tempo, e por essa razão eu não emprego o conceito de "animismo" apenas negativamente.

Teófilo: Que vocês dois defendam o estatuto fundamental das leis de conservação em alguma teoria da natureza é algo difícil de se julgar; mas me surpreende que alguém que se professe um empirista quando se trata de epistemologia, como é o caso de Encefálio, queira se ater a um princípio universal a qualquer preço — mesmo que experiências elementares pareçam contradizê-lo. Um empirista deveria, na verdade, desistir de um princípio antes de reinterpretar experiências de maneiras idiossincráticas — de fato, antes de negá-las. E é uma experiência universal que alguém diga algo porque outro o *pensou* para si mesmo e *queira* dizê-lo; portanto, pensamentos e atos intencionais parecem ser capazes de mover lábios.

Hilas: O que é tão fascinante na posição que eu advogo é que se pode manter a não identidade entre propriedades físicas e mentais sem ter de desistir do encerramento causal do mundo físico ou do poder causal de eventos mentais.

---

6 Saul A. Kripke (nota de Jammes Hebbeler, tradutor para o inglês).

Filônio: Você deve nos deixar, também, tomar parte nesse achado engenhoso — nós que até sofremos desse sentimento de perplexidade diante de nosso problema e que, portanto, nesse contexto, podemos distinguir entre múltiplos *qualia* em nós; pois sofrer de perplexidade é mais do que ficar meramente perplexo.

Hilas: O monismo anômalo é a resposta à nossa questão[7]. Essa teoria é tão elegante e original que só poderia ter sido encontrada tardiamente na história da filosofia; e prova que você errou, Teófilo, que declarou de modo provocativo, em nossa última discussão, que todas as opções essenciais para a solução da questão mente-corpo foram basicamente pensadas entre meados do século XVII e do século XVIII, e que os únicos feitos da segunda metade do século XX foram esclarecimentos como resultado da filosofia da ciência e da lógica modal. Você declarou que Descartes havia descoberto o problema, e que a tremenda inovação dessa descoberta havia propelido seus contemporâneos e as gerações imediatamente posteriores aos seus feitos mais criativos.

Teófilo: Ao fazer essa afirmação, de modo algum estava desdenhando esses esclarecimentos; eu meramente acho que esclarecimentos interessantes pressupõem ideias inteligentes anteriores, e que, como uma escassez de ideias, entusiasmo por esclarecimentos raramente faz avançar a filosofia. Olhar para trás, para os clássicos, pode, ao contrário, desenterrar ideias que foram esquecidas hoje, erroneamente. Incidentalmente, elogiei filósofos analíticos de décadas recentes por terem voltado sua atenção a essa questão — uma atenção que, sem dúvida, era tão merecida quanto exigida — em escritos tão excelentes quanto aqueles do homem perspicaz da terra da manhã calma[8], do britânico que, semelhantemente, migrou para os Estados Unidos e mantém alta a tocha que queima com a misteriosa chama da subjetividade[9], e também os escritos do mais completo e melhor filósofo analítico da Europa continental, que trabalha na cidade do Regime Imperial Perpétuo[10]. Em todo caso, é lamentável que a transformação da linguagem e do mundo social no século XIX, e, depois, da "virada linguística", tenham removido a questão mente-corpo de seu lugar central na filosofia; torná-la nada mais que uma pseudoquestão foi um ato de barbaridade filosófica.

Filônio: Seria melhor dizer que pode ser declarada legitimamente uma pseudoquestão apenas quando se é um idealista subjetivo. Na filosofia de George

---

7   Isso é uma referência à teoria de Donald Davidson (nota de Jammes Hebbeler, tradutor para o inglês).

8   Jaegwon Kim (nota de Jammes Hebbeler, tradutor para o inglês).

9   Colin McGinn (nota de Jammes Hebbeler, tradutor para o inglês).

10 Franz von Kutschera de Regensburg (nota de Jammes Hebbeler, tradutor para o inglês).

Berkeley, de fato, não é mais um problema — ou melhor, a filosofia de Berkeley surge de uma prontidão de se livrar do problema a *qualquer* preço. Mas o problema inevitavelmente surge a quem partilha de intuições realistas; e apenas aquele que se declara cego ao que é apresentado a ele, imediatamente e na primeira pessoa, pode agir como se o problema não mais existisse para si. Eu sou, diferentemente de meu homônimo no universo fictício de Berkeley, uma pessoa real e, por outro lado, não sou um idealista subjetivo; mas mantenho o idealismo subjetivo muito mais difícil de se refutar e menos absurdo do que uma forma de materialismo que recusa o ato da introspecção.

Teófilo: Basta desses olhares de soslaio na história! Vamos nos concentrar na questão apresentada. Hilas, explique-nos como o monismo anômalo desvenda a questão.

Hilas: O monismo anômalo é um monismo; isto é, ele defende o ponto de vista de que *eventos* físicos e mentais são idênticos. Mas as *propriedades* que atribuímos a eles não são idênticas umas às outras; algumas propriedades são de natureza mental, outras, de natureza física. Portanto, não há uma identidade de tipo, mas apenas de espécime. O mesmo evento tem a propriedade de ser dor e um disparo de fibras C.

Filônio: A correlação entre dor e disparo de fibras C aparece com tanta frequência na literatura que, como um leigo, não se chega exatamente à impressão de que a neurociência avançou muito na descoberta de leis psicofísicas. Ou talvez os autores materialistas estejam raramente em dia com a pesquisa neurocientífica. Mas, seja como for, como essa teoria é consistente? Eu posso facilmente entender que há diferentes espécimes de um e de outro tipo; mas como pode haver diferentes tipos de um e do mesmo espécime?

Hilas: Assim como o mesmo objeto pode ser elíptico e verde.

Filônio: Mas os eventos são, de fato, caracterizados por um objeto particular instanciando uma propriedade particular em um ponto particular no tempo; se propriedades diferentes são instanciadas no mesmo ponto no tempo, então, não estamos lidando precisamente com o mesmo evento.

Hilas: Você está pressupondo que eventos devem ser caracterizados dessa forma; o monismo anômalo, em contraste, trata eventos como não analisáveis — apenas como objetos.

Teófilo: Ao fazer tal movimento, o monismo anômalo é, sem dúvida, uma teoria consistente, mas não é, com base nisso, já justificado. Uma teoria que acaba com menos entidades básicas é certamente superior, e isso corresponde à compreensão de Filônio dos eventos. Mas queremos saber quais vantagens a nova teoria de eventos tem para a solução da questão mente-corpo. Podemos aceitar, felizmente, uma ontologia mais complicada se ela simplificar a filosofia em outros aspectos; o padrão de simplicidade pode não ser válido para disciplinas filosóficas individuais, mas é válido para a filosofia como um todo. Pois uma das atrações mais fascinantes da filosofia é que ela é um todo unificado e, portanto, só pode ser perseguida como um todo unificado, pelo menos enquanto nossos poderes o permitirem.

Encefálio, Hilas e Filônio concordaram: Isso é verdade.

Hilas: O monismo anômalo torna compatível o que parece ser irreconciliável — a não identidade de propriedades mentais e físicas, o poder causal de eventos que englobam propriedades mentais e o encerramento causal do mundo físico — por meio do qual eu entendo que tudo o que é físico é causado pelo físico, e *apenas* pelo físico. São essas três suposições que parecem tão naturais para cada um de nós, e, ainda assim, quando se começa a refletir sobre elas, parecem ser incompatíveis umas com as outras. Se o mundo físico é causalmente fechado e o mental causa o psíquico, então, deve ser idêntico ao psíquico; se, em contraste, o mental não é idêntico ao físico, mas, não obstante, é capaz de causar o físico, então, o mundo físico não é causalmente fechado. Como o monismo anômalo é capaz de escapar desse trilema? Se eu quero levantar minha mão, então, esse é um evento que tem uma propriedade mental irredutível — a saber, ser um ato de querer levantar a minha mão; mas, ao mesmo tempo, é um evento físico, e como tal pode causar algo físico sem colocar em questão o fechamento causal do físico. Veja! Eu já ergui minha mão!

Filônio: Isso continua sendo um milagre, ainda que nosso senso a respeito disso seja turvado pelo cotidiano — ou, eu deveria dizer, por cada segundo? O que distingue essa posição sua do epifenomenalismo? De acordo com este, também é o caso que o mental não pode causar nada — nem algo físico, nem algo mental; fenômenos mentais são apenas epifenômenos de estados ou eventos físicos que, por si só, têm poder causal. Alguns, mas não todos os eventos ou estados físicos, então, têm estados ou eventos mentais correspondentes.

Hilas: Você se esquece de que, no monismo anômalo, o poder causal é atribuído aos eventos, que têm tanto propriedades mentais como psíquicas! É precisamente aqui que reside o que está em questão nessa abordagem, pois ela combina o monismo no âmbito do espécime com o dualismo no âmbito do tipo; ao fazê-lo, sucede em completar essas três demandas simultaneamente.

Teófilo: E o que as leis causais supostas por esse monismo anômalo conectam?

Hilas: Talvez esta seja a melhor parte dessa teoria: seu autor engenhoso supôs que há leis causais apenas para o físico — ao menos na versão original da teoria — e contestou, expressamente, a existência de leis psicofísicas que conectam o físico e o mental, assim como há leis que conectam apenas o mental.

Filônio: O monismo anômalo, então, é apenas um epifenomenalismo de tipo. Nada sobre propriedades mentais — como a propriedade de ser um ato de querer erguer minha mão — pode explicar por que eu ergo minha mão; o que se destaca na explicação são apenas as propriedades psíquicas do evento anterior, que — coincidentemente — também tem a propriedade mental supracitada. Pois, se eu entendo corretamente, de acordo com o monismo anômalo, pode muito bem ser o caso — a posição não pode, de qualquer modo, excluí-lo — que, além do evento que tem a propriedade psíquica de ser um ato de disparar neurônios, que elicia os movimentos correspondentes de músculos, em diferentes seres humanos ou no mesmo ser humano, em diferentes ocasiões, liga-se a esse evento a propriedade mental de pensar sobre a conjectura de Goldbach, ou ouvir a marcha de Lilliburlero, ou de *não* querer levantar a própria mão em nenhuma circunstância. Francamente falando, posso prescindir dessa forma de poder causal, e com gratidão.

Encefálio: E meu cérebro pode, sem problemas, dispensar essa forma de materialismo! De que ajuda é a meu cérebro se, em última instância, seu sensor pode ser inserido em seu cérebro e, ainda assim, ser incapaz de sondar seus pensamentos?

Hilas: Isso não seria tão ruim, pois quaisquer que sejam as propriedades mentais dos eventos que você estiver investigando, a análise completa das propriedades físicas acessíveis a você lhe permitiria — caso vivamos em um universo determinista — predizer o comportamento do organismo que foi fornecido com aquele cérebro; e, caso nosso mundo não seja determinista, o conhecimento de propriedades mentais, similarmente, não lhe seria útil.

Encefálio: Isso é correto, mas deve haver algo no mundo que escape das leis da física e desfrute de uma autonomia, por mais importante que seja — um reino no âmbito mental que, de todo modo, não esteja ligado à matéria com uma corrente de ferro —, isso é algo que meu cérebro não está disposto a permitir em nenhuma circunstância.

Teófilo: Negar as leis psicofísicas é algo que, claramente, não satisfaz nem Encefálio nem Filônio; sobre essa questão, eles estão em acordo. E mesmo que Encefálio esteja, presumivelmente, mais interessado em leis que determinam o mental através do físico, ao passo que Filônio pode estar mais interessado em leis que prescrevem o físico por meio do mental, esse acordo entre dois filósofos tão diferentes — um dos quais se compreende como um "eu", e o outro, como um cérebro — é um evento tão raro e favorável que poderia ser contado como um indicador da verdade. Portanto, eu também não quero esconder minhas dúvidas em relação ao monismo anômalo, uma teoria que é marcante por seu brilho formal, e que encontrou um meio-termo consistente entre monismo e dualismo. As dúvidas que tenho dizem respeito à pouca plausibilidade de sua suposição básica — a saber, a negação de leis psicofísicas. Mas, como queremos imputar racionalidade aos seus advogados, não menos do que imputamos a Encefálio, eu gostaria de saber, de Hilas, qual o argumento de seu professor para a recusa de leis psicofísicas; pois certamente ele deve ter um argumento de peso.

Hilas: É o seguinte. Meu professor, como todos os filósofos importantes, não se confinou a uma só disciplina filosófica. Além de trabalhar na questão mente-corpo e na teoria da ação, ele também trabalhou em hermenêutica. Ele estava ocupado em descobrir como é possível para nós inferir, a partir de expressões linguísticas, as opiniões de falantes cuja linguagem é plenamente não familiar a nós. Nesse contexto, ele desenvolveu o princípio de caridade como um princípio transcendental: temos uma chance de inferir o sentido de frases de uma linguagem apenas quando supomos que uma boa parte das proposições ditas pelos falantes de uma língua é verdadeira, e que os falantes procedem, geralmente, de forma racional — que eles não mantêm, por exemplo, opiniões inconsistentes umas com as outras, ou ao menos não sabem que mantêm opiniões inconsistentes. Essa suposição de racionalidade faz sentido, todavia, apenas em relação ao mental; no caso de estados físicos, claramente é absurda. Precisamente porque, na reconstrução de estados mentais, somos necessariamente guiados por uma pressuposição que não corresponde a nada na investigação do físico, não pode haver leis psicofísicas (ao menos no sentido amplo do termo).

Filônio: Esse argumento é importante; mas a seguinte objeção imediatamente me ocorre: nem tudo mental é caracterizado por racionalidade.

Teófilo: Mas nossa mente humana não é determinada essencialmente pela racionalidade? Mesmo que nós, por exemplo, sintamos uma dor intensa, nós a categorizamos — ou ao menos podemos fazer isso e, de fato, devemos fazer isso, se quisermos torná-la compreensível aos outros (como uma dor crônica, por exemplo). Além disso, tal dor é frequentemente acompanhada de reflexão. Dependendo da disposição natural do indivíduo, ela pode ser acompanhada por um sentimento de indignação com o fato de que somos todos expostos à dor ou pela consideração do que a causou e de como podemos evitá-la da próxima vez, ou pela sua aceitação em virtude da convicção de que ela talvez tenha um sentido oculto. E a percepção de um objeto por um ser racional é sempre acompanhada do fato de ele ser situado em uma rede de conexões: era de esperar, ou ao menos seria compatível com as leis da natureza que esse objeto tenha sido percebido por nós como tendo tais e tais propriedades?

Filônio: Esse acompanhamento musical racional não muda nada sobre o fato de que a dor é algo diferente de sua análise racional. Além disso, crianças pequenas e animais não humanos, sem dúvida, têm sensações que não são transformadas racionalmente. No histórico da vida mental, a vida mental racional é um germe muito jovem, e me parece ser incogitável elevá-lo a um estatuto paradigmático e negar leis psicofísicas, dada a excepcional posição da racionalidade.

Teófilo: Um germe tardio pode ser o *telos* secreto de um desenvolvimento; apenas desse ponto de vista pode se tornar transparente aquilo que veio antes. Igualar a consciência e a vida mental racional, como feito por Descartes, é um erro. Quem negar as sensações a mamíferos, por exemplo, é desonesto de maneira diferente e menos risível que o caso do materialista eliminativo, que nega *qualia* até em si mesmo; mas ele ainda é desonesto — como aqueles que negam seus parentes pobres. Ainda assim, é um argumento que o força a tal desonestidade. Os gregos descobriram algo único sobre a razão; quem quer que tenha encontrado a ruptura ontológica decisiva na existência da consciência sucumbiu, facilmente, à tentação de fundir razão e consciência. De fato, mesmo se consciência e razão — e aqui, agora, eu quero dizer razão consciente — não são coextensivas, é inteiramente verdadeiro que a razão e a forma superior de consciência, consciência de si, são coextensivas. A habilidade de referir todos os atos mentais — e, portanto, seus conteúdos — a um centro subjetivo, de percebê-los como próprios, é algo bem especial que pressupõe a introspecção, mas que, também, vai além da introspecção; tal habilidade altera, de maneira sutil, a qualidade de todos os atos mentais. A raiva é algo com o qual até animais provocados estão familiares; mas ferver de raiva é algo diferente — de fato, parece diferente quando eu sei que é minha raiva, e que ela está conectada a outros traços da minha pessoa. E, claramente, é essa habilidade de referir todos os meus atos mentais a um centro subjetivo e, portanto, apenas um ao outro que gera a necessidade de consistência sem a qual não haveria racionalidade — isto é, proferir reivindicações de validade na forma de proposições conectadas por inferência. Nós pressupomos essa racionalidade, de fato, sempre que supomos seres racionais.

Filônio: Eu não entendo o que está exatamente em jogo na sua contribuição.

Teófilo: Estou tentando despertar a apreciação por aqueles teóricos que veem, na razão autoconsciente, não o antagonista da alma, mas, em vez disso, a verdade da alma. Se a autoconsciência é, de certo modo, caracterizada por duplicar novamente uma realidade que já é cindida entre o físico e o mental porque ela, por assim dizer, opõe um sujeito à objetividade mental, e se a racionalidade é, por assim dizer, o outro lado da consciência de si, então, a vida mental racional não é uma subespécie contingente do mental, mas o *telos* do mental.

Encefálio: Isso é muito elevado para mim.

Filônio: A vida interior de uma água-viva, se é que ela a tem, certamente é menos interessante que a nossa (mesmo que nossa vida interior se reduza a nossas sensações quando observamos águas-vivas fluorescentes), mas os argumentos contra leis psicofísicas não se mantêm para essa vida interior.

Teófilo: Poderia haver leis eidéticas da alma — e, portanto, da vida mental pré-proposicional — com relação à qual um argumento similar ao do monismo anômalo poderia ser formulado.

Encefálio: O que você quer dizer com isso? Leis eidéticas são quase tão repugnantes a meu cérebro quanto substâncias imateriais.

Teófilo: Poder-se-ia, por exemplo, pensar disso desta forma — que, para os seres sencientes, a redução da dor é uma qualidade positiva, ou que há uma hierarquia de *qualia* de acordo com a qual a evolução não pode atingir níveis mais elevados antes de os níveis inferiores terem sido ultrapassados. Naturalmente, não podemos de fato saber quando a subjetividade surgiu pela primeira vez, mas em qual organismo isso foi o caso...

Encefálio: Ao menos você está falando de organismos! Eu já temia que você se revelasse um pampsiquista — esse é o último truque que sobra para aqueles que não querem reconhecer a primazia da matéria.

Teófilo: Nem todo mundo que não quer reconhecer a primazia da matéria precisa desse truque. O pampsiquismo falha, entre outras coisas, por dotar elétrons de uma vida mental como a nossa — mas, então, pensa-se por que uma evolução de cérebros sequer teria acontecido.

Encefálio: Exatamente!

Teófilo: Estou contente com seu assentimento, mas seja atento ao fato de que, em relação à evolução do universo, o argumento tem uma premissa teleológica. Eu não tenho problema algum com isso, mas talvez você tenha. Como nós dois, todavia, parecemos estar em um humor teleológico hoje, permita-me um segundo argumento contra a atribuição de consciência plena aos elétrons: o que eles fazem com isso? Perceber as injustiças do mundo e não ser capaz de fazer nada — eu digo, nada — sobre isso! A consciência situada dentro de um mundo material deveria ter a possibilidade de agir nele; a percepção e a ação deveriam, de algum modo, estar correlacionadas uma vez que as relações sujeito-objeto — portanto, os atos de percepção e volição — constituem uma divisão decisiva dentro do mental. Atribuir a uma planta que ela não pode fugir à percepção de um animal a comendo seria uma crueldade desnecessária.

Hilas: Como se o mundo não fosse repleto dessas coisas!

Teófilo: Nós temos o dever de percebê-las quando estão manifestas e de combatê-las sempre que possível, mas não devemos imputar ao mundo como um todo crueldades que não precisam ser supostas. Tal princípio de caridade é válido ao menos ao lidarmos com outros seres humanos.

Filônio: Você está no melhor caminho para se juntar à defesa de Nicolas Malebranche da tese cartesiana de que animais são máquinas — uma defesa que é auxiliada por seu novo argumento de que, com a tese cartesiana, o argumento do mal se torna menos grave.

Encefálio: Enquanto isso, eu não me preparei para nada; após a menção de leis eidéticas, a necessidade de se elevar até a divindade não deve mais ser considerada.

Teófilo: Eu fui interrompido quando supus que a subjetividade se iniciou com os organismos; com quais, eu não sei, mas pode até ter se iniciado com os primeiros organismos. Dificilmente há outra estrutura material adequada para conter subjetividade além do tipo que se sustenta por meio do metabolismo e que está preocupado consigo mesmo em suas estruturas de retroalimentação. Eu tentei, além disso, correlacionar estados mentais que atribuímos aos organismos com suas ações ou funções; isso me pareceu um argumento contra o pampsiquismo, e também é um argumento contra atribuições exageradas de estados mentais a organismos não humanos. Eu não sei se plantas podem sentir; mas eu não acho que, se elas sentem algo quando há falta de água, sua sede não pode ter os *qualia* descritos tão vividamente por Saint-Exupéry[11]; pois elas não podem buscar seu caminho em uma fonte de água. "Sede", quando a palavra não se refere ao estado metabólico de sentir falta da água, mas aos *qualia* correlacionados a esse estado, é um termo homônimo. Talvez a chamada sede das plantas, se é que existe, é comparável ao frágil sentimento de sede que, às vezes, experienciamos em sonhos fugazes, e que não tem a intensidade de nossa sede quando estamos acordados. Eu não uso o papel mata-moscas, mas a mosca de Robert Musil, em sua vida interior, definitivamente é humana demais para mim[12].

O pampsiquismo, como eu ainda gostaria de acrescentar, pode adotar a alternativa estratégica de atribuir aos elétrons não o tipo de estados mentais familiares a nós, mas algo completamente diferente, algo que é, em princípio, inacessível a nós. Mas, então, suas reivindicações são sem sentido. Eu só posso compreender aqueles estados mentais familiares a mim ou que são, de algum modo, semelhantes àqueles familiares a mim, tais como, por exemplo, percepções tidas por sentidos que eu não possuo — como o senso de eletricidade. Se

---

11 A descrição está em *Wind, Sand and Stars* [*Terra dos homens*], um romance de Antoine de Saint-Exupéry (nota do editor do original). Trad. port.: J. R. Simões. *Terra dos homens*, São Paulo, Via Leitura, 2015. (N. do T.)

12 "O papel mata-moscas", um texto de uma página de Robert Musil que descreve, de maneira minuciosamente detalhada, a luta pela sobrevivência de moscas que são pegas em um pedaço de papel mata-moscas (nota do editor do original).

eu estou a pensar em algo quando considero a vida interior de uma água-viva, então eu tenho de me retirar à minha própria vida interior. Todos nós, com a possível exceção de Encefálio, sabemos sobre o *qualia* peculiar de acordar de manhã de um sono profundo e ainda não saber onde estamos e, de fato, quem somos — imputar tal *qualia* a uma água-viva[13] pode ser admissível.

Hilas: Se seu êxtase teleológico continuar, em breve, você irá alegar que nossos sonhos têm a função de nos conduzir aos *qualia* do mundo inteiro e fazer de nosso mundo mental — não, como os antigos pensavam, de nosso corpo — um tipo de microcosmo que contém, em si, o macrocosmo da evolução mental.

Encefálio: Amigos, eu perdi o fio condutor de nossa discussão. Não que todos esses saltos mentais e associações não sejam interessantes, mas nossa conversa está, gradualmente, adquirindo *qualia* oníricos. Onde começamos e como chegamos aonde estamos agora? Para onde queremos ir?

Filônio: Não é esse o encanto de uma conversa viva — que seu curso não possa ser previsto antes da hora? Mesmo quando estamos sozinhos, nossos fluxos individuais de consciência claramente não são determinados. E, quando uma série de fluxos de consciência flui junto, ocorre que se desenvolvem correntes surpreendentes, as quais não poderiam ser antecipadas. Afinal, não estamos escrevendo um ensaio — nem mesmo um diálogo —, estamos conversando uns com os outros; e não precisamos nos preocupar se nossa discussão pode, por assim dizer, transbordar, enquanto estivermos tendo prazer com ela. Ninguém está pensando sobre sua transformação em forma escrita, que, uma vez que tal forma não pode ser mais desenvolvida, mas é, por assim dizer, morta, busca compensar por sua falta de vida tendo uma ordem artificial.

Teófilo: A fuga do fluxo da subjetividade ao mundo dos artefatos, ao qual também pertence a arte, nem sempre é uma traição da vida; talvez a vida encontre, nessa fuga temporária de si mesma, uma fonte especial de poder, e talvez a combinação da ordem e dos caminhos múltiplos de associação seja um apelo especial da obra de arte. Inversamente, todavia, poder-se-ia também dizer que uma discussão viva exige concentração especial; com algo escrito, pode-se voltar à página e ler novamente; com uma conversa oscilante, exige-se uma boa memória. Minha memória me sugere que, por trás de nossas costas, algo como uma ordem foi imposto cuidadosamente sobre nossa discussão — ou é apenas minha construção? Iniciamos com as relações entre expressões faciais e o mental; de fato, Encefálio nos cativou cedo com a

---

13 Um trocadilho intraduzível do alemão: "*ein solches Quale der Qualle zu unterstellen*" [atribuir tal tormento à água-viva] (nota de Jammes Hebbeler, tradutor para o inglês).

tese de que o verdadeiro reino interior é o cérebro e que o método de introspecção deve ser banido da ciência — isto é, das investigações intersubjetivamente válidas da ciência. *Qualia* devem ser negados se isso serve ao estabelecimento da verdade — isto é, o reforço da tese de que estados mentais são idênticos a estados cerebrais. Nem nossas considerações sobre a fecundidade de se combinar o acesso de primeira pessoa com acesso de terceira pessoa tiveram êxito na tarefa de mudar a ideia de Encefálio; e tampouco fomos inteiramente convencidos por ele a desistir da subjetividade em prol da verdadeira intersubjetividade. Os deuses sabem como nossa discussão teria continuado se Hilas não tivesse subitamente aparecido e nos oferecido um barco que, como ele prometeu, seguramente nos faria passar entre o Caríbdis do dualismo e a Cila do monismo, e que nos permitiria compreender como estados mentais podem ser eficazes no âmbito causal sem ser identificados com estados psíquicos, e sem romper o fechamento causal do mundo físico. O barco foi batizado como "monismo anômalo". Mas duas ondas violentas o colocaram em perigo — uma era o epifenomenalismo de tipo, que é acarretado pelo monismo anômalo, e outra onda era a negação das leis psicofísicas, uma negação que emergiu das relações lógicas entre os elementos de uma classe especialmente interessante de atos mentais, as atitudes proposicionais. Na intensidade da tempestade, eu nem mesmo notei se nosso navio havia naufragado ou se a água que vimos foi confinada ao convés. O que se faz em tal emergência? Sobe-se uma escada — mesmo que não se saiba exatamente onde ela leva —, e encontramos tal escada na *scala naturae*, a escala natural de *qualia*[14].

Filônio: Porque tal *scala naturae* mental deve corresponder à *scala naturae* de estados físicos — não tanto para o cérebro, mas para as funções e ações dos organismos —, sua discussão de questões sobre filosofia da natureza, após o debate sobre problemas epistemológicos e metafísico-formais, parecia implicar um reconhecimento de leis psicofísicas. Mas você defendeu a causa de se concentrar nesse ponto contra minha objeção de que a negação de tais leis é válida apenas porque o monismo anômalo tinha, em especial, a mente racional em vista; portanto, a princípio, eu achei que você quisesse defender tal negação, ainda que você tivesse afirmado as desconfianças de Encefálio e as minhas — raramente compartilhadas — imediatamente antes de Hilas ter oferecido o argumento decisivo. Francamente, não entendo sua vacilação. Mas, se você tenciona refletir ainda mais sobre essa questão, permita-me fortalecer a outra

---

14 Trata-se da grande cadeia do ser, concepção metafísica que remete ao idealismo objetivo: Platão, Aristóteles, Plotino e Proclo, e muitos medievais, como o Pseudo-Dionísio e Raimundo Lúlio. (N. do T.)

onda por enquanto. Isto é, deixe-me fortalecer a objeção de que o monismo anômalo remete a um epifenomenalismo — epifenomenalismo de tipo, mas de todo modo, um epifenomenalismo. Tal posição entra em colapso, como é bem sabido, por duas razões. Se os eventos mentais — em nosso caso, as propriedades mentais de eventos — não têm poder causal, então, nada mais pode ser argumentado com reivindicação de verdade. Afinal, nada que eu disser terá um efeito em estados cerebrais; isso não nos permitiria concluir nossa própria lógica, e não teria o poder de proporcionar outros estados mentais. Contudo, como algo dependente, como nesse caso, poderia afirmar que segue apenas o melhor argumento, isso é absolutamente misterioso. O epifenomenalismo pode tornar plausíveis as reivindicações de verdade tão pouco quanto o determinismo. Um argumento transcendental desse tipo é especialmente forte porque reflete apenas a reivindicação de verdade necessariamente pressuposta em toda teoria e, diferentemente do argumento que eu apresentarei no momento, não fará pressuposições externas.

Hilas: Você parece omitir o fato de que é precisamente essa conexão lógica de estados mentais que o monismo anômalo considera como seu ponto de partida!

Filônio: De modo algum. Eu falei sobre "dizer", não sobre "pensar". De acordo com sua teoria, relações lógicas devem ser imputadas a eventos mentais, não físicos; falar, todavia, é um evento físico.

Hilas: Eu ainda não te entendo.

Filônio: A sequência de sons que eu ouço, a sequência de signos visuais que eu vejo, são resultados de eventos físicos; de acordo com sua posição, quando explica suas propriedades, eu tenho de recorrer exclusivamente às propriedades físicas dos eventos causais; o que se diz não é, portanto, determinado por propriedades mentais; logo, eu não preciso imputar relações lógicas ao que é dito.

Hilas: Apenas como algo interpretado que a produção de sons é capaz de verdade, e sua interpretação, em si, é um ato mental sujeito às demandas da lógica.

Filônio: Sem dúvida. Mas mesmo a interpretação mais construtiva é limitada pelos signos que encontra porque, após ter encontrado um caminho inicial na língua, não pode ignorar o fato de que certas interpretações simplesmente não são compatíveis com esses signos. Ou nós deixamos inteiramente de lado as expressões de uma pessoa e imputamos verdade e racionalidade a todos (e isso, é claro, significa que nós nos consideramos racionais), ou levamos a sério o que a pessoa disse — isto é, como eu vejo, o que a pessoa transferiu do mundo mental ao físico. Isso é como a troca entre sujeitos funciona no mundo, ao menos no caso normal. Um sujeito encontra outro sujeito por meio do físico — se quisermos prescindir da possibilidade da telepatia; e enquanto alguns *qualia* se manifestam em expressões faciais, a expressão linguística é mais frequentemente necessária no caso de atitudes proposicionais, de modo que esta pode ser acessível a outros. A linguagem é o tornar-se físico, por assim dizer, do mental; e se os atos mentais de outros se tornam acessíveis a nós pela linguagem, então, não pode haver dualismo absoluto entre o físico e o mental, como o monismo anômalo supõe.

Hilas: Do que você está falando? É o caso que essa teoria tenta ser tão monista quanto possível, e apenas tão dualista quanto necessário!

Filônio: Certamente, essa é a intenção de seus defensores. Supondo leis para o físico e as excluindo do mental e, especialmente, da relação entre o físico e o mental, todavia, eles fazem a distinção entre duas esferas que dificilmente poderia ser mais radical; e a consequência, por sua vez, são mônadas sem janela que seguem sua própria lógica individualmente, mas cujas introspecções não têm o poder de ser refletidas na realidade externa; nem mesmo na realidade externa da linguagem. A intersubjetividade de fato não pode ser obtida de tal maneira.

Hilas: Estou digerindo essa ideia, como dizem, usando uma expressão idiomática que, despretensiosamente, mescla o mental com o físico. Mas o que é a segunda objeção ao epifenomenalismo?

Filônio: É precisamente com o darwinismo, uma teoria de fato naturalista, que o epifenomenalismo não é compatível; pois, sem o poder causal do mental, a gênese do mental não pode ser explicada — a saber, ele seria completamente disfuncional. Se o mesmo comportamento pode ocorrer sem dor, por que deve haver a dor?

Hilas: E eu posso perguntar que inferência você está extraindo dessas objeções ao monismo anômalo, e a todas as demais formas de epifenomenalismo?

Filônio: Que uma identidade do mental com o físico não é admissível, é algo além da dúvida para três de nós. Se mesmo o monismo anômalo não sucede em tornar compatível, com essa primeira e inabalável premissa, os dois outros princípios cuja conjunção contradiz o primeiro, e se o poder causal do mental não pode ser contestado, então devemos abandonar o fechamento causal do psíquico.

Encefálio: Eu sabia! Isso remete ao animismo, uma posição que, por si só, já é ruim o suficiente, mas que é ainda pior quando argumentos infelizes são apresentados para defendê-la. O argumento para a suposta incompatibilidade do epifenomenalismo e do darwinismo foi trazido por um homem de outro modo meritório, após seu cérebro ter se tornado velho e após ele ter tido conversas bastante esclarecedoras com um neurocientista católico[15]. Mas é claramente inválido — mesmo se eu não quiser, de modo algum, defender o epifenomenalismo, que tem, na verdade, muitos problemas que a teoria da identidade evita de modo hábil, pois estados mentais não precisam ter nenhuma função; o que é selecionado são as formas de se comportar que são provocadas por estados cerebrais correspondentes e, se as leis naturais devem determinar que um estado mental está correlacionado a estados cerebrais, então, esse feito é, certamente, um luxo sem função. Todavia, nada no darwinismo descarta isso.

Filônio: A luxúria, certamente, é um problema para o darwinismo; considere o debate sobre seleção sexual.

Encefálio: Mas apenas quando a energia investida nessa luxúria pode ser usada de outro modo! Isso não é, entretanto, de modo algum, a questão com o epifenômeno do mental — se é que existe tal coisa.

Filônio: De todo modo, é idiossincrático que, nessa teoria, seja causado um fenômeno que não tenha efeito algum; isso nem parece obedecer à terceira lei de Newton.

Encefálio: De fato, epifenomenalistas inteligentes não deveriam nomear epifenômenos como "efeitos"; e uma vez que aquilo que não é nem causa nem efeito não é nada, eles deveriam, se forem ainda mais inteligentes, tornar-se eliminativistas ou teóricos da identidade.

Hilas: Talvez eles devessem se tornar teóricos da superveniência; eles têm muitas intuições semelhantes às intuições dos epifenomenalistas e, todavia, formulam sua teoria com um aparato conceitual mais sutil. Eles também não reconhecem o poder causal de estados mentais, nem mesmo em relação a outros estados mentais; é sempre apenas um estado físico P1 que causa um estado físico P2, enquanto, nos estados mentais P1 e P2, M1 e M2, respectivamente, podem supervisionar. E, caso se queira, pode-se chamar a relação entre M1 e M2 de "relação superveniente", que, todavia, deve ser nitidamente distinta da causalidade normal.

Teófilo: Encefálio, você está falando para mim de seu coração.

Filônio: Você está falando sério?

Encefálio: *Timeo Danaos et dona ferentes* — é a única coisa que eu retive da aula de latim, e me ensina a ter uma desconfiança saudável das palavras de Teófilo.

Teófilo: Filônio, Encefálio tem razão — se é que ele está certo. O epifenomenalismo, de fato, não é incompatível com o darwinismo; e se algo não pode ser uma causa, o melhor é também não o chamar de efeito.

---

15 Karl R. Popper e John C. Eccles (nota de Jammes Hebbeler, tradutor para o inglês).

Filônio: Mas, ao menos, você aceitará meu primeiro contra-argumento para o epifenomenalismo? Você que gosta tanto de apelar para argumentos transcendentais?

Teófilo: É precisamente porque gosto de empregá-los tanto que é importante para mim usá-los tão cuidadosamente quanto possível; e eu não estou convencido de que toda forma de determinismo, por exemplo, possa ser contra-atacada por argumentos transcendentais.

Filônio: Estou perplexo.

Teófilo: Eu fui capturado pelo desejo de me sustentar sobre o fechamento causal do mundo físico como uma premissa e ver quão longe se pode ir com isso — mesmo que signifique negar o poder causal do mental.

Filônio: Mas que diabos se apossou de você? Claramente, pressupomos, em toda discussão, mesmo nesta que ocorre agora, que nós e nossos parceiros de conversa são capazes, em princípio, de encontrar expressões que caem sob relações lógicas. Ninguém que afirmasse que o que dissemos não era senão o efeito de neurônios disparando, ou algum outro fator determinante, poderia ser levado a sério por sequer um instante, e alguém que busca refutar o argumento de outro ao afirmar que é apenas seus neurônios o forçando a falar de certa forma merece que seu cérebro seja remexido por seu parceiro de conversa, com todos os cerebroscópios do mundo.

Teófilo: Eu não discordo de você.

Filônio: Teófilo, qual é o problema com você — ou, eu deveria dizer, com seu cérebro? Primeiro, você defende algo absurdo e, agora, você está mesmo se contradizendo. Em tais casos, onde a capacidade de pensar é obscurecida, a causa pode ser, de fato, buscada em deficiências no cérebro.

Teófilo: Você supõe uma covariância entre o cérebro e a consciência apenas nesses casos? E que a obra inteira da evolução no desenvolvimento de cérebros complexos foi em vão?

Filônio: O que exatamente você está tentando dizer?

Teófilo: Que me parece injusto supor que nossos estados de consciência se correlacionam com estados cerebrais apenas se eles não satisfazem à lógica. Certamente, a melhor coisa sobre o cérebro é que ele nos serve sem ser notado prontamente; normalmente, só se presta atenção nele em casos de consciência comprometida. Mas isso não quer dizer que ele não tenha um papel instrumental em outras ocasiões. Conte-me, Filônio, você supõe que a reflexão sobre a questão mente-corpo pode ser atribuída aos gânglios cerebrais de um carrapato?

Filônio: Certamente, não.

Teófilo: Por que não?

Filônio: Isso é, com certeza, mais difícil de responder.

Encefálio: Exatamente! De fato! Esse é o preço que vocês, idealistas, devem pagar. Vocês inventam um mundo por trás das coisas que, por si só, são acessíveis a todos, e mesmo se vocês supostamente têm, por si mesmos, acesso seguro a suas vidas interiores altamente individuais, ficam presos em uma balbúrdia, ou inteiramente numa fantasia, quando têm de falar sobre a vida interior dos outros e, acima de tudo, dos seres de outras espécies. Afinal, como Filônio sabe que o que está dentro de um carrapato não é a alma de sua falecida avó?

Teófilo: Então, não é um princípio plausível que, ao menos para toda espécie individual, a consciência e o cérebro covariam, ao menos em algum sentido rudimentar? E mesmo que não pareça convincente, à primeira vista, que os estados mentais possam ser supervenientes em relação aos estados físicos — portanto, que deva haver outro estado cerebral correspondente ao pensamento de que π é um número transcendental, distinto do estado cerebral que corresponde ao pensamento de que há apenas cinco sólidos platônicos — ainda parece que uma consequência estranha resulta da tese de que ambos os pensamentos teriam de ser fundamentados em um só estado cerebral. Se, a saber, adicionamos a cada uma dessas ideias o desejo de escrever o que acabamos de pensar, e se há, para tal desejo, um e apenas um estado cerebral (que é, pelo menos, mais plausível que no caso anterior), então, o mesmo estado cerebral poderia levar a ações inteiramente diferentes, ao menos enquanto se aceita o encerramento causal do físico.

Filônio: Mas isso é precisamente o que eu estou fazendo.

Teófilo: Eu quero, em vez disso, ver quão longe se pode ir com esse princípio. De todo modo, se é verdade, só pode ser fundamentado *a priori*; e se não é fácil para o materialismo tornar o conhecimento *a priori* plausível, então, uma justificativa desse princípio não poderia, precisamente, ser construída como um triunfo do materialismo.

Filônio: Antes de você continuar, saiba que ainda me deve uma explicação sobre o que constitui a suposta irrefutabilidade do determinismo pelos argumentos transcendentais.

Teófilo: Quando você argumenta, você obedece à lógica?

Filônio: Como em geral se sabe, argumentos interessantes não podem ser encontrados apenas por meio da lógica; mas você supostamente quer perguntar se eu extraio, de modo apropriado, conclusões de premissas admitidas e se busco evitar inconsistências. Isso eu afirmo.

Teófilo: Levar você a sério, portanto, significa supor que você argumenta adequadamente. Você poderia se desviar das regras válidas, se quisesse?

Filônio: É claro que eu poderia; pois há um livre-arbítrio. Mas eu não faço isso.

Teófilo: E o fato de você não fazer isso me permite segui-lo melhor do que se você estivesse disposto a produzir, deliberadamente, inconsistências.

Filônio: Certamente. Mas o que isso tem a ver com a nossa questão?

Teófilo: Isso deveria mostrar que a pressuposição de toda discussão racional é que a discussão entre parceiros de uma conversa segue sem impedimentos, mas essa ausência de impedimentos é algo diferente de uma indeterminidade que pode optar pela irracionalidade. Tal opção pela irracionalidade se tornaria, em si, um fator de impedimento.

Filônio: Pode ser, mas, mesmo assim, eu sempre tenho a opção de me desviar da razão.

Teófilo: E os outros sempre têm a opção de olhar para as causas que explicam por que você está se desviando de uma análise direta das razões. Tal desvio pode ser motivado pelo desejo de uma vitória rápida; ou pode ser, talvez, legitimamente resultado do desejo de se tornar familiarizado com algo, ou provocar certas reações nos outros. Eu, pelo menos, prefiro esses parceiros de conversa que não se engajam em tal desvio sem uma boa razão.

Filônio: É difícil negar que a possibilidade formal de se desviar daquilo que é racional e bom não é um bem digno; e eu presumo que você culpa, e não de maneira injusta, aquela vaidade para a qual o mero poder de dizer não à razão é mais importante que a calma aquiescência à razão. Portanto, entendo por que você disse que a argumentação racional não exclui a determinação; é claro, você tinha em mente a determinação por meio da busca da razão e por meio da capacidade correspondente a ela. Mas essa busca varia de acordo com a própria disposição natural; portanto, cada êxito na conversa envolve viradas imprevistas.

Teófilo: Isso é inquestionável; todavia, ser imprevisível e ser indeterminado são duas coisas diferentes. E eu, da mesma forma, digo a você que, além de oferecer novos conhecimentos que não poderiam ter sido obtidos individualmente, essas viradas imprevisíveis oferecem aos parceiros de conversa uma riqueza de qualidade que seria negada até a uma razão perfeita.

Filônio: Eu estou aliviado. Contudo, ainda que não ser impedido seja, como um pressuposto transcendental de toda conversa, não incompatível com um determinismo da razão, eu ainda não entendo por que algo semelhante deveria ser válido para o epifenomenalismo e a teoria da superveniência também — o que você escolher.

Teófilo: Sem hesitar, a última opção, ainda que eu quisesse deixar em aberto qual tipo de superveniência — forte ou fraca, global ou local. Talvez nosso cérebro funcione de tal maneira que seus estados sejam normalmente — isto é, quando não há impedimento — a base funcional sobre a qual atos racionais da consciência vêm a ser supervenientes; não há nada inconsistente nessa suposição.

Filônio: Sim, mas simplesmente não é o caso. Seria o caso se estivéssemos dispostos a confiar em pensamentos e expressões que são supervenientes em estados cerebrais, ou em seus efeitos.

Teófilo: "Disseste calmamente uma palavra importante"[16]. A lógica, com certeza, não é psicológica — mas esse fato não exclui a lógica de se impor sobre um mundo mental estruturado de tal maneira que seja capaz de, com frequência, representar relações lógicas. Relações lógicas podem ser supervenientes em atos mentais ou em sequências interpretadas de signos, assim como em geral a dimensão normativa — seja de natureza epistemológica, moral ou estética — supervém em fatos aos quais, certamente, não é redutível. De modo semelhante, é verdade que o físico não é, certamente, nada mental, mas isso não exclui, por sua vez, que seja capaz de servir como base para estados mentais, os mais significantes dos quais são capazes de representar relações lógicas.

Filônio: Eu ainda estou hesitante, pois a superveniência — se eu a entendo corretamente — não implica dependência. Se alguém ou algo tem uma propriedade superveniente, então, tem essa propriedade apenas em função de uma propriedade de base; e a posse dessa propriedade é suficiente para a posse da propriedade superveniente correspondente.

Hilas: Correto! Contudo, a relação de superveniência só é reflexiva e transitiva; não é nem simétrica nem assimétrica. Ela não faz reivindicações sobre dependência, mas, sim, sobre covariância. Todavia, tampouco exclui relações de dependência.

Teófilo: Relações de dependência podem, além disso, ser mútuas. Portanto, é correto que, quando se rejeita o pampsiquismo — como todos concordamos em fazer —, então, de acordo com a teoria da superveniência, ao passo que não há estados mentais sem estados físicos, há, de fato, estados físicos sem estados mentais supervenientes. Também é correto que, caso se adote a tese de realização múltipla do mental no físico, a posse de certas propriedades físicas seja suficiente para a posse das propriedades mentais supervenientes correspondentes, mas não o contrário. Mas tudo isso é compatível com uma explicação teleológica — existem precisamente aquelas propriedades físicas nas quais as propriedades mentais exigidas são supervenientes. Logo, o dado original, no sentido transcendental do termo, é *o lógico*. Quando argumentamos uns com os outros, nós pressupomos, em primeiro

---

16 Thoas, rei de Tauris, no ato 1, cena 3, da *Ifigênia em Táuride* de Goethe (nota do editor do original).

lugar, uma esfera de pura validade; nós pressupomos, além disso, que nossas subjetividade pode, em princípio, apreender essas relações lógicas e que, portanto, somos capazes de atos mentais correspondentes; e, também, pressupomos que, *se* esses atos mentais são supervenientes em estados neuropsicológicos, então, estes, ou as leis psicofísicas correspondentes a eles, são sujeitos a restrições *a priori* que explicam por que esses atos supervenientes atingem o que devem atingir. O lógico estabelece um quadro para a doutrina do mental, e esse quadro estabelece outro quadro para a doutrina do físico. Precisamente enquanto o mental for superveniente no físico, o físico deve ser orientado em direção ao mental; a relação de superveniência, portanto, exige-nos compreensão da natureza do físico com base na natureza do mental — compreensão que não seria acessível a nós se o mental e o material não tivessem relação uns com os outros.

Encefálio: Como se isso não fosse a velha metafísica neoplatônica, de acordo com a qual mente, alma e matéria são as três hipóstases que emanam! Em algum momento, veremos também o Uno brotar alegre.

Teófilo: Talvez não o Uno, mas seu equivalente funcional — a saber, o princípio do lógico —, possa ser encontrado em algum lugar.

Encefálio: Essa mescla da teoria moderna da superveniência com a antiga metafísica não é nada menos que *exorbitante*. Você não percebe que a questão do darwinismo, que você parecia a princípio pressupor, é a radical aleatoriedade do mental? Tudo poderia ser completamente diferente, até mesmo nossa lógica.

Teófilo: Sério? Parece-me que essa relação entre lógica, subjetividade e matéria é necessária.

Hilas: De que necessidade você está falando aqui? Analítica ou nomológica?

Teófilo: Estou falando de uma terceira necessidade — a transcendental. Certamente, nem tudo o que é nomologicamente necessário é transcendentalmente necessário; nossas leis da natureza, por exemplo, nossas leis psicofísicas, poderiam ser inteiramente diferentes sem essa estrutura transcendental necessária ser posta em questão. Mas, também, nem tudo o que é transcendentalmente necessário é analiticamente necessário, se tudo o que é analiticamente possível não envolve uma contradição semântica — mesmo se a habilidade de conhecer o mundo possível correspondente não é dada de dentro desse mundo possível.

Hilas: Eu gostaria de ouvir mais sobre isso.

Encefálio: Qual é o propósito de dissecar esses conceitos quando o darwinismo já se livrou deles há muito tempo? O próprio Teófilo não confessou ser darwinista?

Teófilo: Eu fiz isso? Talvez eu tenha expressado minha admiração em outro lugar por essa ótima — isto é, simples e abrangente — teoria científica, que, todavia, não é fácil de interpretar filosoficamente, mas eu não me lembro de ter feito isso em nossa conversa.

Encefálio: Você concordou comigo, se opondo a Filônio, ao afirmar que o epifenomenalismo, de modo algum, está em contradição com o darwinismo!

Teófilo: Ah, você quer dizer *isso*. Eu apoio essa afirmação. Um domínio causalmente impotente do mental, de fato, não é excluído pelo darwinismo.

Filônio: Mas seria compatível com o darwinismo se, de outro modo, apenas o físico existisse! Você, ao menos, tem de admitir que afirmou isso — a saber, que o darwinismo não pode explicar o domínio do mental.

Encefálio: Uma vez que a existência desse domínio é hipoteticamente concedida, então sua existência segue do fato de que há leis psicofísicas que correlacionam o físico com o mental. O que é selecionado é o físico — isto é, o comportamento, mas junto a ele existe, como um acompanhamento musical, essa esfera peculiar da consciência.

Filônio: Isso pode ser, mas, ao menos, leis psicofísicas não irão nem começar a ser explicadas pelo darwinismo; em vez disso, elas serão pressupostas por ele.

Teófilo: Se você fosse criar uma obra de arte, Encefálio, você concentraria mais pensamento no que é importante para você ou no que não é importante para você?

Encefálio: No que é importante, é claro.

Teófilo: Com o que a teoria científica definitiva deve se parecer?

Encefálio: Com uma riqueza de teoremas; deve ser derivada de poucos axiomas elegantes.

Teófilo: Que forma uma lei da natureza normalmente tem?

Encefálio: A forma de uma função — pense na lei da gravitação. A mesma relação é válida universalmente para um número indeterminado de argumentos e valores.

Teófilo: Vamos supor, no momento, que os *qualia* existam. Como seriam as leis psicofísicas que ligam o físico ao mental?

Encefálio: Se o cérebro está no estado Z_1, após o olho de um organismo ter sido estimulado pela luz de comprimento de onda A_1, então ele tem uma sensação vermelha etc.

Teófilo: Frequentemente, a palavra "etc." indica mais questões do que pode parecer. Posso imaginar como continua, mas ainda parece óbvio para mim que você não será capaz de encontrar uma função geral que lhe permita determinar o valor de um determinado argumento. A Lei de Weber-Fechner, presumivelmente, permanecerá sendo uma rara exceção.

Encefálio: O que isso quer dizer?

Teófilo: Para descrever precisamente nosso mundo, você precisará, então, talvez, quando físicos mais brilhantes surgirem, de poucas leis físicas, talvez de poucas dezenas de leis físicas, mas uma riqueza incalculável de leis psicofísicas. Na construção desse mundo, portanto, o mental parece ter uma significação incomparavelmente maior.

Encefálio: Que antropomorfismo grosseiro falar de "construção"! E qual é o propósito de estabelecer a relação entre leis físicas e psicofísicas quando nos deparamos com o fato óbvio de que o mental sequer existiu por muitos bilhões de anos na evolução do cosmo e hoje existe em uma pequena fração do cosmo? Agora, mais do que nunca, eu sei que *qualia* não existem!

Filônio: Encefálio, talvez realmente você não tenha *qualia*. Mas nós três temos familiaridade com eles, e ficaremos satisfeitos com uma filosofia que simplesmente saiba incorporar esse fato. Teófilo, então, você exclui a possibilidade de que possa haver conexão entre leis psicofísicas individuais?

Teófilo: Por que eu deveria descartar essa possibilidade? Essas leis não serão, todavia, simples de encontrar, embora se possa suspeitar de que, por exemplo, diferentes sensações de um algo individual — digamos, sensações de cor — sejam processadas na mesma região do cérebro, ou que estados mentais mais complexos exijam um cérebro mais complexo. Nós estudaremos muito mais sobre isso da pesquisa cerebral e, na medida em que a pesquisa cerebral se confinar a remover obstáculos ao funcionamento correto do cérebro, deveremos gratidão a ela.

Filônio: Mas apenas uma psicologia empírica que não evite a introspecção nos ensinará a valorizar a riqueza de nossa vida interior; e apenas uma psicologia filosófica que tenha o comando do método de análise conceitual tornará mais clara a conexão necessária entre diferentes tipos de atos mentais — como percepção, memória, fantasia, pensar, desejar e querer. Esses atos me parecem mais essenciais do que tentar descobrir sobre o que essas propriedades mentais são supervenientes — assim como é mais importante interpretar um poema do que investigar em que tipo de papel ele foi escrito.

Teófilo: De modo algum contradigo você. De fato, para os seres humanos, uma tarefa importante da vida é constituir uma coerência interna com a riqueza de atos mentais distintos que pertencem a um indivíduo; e pode-se felizmente executar essa tarefa mesmo que não se saiba nada sobre o próprio cérebro.

Filônio: A palavra "constituir" me desagrada. Não é a unidade de toda consciência de si algo dado, como em sua frase "que pertencem a um indivíduo"?

Teófilo: É uma fundação formal, um ponto de referência para toda autoatribuição de atos mentais que, todavia, ganha contexto apenas quando atos mentais individuais são interpretados e combinados com atos mais elevados como instantes de um processo significativo. Talvez o livro *Poesia e verdade* de Johann Wolfgang von Goethe seja a maior forma de demonstração de como um ser humano conseguiu interpretar a maior multiplicidade possível na vida do "eu" como sendo, ao mesmo tempo, uma unidade. Mas esse tipo de trabalho interpretativo, que é bem adequadamente chamado de "espírito", constitui, em níveis bem diferentes, a *conditio humana*.

Hilas: Você disse, no início de nossa conversa, que talvez seja possível estabelecer uma conexão entre leis individuais psicofísicas. Mas, mesmo nesse caso, ainda prevalece o seguinte: o fato de haver leis psicofísicas é um quebra-cabeça, porque é um mistério que possa existir algo como o mental.

Filônio: É um mistério; ainda assim, um mistério tão próximo de nós que, em certo nível de reflexão, é a existência do não mental que começa a se apresentar como o quebra-cabeça genuíno.

Teófilo: Se o mundo físico é interpretado como ser genuíno, então o mental é, de fato, algo perturbador. Mesmo compreendê-lo como "irredutível" não é correto, pois o mental é algo novo em um sentido inteiramente diferente de uma carga elétrica, para mencionar uma das capacidades irredutíveis da física. O que é a primeira lei psicofísica que veio a ter efeito no mundo, isso é algo que não sabemos; talvez a ciência cognitiva, em algum momento, venha a descobrir isso. A filosofia, no entanto, pode confirmar que a presença do mental, de fato, da razão consciente no mundo — por qualquer base física que tenha vindo a ser — é aquilo pelo que existem enigmas; portanto, não é o único objeto do enigma, mas, ainda mais, sua pressuposição. Então, o quebra-cabeça está, em certo sentido, resolvido: o mental existe porque, de outro modo, o mundo não seria inteligível; o que é inteligível, a princípio, é pressuposto por todos os que meditam sobre aporias. A inteligibilidade do mundo também tem consequências (tais como as leis de conservação, por exemplo) para o domínio do puramente físico; e implica, *a fortiori*, que o mundo é orientado em direção a algo inteligente, que isso é um *telos* de seu desenvolvimento. Um mundo sem o mental seria um enigma ainda maior — só que ninguém refletiria sobre esse fato.

Filônio: Ainda não está claro para mim como você enxerga o problema da causação mental. O mental pode, ao menos, causar o mental, um pensamento, outro pensamento?

Teófilo: De forma superveniente. A relação entre dois estados de consciência não implica, em nenhum lugar, uma transferência de energia; portanto, não é uma relação causal normal, como o tipo que só pode ocorrer entre estados físicos. Mas não é por isso que não é real. Talvez, possa-se colocá-la como algo subsistente entre a relação fundamento-consequência da causação lógica e física. A unidade de nosso fluxo de consciência, que não sabemos se, durante o sono profundo, realmente é interrompido, não é uma ilusão. Ninguém que pensa com seriedade ou discorre sobre algo pode negar que tem um fluxo de consciência. Mas não é preciso contestar o fato de que é superveniente em um disparo de neurônios enquanto é claro que o disparo visa à produção desse fluxo de consciência.

Hilas: Filônio pensou, primeiro, que, entre as leis psicofísicas, das quais se deve supor enorme quantidade, não há uma só que possa ser explicada pelo darwinismo, enquanto não se atribui poder causal, no sentido usual, ao mental. De onde, então, essas leis vêm? Elas são simplesmente um fato desse mundo?

Teófilo: Sempre se pode negar a redução de pluralidade à unidade. Mas quem sente a necessidade de unidade será inclinado a supor que foi, mais provavelmente em relação a uma ordem hierárquica de consciência incorporada em corpos orgânicos, e para uma comunidade de seres autoconscientes, que essas leis foram estabelecidas. E tal pessoa não negará a subjetividade — em qualquer forma — ao princípio dessas leis, uma vez que a produção da subjetividade no mundo é, claramente, seu fim principal.

Filônio: O disparo de neurônios pode, como nós sabemos, ser subitamente sujeito a perturbações, como um derrame; e, ao fim da vida, torna-se extinto, às vezes, gradualmente, e, nesse caso, uma redução crescente da consciência pode, com certa frequência, ser observada de fora. O "eu", então, pode durar ao fim de sua base?

Teófilo: Nós não sabemos, e é melhor que seja assim. O mental não é idêntico ao físico, e um mundo que consiste em pura consciência não é, de modo algum, possível.

Hilas: Mas nosso mundo não é tal mundo se, nele, o mental é superveniente ao físico.

Teófilo: Por essa razão, fala-se de um mundo além; mas esse termo foi escolhido de forma pouco adequada, pois, se há uma existência contínua da subjetividade após o declínio do cérebro, os mesmos sujeitos permanecem. E, mesmo que não se apreenda, antecipadamente, essa possível fase da consciência, é presumível que as memórias de estados mentais de fases anteriores estejam presentes nela. Portanto, seria um e o mesmo mundo, no qual, é claro, todos passam por uma grande divisão — antes de a vida mental ser superveniente no mundo físico, mas, depois, não mais, e a comunicação entre sujeitos que pertencem a fases diferentes não é possível.

Hilas: Eu admito que não pode ser logicamente desconsiderado que nosso mundo de fato é estruturado dessa forma; e, trivialmente, a experiência não pode excluí-lo. Mas tal suposição é racional?

Teófilo: Nós também não sabemos a resposta a essa questão porque, caso contrário, poderíamos saber a resposta a nossa primeira questão. Que não somos apenas animais mortais, mas também seres vivos conscientes de nossa mortalidade, é proximamente relacionado ao fato de que somos seres autoconscientes; o medo da morte, que é marcado por uma qualidade inconfundível, nos motiva de formas muito particulares a viver nossas vidas racionalmente e com responsabilidade. E o desenvolvimento de uma ética universal que exige, justamente, mais dos seres humanos do que se encontra em sua natureza biológica foi promovido, certamente, de um lado, pela crença em uma vida futura; mas a atitude moral adquiriu pureza especial no momento em que se tornou claro que nossos deveres existem independentemente de suas possíveis consequências para nós, aqui ou em um lugar além. Um agnosticismo em relação a nossas vidas futuras pode ser mais moral, e mesmo mais religioso, do que o desejo de uma imortalidade garantida. Eu me deixarei ficar, felizmente, surpreso — nessa vida e, talvez, também em outra.

Filônio: E por que eu não deveria apostar quando não é possível para mim perder? Além disso, um agnosticismo em relação a nossas vidas futuras pode talvez ser mais moral, especialmente no caso de amigos como nós, que foram abençoados com conversas como a que tivemos agora. Mas nem todo ser racional alcança seu *telos* nesse mundo, e as injustiças que presenciamos são escandalosas. Se o princípio do mundo implementou uma ética universalista que exigimos de nós mesmos, então, permanece impossível desistir da esperança de que, por trás da cortina da morte, mais justiça será fornecida do que contemplamos diante dela.

Hilas: Observe quão triunfante Encefálio está! Ele manteve silêncio por muito tempo, e ele tem — isso realmente pode ser lido em seu rosto — algo gigantesco a dizer. Vamos deixá-lo ter a vez e, com isso, a última palavra dessa conversa.

Encefálio: Eu não disse que tinha caroço nesse angu?

CAPÍTULO 6

Religião, teologia, filosofia

Em nossa era, talvez uma contemplação renovada da relação entre teologia e filosofia seja mais urgente que nunca. A crise manifesta sob a qual a teologia cristã tem trabalhado por algumas décadas, agora, é parcialmente um resultado das desordens pelas quais o conceito de filosofia passou no século XIX tardio. Que exerceu uma influência nem sempre imediata e direta, mas subliminarmente e, por isso, mais efetiva em todas as disciplinas e, portanto, também na teologia; parcialmente, é ela mesma uma causa de estagnação e, mesmo, do declínio da filosofia. A crise da teologia e da filosofia é ainda mais preocupante, à medida que a intensidade das necessidades religiosas não diminuiu de modo algum; pelo contrário, o ser humano permanece incuravelmente religioso, e essas necessidades religiosas procuram, invariavelmente, formas de satisfação — formas que podem se tornar mais bizarras e irracionais, até mesmo perigosas, quanto mais se distanciam da penetração, ao menos parcialmente racional, em experiências religiosas proporcionadas pela teologia.

RELIGIÃO

Uma determinação plausível da relação entre religião, teologia e filosofia pressupõe uma clara concepção de cada um dos três fenômenos em questão. Caso se simplifiquem questões, as definições seguintes podem servir como ponto de partida. A religião, é claro, é notoriamente mais difícil de se definir[1], inclu-

---

1   Cf. WEBER, M., op. cit., 245: "*Eine Definition dessen, was Religion 'ist', kann unmöglich an der Spitze, sondern könnte allenfalls am Schlusse einer Erörterung wie der nachfolgenden stehen*" ("Uma

sive porque há muitas religiões diferentes com pouquíssimos pontos em comum em relação ao conteúdo de sua crença. Mas o que, sem dúvida, é parte essencial da religião, em todos os casos, é o sentimento de compromisso com um poder que é reconhecido como o último critério de conduta da própria vida, um poder que é adorado por meio de atividades religiosas, por meio de cultos, ainda que não possa ser considerado parte do mundo que pode ser experienciado cientificamente (isso não implica que todas as religiões reconheçam um princípio que transcende o mundo — atravessar a imanência dentro da qual os deuses do politeísmo estão situados pressupõe uma capacidade de executar operações mentais complexas, uma capacidade que a humanidade adquiriu tardiamente, e não em todos os lugares). Esse senso de compromisso é uma realidade mental que pode se interligar com outros aspectos da mente humana, por exemplo, emoções de uma natureza completamente diferente, mas também atos volitivos e intelectuais. Não para todas, mas para muitas pessoas religiosas, há prioridade sobre outros interesses humanos, por exemplo, de natureza econômica, mas também sobre a natureza ordinária cotidiana (cf. Jo 12,1 ss.). É claro, do fato de que o poder motivacional da religião é considerável, não segue ainda que essa influência seja louvável de uma perspectiva moral. Não há dúvida de que os atos de caridade de Madre Teresa tenham sido motivados por princípios religiosos, mas princípios religiosos, entre esses, de outra origem, também formaram a base das Cruzadas. Para o seguidor de uma religião, a conduta religiosa é, por definição, sancionada moralmente; mas é possível ver esse tipo de conduta de fora e sujeitá-la a uma crítica avaliativa que difere amplamente da perspectiva interna. É claro, essa avaliação deve também apelar para um critério último de validade se quiser ser levada a sério — portanto, permanece dentro da estrutura de uma religião, no sentido mais amplo do termo.

O que complica a situação é o fato de que tanto a crença religiosa quanto a prática religiosa se esforçam para o reconhecimento intersubjetivo, graças à inevitável sociabilidade do ser humano. O ser humano nasce em tradições religiosas que o confrontam com uma reivindicação de autoridade. Em geral, entidades sociais são estáveis e capazes de formar decisões apenas como grupos corporativos; portanto, religiões frequentemente se organizam como grupos corporativos hierocráticos, dentro dos quais o clérigo desempenha um papel notável. A esfera de atividade à qual algumas religiões específicas visam difere de acordo com a época e a cultura; apenas as religiões universais

---

definição do que a religião "é" não pode ser oferecida inicialmente, mas muitas vezes no fim de uma discussão como a seguinte").

querem converter toda a humanidade a suas próprias convicções (particularmente, por razões altruístas), ao passo que religiões regionais tradicionais têm suas fronteiras reconhecidas entre seu próprio povo; apenas em relação às religiões universais o grupo corporativo hierocrático pode ser chamado de "igreja". É claro, o indivíduo não precisa gostar de participar de uma tradição religiosa; ele pode sentir a necessidade, que interpretará como uma vocação, de mudar a religião tradicional, ou mesmo de substituí-la por uma nova. Em tais casos, quase inevitavelmente se desenvolve um conflito entre a religião transmitida e seus grupos corporativos hierocráticos, de um lado, e o inovador e seus discípulos, de outro. Certamente, da inescapabilidade da busca pelo consenso — seja o critério de verdade, seja um fim que segue da apreensão da verdade como uma necessidade moral — resulta a impossibilidade de um solipsismo religioso; e isso significa que mesmo o inovador tentará institucionalizar sua nova fé e torná-la intersubjetiva.

TEOLOGIA

O termo "teologia" não pode ser reduzido ao conceito de religião; embora não haja teologia sem religião, nem toda religião produziu uma teologia. É claro, é possível empregar o termo de tal sentido amplo que toda discussão sobre o sujeito da religião, isto é, sobre Deus e os deuses, é algo a que se refere como "teologia" e, então, qualquer tipo de mito, por definição, é teologia. Mesmo Aristóteles empregou, ocasionalmente, o conceito de teologia de tal maneira, por exemplo, quando chamou Hesíodo e outros escritores mitológicos de "teólogos" em sua *Metafísica* (1000a9). A esquematização teogônica de Hesíodo é, certamente, impressionante, mas seria inapropriado atribuir qualidade científica ao seu trabalho, ao passo que a teologia filosófica que, de acordo com Aristóteles (*Metafísica* 1026a19), corresponde à terceira e suprema parte da filosofia teórica, merece tal predicado. De forma semelhante, Platão associa um estatuto científico à *theologia* (*República* 379a), um conceito que foi cunhado pela primeira vez por ele: a teologia não é a mera discussão sobre Deus, mas a ciência de Deus, e uma das tarefas principais da teologia concebida por Platão é criticar os conceitos dos deuses que haviam sido passados pelos poetas antigos e que não puderam resistir a uma razão filosoficamente treinada. Na concepção estoica da teologia tripartite, a teologia filosófica, isto é, a chamada teologia natural, é posta contra a teologia poética dos mitólogos-poetas e a teologia política do culto civil; portanto, aqui, "teologia" é qualquer tipo de discurso sobre Deus, tanto na forma científica quanto na pré-científica. No que segue, eu quero aderir à definição de Platão e me referir à "teologia" exclusivamente como a ciência de Deus (ou dos deuses). É desnecessário dizer que uma teologia, nesse sentido, pressupõe que uma cultura tenha se elevado ao nível do pensamento científico, do qual segue imediatamente que nem todas as religiões podem ter uma teologia; enquanto a religião é uma constante antropológica universal, isso certamente não é o caso para a ciência. A ciência, no sentido estreito do termo, se desenvolveu apenas na Grécia; portanto, apenas a cultura grega e aquelas culturas que a absorveram têm uma teologia explícita. Sendo assim, há uma teologia judaica, certamente ao menos desde Fílon de Alexandria, e o Islã também pode reivindicar ter elaborado uma teologia, embora não com Maomé, mas relativamente cedo, após seu encontro com a ciência grega. Todavia, dificilmente se poderia falar de uma teologia dos maias.

As teologias das três religiões monoteístas diferem da teologia no sentido usado por Platão e Aristóteles, isso é, da teologia filosófica ou natural, pois foram desenvolvidas dentro da estrutura de uma religião revelada. Para eles, um ponto central de referência é um texto considerado como revelado, que serve como o último princípio que guia seus esforços teológicos. Certamente, a teologia como ciência não pode se contentar com a recitação dos textos sagrados — deve tentar interpretá-los, deve tentar aplicá-los a novas situações que ainda não haviam sido previstas nos textos sagrados. Contudo, por mais que se transcenda o texto em sua intepretação, por mais que as coisas sejam lidas *nele* de forma bem alheia à mente do autor (*autor*, aqui, se refere ao escritor finito, historicamente situado do texto correspondente), a consciência religiosa do ingênuo teólogo da revelação supõe que ele tenha feito suas interpretações *com base* no texto, e mesmo que não fique longe de desenvolver implicações de longo alcance a partir do texto, ele sempre evitará contradizer explicitamente o texto sagrado. Isso, todavia, se aplica em menor grau a casos em que o próprio texto contém contradições, por exemplo, porque não se origina de um só autor, e foi, talvez, desenvolvido no curso de muitos séculos; em tal caso, o teólogo não pode evitar de tomar uma postura em relação a uma passagem no texto sagrado, embora ele tente apoiá-la com um critério hermenêutico formal (por exemplo, o texto posterior anula o anterior). A tarefa do teólogo pode ser comparada à tarefa do jurista, que também se orienta pelos textos aceitos sem questionar a legitimidade de sua validade, mas ainda emprega métodos científicos, especialmente meios lógicos e hermenêuticos, aplicando esses textos a problemas contemporâneos. O que distingue a teologia cristã das teologias de outras religiões monoteístas é a relação entre essa teologia e a igreja, pela simples razão de que, por exemplo, o Islã não tem uma igreja que poderia ser comparada com a Igreja Católica. A teologia cristã, e especialmente a teologia católica, não é limitada apenas à escritura revelada, mas também ao magistério da Igreja, caso queira reivindicar validade competente. Nem todas as interpretações da Bíblia contam como teologia legítima, apenas a aceita pela respectiva igreja. Uma diferença marcante entre a teologia católica e as escrituras protestantes consiste no fato de que a teologia católica, além da sagrada escritura, atribui um estatuto de autoridade também à tradição patrística e escolástica; além disso, a teologia católica também pode se sujeitar a um maior controle graças à estrutura mais hierárquica e monocrática da Igreja Católica. O primeiro aspecto garante um maior reservatório de textos de autoridade; o segundo aspecto põe limites à liberdade individual, mas também à licença individual do teólogo.

Todavia, o que mais radicalmente distingue a teologia cristã contemporânea de sua teologia anterior e da teologia do Islã contemporâneo é a adoção do conceito *moderno* de ciência por meio da teologia moderna (em grande escala, desde os séculos XIX e XX). Embora os gregos e, portanto, também os árabes medievais, já estivessem familiarizados com os métodos da ciência em geral, é de extrema importância entender que o mundo testemunhou *duas* revoluções científicas — uma no século V AEC e outra no século XVII EC. Embora os produtos de ambas as revoluções possam ser chamados de ciência, a diferença entre os dois tipos de ciência é considerável: a transformação de longo alcance da realidade nos últimos séculos só poderia ser desencadeada pela ciência *moderna*[2]. Muito foi dito sobre as modificações no conceito de ciências naturais, e, embora elas tenham proporcionado uma mudança importante na natureza da teologia filosófica, serão deixadas de fora do presente arrazoado. De muito maior importância, para uma teologia que se refere a uma escritura revelada, são as transformações nas humanidades (por exemplo, na historiografia), que foram muito negligenciadas pela história contemporânea da ciência — a qual, especialmente na Alemanha, quase sempre se concentra exclusivamente na matemática e nas ciências naturais. O desenvolvimento, por exemplo, do método de exame crítico das fontes ou a diferenciação das camadas dentro de um texto engendraram uma consciência da grande divisão entre as diversas épocas. Alguém familiarizado com a abordagem historiográfica não pode mais considerar historicamente verdadeiros, ou mesmo aplicar ao presente, textos de uma época anterior; será preciso, antes, supor que seu

---

2   As palavras alemãs *wissenschaft* [ciência] e *wissenschaftlich* [científico] incluem aqui, também, as humanidades, uma vez chamadas em inglês de "*moral sciences*" (ciências morais) (nota de Benjamin Fairbrother, tradutor para o inglês).

autor tenha sido guiado por categorias de pensamento fundamentalmente distintas das conhecidas hoje. Paradoxalmente, o humanismo entrou em colapso sobretudo porque a filologia clássica se desenvolveu nas ciências humanas modernas, porque foi descoberto que não existiu uma *só* Antiguidade, mas uma multidão de concepções morais divergentes que mudaram ao longo da história. De forma semelhante, a aplicação das categorias desenvolvidas pela crítica literária aos textos sagrados e, especialmente, a adoção do método comparativo de acordo com o modelo de estudos culturais que se consideram livres de valores e se preocupam com a abundância do positivamente apresentado (por exemplo, estudos comparativos de ciências da religião) conduziram a teologia histórica a uma crise que ainda há de ser superada. Quando exegetas de renome, legitimados pela Igreja, ensinam que o Jesus histórico não pensava sobre a Trindade e que, provavelmente, ele teria ficado surpreso com a segunda parte do Credo, que sua escatologia iminente (e não cumprida) torna a fundação de uma igreja por ele, no mínimo, bem improvável, se não a exclui completamente, então, não só a autocompreensão tradicional da religião cristã, mas, talvez e especialmente, a da teologia cristã está em perigo. Uma teologia que almeje ser mais que uma ciência descritiva da religião e reivindique a revelação dificilmente pode abrir mão do caráter de autoridade dos textos sagrados que, todavia, é inicialmente ameaçado pela análise histórica. Mas é claro que a condenação de tais achados exegéticos nos moldes do decreto *Lamentabili*, emitido pelo Santo Ofício em 3 de julho de 1907, ou o juramento antimodernista não resolve o problema, pois aqueles exegetas argumentam, embora sempre com maior ou menor probabilidade, com base nas humanidades modernas, e dificilmente se pode retroceder a um método anterior.

 Desde o desenvolvimento de um método que torna a descoberta da mente do autor possível, o teólogo moderno não pode evitar de observar, menos que o cientista da religião, que os textos sagrados não são isentos de erros; no mínimo, as ideias de seus autores estiveram sujeitas à mudança histórica. A hermenêutica pré-moderna (por exemplo, a doutrina do quádruplo sentido da Escritura) permitiu interpretações alegóricas do texto, se ele estava em contradição com o que o intérprete considerava correto. Como um dos inúmeros exemplos, eu quero mencionar o sermão de Mestre Eckhart, *Intrativ Jesus in quoddam castellum, et mulier quaedam, Martha nomine excepit ilium* (sobre Lc 10,38; Pfeiffer IX), no qual Eckhart tenta provar que Jesus escolheu Marta em vez de Maria. O sermão é certamente esplêndido e contém uma riqueza de ideias importantes — mas seria bizarro negar que ele não captura com exatidão a *mens auctoris* (mente do autor) de Lucas. Provavelmente, não há estudo que tenha expressado as ideias básicas da hermenêutica moderna com mais clareza e inovação do que o *Tractatus theologico-politicus* de Baruch Spinoza. Especialmente importante é a disputa com Moisés Maimônides ao fim do capítulo VII, "Sobre a interpretação das escrituras". Enquanto Maimônides, um proponente clássico de uma hermenêutica pré-moderna, ensina uma correspondência de todos os autores do Antigo Testamento, tanto entre si quanto com a razão, Spinoza rejeita as duas suposições. Ele sustenta que o sentido da Sagrada Escritura só pode ser extraído de si mesma, e que não há razão para atribuir aos autores do Antigo Testamento, que claramente se contradizem, uma familiaridade com a filosofia de Maimônides que eles não poderiam ter tido:

> Ele supõe, enfim, que somos autorizados a explicar e a torturar as palavras da Escritura de acordo com nossas opiniões preconcebidas, a negar o sentido literal, mesmo se for mais óbvio e explícito, e mudá-lo para qualquer sentido diferente que quisermos[3].

A nova hermenêutica de Spinoza permite duas reações: de um lado, o fundamentalista distintamente moderno retorna ao texto sagrado, junto com a rejeição de todos os desenvolvimentos posteriores, mesmo que sejam apoiados por fortes argumentos; de outro lado, uma depreciação do texto sagrado como a expressão de um estágio inicial do desenvolvimento da razão, como o próprio Spinoza pretende. O que se perde, com Spinoza, é um dos segredos do sucesso das culturas pré-modernas — o avanço da tradição, porém, se mantendo um certo sentimento de apego a ela, que é fundamental para a identidade coletiva da respectiva cultura. A asserção dessa nova hermenêutica, no reino teológico, levou muito tempo; David Hume ainda teve de remover algumas observações das provas tipográficas da *Natural History of Religion* [*História natural da religião*], que atualmente pertence ao repertório-padrão de todo curso introdutório de teologia sobre o Antigo Testamento, por exemplo, sobre a gradual transformação da monolatria inicial de Israel em um puro monoteísmo[4].

---

3   "*Supponit denique nobis licere secundum nostras praeconceptas opiniones Scripturae verba explicare, torquere, & literalem sensum, quamquam perspectissimum sive expressissimum, negare, & in alium quemvis mutare.*" SPINOZA, B., *Opera*, 4 vols., Heidelberg, C. Winter, 1925, III, 115. Trad. bras.: *Obra completa III: tratado teológico-político*, trad. J. Guinsburg e N. Cunha, São Paulo, Perspectiva, 2014.

4   HUME, D., *The Philosophical Works*, 4 vols., London, Longmans/Green, 1874-1875, IV 331. Ver também 332.

FILOSOFIA

Em virtude do desenvolvimento do historicismo, que em grande parte debilitou uma das duas bases da teologia, a outra base, a filosófica, se torna mais importante. Mas o que é filosofia? Uma definição de filosofia de acordo com seu conteúdo é estranha — o que distingue a filosofia das outras ciências é precisamente o fato de que ela não engloba uma área de estudo estreitamente demarcada: há uma filosofia do orgânico e da música, mas não uma biologia da música ou uma musicologia do orgânico. Especialmente a definição que se encontra na Idade Média, que opunha a filosofia como ciência do ser criada para a teologia como ciência de Deus deve ser rejeitada. De acordo com essa concepção, o conceito de uma teologia filosófica que já foi desenvolvido por Aristóteles, e analogamente a de uma teologia filosófica, seria contraditória; o projeto de uma filosofia da religião perderia seu sentido, em grande parte. Antes, deve-se definir a filosofia como a ciência dos princípios do ser e do saber, inteiramente baseada na razão. Mas isso torna a questão de Deus o ponto focal da filosofia, pois Deus é o princípio de todo ser e de todo saber. O método de teologia filosófica (ou natural, ou racional), todavia, é distinto do método da teologia das religiões reveladas. A filosofia não deve substituir argumentos por autoridades; textos, mesmo textos sagrados, não devem assumir a função de justificativa. Enquanto o jurista não questiona a validade da constituição, mas tenta responder a questões contenciosas com base nela, o filósofo do direito tenta endereçar a questão se a constituição for justa. De maneira semelhante, a teologia aceita os textos sagrados e o magistério da igreja como um ponto de partida para suas investigações, enquanto a filosofia da religião busca argumentos pela verdade dos princípios fundamentais da religião que não dependem da revelação.

Mas há ao menos tantos filósofos quanto há religiões; e, especialmente em relação à questão da avaliação da religião, há múltiplas diferenças entre os filósofos. Alguns filósofos rejeitam completamente a reivindicação de verdade da igreja e sua função social; outros ensinam o benefício social da religião, independentemente de sua indefensável reivindicação de verdade; e outros, ainda, sustentam que o conteúdo fundamental de sua religião não pode ser estabelecido pela razão; enfim, há a posição de que existem argumentos racionais para aceitar a verdade da religião, mesmo se não houver razões racionais para suas declarações substantivas. A última posição se refere, de um lado, à deficiência da razão humana; de outro lado, geralmente depende de argumentos históricos a favor da revelação. Esse tipo de argumento, que desempenha um papel importante na obra apologética de Blaise Pascal, nunca pode, é claro, ser mais que um argumento de plausibilidade; e, especialmente desde o desenvolvimento da teologia histórica moderna, perdeu muito de seu apelo. Portanto, uma teologia filosófica que leva religião a sério se esforçará por uma justificativa substantiva de suas afirmações e considerará esses esforços como obra de Deus ou do Espírito Santo. Dessa perspectiva, o processo de penetração racional da religião parece uma continuação do processo da revelação, no qual Deus se faz conhecido por seres humanos. Gotthold Ephraim Lessing, em *Die Erziehung des Menschengeschlechts* [*A educação do gênero humano*], considerou essa penetração intelectual da religião como sua perfeição e, simultaneamente, defendeu a tese de que, no início, deve haver revelação positiva.

> A transformação de verdades reveladas em verdades da razão é absolutamente necessária se estas puderem ser úteis à humanidade. Quando elas foram reveladas, ainda não eram verdades da razão, mas foram reveladas para se tornar verdades da razão[5].

Essa posição pode soar radical, mas não é muito distante do programa de Anselmo, de *fides quaerens intellectum*, que domina a teologia medieval em grande grau, ainda que Tomás de Aquino vire suas costas ao racionalismo dos séculos XI e XII, desenvolvendo uma concepção que adota um caminho do meio entre racionalismo e fideísmo e que, subsequentemente, tornou-se canônico para a autocompreensão da teologia católica. De acordo com Tomás de Aquino, é possível provar alguns, mas não todos os artigos de fé (os artigos prováveis são os preâmbulos aos artigos de fé propriamente ditos). Contudo, pelo menos, o racionalismo parcial de Tomás de Aquino protegeu a Igreja Católica do tipo de fideísmo e positivismo da revelação que veio a dominar grandes partes da teologia protestante, especialmente no século XX.

RELAÇÕES

Após essa tentativa de definir os conceitos das três grandezas da relação, podemos perguntar, mais uma vez: qual a relação entre religião, teologia e filosofia? Essa questão pode ser respondida em um nível descritivo e em um nível normativo. Iniciando com o descritivo, é claro que pode haver tensões entre

---

5   "*Die Ausbildung geoffenbarter Wahrheiten in Vernunftswahrheiten ist schlechterdings nothwendig, wenn dem menschlichen Geschlechte damit geholfen seyn soll. Als sie geoffenbaret wurden, waren sie freylich noch keine Vernunftswahrheiten; aber sie wurden geoffenbaret, um es zu werden.*" LESSING, G. E., *Die Erziehung des Menschengeschlechts*, Berlin, Voß, 1785, § 76, 37. Trad. bras.: *A educação do gênero humano*, trad. H. S. Coelho, São Paulo, Ed. Comenius, 2019.

os três poderes intelectuais. Há muitas religiões sem uma teologia e, *a fortiori*, sem uma filosofia; há filosofias antiteístas e antirreligiosas; há teologias fideístas, que exibem hostilidade em relação a qualquer tipo de filosofia; há até mesmo teologias irreligiosas. A última afirmação pode ser surpreendente, pois foi afirmado, anteriormente, que uma teologia pressupõe uma religião factual. Contudo, se a religião não é meramente um subsistema social, mas uma disposição interna que governa a vida emocional de um ser humano, então, ao menos é possível haver teólogos irreligiosos — administradores do magistério de uma religião (ou de uma posição acadêmica) que perseguem sua profissão por considerações externas, mas que não participam do poder vital que é a fonte da religião. E é igualmente claro que uma unidade de religião, teologia e filosofia também é possível, e também é bem óbvio que é essa unidade que se distingue normativamente: uma vez que há só um Deus, as diferentes formas de experienciá-lo e vivenciá-lo devem, eventualmente, ser compatíveis umas com as outras. A doutrina da dupla verdade é patentemente absurda. Portanto, é difícil prescindir do poder motivacional de impulsos religiosos. Alguém que não tenha o senso do absoluto pode ser capaz de elaborar sistemas interessantes de pensamento, mas é bem improvável que leve uma vida agradável a Deus, que deixe suas intuições governarem a conduta da própria vida. Não se pode, por exemplo, querer virar um padre por meio de uma decisão baseada exclusivamente em considerações abstratas. Uma verdadeira vocação deve se basear em um entusiasmo pelo que se *intui* ser verdade. Mas mesmo que, como um ponto de partida, a experiência religiosa seja indispensável, não pode ser o fim. A educação de uma pessoa religiosa que deseja se tornar um padre inclui, justamente, um estudo de teologia no qual o sentimento religioso é disciplinado e familiarizado com o conteúdo dogmático e moral concreto que transcende a indeterminação do sentimento. Certamente, o controle da religião pela igreja, ou melhor, por uma igreja que segue uma tradição teológica, pode proporcionar a supressão de grandes experiências religiosas, mas deriva sua legitimidade da necessidade de controlar impulsos religiosos anárquicos e imorais. A teologia é uma tentativa de racionalizar a religião, e mesmo que a inteligência não possa substituir a pureza do coração, é indispensável para distinguir corações puros de corações menos puros.

No entanto, a teologia não deve se unir apenas à religião, mas também à filosofia. Por quê? Eu já mencionei que o argumento histórico sobre a verdade da religião cristã perdeu de modo crescente sua credibilidade desde o desenvolvimento do historicismo, até o ponto em que o estudo da exegese levou, muitas vezes, a um colapso total de crenças religiosas ingênuas, o que não seria uma tragédia em si se essas crenças fossem substituídas por crenças mais reflexivas. Todavia, isso se torna terrível se esse colapso resulta em um ateísmo que deseja permanecer dentro da igreja por razões puramente econômicas. O poder motivacional de uma fé legitimada historicamente é pequeno, pois essa fé foi diminuída com muita força. Isso torna ainda mais importante desenvolver todos os argumentos racionais a favor dos dogmas centrais do cristianismo e dos princípios fundamentais de sua ética — também, e especialmente, na educação teológica. Embora não seja a intenção do ensaio elaborar isso, quero sugerir, com confiança, que as provas da existência de Deus são, certamente, mais poderosas que muitos não teólogos e, infelizmente, teólogos também acreditam atualmente. É verdade que as versões populares de argumentos teleológicos perderam sua atração desde Charles Darwin, mas a prova cosmológica seria convincente em um universo à la Stephen Hawking sem condições iniciais também, porque — caso se aceite o princípio da razão suficiente — o sistema de leis da natureza, em si, precisará de uma razão que transcenda o mundo. Mas com o quê essa justificativa se pareceria? Não pode ser de natureza lógica, como o spinozismo pressupõe; apenas os argumentos teleológicos são aceitáveis, desde que não ultrapassem a causalidade imanente do mundo. O mundo é como é porque seres que tomam decisões morais só podem existir nesse mundo, ou em um mundo semelhante a ele. Tal argumentação, é claro, é implicativa: *se* deve haver seres morais, então, o mundo deve ter certa estrutura. Contudo a filosofia só pode aceitar um fim se fundar proposições categóricas, e não implicativas; ela deve responder à questão que investiga por que seres morais devem existir, a saber, absolutamente e em si, sem consideração de fins posteriores. A natureza categórica da lei moral é, de fato, a base da prova moral da existência de Deus que pode — e deve — ser interligada com a prova cosmológica. De acordo com a prova moral da existência de Deus, que existe em diversas variedades, a lei moral não pode ser um fato imanente do mundo: mesmo que os sistemas sociais mais abomináveis do mundo tenham prevalecido, os valores que eles teriam estabelecido como socialmente válidos não deveriam ser considerados justos. Se, todavia, não é possível fundar afirmações éticas em proposições descritivas, então, a lei moral deve ser algo que transcende o mundo. Mas, se não é contingente que a lei moral possa ter um efeito no mundo, nesse caso, a lei moral e o mundo não podem ser duas esferas completamente independentes, e, uma vez que é impensável para a razão supracitada ancorar a lei moral no mundo empírico, o mundo empírico deve ser — ao menos parcialmente — principiado pela causa que o transcende. Entretanto, como pode a natureza categórica da lei moral ser justificada? E qual é o seu conteúdo? Nesse aspecto, as ideias de Karl-Otto Apel sobre uma fundamentação última da ética não podem ser subestimadas em termos de sua importância para a teologia racional contemporânea. Por meio de uma reflexão sobre as condições de possibilidade de um diálogo racional, descobrimos algo que não pode ser desafiado porque, sem esse diálogo, as críticas e os questionamentos não seriam possíveis. Tais argumentos transcendentais são, de fato, uma alternativa tanto para uma teologia intuicionista do conhecimento que precisa se contentar com a mera asseguração das próprias intuições como para um modelo dedutivo-hipotético de fundamentação que, inevitavelmente, leva a um regresso infinito. É bem absurdo que em nossa época tenham opinião elevada sobre sua cultura de racionalidade e exijam razões, mas descartem a ideia de uma fundamentação última porque, sem uma fundamentação última, todo argumento nos reinos do não empírico, como ética e teoria do conhecimento, pode ser rebatido por outro argumento que deduza outras conclusões de diferentes premissas com o mesmo direito. O racionalismo do início da modernidade estabeleceu, com discernimento muito maior, a prova ontológica de Deus como um correlato do princípio de razão suficiente, porque este só faz sentido se há uma estrutura final que possa fundamentar a si mesma. Immanuel Kant (no terceiro capítulo do segundo livro da Dialética Transcendental, na *Crítica da razão pura*) queria, corretamente, remeter a prova cosmológica à prova ontológica de Deus — a pergunta sobre aquela prova só faz sentido se for válida. Mas Kant e Hume erram quando rejeitam a prova ontológica de Deus com base em sua teoria empirista do conhecimento, incapaz de fornecer uma fundamentação para si mesma e que até se contradiz[6]. Mesmo hoje, o leitor do *Proslogion* de Anselmo ainda sente a gratidão abençoada de seu descobridor que, de fato, pode reivindicar ter atingido um dos feitos intelectuais mais importantes da humanidade. Anselmo forneceu uma nova fundamentação para o programa da teologia racional, que deixa para trás todos os esforços dos gregos que foram, por si sós, importantes o bastante (se me for permitida uma observação muito pessoal, eu escolheria, sem hesitação, o *Proslogion* se a última biblioteca estivesse em chamas e eu tivesse a chance de salvar apenas uma obra de filosofia medieval). Contudo, pode ser concedido a Kant o fato de que o conceito de ser necessário permanece, curiosamente, vazio — e é nesse momento que eu penso que uma ligação da prova ontológica com a prova moral de Deus é indispensável. Mas aqui não é lugar de elaborar essa ideia[7].

---

6   É importante que Kant, no § 76 da *Crítica da faculdade de julgar*, reconheça que a prova ontológica pode ser válida para seres com um aparato epistêmico diferente do que ele atribui aos humanos, portanto, ao próprio Deus. Sua objeção ao argumento ontológico é, fundamentalmente, epistemológica, e não lógica.

7   Cf. minhas deliberações mais detalhadas, mas, ainda assim, insuficientes em HÖSLE, V., *Die Krise der Gegenwart und die Verantwortung der Philosophie*, München, C. H. Beck, 1997, 143 ss.,

Uma penetração racional do cristianismo deve iniciar, a princípio, do conceito de Deus. A existência de Deus e seus atributos são os assuntos principais da teologia racional. Uma concentração nessas questões pode facilitar consideravelmente o diálogo com outras religiões monoteístas, e, especialmente em uma sociedade multicultural como a nossa, o diálogo interdenominacional deve ser suplementado pelo diálogo inter-religioso. Isso não significa que os dois dogmas específicos que distinguem o cristianismo de outras religiões monoteístas, a doutrina da Trindade e a cristologia, são incapazes de justificação. Se a doutrina da Trindade é interpretada como se indicasse uma estrutura triádica do princípio do mundo e, portanto, do próprio mundo, então, de fato, pode ser feita inteligível; e uma interpretação em termos de amor de si pode fundar a importância central da intersubjetividade para a ética. Um engajamento filosófico com a cristologia deveria, de um lado, enfatizar os aspectos morais fundamentais da revolução na ética judaica que foi iniciada com Jesus Cristo; de outro lado, deve sublinhar a conexão entre metafísica, ética e filosofia da história que distingue o cristianismo do Islã e que tem sido uma contribuição central para a dinâmica da cultura ocidental. Que a lei moral determina a realidade e a história e que o sacrifício da própria vida pela verdade representa a mais alta manifestação do divino no mundo são discernimentos fundamentais cuja penetração racional teve grandes contribuições por parte de Immanuel Kant e Georg Wilhelm Friedrich Hegel. Esse julgamento permanece válido mesmo que não se aprove a rejeição da escatologia por Hegel, considerando-se a incorporação da escatologia no processo da história que iniciou a partir dele como tremendamente perigosa, porque é baseada em uma concepção errônea da natureza humana. O dogma do pecado original contém discernimentos antropológicos que são muito mais aptos que todo rousseaunismo, cuja ingenuidade, ocasionalmente, é francamente maliciosa e responsável por algumas das catástrofes do século XX. A propósito, não importa muito se determinados conhecimentos morais ou metafísicos podem ser atribuídos à figura do Jesus histórico ou se eles se originaram dos apóstolos ou dos padres da Igreja se a cristologia tem sua fundamentação na pneumatologia.

Presumivelmente, chegar-se-á à conclusão de que o Espírito Santo, como o princípio que torna possível a apreensão da verdade, opera além do tempo dos padres da Igreja e da escolástica na história da Igreja, mesmo da humanidade. De fato, o cristianismo deve considerar os cataclismos de época que subjazem ao projeto da humanidade não só como ameaçadores — em-

---

onde eu avalio e avanço as ideias de Apel sobre a fundamentação última com base em uma perspectiva ontológica.

bora haja, certamente, algo de ameaçador neles, contra o que os reservatórios de padrões pré-modernos de pensamento podem ser um útil antídoto. O gênio de Tomás de Aquino se articulou no fato de que ele transformou a insegurança do cristianismo que resultou da descoberta do *corpus* aristotélico — uma fonte de conhecimento que, em muitos aspectos, superava seu próprio — em um desenvolvimento positivo e, apesar de muitas hostilidades que culminaram em uma suspeita de ele ser herege, concebeu uma grande síntese de cristianismo e aristotelismo que satisfez tanto a necessidade religiosa quanto a necessidade de conhecimento da realidade empírica. Diante desse feito deslumbrante, é incompreensível a razão por que os neoescolásticos essencialmente voltaram a Tomás de Aquino. Ainda assim, não pode ser negado que a descoberta do Aristóteles completo não foi a última crise intelectual do cristianismo; o desenvolvimento das ciências naturais modernas e das humanidades são crises posteriores às quais o tomismo e as correntes neoescolásticas que se referem a ele, geralmente, não têm uma resposta satisfatória que "suprassuma" as novas correntes. Talvez seja possível detectar, nas filosofias de Gottfried Wilhelm Leibniz e G. W. F. Hegel, tentativas análogas às do tomismo, de levar a sério os novos desafios intelectuais de seus tempos e, simultaneamente, integrá-los em uma tradição cristã de pensamento. Em todo caso, a Igreja Católica não deveria privilegiar de forma tão desequilibrada o tomismo neoescolástico como seu interlocutor filosófico; a riqueza de posições filosóficas que era presente, por exemplo, no catolicismo francês do século XVII (escolástica tradicional, o atomista Pierre Gassendi, o revolucionário intelectual René Descartes, o cartesiano anti-interacionista Nicolas Malebranche, o jansenista Antoine Arnauld, e o crítico do racionalismo, Blaise Pascal) era um signo de sua vitalidade intelectual. De todo modo, está além da dúvida que a legitimidade adicional que a igreja pode derivar de contatos próximos com a filosofia pressupõe que a filosofia investigue livremente e esteja comprometida apenas com a autoridade do melhor argumento.

Inversamente, a cooperação com a teologia é decisiva para a filosofia, também. Em primeiro lugar, o melhor treino argumentativo de que um filósofo frequentemente desfrutou não é sempre acompanhado de um conhecimento suficiente da tradição. É claro, a referência à tradição como tal não é um argumento, mas há uma riqueza de argumentos pertencentes à tradição que merece ser tão levada a sério quanto os que circulam hoje. Em segundo lugar, nenhuma pessoa honesta pode negar que, mesmo em uma sociedade democrática de mercado, discursos são controlados por formas sutis de exercício de poder que nem sempre se apresentam à consciência dos que estão sujeitos a elas. Por exemplo, é óbvio que questões clássicas metafísicas e, especialmente, a questão de Deus, no subsistema acadêmico atual que se chama "filosofia", são amplamente consideradas tabus. Agora, em princípio, seria possível que essas questões tenham sido identificadas como sem sentido; mas a teoria mais importante a partir da qual tal reivindicação pode ser feita, o positivismo lógico, entrou em colapso completo. Não há mais argumentos suficientes para afastar tais questões do reino da pesquisa legítima; além disso, como eu disse antes, o conceito de filosofia, e especialmente o de uma filosofia racionalista, provoca peremptoriamente tais questões. O contato com uma disciplina que deve se ater a tais questões, ainda que o método de seu tratamento não seja o da pura reflexão sobre a validade, é saudável e até mesmo indispensável para a filosofia. Em virtude de sua disposição básica de questionar tudo, a filosofia não pode exercer a função reguladora necessária para toda a sociedade, uma função que pertence à igreja e a sua teologia, mesmo dentro da estrutura de uma sociedade na qual se tornou apenas uma instituição reguladora entre tantas outras. A igreja será capaz de exercer sua função reguladora melhor quanto mais recorrer à fonte mais importante de reivindicações legítimas de validade que foi dada ao ser humano — a razão filosoficamente esclarecida.

A TRADIÇÃO DE UM RACIONALISTA: INTERPRETAÇÕES DE TEXTOS CLÁSSICOS

CAPÍTULO 7

Filosofia e a interpretação da Bíblia

Dificilmente se pode negar que a hermenêutica seja uma das disciplinas básicas da filosofia. Filósofos lidam não apenas (ou, pelo menos, não deveriam lidar apenas) com textos e outros eventos que requerem interpretação, tais como palestras ou discussões em congressos, mas certamente dedicam uma grande quantidade de tempo a isso. Parcialmente, são o objeto direto de seus esforços, como, por exemplo, na filosofia da literatura ou na história da filosofia; por outro lado, são o meio necessário e a ferramenta para se desenvolver uma teoria de algo que não seja, em si, um *interpretandum*: o teólogo filosófico precisa pensar sobre Deus e seus atributos, mas provavelmente só fará progresso se estiver disposto a estudar o que *outros* teólogos filosóficos escreveram sobre o assunto; portanto, até mesmo ele precisa se engajar em atividades hermenêuticas. A hermenêutica pode muito bem reivindicar ser disciplina irmã da lógica, na medida em que todo filósofo deveria tê-la estudado no início da carreira, *antes* de qualquer especialização. Isso, todavia, concederia à hermenêutica apenas o título honorário de "*órganon*", desfrutado na tradição aristotélica pelas obras lógicas de Aristóteles — não mostraria que ela é um fim em si e, ainda menos, que a filosofia deveria ser reduzida a ela. Não obstante, ser uma ferramenta indispensável é algo de considerável importância; portanto, poder-se-ia reclamar que, no mundo anglo americano, a hermenêutica frequentemente não é sequer considerada uma disciplina normal da filosofia[1]. As expectativas

---

1   Na série "*Dimensions of Philosophy*" [*Dimensões da Filosofia*], editada por Norman Daniels e Keith Lehrer, sente-se falta de uma filosofia da hermenêutica.

exageradas conectadas com a hermenêutica em partes da filosofia continental contemporânea, por outro lado, são também enganadoras: a hermenêutica não responde às questões fundamentais da metafísica, da epistemologia e da ética, assim como a lógica não o faz. Portanto, a hermenêutica não é legítima herdeira dessas disciplinas, tampouco uma forma moderna de filosofia primeira. Além disso, a hermenêutica de Martin Heidegger e, em menor grau, a de Hans-Georg Gadamer permanecem opostas ao racionalismo clássico, na medida em que eles sugerem que a dependência de tradições inerentes à natureza humana refuta as pretensões de uma razão autônoma. Todavia, o reconhecimento do caráter básico de nossa atividade hermenêutica não acarreta uma rejeição ao racionalismo; de fato, é compatível com uma série de posições éticas e epistemológicas diferentes. Pode haver bons argumentos contra o racionalismo, e pode não haver; o fato de que humanos são, necessariamente, seres que interpretam, em todo caso, não é um argumento. Há uma hermenêutica racionalista, assim como uma concepção de hermenêutica direcionada contra o racionalismo, e, particularmente, se levarmos a sério a reivindicação de Heidegger e de Gadamer acerca de uma historicidade existencial, deve valer a pena analisar o desenvolvimento histórico da hermenêutica para verificar como diferentes formas de hermenêutica surgiram. Talvez se possa até obter sucesso em uma atividade anti-heideggeriana de encontrar uma lógica do desenvolvimento na história da hermenêutica; em todo caso, é extremamente importante reconhecer que não só a hermenêutica historicista como também Gadamer insistiu corretamente; entretanto também as hermenêuticas de Heidegger e de Gadamer são apenas realizações históricas diferentes do que a hermenêutica pode ser. Para outras reflexões sobre hermenêutica, pode ser muito útil considerar também a forma mais antiga de hermenêutica, que existiu antes da ascensão do historicismo.

Na história do Ocidente, não houve nenhum texto considerado objeto mais digno de interpretação do que a Bíblia. Portanto, ideias sobre a história da hermenêutica podem ser mais bem exemplificadas por meio de algumas reflexões sobre o desenvolvimento da interpretação da Bíblia. Obviamente, uma análise dos pressupostos filosóficos das várias interpretações históricas da Bíblia é interessante não só para a filosofia da hermenêutica como também para a filosofia da religião e a teologia. A existência de um texto com reivindicações de autoridade é um desafio para qualquer teologia racionalista, e não há dúvida de que a revolução na hermenêutica da Bíblia se deve não apenas a uma melhora nas ferramentas de análise histórica como também a profundas mudanças no conceito de razão (também, mas não apenas, na medida em que essas mudanças estão na base da mencionada melhora do método historicista). Há pouca dúvida de que, em virtude dessas mudanças, nossa abordagem da Bíblia tenha se tornado, de certo modo, desencantada e de que esse preço que precisamos pagar seja muito alto. Pode-se argumentar que houve pouquíssimas mudanças (se é que houve) na história das religiões com alcance tão longo quanto as que transformaram, especialmente, os ramos mais intelectuais do protestantismo, no fim do século XIX, após a recepção geral da hermenêutica moderna pela teologia oficial, e tem-se a impressão de que o catolicismo, um século depois, está em um processo semelhante de transformação, graças a causas análogas (uma diferença importante, todavia, reside no fato de que, no protestantismo, a escritura desempenhou um papel bem mais central que no catolicismo, de modo que uma mudança de paradigma na exegese dentro de uma estrutura protestante acarreta consequências teológicas mais radicais).

Apesar de todo sentimento de perda que, provavelmente, a maior parte dos leitores da Bíblia experienciou quando se tornou, pela primeira vez, familiar com o trabalho de exegese crítica, é bem manifesto que essas mudanças foram intelectualmente necessárias e que só podemos esperar ir além delas, e não ficar atrás delas. No que segue, em primeiro lugar, eu descrevo, em termos bem gerais, qual modo de interpretação da Bíblia estava vigente desde o início do cristianismo até seu eclipse no século XVIII e, em segundo lugar, as razões pelas quais e as consequências da grande revolução na hermenêutica bíblica. Em terceiro lugar, eu discuto se a crítica de Gadamer à hermenêutica historicista pode ser importante para o estudo teológico da Bíblia, e esboço como, com base em uma teologia racional, pode-se conceber uma hermenêutica da Bíblia que faça justiça à grandeza e até mesmo à santidade desse livro, sem trair as exigências de autonomia racional. Sendo um filósofo, e não um teólogo treinado historicamente, minhas citações raramente vêm de comentários teológicos da Bíblia, mas principalmente de obras filosóficas que lidam com a Bíblia. Todavia, eu também considero os filósofos teólogos que lidam explicitamente com questões metafísicas clássicas, tais como Agostinho, Tomás de Aquino e Nicolau de Cusa, e levo em conta os exegetas influenciados em sua obra por teorias filosóficas, como David Friedrich Strauss. Obviamente, nem minha competência nem o espaço permitem um arrazoado exaustivo; os nomes que escolho poderiam ser facilmente complementados por muitos outros, cuja negligência se deve à minha ignorância, e não a qualquer juízo de valor objetivo sobre sua importância.

I

Em seu estudo *The Eclipse of Biblical Narrative: A Study in Eighteenth and Nineteenth Century Hermeneutics* [*O eclipse da narrativa bíblica: um estudo sobre hermenêutica dos séculos XVIII e XIX]², Hans W. Frei caracteriza a interpretação da Bíblia antes do uso do historicismo pelos três seguintes elementos. Em primeiro lugar, um reconhecimento do sentido literário da Bíblia implicado imediatamente em sua verdade histórica. Certamente, como veremos, seria possível negar que uma interpretação literária pudesse captar o verdadeiro sentido do texto e, simultaneamente, recusar a conclusão de que os fatos descritos realmente ocorreram. Não só as histórias do Antigo Testamento supostamente representam um processo histórico unitário que se iniciou com a criação; na interpretação tipológica, pensava-se que essas histórias se referiam a pessoas e eventos do Novo Testamento. Em terceiro lugar, o caráter abrangente da narrativa bíblica acarretava que o leitor encontraria todas as suas experiências reais e até mesmo possíveis antecipadas no Livro Sagrado. Não era apenas possível para ele, mas também era seu dever se adequar ao mundo de que se é, em todo caso, membro, e ele também o fez em parte por interpretação figural e, em parte, é claro, por causa de seu modo de vida³. A Bíblia era o livro dos livros, que se pensava conter, ao menos implicitamente, todo o conhecimento do mundo, e muito mais do que meramente o conhecimento teórico — ela apontava o único caminho para a salvação.

Nada mostra, de maneira mais óbvia, a ruptura com o ideal antigo de educação do que a forma como Agostinho concebeu o programa da educação cristã como concentrada no estudo da Bíblia. Ele teve sucesso, todavia, em salvar as artes tradicionais ao reconhecer sua importância para uma interpretação adequada da Bíblia⁴. Não obstante, sua função é apenas subserviente — pode-se ser um santo sem nenhuma educação em artes liberais, assim como é possível conhecê-las bem sem ser um humano decente. Em sua famosa autobiografia ele se recorda, com um trocadilho engenhoso, dos estudos de sua juventude, quando foi forçado a se lembrar da odisseia (*errores*) de Eneias, ao passo que se esquecia de suas próprias falhas morais (*errorum*)⁵. As *Confissões* podem ser interpretadas como um longo e tortuoso caminho de um pagão educado rumo ao reconhecimento da Bíblia como a própria palavra de Deus — poder-se-ia até mesmo chamar as *Confissões* de sublime história de amor, a saber, a narrativa de uma complexa relação de Agostinho com Deus e com a

---

2   FREI, H. W., *The Eclipse of Biblical Narrative: A Study in Eighteenth and Nineteenth Century Hermeneutics*, New Haven/London, Yale University Press, 1974.

3   FREI, H. W., op. cit., 3.

4   Cf. o segundo livro de *De doctrina christiana* e, especialmente, III 1. Trad. bras.: AGOSTINHO, SANTO. *A doutrina cristã: manual de exegese e formação cristã*, trad. N. de A. Oliveira, São Paulo, Paulus, 2002.

5   *Confessiones* I 13: "*Tenere cogebar Aeneae nescio cuius errores oblitus errorum meorum*".

Filosofia e a interpretação da Bíblia 171

Bíblia como sua manifestação. O pressuposto para a escrita do texto é um vínculo estável com Deus e o reconhecimento da autoridade da Bíblia, como as inúmeras citações da Bíblia mostram; mas o texto engloba um dos principais conteúdos na descrição das múltiplas resistências de Agostinho contra a formação desse vínculo, e contra esse reconhecimento. Foi também sua educação clássica que o preveniu, desde o início, de aceitar a Bíblia: comparada com a dignidade da eloquência de Cícero, parecia indigna de sua atenção, quando ele começou a estudá-la[6]. Agostinho precisou de uma mudança em sua hermenêutica da Bíblia para reconhecer sua autoridade. Em Milão, ele aprendeu com Ambrósio uma interpretação espiritual e não literária das passagens da Bíblia que o repeliam[7]. Ambrósio gostava de citar 2 Coríntios 3,6, sobre a letra como algo que mata e o espírito como o que dá a vida, e Agostinho viu que, por meio de tal interpretação, seria pelo menos mostrado que as passagens relevantes não estavam evidentemente erradas[8]. Isso, todavia, ainda não provava sua verdade, e a crença em Deus tampouco era suficiente para essa tarefa. A resposta de Agostinho é que, parcialmente, precisa-se simplesmente acreditar na autoridade da Bíblia, como acreditamos em muitas outras coisas, como fatos históricos, afirmações de amigos e similares, rejeitando a questão crítica sobre como podemos saber que a Bíblia foi criada por Deus. Parcialmente, todavia, ele acrescenta alguns argumentos racionais para a necessidade da crença: de um lado, a fraqueza de nossa razão torna a autoridade indispensável; de outro, Deus dificilmente teria permitido o reconhecimento quase universal da autoridade da Bíblia se ele não quisesse ser conhecido por meio da Bíblia. O fato de a Bíblia poder ser lida por todos e, ao mesmo tempo, conter um profundo sentido compreensível apenas por poucas pessoas foi um argumento posterior a favor da confiabilidade de sua autoridade[9]. Foi o estudo do (neo)platonismo que

---

6   III 5: "*Non enim sicut modo loquor, ita sensi, cum adtendi ad illam scripturam, sed visa est mihi indigna, quam Tullianae dignitati compararem*".

7   V 14: "*Maxime audito uno atque altero et sacpius aenigmate soluto de scriptis veteribus, ubi, cum ad litteram acciperem, occidebar. spiritaliter itaque plerisque eorum librorum locis expositis iam reprehendebam desperationem meam illam dumtaxat, qua crediderant legem et prophetas detestantibus atque irridentibus resisti omnino non posse*". Sobre a interpretação moral e alegórica das escrituras por Santo Ambrósio, ver, por exemplo, seu *De Cain et Abel* (*Sobre Caim e Abel*), I 4 s.

8   VI 4: "*Et tamquam regulam diligentissime commendaret, saepe in popularibus sermonibus suis dicentem Ambrosium laetus audiebam: littera occidit, spiritus autem vivificat, cum ea, quae ad litteram perversitatem docere videbantur, remoto mystico velamento spiritaliter aperiret, non dicens quod me offenderet, quamvis ea diceret, quae utrum vera essent adhuc ignorarem*".

9   VI 5: "*Nec audiendos esse, si qui forte mihi dicerent: 'unde scis ílios libros unius veri et veracissimi dei spiritu esse humano generi ministratos?' id ipsum enim maxime credendum erat (...) ideoque cum essemus infirmi ad inveniendam liquida ratione veritatem et ob hoc nobis opus esset auctoritate sanctarum litterarum, iam credere coeperam nullo modo te fuisse tributurum tam excellentem illi scriptu-

permitiu a Agostinho encontrar um sentido espiritual na Bíblia, ainda que ele tenha repetido várias vezes que a verdade do cristianismo transcende bastante as intuições do platonismo: apenas na Bíblia encontramos caridade baseada em humildade[10]. Mas o reconhecimento intelectual e moral da Bíblia não foi o último ato de Agostinho em relação a ela: ainda mais importante foi a conversão existencial, isto é, a mudança de sua forma devida, motivada por uma passagem na Bíblia (Rm 13,13 s.), que ele encontrou por acaso quando abriu a Bíblia após ouvir uma voz, provavelmente de uma criança, dizendo "pegue e leia" e, depois de se lembrar de que Antônio também encontrou sua vocação monástica após ouvir, por acaso, outra passagem da Bíblia (Mt 19,21)[11]. Todavia, nem a narrativa da conversão final de Agostinho nem a da morte de sua mãe, Mônica, precedida por uma experiência mística compartilhada por mãe e filho, concluíram a obra. Os primeiros nove livros autobiográficos são seguidos de um livro que lida com psicologia filosófica, formando uma transição apta aos três seguintes, que consistem em um comentário filosófico detalhado do início do *Gênesis*, incluindo reflexões hermenêuticas importantes — Agostinho prova, pelo ato de interpretação, que ele conseguiu, de fato, atingir o objetivo de seu desenvolvimento: tornar-se um exegeta filosófico da Bíblia.

Mesmo na Baixa Idade Média, quase toda pesquisa precisava ser justificada ou pelo fato de ter sido iluminada pelo estudo da Bíblia ou por ter ajudado a fomentar um entendimento correto da Bíblia:

> Henrique de Langenstein achou útil organizar uma série de estudos sobre problemas científicos (em física, óptica, zoologia etc.) em uma ordem ditada pelos seis dias da criação, tal como descritos no *Gênesis*. Deve ter sido o caso, é claro, de um número de eruditos ser atraído por esses assuntos subsidiários por conta própria e, secretamente, ter pouco uso para sua aplicação teológica. Mas o estudo de tais questões continuou a ser justificado pela necessidade de entender a Bíblia melhor[12].

---

rae per omnes iam terras auctoritatem, nisi et per ipsam tibi credi et per ipsam te quaeri voluisses. iam enim absurditatem, quae me in illis litteris solebat offendere, cum multa ex eis probabiliter exposita audissem, ad sacramentorum altitudinem referebam eoque mihi illa venerabilior et sacrosancta fide dignior apparebat auctoritas. quo et omnibus ad legendum esset in promptu et secreti sui dignitatem in intellectu profundiore servaret, verbis apertissimis et humillimo genere loquendi se cunctis praebens et exercens intentionemeorum, qui non sunt leves corde, ut exciperet omnes populari sinu et per angustaforamina paucos ad te traiceret".

10   VII 20: "*Ubi enim erat illa aedificans caritas a fundamento humilitatis, quod est Christus Iesus? Aut quando illi libri me docerent eam?*".

11   VIII 12.

12   EVANS, G. R., *The Language and Logic of the Bible: The Earlier Middle Ages*, Cambridge, Cambridge University Press, 1984, vii.

Não obstante, nessa estrutura geral, há diferenças memoráveis na abordagem interpretativa, e é possível descobrir um lento progresso em direção à emergência do pensamento moderno crítico durante a Idade Média. Entretanto, nota-se que, em "(...) cada catálogo de biblioteca dos primeiros séculos medievais que sobreviveu (...) livros da Bíblia, sublinhados e não sublinhados, superam qualquer outro tipo de livro, mesmo os litúrgicos, em muitos casos"[13], e embora o número de comentários medievais sobreviventes em relação à Bíblia seja enorme[14], surpreendentemente, o estudo sobre a hermenêutica medieval da Bíblia se iniciou bem tarde: a primeira monografia explícita é a obra incrível de Beryl Smalley, *The Study of the Bible in the Middle Ages* [*O estudo da Bíblia na Idade Média*], que reconhece a necessidade de uma análise extensa da hermenêutica medieval da Bíblia para se compreender a cultura medieval, ainda que não negue a enorme diferença entre esta e a arte moderna da interpretação. A maior parte da informação seguinte sobre a metodologia da hermenêutica patrística e medieval se deve ao livro dela e aos estudos de seu pupilo, Gillian Evans (ainda que eu esteja, a princípio, interessado nos traços comuns da hermenêutica pré-moderna).

Uma das principais diferenças entre a hermenêutica pré-moderna e a moderna é, como já vimos, a desvalorização da abordagem "literal" em contraste com a "espiritual". O que isso significa exatamente, e como essa posição hermenêutica se manifestou? Certamente, um dos fatores mais marcantes da hermenêutica pré-crítica é seu uso extenso de interpretação alegórica. Essa afirmação é válida não só para o acesso cristão à Bíblia como também para toda cultura que envolve textos de autoridade pertencentes a uma era com um gosto intelectual ou moral menos refinado. Interpretações alegóricas permitem duas coisas quase impossívcis de rcconciliar, segundo os pressupostos da hermenêutica moderna: pode-se rejeitar o sentido mais primitivo do texto sem precisar desafiar sua autoridade — pois o texto, agora, supostamente quer dizer, na verdade, algo bem diferente do seu valor nominal. As alegorizações estoicas dos mitos tradicionais — que, apenas até certo ponto, também eram aplicadas à poesia, por exemplo, a Homero — são um bom exemplo do procedimento que tenho em mente; e, já antes do início do cristianismo, judeus helenizados, iniciando pelo menos com Aristóbulo, desenvolveram um método semelhante de interpretar a Bíblia. O maior deles é Fílon de Alexandria. Fílon não nega que haja a pessoa histórica de Samuel; todavia, ele pensa que o fato de sua existência é apenas provável e, em todo

---

13 EVANS, G. R., op. cit., 164 s.
14 Cf. STEGMÜLLER, F., *Repertorium Biblicum Medii Aevi*, 11 vol., Madrid, CSIC, 1940-1980.

caso, de bem menos importância que seu significado alegórico: uma mente adorando Deus[15]. Smalley comenta:

> A abstração que Samuel expressa é mais real para ele que o Samuel histórico. A Escritura se tornou um espelho que ele estuda apenas por seus reflexos. Então, quando ele os observa, a distinção entre realidade e imagem é fundida. Ao ler Fílon tem-se a sensação de estar pondo os pés no espelho. Como Alice, encontramos um país governado por leis esquisitas que os habitantes extravagantemente consideram racionais. A fim de compreender o estudo da Bíblia medieval, deve-se permanecer aí o tempo suficiente para deslizar em seus caminhos e apreciar a lógica de suas concepções estritas e elaboradamente fantásticas[16].

No comentário ao *Gênese*, Fílon introduz repetidamente ideias filosóficas e científicas que toda pessoa historicamente treinada reconhece imediatamente como compatível com a visão de mundo dos autores dos textos correspondentes. Pode-se reverenciar, certamente, a fonte sacerdotal por causa do seu conceito não antropomórfico de Deus sem ser capaz de supor que os seis dias da criação de Deus são uma alusão à propriedade do número 6 de ser um número perfeito (isto é, a soma de seus fatores), como Fílon sustenta[17]. Tais propriedades de números foram analisadas por matemáticos gregos, mas nada sugere que estivessem presentes na mente de um padre judeu não familiar com a matemática grega. Não menos extravagantes são as etimologias de Fílon, do ponto de vista de nosso conhecimento moderno, mesmo abstraindo do fato de que Fílon, cujo conhecimento do hebraico era pobre, geralmente se refere ao texto da Septuaginta, que ele considerava como igualmente inspirado.

O impacto de Fílon sobre os exegetas cristãos foi forte, como posteriormente o de Rashi e o de Moisés Maimônides. Obviamente, apenas exegetas cristãos tentaram mostrar que figuras e eventos do Antigo Testamento antecipavam aqueles do Evangelho, mas, apesar dessa importante diferença, as abordagens judaicas e cristãs à Bíblia eram similares estruturalmente. Orígenes, também nascido em Alexandria, distingue entre sentidos literal, moral e alegórico, correspondendo a corpo, mente e espírito (os últimos dois, todavia, frequentemente fluem juntos), para fazer sentido a asserções teóricas da Bíblia que parecem absurdas, tais como Deus andando no Jardim (Gn 17,14) e no Novo Testamento (Mt 5,29). Toda passagem da Sagrada Escritura, ele pensou, tem

---

15 *De ebrietate* (*Sobre a embriaguez*), 144.
16 SMALLEY, B., *The Study of the Bible in the Middle Ages*, Oxford, Clarendon, 1941, 3.
17 *De opifício* (*Sobre a criação*), 3.

um sentido espiritual, mas nem toda passagem tem um sentido corpóreo, literal, que muitas vezes parece simplesmente impossível[18]. Em oposição à escola de Alexandria, a escola de Antioquia insistia mais no sentido literal, ao qual o sentido espiritual era inerente, mas também aqui a interpretação tipológica do Antigo Testamento era praticada. Por outro lado, o próprio Orígenes era um excelente filólogo, buscando uma base textual sólida para a Bíblia. Como um platônico com uma profunda consciência de desenvolvimentos históricos, Agostinho combina um interesse predominante no sentido espiritual com um reconhecimento da verdade histórica da carta, ao menos na maioria dos casos. Ele não se opõe a um sentido espiritual (inclusive, o exige) enquanto isso não acarretar uma negação da verdade do sentido literal[19]. Ele defende, portanto, a possibilidade de uma pluralidade de interpretações diferentes, porém igualmente válidas; buscando se referir a diversas pessoas com capacidades intelectuais bem diferentes, Deus teria dado variados sentidos à sua palavra[20]. Duas coisas, todavia, são indubitáveis de acordo com Agostinho: primeiro, a palavra de Deus é verdadeira e, em segundo lugar, o escritor humano do texto tinha essa verdade em sua mente[21]. Moisés, por exemplo, deve ter mantido em sua mente todos os sentidos diferentes possíveis do início do Gênesis[22]. Uma vez que a *mente do autor*, fundamentalmente, não difere do sentido objetivo do texto visado pelo próprio Deus, para a hermenêutica pré-moderna, não há necessidade de descobrir algo sobre os estados mentais do autor — eles coincidem com o sentido objetivo do texto. Em certo sentido, todo autor humano é supérfluo, porque o verdadeiro autor é o Espírito Santo[23].

---

18   ORÍGENES, op. cit., IV 3, 5.
19   Cf. *De civitate Dei* (*A cidade de Deus*) XIII 21: "*Haec et si qua alia commodius dici possunt de intellegendo spiritaliter paradiso nemine prohibente dicantur, dum tamen et illius historiae veritas fidelissima rerum gestarum narratione commendata credatur*". Ver também XVII 3 e *De doctrina christiana* III 5/9 e 10/14. Mesmo uma interpretação errada é aceita, desde que desenvolva a caridade: "*Quisque vero talem inde sententiam duxerit, ut huic aedificandae caritati sit utilis, nec tamen hoc dixerit, quod ille quem legit eo loco sensisse probabitur, non perniciose fallitur nec omnino mentitur*" (*De doctrina christiana*, I 36/40).
20   *Confessiones* XII 26.
21   XII 23.
22   XII 31: "*Sensit ille omnino in his verbis atque cogitavit, cum ea scriberet, quidquid hic veri potuimus invenire et quidquid nos non potuimus aut nondum potuimus et tamen in eis inveniri potest*".
23   Cf. GREGÓRIO MAGNO, *Moralia in Iob*, Praefatio, 2: "*Sed quis haec scripserit, ualde superuacue quaeritur, cum tamen autor libri Spiritus sanctus fideliter credatur. Ipse igitur haec scripsit, qui scribenda dictauit (...) Si magni cuiusdam uiri susceptis epistolis legeremus uerba sed quo calamo fuissent scripta quaereremus, ridiculum profecto esset non epistolarum auctorem scire sensumque cognoscere, sed quali calamo earum uerba impressa fuerint indagare*".

No desenvolvimento posterior da exegese bíblica, o sentido pneumático, alegórico, da Bíblia foi, posteriormente, subdividido em dois: o alegórico e o anagógico. O sentido literal foi, portanto, reduzido a apenas um quarto de todos os sentidos, e, no início da Idade Média, perdeu consideravelmente sua importância. No século XII, todavia, importantes mudanças ocorreram. A consciência de contradições possíveis na Bíblia cresce, e diferentes métodos são propostos para lidar com isso[24]. Além disso, desenvolve-se um forte interesse na história e, nesse contexto, os Vitorinos reavaliam o sentido literal[25]. Essa tendência continua no século XIII com a apropriação de Aristóteles e uma nova atitude em relação à realidade empírica. Tomás de Aquino é um bom exemplo. De um lado, ele reconhece o sentido quádruplo da escritura: o literal ou histórico, o alegórico, o tropológico ou moral, e o anagógico. Os três sentidos espirituais se referem a eventos do Novo Testamento, aludidos por eventos do Antigo Testamento, a nossos deveres morais e à glória vindoura[26]. Metáforas são necessariamente usadas na Bíblia, e deveríamos elevar nossas mentes dos véus sensíveis ao seu conteúdo intelectual[27]. De outro lado, Tomás de Aquino insiste no sentido literal como a base dos outros; tudo que é necessário para a fé é também dito de maneira literal, nunca apenas espiritual[28]. No sentido literal — que contém também o etiológico, analógico e parabólico e que o autor tem em mente —, os sons significam coisas; no sentido espiritual, coisas significam outras coisas. Este pressupõe aquele e é encontrado nele[29]. Dois exemplos mostram como a hermenêutica do Aquinatense é aplicada a casos concretos. Quando se questiona se o paraíso descrito no Gênesis é um lugar físico, Tomás de Aquino responde afirmativamente: pode haver um sentido espiritual, mas a verdade histórica deve ser considerada um fundamento[30]. Tomás

---

24 Cf. EVANS, G. R., op. cit., 133-163. Abelardo é crucial.

25 Não obstante, para Hugo de São Vitor, a última função do estudo da Bíblia é moral: *De institutione novitiorum*, cap. VIII (PL 176, 933 s.).

26 *Summa theologiae* I q. 1 a. 10 c.

27 I q. 1 a. 9 ad 2: "*Ut mentes quibus fit revelatio, non permittat in similitudinibus permanere, sed elevet eas ad cognitionem intelligibilium*".

28 I q. 1 a. 10 ad 1: "*Et ita etiam nulla confusio sequitur in sacra Scriptura: cum omnes sensus fundentur super unum, scilicet litteralem (...) Non tamen ex hoc aliquid deperit sacrae Scripturae: quia nihil sub spirituali sensu continetur fidei necessarium, quod Scriptura per litteralem sensum alicubi manifeste non tradat*".

29 I q. 1 a. 10 c: "*Illa vero significatio qua res significatae per voces, iterum res alias significant, dicitur sensus spiritualis; qui super litteralem fundatur, et eum supponit*".

30 I q. 102 a. 1 c: "*Ea enim quae de Paradiso in Scriptura dicuntur, per modum narrationis historicae proponuntur: in omnibus autem quae sic Scriptura tradit, est pro fundamento tenenda veritas historica, et desuper spirituales expositiones fabricandae*". Ver também I/II q. 102 a. 2 e a. 6 ad 4.

de Aquino, todavia, considera necessário desistir do sentido literal quando ele contradiz fatos conhecidos. A verdade da escritura deve sempre ser defendida, mas, como há interpretações diferentes dela, deve-se escolher a que evite falsas afirmações e nunca se atenha teimosamente ao que possa ser refutado pela realidade; de outro modo, a escritura será ridicularizada pelos infiéis e seu acesso à fé será impedido[31]. Essas observações estão no contexto de uma discussão sobre a contradição aparente entre Gênesis 1,1 e 1,9; Tomás de Aquino propõe muitas interpretações para evitar um conflito com a cosmologia e a metafísica aristotélica, cuja verdade ele defende.

Na Baixa Idade Média, obteve-se progresso em relação à crítica textual, à informação sobre o pano de fundo histórico e ao estudo das línguas originais. Nicolau de Lira, interessado na reabilitação do sentido literal, era um bom erudito hebreu[32]. Ao mesmo tempo, esforços foram disseminados para traduzir a Bíblia nas línguas vernáculas. Tais esforços foram considerados perigosos:

> No caso dos Dominicanos, cujo *Capítulo Geral* de 1242 proibiu os próprios freis de fazer traduções para ajudar em sua pregação, o motivo pode estar na prática dos Valdenses. Os Valdenses parecem ter sido a primeira seita a tentar dominar a Bíblia em sua própria linguagem, e o resultado de seus esforços foi que muitos deles foram capazes de comparar texto a texto com aqueles que buscavam convertê-los. Havia, então, um perigo de heresia ao se pôr a Bíblia nas mãos dos leigos, que os pregadores missionários foram os primeiros a sentir em seus resultados práticos. Eles insistiam que o "texto nu", de modo algum, deveria ser posto em suas mãos; eles precisavam de intérpretes para guiá-los a seu sentido[33].

Na Reforma, todavia, torna-se triunfante a ideia de que a escritura é seu próprio intérprete — apenas o Espírito Santo medeia entre o leitor e o texto, não mais a autoridade hermenêutica da Igreja. O novo princípio *sola scriptura* anda de mãos dadas com o trabalho filológico de Martinho Lutero sobre a Bí-

---

31 I q. 68 a. 1 c: "*Primo quidem, ut veritas Scripturae inconcusse teneatur. Secundo, cum Scriptura divina multipliciter exponi possit, quod nulli expositioni aliquis ita praecise inhaereat quod, si certa ratione constiterit hoc esse falsum, quod aliquis sensum Scripturae esse asserere praesumat: ne Scriptura ex hoc ab infidelibus derideatur, et ne eis via credendi praecludarur*".

32 Um bom exemplo da crítica ao uso do abuso político de uma leitura alegórica da Bíblia pode ser encontrado em ALIGHIERI, D., *De monarchia*, III 4. Trad. bras.: ALIGHIERI, D., Da monarquia, in: EPICTETO; ALIGHIERI, D., *Máximas, Da Monarquia*, trad. A. Denis, J. P. E. Stevenson, São Paulo, Ed. Brasil, 1960.

33 EVANS, G. R., *The Language and the Logic of the Bible: The Road to Reformation*, Cambridge, Cambridge University Press, 1985, 82.

blia e sua tradução soberba para o alemão. Lutero insiste fortemente no sentido literal — embora, também, ele seja incapaz de descartar completamente o sentido espiritual e mantenha a interpretação tipológica[34]. Mas, certamente, com o foco do protestantismo inicial no sentido literal (depois desafiado pelo pietismo), a interpretação filosófica da Bíblia, tão completamente representada por Orígenes, entra em hiato. Nicolau de Cusa — um dos maiores filósofos medievais e teólogos que não escreveram livros exegéticos (ao menos não sobre a Bíblia — ele foi autor, todavia, do *Cribratio Alkorani* [*Peneirando o Corão*]) — poderia defender a ideia, em seu *De Genesi* [*Sobre o Gênesis*], de que o mundo não tinha iniciado no tempo: Moisés falou às pessoas de acordo com seu entendimento, não querendo dizer literalmente o que ele escreveu no *Gênesis*[35]. Mas essa ideia, com a qual Orígenes teria concordado, pareceria nefasta à ortodoxia protestante inicial; apenas no curso do século XVIII a cronologia bíblica da criação e da história humana foi rejeitada pelos intelectuais do tempo.

II

A interpretação bíblica protestante a princípio é o estágio de transição entre hermenêutica pré-moderna e hermenêutica moderna. O interesse nas línguas originais, a ciência de questões filológicas (compartilhada com o humanismo, apesar das fortes diferenças de conteúdo), a rejeição da tradição patrística e escolástica são passos rumo à reconstrução "científica" moderna da *mens auctoris* como a meta do processo hermenêutico. Não obstante, três diferenças muito importantes permanecem. Em primeiro lugar, o protestantismo inicial é convicto da verdade absoluta da Bíblia: a reconstrução de seu sentido independentemente da questão da verdade teria parecido ocioso a ele. Uma vez que, agora, o sentido literal é o que conta, principalmente, a via de fuga a alegorizações anteriores está fechada: se a Bíblia contradiz opiniões científicas ou filosóficas, estas devem estar erradas (ou, poder-se-ia dizer, a Bíblia não pode estar correta); a reconciliação da tradição e do progresso se tornou bem mais difícil. O fundamentalismo, portanto, é um produto da modernidade e de sua revolução na hermenêutica; não é um fenômeno concebível em sociedades tradicionais. Em segundo lugar, apesar de toda a seriedade subjetiva na deter-

---

34 Cf. BRUNS, G. L., *Hermeneutics Ancient and Modern*, New Haven, London, Yale University Press, 1992, 139 ss.
35 DE CUSA, N., *Philosophisch-theologische Schriften*, 3 vol., Wien, Herder, 1964-1967, II, 408 ss.

minação do sentido literal da Bíblia, certas fronteiras dogmáticas não podem ser cruzadas: João Calvino mandou executar Michael Servetus por causa de sua importante descoberta de que a doutrina da Trindade não está presente no Novo Testamento. Parece difícil para nós supor que os pais calvinistas do capitalismo moderno pudessem realmente acreditar que sua nova racionalização do comportamento econômico respirasse o espírito de Jesus — para nós, o contraste entre Mateus 6,19 ss. e suas máximas parece estridente; mas, como consideravam o cristianismo o critério final da moralidade e se sentiam (provavelmente de maneira correta) que sua revolução do espírito da economia era necessária por motivos morais, eles simplesmente tinham de negligenciar essa contradição. Em terceiro lugar, a abordagem protestante da Bíblia, embora filológica, ainda não é permeada pelo espírito do historicismo. A ideia de que a forma de pensar dos autores do Antigo e mesmo do Novo Testamento poderia ser radicalmente diferente de suas próprias formas não havia, ainda, ocorrido a eles — embora a ciência da ruptura entre os dois testamentos, certamente, facilitasse o desenvolvimento da consciência histórica. O que são os fatores que contribuíram para o triunfo da abordagem historicista moderna para a Bíblia?

A princípio, obviamente, deve-se mencionar a revolução nas ciências naturais, que romperam para sempre com as cosmologias de tempos pré-modernos (que, apesar das diferenças entre si, tinham muitos tratos em comum, mas permanecem em notável contraste com a ciência moderna). O julgamento contra Galileu Galilei é o exemplo mais famoso de conflito emergente, mas muito mais importante que uma contradição em um ponto finalmente menor é a teoria, compartilhada pela maioria dos metafísicos modernos, de que Deus age por meio de leis naturais. O conceito de lei natural começa a emergir na Baixa Idade Média e é alheio ao mundo antigo. Caso se aceite esse conceito, milagres se tornam um problema. A *Ética* de Baruch Spinoza é a grande tentativa de propor uma nova teologia filosófica que elimine a teleologia tradicional e considere as leis da natureza uma forma adequada na qual se estrutura a manifestação de Deus. Spinoza distingue entre o que segue da natureza absoluta de Deus e o finito e individual, isto é, entre leis naturais e eventos singulares, e ele ensina que esses só podem ser explicados com base em leis naturais e outros eventos singulares (I p. 28). Spinoza, portanto, antecipa o esquema de explicação causal de Carl G. Hempel e Paul Oppenheim, e isso não é compatível com a teoria de que Deus poderia agir contra as leis naturais (as quais, segundo Spinoza, são estritamente deterministas) ou mesmo antes delas. Todo evento é, por fim, executado por Deus, e não é possível considerar que Deus tenha agido sobre uma classe de eventos mais do que sobre outra. Contudo, essa não é a única contribuição de Spinoza para uma nova interpretação da Bíblia. Com essa base, ele poderia — ao menos é o que parece, a um primeiro olhar — ainda ter tentado mostrar que a Bíblia, corretamente compreendida, apontava para essa concepção.

No entanto, na verdade, sua hermenêutica (que não é integrada na estrutura sistemática da *Ética*, mas desenvolvida separadamente no *Tractatus theologico-politicus* [*Tratado teológico-político*]), critica, de maneira grave, as tentativas tradicionais de tentar encontrar verdades metafísicas na Bíblia. Quando declara que considera ridículo tentar encontrar os absurdos aristotélicos na Bíblia[36], ele parece apontar preocupações semelhantes às de Lutero. Mas a diferença central — e aqui, chegamos ao segundo ponto — é que, para Spinoza, a Bíblia não só contém esses absurdos, mas ainda menos a verdadeira metafísica que ele mesmo elaborou, pelo simples motivo de que a Bíblia não adquiriu o nível de racionalidade visado pelos filósofos. O fenômeno da profecia, bem como o da escrita da Bíblia, tem de ser explicado com base na estrutura metafísica esboçada anteriormente, isto é, achando suas causas imediatas, secundárias — que não excluem a existência de uma Causa Primeira, enquanto não se supõe que aja diretamente, sem mediação, por meio de causas imediatas. De acordo com Spinoza, os profetas não tinham mentes mais perfeitas, mas imaginações mais vivazes (portanto, eles falavam em charadas)[37]; a explicação bíblica dos eventos por meio de milagres simplesmente se relacionava a sua falta de conhecimento das causas secundárias relevantes[38]; as diferenças de estilo entre o cortesão Isaías e o camponês Amós mostram que Deus adapta seu estilo à pessoa com quem está falando (isto é, Deus se manifesta por meio das peculiaridades pessoais daqueles humanos com uma forte imaginação que ele chama de profetas)[39]. Spinoza considera óbvio que Josué e, talvez, também o autor do texto (Js 10,12-14) tivessem uma cosmologia cosmocêntrica falsa; e ele acha que negar isso destrói qualquer utilidade, por mais limitada que seja, da Bíblia, porque permite as formas mais arbitrárias de interpretação[40]. Em geral, os judeus sabiam pouco sobre Deus, e suas representações religiosas eram as únicas que um povo do nível deles poderia ter tido;

---

36 SPINOZA, B., Tractatus theologico-politicus, cap. 1, in: SPINOZA, B., *Opera*, Heidelberg, C. Winter, 1925, III 18. Trad. bras.: *Obra completa III: tratado teológico-político*, trad. J. Guinsburg e N. Cunha, São Paulo, Perspectiva, 2014.

37 Cap. 1; 28 s.

38 Cap. 1; 23.

39 Cap. 2; 33 s. Uma explicação sociológica das peculiaridades estilísticas de Amós já se encontra em Jerônimo e Tomás de Aquino (*Summa theologiae*, II/II q. 173 a. 3 arg.1).

40 Cap. 2; 35 ss.

portanto, Moisés — que era um legislador moral e, nessa medida, de fato legitimado por Deus, mas não tinha conhecimentos filosóficos — se referia a eles como crianças[41]. (Spinoza defende, todavia, que Jesus não acreditava em demônios, mas falava deles apenas para se comunicar com seus contemporâneos, pois ele considera Cristo não um profeta, mas a boca de Deus[42].) Os hebreus não foram a única nação dotada de profetas, como eles não são, em nenhum sentido especial, um povo escolhido — os augúrios dos gentios podem, também, ser considerados profetas[43]. No sétimo capítulo, Spinoza desenvolve suas regras hermenêuticas. Seu postulado de que o método de explicação da escritura deve ser o mesmo que o método de explicação da natureza é essencial a elas[44]. As regras afirmam, a princípio, que deve-se estudar a língua dos livros da Bíblia e de sua história; também, que devem-se agrupar as diferentes frases dos livros individuais, para compreender, com base neles, as diferentes passagens, não confundindo o sentido de um texto com sua verdade; enfim, dever-se-ia tentar escrever, tanto quanto possível, a história dos autores dos livros, do destino do texto e de sua canonização[45]. Essas máximas são opostas à hermenêutica pré-moderna de Maimônides[46], e com base nelas, no oitavo e no nono capítulo, Spinoza pode duvidar — como, brevemente depois, fará o padre católico Richard Simon — da autoria do pentateuco por Moisés (cuja redação final ele atribui a Ezra), portanto colocando em perigo a unidade da Bíblia. Além disso, a cronologia bíblica perde sua confiabilidade[47]; o sentido literal não tem mais verdade histórica atrelada a ele. Não obstante, Spinoza defende, com convicção, a verdade divina dos preceitos mais morais contidos na Bíblia, particularmente nos Evangelhos.

Com Spinoza, a hermenêutica moderna definitivamente superou a forma pré-crítica de interpretar textos sagrados. Algo ainda está faltando, no entanto. Talvez por considerar o tempo, enfim, uma ilusão, Spinoza não tem consciência de uma mudança real na mente humana ao longo do curso da história. Ele certamente reconhece que a profecia pertence a uma época ante-

---

[41] Cap. 2; 40 s.

[42] Cap. 2; 43 e cap. 4; 64.

[43] Cap. 3; 53.

[44] Cap. 7; 98: "*Eam autem, ut hic paucis complectar, dico methodum interpretandi Scripturam hau differre a methodo interpretandi naturam, sed cum ea prorsus convenire*". Ver também 102.

[45] Cap. 7; 99 ss.

[46] Cap. 7; 113 ss.

[47] Cap. 9, 134: "*Ex his itaque clarissime sequitur veram annorum computationem neque ex ipsis historiis constare, neque ipsas historias in una eademque convenire, sed valde diversas supponere. Ac proinde fatendum has historias ex diversis scriptoribus collectas esse, nec adhuc ordinatas neque examinatas fuisse*".

rior, mas nunca teria afirmado que homens arcaicos pensavam de uma forma completamente diferente da que os homens modernos pensam. Essa descoberta nós devemos, em terceiro lugar, a Giambattista Vico, cuja contribuição para o entendimento da Bíblia é profundamente ambígua. De um lado, Vico propõe em sua obra principal, *Scienza nuova* (*Ciência nova*), uma teoria da evolução da cultura que, se aplicada à Bíblia, leva a consequências muito mais radicais que as desenvolvidas por Spinoza, pois, de acordo com Vico, a natureza humana não é a-histórica, mas muda profundamente em três idades nas quais ele subdivide a história: a idade dos deuses, a idade dos heróis e a idade dos homens. Os homens, na idade dos deuses, são dominados pela fantasia e pelas paixões, e pensam de acordo com uma lógica poética que é, fundamentalmente, animista. É absurdo supor que seus mitos, a única forma como eles podem expressar suas experiências históricas, escondem concepções metafísicas[48]; e não é menos errôneo supor que a fraude desempenha um papel na formação de suas religiões[49]. Baseado na suposição de que três idades, em virtude de um colapso na idade dos homens, recorrem repetidamente, Vico interpreta, nos primeiros dois capítulos do quinto livro de sua obra principal, a Idade Média como análoga à história inicial da Grécia e de Roma, e compara não só instituições sociais e políticas como também crenças religiosas nas três épocas. Ele reconhece, portanto, várias conexões entre sistemas religiosos e sociais. Com um conceito fantástico do universal, Vico tenta explicar por que sociedades pré-modernas atribuem a certos indivíduos, tais como os setes reis romanos[50], uma série de inovações, mesmo se, de fato, não seja historicamente verdadeiro que eles foram autores delas. Um exemplo de tal universal fantástico é Homero, cujos poemas, no terceiro livro, foram desenvolvidos ao longo dos séculos, sendo produto da força poética coletiva da nação grega. Embora Vico não considere os relatos históricos de fontes mitológicas como literalmente verdade, ele é um mestre em descobrir que fatos históricos são realmente implicados pelo texto, por exemplo, pela forma da narrativa ou por alusões incidentais. De outro lado, não só seu arrazoado da história humana é fundamentado em uma metafísica mais complexa que toma de empréstimo muito de Spinoza, mas ainda mais de Leibniz e Platão — o

---

48 *Scienza nuova seconda*, 208 s., 361 s., 412. 901. (Eu me refiro ao número de parágrafos introduzidos na edição clássica de Nicolini e adotados por quase todas as edições subsequentes.) Trad. bras.: *A Ciência nova*, trad. M. Lucchesi, Rio de Janeiro, Record, 1999. Trad. port.: VICO, G., *Ciência nova*, trad. J. V. de Carvalho, Lisboa, Fundação Calouste Gulbenkian, 2005.

49 *Scienza nuova seconda* 408.

50 *Scienza nuova seconda* 417 ss.

devoto católico Vico recusa aplicar os princípios de sua nova ciência à história sagrada e defende a cronologia bíblica (algo que Isaac Newton havia feito em suas últimas décadas). Sintomaticamente, as comparações entre Moisés e Homero na primeira edição da *Scienza nuova* são reduzidas na segunda edição ampliada, na qual Vico, pela primeira vez, propôs sua teoria de acordo com a qual os poemas homéricos haviam evoluído ao longo dos séculos[51]. Não fica claro se o motivo era o medo de sanções ou a convicção sincera de que a comparação seria enganadora, mas é óbvio que a aplicação de categorias de Vico à interpretação da Bíblia teria levado, já no século XVIII, a uma interpretação mítica até mesmo do Novo Testamento.

A *História natural da religião* de David Hume dá continuidade ao projeto de encontrar as causas secundárias de crenças religiosas, mas o radicaliza num outro nível, uma vez que ele rejeita qualquer busca por uma Causa Primeira. Hume, de fato, é um naturalista absoluto — algo que pode ser afirmado em relação a Spinoza apenas com alguns embargos, mas não sobre Vico. Além do aspecto teórico, esse livro é importante, em nosso contexto, por dois motivos. De um lado, Hume reflete explicitamente sobre a Bíblia — em passagens que ele teve de eliminar das provas tipográficas, ele observa, por exemplo, que a religião judaica mais antiga não era, para usar termos modernos, um monoteísmo, mas, sim, uma monolatria[52]. De outro lado, ele compara o politeísmo antigo com o monoteísmo cristão em relação aos valores, e deixa claro que os dois sistemas religiosos fomentam diferentes princípios e virtudes morais, mostrando certa nostalgia pelo mundo pagão. Então, acabamos de mencionar a quarta razão do desaparecimento da autoridade tradicional da Bíblia — a convicção de que a crença nela não contradiz as leis naturais, regras hermenêuticas razoáveis, mas princípios morais. Entretanto Hume, certamente, não é o autor mais importante a usar essa objeção; uma vez que sua concepção de ética carece de base absoluta e seu conteúdo difere explicitamente de algumas das regras cristãs tradicionais, sua crítica não chega a surpreender. Muito mais peso é dado à crítica levada adiante pela filosofia moral que reivindica oferecer uma base sólida para nossas crenças religiosas e ter conceitualizado o universalismo presente no cristianismo — eu tenho em mente, é claro, a ética de Immanuel Kant.

Kant é um iluminista, na medida em que defende uma concepção autônoma de moralidade — algo é moral porque minha razão prática o reconhece, não porque foi ordenado por Deus. Ao mesmo tempo, o caráter ab-

---

51 *Scienza nuova prima* 28, 192, 293; *Scienza nuova seconda* 585, 794.
52 HUME, D., *The Philosophical Works*, London, Longmans/Green, 1874-1875, IV, 331 e 332.

soluto, isto é, incondicionado do imperativo categórico, e, particularmente, a relação entre o dever moral e o mundo físico levam à ideia de ético-teologia, uma ideia completamente alheia a Hume, cuja crítica forte à ontologia e à cosmoteologia tradicional é compartilhada e aprofundada por Kant. É com base nessa ideia que as representações bíblicas devem ser avaliadas, e não vice-versa. Mas qual, então, é a função da Bíblia? Obviamente, nenhuma afirmação da Bíblia que contradiga a razão prática pode ser aceita como válida — Kant rejeita fortemente a concepção de que Deus teria mandado Abraão matar Isaac. Nós nunca podemos ter certeza de que Deus está falando, mas podemos ao menos ter certeza de que não é ele que fala quando algo imoral é imposto a nós[53]. Em sua obra sobre religião ele tende — como o jovem Georg Wilhelm Friedrich Hegel e, posteriormente, de forma mais extrema, Arthur Schopenhauer — a ver sobretudo os aspectos moralmente problemáticos do Antigo Testamento; ele não pesquisa nenhuma evolução moral dentro do Antigo Testamento. (Apenas em seu ensaio *Mutmasslicher Anfang der Menschengeschichte* [*Início conjectural da história humana*] ele se refere respeitosamente ao Gn 2,6, usando-o, todavia, como uma fonte histórica, e não moral, e aceitando sua autoridade apenas na medida em que corresponde estruturalmente, e não literalmente, à reconstrução conceitual da história humana pela filosofia.) Os mandamentos apresentados no Antigo Testamento não são de natureza moral, portanto, religiosa, mas de natureza meramente política: os Dez Mandamentos são a base de toda comunidade; a ameaça e a promessa em relação a gerações futuras (Ex 20,5 s.) não são compatíveis com a justiça moral; a noção de um povo escolhido contradiz a noção de uma igreja universal. Mesmo o monoteísmo do Antigo Testamento merece menos crédito do que um politeísmo cujos deuses podem ajudar apenas as pessoas virtuosas, uma vez que o Deus do Antigo Testamento está mais interessado em ritos do que em melhorias morais[54]. Com o cristianismo, todavia, de repente, embora não sem preparo, uma revolução moral ocorre, substituindo as antigas estátuas por uma só nação com um novo espírito moral para o mundo inteiro[55]. A aparente continuidade com o judaísmo foi preservada apenas por razões estratégicas. Kant é muito crítico da história do verdadeiro cristianismo, mas ele considera possível que seu fundador tenha, de fato, correspondido ao ideal de humanidade que agradasse a Deus, uma ideia fundamental para a razão

---

53   *Der Streit der Fakultäten*, A 102 s. Sobre a análise muito diferente dessa história no *Frygt og Bæven* (*Temor e tremor*) de Søren Kierkegaard, ver o cap. 12 desse volume.

54   KANT, I., *Die Religion innerhalb der Grenzen der bloßen Vernunft*, B 186 ss./A 177 ss. Trad. bras.: *A religião nos limites da simples razão*, trad. C. Mioranza, 2ª ed., São Paulo, Escala, 2008.

55   B 189 ss./A 180 ss.

prática. Ele insiste, todavia, que tal crença só poderia ser justificada por documentos históricos, ao passo que a religião da razão não precisa de tal crédito. A verdadeira religião, portanto, não pode consistir na profissão de uma crença nos atos de Deus para nossa salvação, mas em ações morais[56]. Em sua obra tardia, *Der Streit der Fakultäten* [*O conflito das faculdades*], Kant elabora máximas hermenêuticas para lidar com a Bíblia que se baseiam em sua filosofia da religião. Sua hermenêutica é inferior à de Spinoza na medida em que ele não busca capturar a *mens auctoris*. Kant busca extrair sentido da Bíblia mesmo que tenha de contradizer as convicções de autores limitados. Ele parece adotar, então, a regra hermenêutica e afirma ser necessário compreender um autor melhor do que ele compreendeu a si mesmo[57]. (Uma vez que se pode dizer que a Bíblia tem tanto um autor limitado quanto um autor ilimitado, talvez Kant tenha desejado tentar capturar a mente do autor — sendo que com "autor" ele busca se referir ao próprio Deus.) É de importância peculiar a primeira regra, de acordo com a qual ele pode interpretar determinadas passagens da escritura que contêm doutrinas teóricas que transcendem a razão (como a doutrina da Trindade ou a da ressurreição) de modo que seja vantajoso para a razão prática, e ele deve fazê-lo no caso dessas doutrinas que contradizem a razão prática. Mesmo no caso de uma passagem na Bíblia não contradizer nossa razão prática, mas apenas máximas necessárias da razão teórica, como no caso de histórias sobre pessoas possuídas por demônios, uma interpretação razoável é recomendada, para não favorecer a superstição e a fraude, embora seja difícil duvidar de que os autores dos Evangelhos realmente acreditassem nas histórias contadas[58]. (Kant não nota que o Evangelho de João eliminou todos os exorcismos.) Ele discute algumas objeções contra sua hermenêutica, uma delas sendo que não é nem bíblica nem filosófica, mas místico-alegórica. Sua resposta é que essa maneira de interpretar a Bíblia é oposta à interpretação tradicional tipológica, e que apenas aceitar uma estrutura conceitual sólida como a dos conceitos morais evita o misticismo. Mas essa redução da revelação à razão prática destrói seu caráter divino? Não, porque a compatibilidade com as doutrinas da razão sobre Deus é *conditio sine qua non* para supor qual relação

---

[56] B 199 s./A 190.

[57] Kant cita essa regra na *Crítica da razão pura*, B 370/A 314. Trad. bras.: KANT, I., *Crítica da razão pura*, Petrópolis, Vozes, 2012. Sobre a história dessa regra, cf. GADAMER, H.-G., *Wahrheit und Methode*, Tübingen, J. C. B. Mohr [Paul Siebeck], 1975, 182 ss. Trad. bras.: *Verdade e método I: traços fundamentais de uma hermenêutica filosófica*, trad. F. P. Meurer, 4ª ed., Petrópolis, Vozes, 2002; *Verdade e método II: complementos e índice*, trad. E. P. Gianchini, Petrópolis, Vozes, 2002.

[58] *Der Streit der Fakultäten* A 49 ss., especialmente 54 ss.

nós realmente temos com a revelação, e buscar descobrir por que um fato histórico nunca pode ser definitivamente provado como revelação divina[59].

É esse último ponto que foi questionado de modo enérgico por Johann Gottlieb Fichte em seu último livro, *Versuch einer Kritik aller Offenbarung* [*Tentativa de crítica a toda revelação*], que, publicado anonimamente em 1792, foi considerado como a tão esperada obra de Kant sobre religião. O livro não precisa ser analisado aqui porque quase não lida com a Bíblia, mas apenas com os critérios formais que permitem que se reconheça algo como possivelmente uma revelação divina (não se sabe que tipo de reconhecimento, portanto, é útil apenas para pessoas que não são moralmente perfeitas). De acordo com a ético-teologia de Kant, a compatibilidade tanto de conteúdo quanto dos meios de comunicação da alegada revelação com as exigências da razão prática é uma condição necessária para considerar algo como uma revelação. (Um conjunto de condições suficientes não existe.) Para A ser uma revelação, não é uma condição necessária que Deus tenha intervindo na ordem causal imediatamente antes — pode haver uma série infinita de causas intermediárias entre a vontade de Deus de se comunicar e o ato de revelação em si, Fichte escreve em uma passagem reminiscente do teorema básico de Spinoza discutido acima[60]. O ímpeto racionalista de Fichte se torna particularmente manifesto quando ele discute Mateus 5,39 ss. e nega que essa passagem, certamente uma das mais sublimes de toda a Bíblia e o núcleo da revolução moral de Jesus, possa ter o estatuto de revelação divina porque esses preceitos não seguem do princípio moral, mas são meramente regras prudenciais, válidas apenas em certas condições[61]. Ora, é tão manifesto que Fichte perde de vista completamente o poder profético dessa parte central do Sermão da Montanha quanto é verdadeiro que, desde o início, os cristãos não obedeceram, e não podiam obedecer, a essas regras em todas as situações. Pode-se reconhecer certa honestidade na crítica de Fichte, que tenta dar sentido ao comportamento de todos nós; mas pode-se objetar, corretamente, que Fichte não leva a sério o suficiente a provocação sobre o que consideramos razão e, portanto, perde a oportunidade de fornecer uma interpretação mais profunda dessa passagem.

Enquanto Fichte não está realmente interessado na figura histórica de Jesus, é mérito de Hegel ter aplicado a ético-teologia de Kant a uma reconstrução de Jesus. O *Das Leben Jesu* [*A vida de Jesus*] de Hegel, escrito em 1795, mas publicado na íntegra apenas em 1907, é, de um lado, a tentativa de mostrar que Jesus foi um professor moral perfeito que elevava a razão prática e

---

59   *Der Streit der Fakultäten* A 63 ss.
60   *Fichtes Werke*, ed. I. H. Fichte, 11 vols., *reprint* Berlin, de Gruyter, 1971, V 71.
61   V 123 s.

estava disposto a morrer por suas crenças morais. Milagres e exorcismos são eliminados nessa reconstrução, e a obra se encerra com o enterro de Jesus, não com sua ressurreição, já rejeitada por Kant e Fichte, que viam nela apenas uma forma de expressar a imortalidade da alma. De outro lado, a obra, por reivindicar certa precisão filológica, é baseada em esquemas que buscam organizar os fatos narrados — parcialmente, de forma contrastante, nos diferentes Evangelhos[62], menciona, por exemplo, a contradição entre o relato de João e dos Sinóticos sobre a postura da negação de Pedro[63], e leva em conta o conhecimento histórico do século XVIII tardio sobre o tempo de Jesus, por exemplo, quando diz que provavelmente apenas as mãos, mas não os pés, haviam sido pregados na cruz[64]. Pode-se muito bem dizer que Hegel é o único grande filósofo que dedicou tanta energia na busca do Jesus histórico — com a possível exceção de Friedrich Nietzsche. Não obstante, a intepretação de Hegel referente a Jesus como um professor moral não é de fato original — segue quase necessariamente da primeira e da quarta razão supracitada. Em primeiro lugar, Hegel não estava sozinho em sua tarefa de encontrar sentido moral, e apenas moral, na vida e na doutrina de Jesus. Cerca de uma década depois, Thomas Jefferson iniciou uma obra similar — um relato livre sobre milagres da moral e da vida de Jesus (também encerrando com seu enterro), que foi publicado pela primeira vez em 1904 (em uma edição limitada, distribuída apenas aos membros da Câmara dos Representantes e do Senado dos Estados Unidos da América)[65]. Em segundo lugar, na filosofia da religião madura de Hegel, Jesus desempenha um papel limitado porque Hegel passou a ver a interpretação moral da religião da forma de Kant e Fichte como extremamente redutiva. Sua própria filosofia especulativa da religião é muito mais próxima da teologia alexandrina, por exemplo, de Orígenes, do que da ético-teologia de Kant e de Fichte, para não dizer do biblicismo da ortodoxia luterana, ainda que ele, como um pensador distintamente moderno, consiga combinar sua metafísica teológica com uma filosofia da história, na qual a história da consciência religiosa tem um papel proeminente. Desse ponto de vista, a interpretação espiritual da Bíblia é o que conta, e não a literal, isso sendo um postulado da própria Bíblia (2Cor 3,6)[66]. Todo esforço exegético não mostra tanto o que está

---

62 HEGEL, G. W. F., *Frühe Schrifen* I, Hamburg, Meiner, 1989, 113.
63 HEGEL, *Frühe Schrifen*, 271.
64 HEGEL, *Frühe Schrifen*, 277.
65 A primeira edição para um público mais amplo é JEFFERSON, T., *The Life and Morals of Jesus of Nazareth*, New York, W. Funk, 1940.
66 HEGEL, G. W. F., *Werke*, 20 vol., Frankfurt, Suhrkamp, 1969-1971, XVII 201.

escrito na Bíblia, como quais os pressupostos e as categorias do intérprete são — quase tudo pode ser provado com a Bíblia; mesmo hereges e o demônio gostam de citar a Bíblia; a tradição é, como tal, necessariamente uma transformação de antigos conceitos em novos[67]. Um bom exemplo da interpretação da Bíblia por Hegel é sua análise da história da queda no Gênesis 2-3. Ele não toma a história literalmente, nem mesmo historicamente, como Kant fez, mas como uma expressão de uma verdade geral sobre o espírito humano. Como mito, a história necessariamente acarreta inconsistências; apenas sua reconstrução filosófica para o meio do conceito as evita. A verdade da estória é que o espírito humano teve de deixar a unidade imediata com a natureza, e, ao fazê-lo, ele se tornou livre, e a liberdade, ainda que represente abertura também à possibilidade do mal, contém o princípio da cura[68]. O Paraíso é um parque em que animais, mas não homens, podem habitar[69]. De um lado, com sua avaliação positiva da queda, Hegel parece contradizer o sentido da estória, desconstruí-lo. De outro lado, também a tradição falou de *felix culpa*, e mesmo se, para Hegel, o evento da redenção não seja mais tanto a morte de Jesus na cruz, mas sua interpretação filosófica e a institucionalização do estado constitucional baseado na regra da lei, ambas as concepções partilham de um padrão dialético. Hegel acreditava, e talvez com razão, que sua nova interpretação do cristianismo estava apenas um passo adiante dentro do reino do espírito, o terceiro estágio em sua filosofia do cristianismo; e ainda que ele fosse consciente de que suas concepções eram uma provocação a muitos teólogos luteranos contemporâneos, continuou a se considerar um luterano fiel[70], particularmente por causa das consequências da Reforma na esfera do espírito objetivo, mostrando simultaneamente simpatia com pensadores católicos contemporâneos, como Franz von Baader, por causa de suas especulações originais e da rejeição do subjetivismo e do biblicismo protestante[71].

A ideia do Hegel tardio de que a filosofia traduzia a religião do meio de representação para o meio do conceito precisava ter um impacto na interpretação não só do Antigo Testamento como também do Novo. Hegel ignorou as estórias sobre os milagres de Jesus em *Das Leben Jesu* — estórias que, no fim do século XVIII, haviam se tornado um problema para muitos teólogos protestantes. Enquanto os chamados supranaturalistas continuavam a defender a realidade histórica dos milagres, os racionalistas negaram que algo in-

---

67 XVI 35 ss., XVII 199 s., 32.
68 XVI 265 ss.
69 XII 389: "*Das Paradies ist ein Park, wo nur die Tiere und nicht die Menschen bleiben können*".
70 XVIII 94: "*Wir Lutheraner — ich bin es und will es bleiben —* (...)".
71 VIII 27 ss. (prefácio à segunda edição da *Enciclopédia*) e XX 54 s.

compatível com as leis conhecidas da natureza poderiam ter ocorrido. O antigo amigo de Hegel e posterior inimigo, Heinrich Eberhard Gottlob Paulus — para citar apenas um —, em seu *Das Leben Jesu als Grundlage einer reinen Geschichte des Urchristentums* [*A vida de Jesus como fundamento de uma história pura do cristianismo primevo*], não duvidava da verdade do relato bíblico dos feitos de Jesus; mas ele propôs uma interpretação deles que eliminava seu caráter milagroso. As histórias sobre pessoas ressuscitadas por Jesus, de acordo com ele, provam que Jesus era uma pessoa com capacidade memorável de reconhecer a morte aparente, como ele mesmo não morreu na cruz, mas foi levado apenas semimorto dela, tendo se recuperado no sepulcro[72]. Obviamente, nem a solução supranaturalista nem a racionalista são coerentes com a filosofia de Hegel; todavia, hegeliano em seu espírito é o livro que, apesar de todos os seus erros (por exemplo, em relação à posição cronológica do Evangelho de Marcos), pode reivindicar ter fundado os estudos acadêmicos modernos sobre o Novo Testamento — o *Das Leben Jesu* [*A vida de Jesus*] de David Friedrich Strauss. A ideia central dessa obra é aplicar a categoria de mito às histórias do Novo Testamento, como já foi feito, de maneira tentadora, em relação ao Antigo Testamento. Isso parece ser uma reabilitação da antiga interpretação alegórica, mas a diferença é evidente: enquanto alegorização acredita ter desvelado a verdadeira intenção do autor do texto sagrado, Strauss quer provar que os próprios autores dos Evangelhos pensavam de maneira mítica e eram incapazes de escrever histórias no sentido moderno. Em contraste com Hermann Samuel Reimarus, que supôs uma fraude consciente da parte dos pupilos, Strauss achava que os evangelistas viam a realidade como a descreviam. Pode-se dizer que Strauss aplica a teoria de Vico da idade dos deuses à análise dos Evangelhos, embora ele aparentemente não conhecesse Vico. A sensibilidade de Strauss pelas contradições entre os sinóticos e João, cujo valor como fonte histórica ele considera pequeno por causa de sua profunda concepção teológica, sua inversão da interpretação tipológica (as histórias do Evangelho são tecidas de alusões ao Antigo Testamento, em vez de este ser uma antecipação daquele), sua ciência do contexto histórico no qual Jesus agiu e, enfim, a elegância de seu estilo e a clareza de suas categorias filosóficas explicam o impacto dessa obra. Schweitzer lista sessenta obras publicadas em reação a ele no curso de quatro anos[73]. É de extrema importância reconhecer que, a princípio, Strauss não queria atacar o cristianismo; ainda que ele reconhecesse que sua pesquisa histórica viria a ter um impacto na dogmática cristã, ele encerra

---

72 Sobre Paulo, ver SCHWEITZER, A., *Geschichte der Leben-Jesu-Forschung*, Tübingen, J. C. B. Mohr, 1951, 49-59.

73 SCHWEITZER, A., op. cit., 643-646.

o livro propondo uma interpretação hegeliana de Cristo como compatível com suas descobertas. Cristo não pode ser apenas um ideal moral, como Kant sugeriu; o ideal deve ser real na história, como Hegel ensinou. Sua realidade não é a de um indivíduo concreto, todavia, como os conservadores hegelianos Philipp Marheineke e Karl Rosenkranz defenderam, mas todo o processo histórico da humanidade[74]. Essa ideia é radicalizada na edição posterior do livro, *Das Leben Jesu für das Deutsche Volk bearbeitet* [A vida de Jesus, elaborada para o povo alemão][75]. Neste, Strauss encerra dizendo que sabemos pouquíssimo sobre o Jesus histórico — menos que sobre Sócrates — e que nunca será necessário para a nossa salvação acreditar em fatos cuja apuração histórica é extremamente difícil, se não impossível. Apenas a crença no moral ideal representado por Cristo pode ter essa função, ele afirma com base em Spinoza[76] e Kant. O Jesus histórico tem um alto escalão dentro da série de pessoas que compõem o ideal moral, mas ele não é o único — ele teve percussores em Israel, na Grécia, em todo lugar, e ele mesmo não teve sucesso em elaborar as consequências de seu princípio moral para tais esferas como economia e política. Além disso, há ideias canonicamente reprováveis entre seus pupilos e as obras canônicas do Novo Testamento — Strauss menciona o Apocalipse de João, mas não a doutrina da danação eterna para não fiéis. Foi a doutrina que, entre outras questões, motivou a ruptura de Charles Darwin com o cristianismo[77].

As ideias de Darwin formam um ingrediente da filosofia inteiramente insatisfatório, não mais considerado cristão por ele mesmo, que Strauss expôs em seu último livro, *Der alte und der neue Glaube* [A antiga e a nova fé]. O crítico mais impiedoso desse livro foi o jovem Friedrich Nietzsche. O fato de ele ter dedicado sua primeira *Unzeitgemässe Betrachtung* [Consideração intempestiva] a um ataque contra Strauss parece, à primeira vista, surpreendente, porque Nietzsche, um professor de filologia clássica, havia absorvido a crítica filológica da Bíblia em sua juventude. Todavia, precisamente por causa disso, as ideias de Strauss, que pareciam revolucionárias para ele nos anos 1830, se tornaram aos seus olhos quase triviais nos anos 1870[78], e além disso ele não gostava

---

74 STRAUSS, D. F., *Das Leben Jesu, kritisch bearbeitet*, 2 vol., Tübingen, Osiander, 1835-1836, II 735: "*Die Menschheit ist die Vereinigung der beiden Naturen, der menschgewordene Gott, der zur Endlichkeit entäusserte unendliche, und der seiner Unendlichkeit sich erinnernde endliche Geist*".

75 2 vol., Stuttgart, Kröner, 1905, II 382-390.

76 Epístola 73 a Oldenburg.

77 DARWIN, C., *The Autobiography of Charles Darwin 1809-1882*, New York/London, Norton, 1993, 87.

78 *Der Antichrist* 28, in: NIETZSCHE, F., *Sämtliche Werke, Kritische Studienausgabe in 15 Bänden*, ed. G. Colli and M. Montinari, Berlin, de Gruyter, 1980, VI 199): "*Die Zeit ist fern, wo*

da estranha filosofia de concessões do Strauss tardio, que continuava a manter muitos elementos cristãos, como, por exemplo, na ética. Em nosso contexto, o ataque geral de Nietzsche contra o cristianismo não é de interesse — é um ataque profundamente ambivalente, porque Nietzsche nunca cessou de se identificar, de maneira existencial, com Jesus, o modelo de sua infância e adolescência[79]. Ele continua a considerar o respeito pela autoridade da Bíblia como o melhor elemento de disciplina que a Europa deve ao cristianismo[80], e elogia a tradução da Bíblia por Lutero como o melhor livro em alemão[81]. O importante, aqui, é algo mais circunscrito; a saber, a radical oposição a qualquer tentativa de encontrar um duplo sentido na Bíblia que transcenda o literal. Já em *Menschliches, Allzumenschliches* [*Humano, demasiado humano*] ele compara a explicação metafísica da natureza e a autointerpretação do santo com a interpretação pneumática da Bíblia[82]. Em *Morgenröte* [*Aurora*], ele afirma que as pessoas identificavam seus próprios desejos e suas necessidades na Bíblia: "(...) em suma, lê-se dentro e fora"[83]. De uma forma especialmente agressiva, ele ataca a interpretação tipológica do Antigo Testamento (o que não surpreende, dada sua preferência pelo Novo Testamento)[84]; e ele duvida da sinceridade desses antigos intérpretes: "alguém que declarou isso já acreditou nisso?". Nietzsche sugere que a filologia cristã falta em senso de justiça e de honestidade, como provam as adições cristãs à Septuaginta[85]. Por meio de sua própria arte filológica, ele busca descobrir outras depravações morais do cristianismo — particularmente em Paulo, que ele considera o verdadeiro fundador do cristia-

---

auch ich, gleich jedem jungen Gelehrten, mit der klugen Langsamkeit eines raffinirten Philologen das Werk des unvergleichlichen Strauss auskostete. Damals war ich zwanzig Jahre alt: jetzt bin ich zu ernst dafür". Trad. bras.: O Anticristo, in: NIETZSCHE, F., *O Anticristo; Maldição ao cristianismo; Ditirambos de Dionísio*, trad. P. C. de Souza, São Paulo, Companhia das Letras, 2007.

79 Quando, em *O Anticristo* (32; VI 204), é dito de Jesus "*Das Verneinen ist eben das ihm ganz Unmögliche*" [*A negação é inteiramente impossível a ele*], é difícil não pensar no desejo de Nietzsche: "*Ich will irgendwann einmal nur noch ein Ja-sagender sein!*" [*Eu queria ser, pelo menos por um instante, alguém que diz sim!*] (*Die fröhliche Wissenschaft*, 276, III, 521). Trad. bras.: NIETZSCHE, F., *A gaia ciência*, trad. P. C. de Souza, São Paulo, Companhia das Letras, 2001.
80 *Jenseits von Gut und Böse* 263 (V 218). Trad. bras.: NIETZSCHE, F., *Além do bem e do mal*, trad. S. Krieger, São Paulo, Edipro, 2020.
81 *Jenseits von Gut und Böse*, 247 (V 191).
82 I 8 e 143 (II 28 s.; 139).
83 No original, "*kurz, man liest sich hinein und sich heraus*", 68 (III 64).
84 *Jenseits von Gut und Böse* 52 (V 72).
85 *Morgenröte* 84 (III 79 s.). "Hat diess jemals Jemand *geglaubt*, der es behauptete?". Trad. bras.: NIETZSCHE, F., *Aurora*: reflexões sobre os preceitos morais, trad. P. C. de Souza, São Paulo, Companhia das Letras, 2004.

nismo e cujas falas sobre o amor escondem o mais profundo ódio e o maior desejo de vingança[86]. Os inimigos natos de Paulo são médicos e filologistas, a ciência em geral — que é, portanto, proibida por Deus em *Gênesis* 2 s., como afirma Nietzsche em uma interpretação anti-hegeliana da história[87].

Nietzsche é o último grande filósofo a lidar extensamente com a Bíblia. Há dois motivos para isso. Em primeiro lugar, após seus ataques extremos, a questão de uma divina inspiração da Bíblia parece resolvida — filósofos não mais se consideram ameaçados pela autoridade do livro e não precisam mais tentar limitá-la. Eles podem simplesmente ignorá-lo, como muitos, se não a maioria, de seus contemporâneos. Em segundo lugar, a obra de interpretação concreta foi tomada por uma disciplina altamente especializada, exegese bíblica, com a qual a filosofia não ousa competir. O que um filósofo acrescentaria aos estudos de crítica textual, crítica literária, crítica da forma e da redação, que estruturam a obra do exegeta moderno[88]? Não obstante, pode-se duvidar de que a relação entre filósofos e a Bíblia possa simplesmente terminar com despedidas. A exegese moderna faz parte de procedimentos peculiares à ciência — ela tenta descobrir a *mens auctoris* e encontrar as causas que levaram à sustentação de determinadas crenças e à formulação de determinados textos. Contudo, apenas por esses meios, não pode desvendar o que o texto significa para nós, isto é, não tem como afirmar se o que diz é verdade ou não. As tentativas de abandonar as interpretações filológicas e dar sentido à Bíblia, relacionando-a às preocupações contemporâneas — a narrativa do êxodo, por exemplo, ser relacionada à luta por libertação de classes oprimidas, ou de um gênero oprimido — também não me parecem a solução correta, porque são obviamente um equivalente moderno, politizado, das antigas alegorizações: lê-se as próprias ideias no texto. A exegese não pode apelar à autoridade do texto como algo garantido pela igreja. Analisar as causas do texto o priva da autoridade incondicional que tinha para a hermenêutica pré-moderna; e, ademais, o círculo que consiste em fundar a autoridade do cânone na igreja e a autoridade da igreja nos eventos narrados pela Bíblia é muito evidente para ser ignorado. Um círculo semelhante se apresenta quando se funda a verdade da Bíblia nos milagres narrados pela própria Bíblia — já São Pedro alerta Dante ao círculo em sua conversa, no canto XXIV da *Divina Comédia*: "Diga-me, quem te garante que essas obras realmente ocor-

---

[86] *Menschliches, Allzumenschliches* II/2 85. Trad. bras.: NIETZSCHE, F., *Humano, demasiado humano: um livro para espíritos livres*, trad. P. C. de Souza, São Paulo, Companhia das Letras, 2000. Ver também *Morgenröte* 68; *Der Antichrist* 42 ss. (II 591; III 64 ss.; VI 215 ss.).

[87] *Der Antichrist* 47 s. (VI 225 ss.).

[88] Cf., por exemplo, ZIMMERMANN, H., *Neutestamentliche Methodenlehre*, Stuttgart, Katholisches Bibelwerk, 1968.

reram? A mesma coisa que precisa de prova, nada mais, atesta isso a você". A resposta de Dante é famosa: se o cristianismo triunfou sobre o mundo antigo sem milagres, então é um milagre que vale mais que mil vezes todos os milagres narrados[89]. Talvez deva-se levar a sugestão de Dante a sério e vislumbrar o maior milagre em um relato, livre de milagres, da grandeza da Bíblia.

III

O fascínio que a hermenêutica de Hans-Georg Gadamer exerceu nos muitos filósofos e eruditos tem sua razão principal em uma ciência singular dos limites da hermenêutica moderna — em certo sentido, Gadamer via uma reabilitação de alguns elementos da hermenêutica pré-moderna, mas com base em uma demonstração imanente das deficiências das ciências humanas modernas. Enquanto, antes de Gadamer, a maioria dos eruditos considerava os métodos que usaram algo óbvio e sem necessidade de justificativa, Gadamer mostrou, ao aplicar o princípio do historicismo a si, a complexa gênese histórica da hermenêutica historicista. Obviamente, não é tarefa desse ensaio fazer justiça ao todo de *Verdade e método*; de nosso interesse, apenas, são algumas ideias da maior parte, a segunda, dedicada ao problema de compreensão nas humanidades, mesmo que uma interpretação apropriada do livro tivesse de respeitar a máxima holística da hermenêutica, considerando também a posição peculiar da segunda parte entre a primeira, sobre experiência artística, e a terceira, sobre linguagem. A segunda parte consiste em duas seções: uma análise histórica da evolução da hermenêutica moderna, desde seu início até Wilhelm Dilthey e Martin Heidegger, em que Gadamer mostra sua competência hermenêutica memorável, e uma teoria sistemática da experiência hermenêutica. A meta de Gadamer, na primeira seção, é desvelar as *aporias* de um entendimento que objetifica o *interpretandum* de maneira comparável à abordagem das ciências naturais modernas em relação à natureza, mostrando como a fenomenologia, especialmente a de Heidegger, supera as preocupações epistemológicas dos pais fundadores das ciências humanas[90]. Isolar a busca pelo sentido

---

89 XXIV 103 ss. "*Dì, chi t'assicura/che quell'opere fosser? Quel medesmo/che vuol provarsi, non altri, il ti giura.*" "*Se il mondo si rivolse al cristianesmo,/diss'io, sanza miracoli, quest'uno/È tal che gli altri non sono il centesmo.*" O argumento já pode ser encontrado em AGOSTINHO, SANTO, *De civitate Dei*, XXII 5, e de forma rudimentar em ARNÓBIO, *Adversus gentes* [*Contra os pagãos*] II, 44.

90 Cf. GADAMER, H.-G., *Wahrheit und Methode*, 170: "*daß zwischen der Philologie und der Naturwissenschaft in ihrer frühen Selbstbesinnung eine enge Entsprechung besteht, die einen doppelten Sinn hat*".

da busca pela verdade é o fator peculiar da hermenêutica moderna e do método que ela elabora. Gadamer vê isso de um modo crítico. O "e" no título de seu livro corresponde a "ou": para apreender a verdade filosófica, é preciso livrar-se da obsessão por métodos científicos. Ele expõe, de maneira convincente, a perda que sua nova hermenêutica acarreta:

> Mas uma referência à verdade oculta no texto e que deve ser trazida à luz é presente, indiretamente, sempre que se busca compreender, por exemplo, as escrituras ou os clássicos. O que deve ser entendido, na verdade, não é pensado como um momento da vida, mas como verdade[91].

Em sua parte construtiva, Gadamer inicia com uma defesa de preconceitos rejeitados pelo historicismo apenas porque este ainda tem base no movimento iluminista. Ele reabilita a tradição e a autoridade como se fossem essencialmente parentes das humanidades, bem compreendidas:

> Ao menos, a compreensão nas humanidades compartilha de um pressuposto básico com a vida contínua das tradições, a saber: considerar-se endereçado pela tradição. Não é verdade para objetos de pesquisa — bem como para os conteúdos da tradição — que, apenas então, a sua significação pode ser apreendida[92]?

Nesse contexto, Gadamer desenvolve seu famoso conceito de "antecipação de completude" (*Vorgriff der Vollkommenheit*): em princípio, temos de supor que podemos aprender do *interpretandum*, e apenas quando essa tentativa falha podemos olhar para os atos mentais do seu autor, em vez de olhar para o que ele estava tentando dizer[93]. O entendimento de um texto não pode ser reduzido à descoberta da *mens auctoris*. "Não só ocasionalmente, mas sempre, o sentido de um texto transcende seu autor."[94] O processo de interpretação, portanto, nunca pode ter um fim; e a tradição histórica do que o intérprete,

---

91 "*Aber indirekt ist doch überall, wo man sich um das Verständnis — z. B. der Heiligen Schrift oder der Klassiker — bemüht, ein Bezug auf die Wahrheit wirksam, die im Text verborgen liegt and ans Licht soll. Was verstanden werden soll, ist in Wirklichkeit nicht ein Gedanke als ein Lebensmoment, sondern als eine Wahrheit*" (173).

92 "*Jedenfalls teilt das Verstehen in den Geisteswissenschaften mit dem Fortleben von Traditionen eine grundlegende Voraussetzung, nämlich, sich von der Überlieferung angesprochen zu sehen. Gilt denn nicht für die Gegenstände ihrer Forschung — so gut wie für die Inhalte der Tradition — daß dann erst ihreBedeutung erfahrbar wird?*" (266).

93 GADAMER, *Wahrheit und Methode*, 277 ss.

94 "*Nicht nur gelegentlich, sondern immer übertrifft der Sinn eines Textes seinen Autor*" (280).

ele mesmo, é parte, garante que a interpretação não se torne arbitrária. Essencial é o conceito de aplicação: compreender é aplicar, e deve-se conceber as humanidades com base no modelo de jurisprudência e teologia. Gadamer reconhece a diferença entre o procedimento de um jurista e de um historiador do Direito. Mas ele tende a reduzi-la: o juiz deve também saber algo sobre o sentido original da lei, e o historiador do direito deve ser capaz de encontrar um sentido legal no texto. De forma similar, o teólogo tem de aplicar a Bíblia à situação concreta — sem, todavia, engar a prioridade do texto em relação a todas as interpretações: "a escritura é a Palavra de Deus, e isso significa que a Escritura defende uma prioridade absoluta em relação à doutrina daqueles que a interpretam"[95]. A tarefa do historiador é diferente apenas num grau da tarefa do filólogo: em contraste com este, o historiador tenta ver o que é apenas implicado pelo texto, mas ele, também, deve conectar o texto com outras fontes a uma unidade, a unidade da história mundial da qual ele mesmo é parte.

> Se o filólogo compreende dado texto, isto é, se ele se entende nesse texto de acordo com o sentido mencionado, o historiador entende, também, o grande texto da história do mundo, que ele interpreta e, em cada texto transmitido, é apenas um fragmento do sentido, uma carta, e ele, também, compreende-se nesse grande texto (...) é a consciência historicamente efetivada, na qual ambos se encontram, como em seu verdadeiro fundamento[96].

Após uma crítica inteiramente não convincente de Hegel, Gadamer termina sua segunda parte com uma análise da fusão de horizontes inerentes ao processo de questionar e de responder:

> Pois é certamente verdade que, comparado com a verdadeira experiência hermenêutica que compreende o sentido do texto, a reconstrução do que o autor tinha em mente é meramente uma tarefa reduzida. É a sedução do historicismo ver em tal redução a virtude de ser realmente científico, e considerar o compreender como um tipo de reconstrução que, de algum modo, repete a gênese do texto[97].

---

[95] "Die Heilige Schrift ist Gottes Wort, und das bedeutet, daß die Schrift vor der Lehre derer, die sie auslegen, einen schlechthinnigen Vorrang behält" (313).

[96] "Wenn der Philologe den gegebenen Text, und das heißt, sich in dem angegebenen Sinne in seinem Text versteht, so versteht der Historiker auch noch den großen, von ihm erratenen Text der Weltgeschichte selbst, in dem jeder überlieferte Text nur ein Sinnbruchstück, ein Buchstabe ist, und auch er versteht sich selbst in diesem großen Text (...) Es ist das wirkungsgeschichtliche Bewußtsein, worin sich beide als in ihrer wahren Grundlage zusammenfinden" (323).

[97] "Denn das ist gewiß richtig, daß gegenüber der wirklichen hermeneutischen Erfahrung, die den Sinn des Textes versteht, die Rekonstruktion dessen, was der Verfasser tatsächlich im Sinne hatte, eine re-

Aqui não é lugar para um criticismo minucioso de Gadamer; portanto, não posso argumentar suficientemente para as asserções seguintes. O feito histórico de Gadamer é o discernimento de que compreender é mais que desvelar a *mens auctoris*. Na linguagem de Edmund Husserl, pode-se dizer que a hermenêutica não lida apenas com o *noesis* do autor de um texto, mas deve considerar seu *noema*, e que, apenas ao fazê-lo, pode respeitar o autor que não é levado a sério se for psicologizado. Se eu tento compreender a pessoa, eu tento entender o que ela diz. Aprender de um texto tem dignidade maior do que aprender sobre ele; portanto, a operação chamada *Verstehen* [compreender] não pode ser reduzida à explicação. Também é verdade que a história não pode ser concebida apenas como um lugar de erros descobertos finalmente pelo intérprete — sendo parte da própria história, ele deve interpretar a história como um lugar de possível manifestação da verdade. Mas esses discernimentos não devem ocultar os lados ambivalentes da grande teoria de Gadamer. Seu principal problema é a rejeição heideggeriana de qualquer reflexão transcendental sobre a *quaestio juris*[98]. *Precisamos de um método para distinguir interpretações boas das ruins, tanto o noesis* quanto o *noema*, e Gadamer tem pouco a oferecer nesse aspecto. Portanto, não se pode negar que, por exemplo, a hermenêutica da desconstrução, com sua falta terrível de sentido para a *mens auctoris*, tem sua raiz parcialmente em Gadamer. A "objetividade" da hermenêutica moderna, certamente, não é tudo, mas é algo de que não se deve desistir[99]. Gadamer confunde gênese e validade quando insinua que a complexa pré-história da hermenêutica moderna prejudica suas reivindicações[100]. A revolução conservadora de Gadamer só pode ser convincente se a hermenêutica moderna for integrada a um conceito mais amplo de hermenêutica. E, para desenvolver uma teoria plausível de como entender *noemata*, precisamos reconhecer uma razão autônoma e uma dimensão de validade que não pode ser oferecida pelo historicismo radical a que Gadamer continua a pertencer. É verdade que ele nos leva além do historicismo ao indicar a contradição inerente a sua crença ingênua em compreensão "objetiva" — não se pode historicizar nada além da própria interpretação histórica. Mas ele apenas leva o historicismo a

---

duzierte Aufgabe ist. Es ist die Verführung des Historismus, in solcher Reduktion die Tugend der Wissenschaftlichkeit zu sehen und im Verstehen eine Art von Rekonstruktion zu erblicken, die Entstehung des Textes gleichsam wiederholt" (355).

98 Cf. 279: "*daß ihre Aufgabe überhaupt nicht ist, ein Verfahren des Verstehens zu entwickeln, sondern die Bedingungen aufzuklären, unter denen Verstehen geschieht*".

99 Cf. BETTI, E., *Die Hermeneutik als allgemeine Methodik der Geisteswissenschaften*, Tübingen, J. C. B. Mohr, 1962, 34 s., 43 ss.

100 Uma falácia similar em relação às ciências humanas pode ser encontrada na primeira parte (3).

uma explosão, ele não a supera. Para fazê-lo, ele teria de permitir mais espaço para Husserl do que para Dilthey e Heidegger, e teria de reconhecer que a facticidade da história não é o critério final de validade, ainda que seja verdade que a história não é um lugar sem sentido, alheio à esfera ideal. Mas é a esfera ideal que constitui a história, e não vice-versa[101].

E é apenas o reconhecimento de tal esfera ideal que nos permite dar sentido à religião e, portanto, à Bíblia. Eu só posso esboçar a forma como tal hermenêutica pós-gadameriana da Bíblia pode se parecer. Primeiro, parece-me desesperançoso justificar a autoridade da Bíblia por meio dos milagres narrados nela ou que se supõem terem levado a sua revelação. Mesmo se supusermos que certos milagres ocorreram (e, dada a obscuridade que cerca a questão mente-corpo, certamente não deveríamos excluir curas baseadas no poder do espírito, ainda que seja errôneo acreditar que tais eventos estão em contradição com as leis da natureza), isso nunca poderia provar sua origem divina; pois algum espírito maligno poderia ser sua causa (cuja existência é difícil excluir, se aceitarmos intervenções sobrenaturais no curso da natureza). Além disso, esses milagres não são necessários para defender a ideia de revelação divina, como Fichte estava certo em apontar: é muito mais adequado a um ser onipotente e onisciente ter organizado o mundo de tal forma que seus propósitos possam ser adquiridos sem qualquer intervenção concreta, simplesmente por seu curso normal da natureza e da história. Em segundo lugar, o divino se manifesta no que possui uma afinidade particular com seus valores e suas verdades centrais, qualquer que seja sua gênese. Obviamente, como Kant e Hegel ensinaram, nós já precisamos de algum conhecimento *a priori* delas para descobrir se um texto pode reivindicar manifestar tais valores de forma particularmente intensa — só pode ser a razão que justifica a autoridade da Bíblia, não a Bíblia que justifica a validade de certas convicções racionais ou morais. Mas isso não implica que uma revelação além da razão seja supérflua? De modo algum. De um lado, a autonomia da razão é um resultado tardio da história e pressupõe, geneticamente, experiências pré-racionais, sem as quais nunca poderia ter se compreendido, e o poder das tradições de que é embutida, como Gadamer corretamente reconheceu[102]. De outro

---

101 Cf. HÖSLE, V., *Wahrheit und Geschichte*, Stuttgart-Bad Cannstatt, Frommann-Holzboog, 1984. Uma crítica posterior de Gadamer pode ser encontrada em meu ensaio: HÖSLE, V., Truth and Understanding: Analytical Philosophy (Donald Davidson), Phenomenology (Hans-Georg Gadamer), and the Desideratum of an Objective Idealist Hermeneutics, in: WIERCINSKI, A. (ed.), *Between Description and Interpretation: The Hermeneutic Turn in Phenomenology*, Toronto, The Hermeneutic Press, 2005, 376-391.

102 Poder-se-ia citar, também, RAHNER, K., *Hörer des Wortes*, München, Kosel, 1941, uma obra que compartilha, com Gadamer, a influência de Heidegger.

lado, mesmo se o exame por uma razão subjetiva é o pressuposto necessário para o reconhecimento justificado de um texto, nada exclui que a razão subjetiva possa aprender de um texto inumeráveis coisas que não eram conhecidas a ele antes. Em terceiro lugar, uma estrutura racionalista acarreta que pode haver muitos textos inspirados, mesmo em culturas e tradições distintas[103]. Os cristãos certamente não poderiam negar que, por exemplo, Maomé adquiriu, para seu tempo e sua cultura, o que poderia ser esperado razoavelmente; portanto, não se deveria refrear de chamá-lo de profeta inspirado.

Não obstante, há — em quarto lugar — boas razões para considerar a Bíblia um livro muito especial. Comparada ao Corão, seus fatores mais marcantes são a riqueza de gêneros literários presentes e o alcance do tempo durante o qual foi escrita[104]. A abundância explica as numerosas contradições que se encontra nela — contradições que, a propósito, favoreceram o desenvolvimento da hermenêutica dentro da cultura cristã e contribuíram para o surgimento da modernidade. Não há sentido em minimizar essas contradições caso se aceitem os princípios da hermenêutica moderna; e, com base em uma ética universalista, seria profundamente imoral aceitar a aplicação desses princípios a outras religiões, mas não à própria. Além disso, não é necessário minimizar essas contradições para defender a autoridade do texto. Que o conceito de Deus da fonte sacerdotal e também do eloísta seja menos antropomórfico que o do javista, que João elimine exorcismos de sua narração dos atos de Jesus, são sinais de progressos religiosos que não deveriam ser perturbadores, mesmo que acarretem que os conceitos mais primitivos de Deus não sejam os definitivos, tornando plausível que também os conceitos tardios possam se tornar mais sutis. O *telos* dos conceitos teológicos da Bíblia, em todo caso, é o *noema* racional de Deus — isso é o que dá sentido à reconstrução histórica do *noesis* anterior. Pode-se defender a tese de que a história da queda diz algo sobre um passo necessário que a mente humana tem de tomar, mesmo se chegarmos à conclusão de que o javista viu, nela, apenas algo negativo — mas a história tem seu próprio peso, transcendendo as intenções de seu autor. Em alguns casos, pode-se mesmo reconhecer em uma história diferentes camadas, representando intenções contraditórias, e, aqui, o intérprete moderno deve, em todo caso, romper com pelo menos uma das interpretações dadas por autores da história.

---

103 Autores cristãos frequentemente afirmaram ter sido inspirados; ver, por exemplo, a carta de Nicolau de Cusa ao cardeal Julio, ao fim de *De docta ignorantia* (*Sobre a douta ignorância*): "*Credo superno dono a patre luminum*" (ed. cit. I 516).

104 Cf. SÖDING, T., *Mehr als ein Buch. Die Bibel begreifen*, Freiburg/Basel/Wien, Herder, 1995.

Ainda menos problemáticas são as contradições entre a Bíblia e o conhecimento científico moderno — pode-se e se deve desmitologizar a Bíblia[105], enquanto se reconhece que é o monoteísmo, como foi primeiro concebido na Bíblia, que é um pressuposto necessário para a gênese e, talvez, para a validade da ciência moderna. É, também, impossível negar algumas passagens — particularmente, mas não as únicas, do Antigo Testamento manifestam ideias morais inaceitáveis a nós — enquanto se reconhece que as ideias de justiça e de amor dificilmente foram articuladas de forma tão poderosa como na Bíblia, particularmente pelos profetas. E a própria Bíblia não mostrou a fraqueza de seus heróis, de modo que não precisamos ficar surpresos com algumas fraquezas de seus autores (bem como, posteriormente, dos padres da Igreja)? Basta pensar na negação de Pedro, certamente uma das cenas mais poderosas dos Evangelhos e um dos textos mais inovadores da literatura mundial[106]. Além da dignidade de suas ideias teológicas em ideias morais, a Bíblia é excelente, de fato, por conta de suas qualidades literárias. É significativo que ela não só ensina preceitos morais (como no livro dos Provérbios), mas que mostra a moralidade em ação — permite, portanto, mas não apenas, nos Evangelhos, uma identificação pessoal que tratados éticos abstratos não oferecem. Esse feito não depende da historicidade das estórias narradas, mesmo que os livros de Samuel e dos Reis possam reivindicar ter determinada origem, como poucos outros textos do pensamento histórico. Tal feito tem a ver com sua arte de narrativa, em muitos casos soberba — eu menciono apenas a estória de José[107]. Uma pessoa com conhecimento vasto e profundo dos clássicos como Harold Bloom declara, sem referência a motivos religiosos, que, se numa ilha deserta ele pudesse ter um livro, seria a obra completa de Shakespeare. Se pudesse ter dois, teria essa obra e uma Bíblia[108].

Mas, é claro, a literatura não pode ser o critério central para avaliar a Bíblia — ela só pode se somar ao peso de suas ideias teológicas e morais. Sua verdade não pode ser provada com ferramentas exegéticas — essa é a tarefa da filosofia sistemática. E isso significa que estudos exegéticos, mesmo após

---

105 Cf. BULTMANN, R., *Neues Testament und Mythologie*, München, Chr. Kaiser, 1985.

106 Cf. AUERBACH, E., *Mimesis*, Princeton, Princeton University Press, 1953, 40 ss.

107 Cf. ALTER, R., *The Art of Biblical Narrative*, New York, Basic Books, 1981. Trad. bras.: ALTER, R., *A arte da narrativa bíblica*, trad. V. Pereira, São Paulo, Companhia das Letras, 2007. Cf. também GREEN, B., *"What Profit for Us?" Remembering the Story of Joseph*, Lanham/New York/London, University Press of America, 1996. Ver também ALTER, R., *The Art of Biblical Poetry*, New York, Basic Books, 1985. Em ambas as obras, "bíblica" se refere apenas ao Antigo Testamento.

108 *The Western Canon*, New York, Harcourt Brace, 1995, 490.

terem encontrado seu próprio método, são bem convencidos a não romper com a filosofia. Apenas uma exegese filosoficamente iluminada pode evitar a Cila do fundamentalismo e o Caríbdis do relativismo histórico.

CAPÍTULO 8

Até que ponto o conceito de espírito (*Geist*) no idealismo alemão é um herdeiro legítimo do conceito de espírito (*pneuma*) no Novo Testamento?

A teologia tem um estatuto peculiar dentro da teoria da ciência. De um lado, como o nome diz, não é só uma ciência humana que lida com a reconstrução de crenças, pois seu tema é o próprio Deus. Sua preocupação não é, primariamente, do tipo histórico-hermenêutico: ela não pode, em contraste com o estudo científico da religião, estar satisfeita com uma investigação de que tipos de conceitos religiosos existem hoje, seja em sua própria cultura, seja em outra, ou que conceitos existiam em épocas anteriores. Uma reconstrução das visões de outros povos que seja intersubjetivamente válida e não enviesada pelas próprias projeções é, em particular quando essas visões são expressas em outras línguas e em contextos que são nitidamente diferentes dos próprios, notoriamente difícil. Os métodos exigidos para essa investigação foram desenvolvidos, a princípio, no século XVIII e, posteriormente, em particular, no século XIX — depois dos métodos das ciências naturais modernas no século XVII. Por essa razão, não deveria nos surpreender que muitos eruditos importantes que se dedicaram a estudos nas humanidades, de fato, ficaram presos em seus estudos nessas ciências — elas eram complexas e exigentes o suficiente. E só se pode falar com grande reverência de cada um dos exegetas e historiadores pioneiros do dogma e da igreja — por exemplo, de Heinrich Holtzmann, Julius Wellhausen, Adolf von Harnack e Ernst Troeltsch — a quem nós precisamos agradecer ternamente por nossa imagem contemporânea da gênese do Antigo e do Novo Testamento, da história do dogma cristão e do desenvolvimento do protestantismo, mesmo que sejamos da opinião de que alguns deles tenderam, ocasionalmente, a reduzir a teologia a uma teologia histórica (em um sentido amplo, incluindo as disciplinas exegéticas). Reconhecidamente, isso transformaria a teologia em uma das humanidades; seria uma disciplina dos produtos da mente humana direcionados a Deus, mas não falaria, por si mesma, na primeira pessoa de Deus. *Seguramente, todavia, as humanidades são sem espírito e evisceradas se tratam apenas de intenções oblíquas dos objetos mais importantes do espírito humano.*

Diante disso, podemos afirmar que a teologia sistemática é o centro da teologia. Não obstante, sua natureza é diferente da natureza de uma disciplina sistemática pura como a matemática ou a filosofia. Mesmo que todo matemático ou filósofo seja bem aconselhado a estudar a obra de seus predecessores, a validade de uma teoria matemática ou filosófica ainda não depende de sua correta interpretação de outras perspectivas. Talvez algo semelhante também possa ser dito sobre a teologia fundamental, tradicionalmente a primeira e mais fundamental parte da teologia sistemática. Mas, certamente, isso não se refere à ética teológica e dogmática, que constitui seu centro, pois ambas as disciplinas são, em seu autoconceito, atadas a textos como a Sagrada Escritura e os artigos de fé: quem as contradiz está solapando sua própria reivindicação de verdade. O que explica por que disciplinas histórico-hermenêuticas, na teologia, são muito mais importantes que na filosofia: precisa-se delas para ter certeza das pressuposições sob as quais a ética teológica e dogmática pode ser construída. *Teologia sistemática, como a filosofia, sem dúvida, fala na primeira pessoa, mas não pode, poder-se-ia dizer com pouco exagero, falar na primeira pessoa do singular*: ela deve se sujeitar ao "nós" recebido dos textos de autoridade. Então, ocupa uma posição intermediária entre uma ciência descritiva pura como a psicologia religiosa e uma disciplina normativa pura, como a ética filosófica: sem dúvida, é normativa, mas o ponto de partida dessa estância normativa são dados — principalmente, mas não exclusivamente, textos cuja relevância normativa é pressuposta e não pode, portanto, ser questionada.

Isso conecta a teologia com a jurisprudência, sua irmã gêmea do ponto de vista da teoria da ciência[1]. Quatro características, todavia, são marcantes. A primeira é

---

[1] Sobre seu estatuto intermediário, do ponto de vistas da teoria da ciência, cf. HÖSLE, V., *Morals and Politics*, Notre Dame, University of Notre Dame Press, 2004, 438 s.

que apenas a lei do Estado, ao menos sob as condições da modernidade, legitima o exercício da violência — violações de dogmas e também do direito canônico não envolvem tais consequências dramáticas legais. Consequentemente, a segunda característica é que os dogmas da teologia não podem ser menos claros que os dogmas do direito, cuja eficiência social seria posta em perigo se o sentido exato do artigo 65 da Lei Fundamental da República Federal da Alemanha fosse tão controverso quanto o da Fórmula de Calcedônia. A terceira característica é que os dogmas da Igreja não têm mecanismos explícitos de continuar o desenvolvimento da forma que os sistemas legais mais modernos fazem. Isso combina com a ideia de que dogmas teológicos não são um produto de acordos humanos. Mas, naturalmente, o estatuto do dogma e, ainda mais, a interpretação dos dogmas mudou com o tempo. Isso ocorre, em partes, de forma explícita nos concílios; por outro lado, é consequência inevitável das mudanças gerais da história e, acima de tudo, de métodos de interpretação textual correta. Considerando que, no mundo moderno, o direito é quase sempre muito antigo, o desenvolvimento do método histórico-crítico fez uma revolução na história legal, mas não na dogmática legal: a jurisprudência exegética raramente precisa desse método. Mas a exegese das escrituras antigas, como a do Antigo e do Novo Testamento, depende dessa jurisprudência se quiser ser levada a sério cientificamente, e é precisamente nisso que reside um dos dois problemas da teologia como uma ciência que permaneceu sem solução desde o século XIX.

A questão, de maneira simplificada, é a seguinte: a validade da dogmática pressupõe o querigma de Jesus Cristo. Essa relação condicional explica por que, particularmente desde a virada protestante até o princípio da *sola scriptura*, a investigação fundamental do sentido atual da Bíblia se tornou uma tarefa religiosa — contrariamente à interpretação dos escolásticos. Sem esse senso religioso particular de missão, o método histórico-crítico dificilmente teria sido desenvolvido de forma tão rápida — não se deveria esquecer a hipótese de que o Pentateuco remete a quatro diferentes versões desenvolvidas por Jean Astruc para preservar a autoria de Moisés, o que foi posto em dúvida; todas as quatro versões, para Astruc, eram de Moisés. O desenvolvimento do método, posteriormente, levou a dissecções do Novo Testamento e a questões críticas que dizem respeito ao seu valor histórico. Logo, foi captado que as diferenças e até mesmo as inconsistências entre os evangelistas e, ocasionalmente, dentro do mesmo Evangelho remetem a diferentes fontes editoriais e redações, respectivamente. (Ver Jo 13,23-26 e 18,15 s., que evidentemente são inserções posteriores. É, sem dúvida, correto afirmar que, com tais hipóteses, as inconsistências dos textos permanecem e são apenas atribuídas ao último editor. Mas isso é psicologicamente muito mais plausível do que as atribuir ao autor original, que, na verdade, é honrado quando não se atribuem inconsistências a ele.) E os diferentes usos das mesmas fontes pelos evangelistas apontam para diferentes cristologias. Portanto, o Evangelho de João não eliminou todas as histórias de exorcismo provavelmente porque elas lhe pareciam embaraçosas, mas os Evangelhos de Lucas e de Mateus, de forma semelhante, eliminaram todas as ações que, no Evangelho de Marcos, têm traços mágicos e acompanham duas curas (7,31-37; 8,22-26). De todo modo, é plausível que o Evangelho mais antigo e menos carregado teoricamente chegue mais perto da verdade histórica: Jesus era, sem dúvida, um exorcista que talvez também usasse práticas mágicas. Quem, de acordo com o disseminado e validado método histórico contemporâneo, procura descascar as camadas interpretativas dos Evangelhos a partir de uma perspectiva histórica do Jesus histórico irá considerar provável uma imagem de Jesus tal como a esboçada por Ed Parish Sanders[2]. Muito conteúdo permanece indeterminado, porém brilha uma figura que, sem dúvida, em seus ensinos morais, pertence às pessoas mais fascinantes da história humana, mas

---

2   *The Historical Figure of Jesus*, Harmondsworth, Penguin, 1993. Ainda não completa é a obra magistral que se planeja compor em cinco volumes, por MEIER, J. P., *A Marginal Jew*, New York, Doubleday, 1991 ss. Estou ciente do fato de que a cautela do método histórico leva ao resultado de que, frequentemente, vê-se previsões bem-sucedidas (por exemplo, sobre a destruição de Jerusalém) como emitida *post factum*, algo que, na realidade, não é necessário — de outro modo, ter-se-ia que datar a conclusão do primeiro volume de *De la démocratie em Amérique* [*Sobre a democracia na América*] de Alexis de Tocqueville em 1950, em vez de 1835 (não obstante, Lc 21,20, é muito preciso para ter sido escrito *ante factum*). Todavia, o inverso pode ser afirmado: predições erradas são muito antigas. Que a Igreja, em seu início, tenha expectativa iminente é óbvio, e, uma vez que sua decepção parcial já está óbvia na primeira carta aos Tessalonicenses (4,13 ss.; cf. também Jo 21,22 s.; 2Pd 3,3 ss.), dificilmente se poderia tê-la projetado em Jesus, caso ele mesmo não tivesse compartilhado dela. Com certeza, ele poderia ter sido radicalmente incompreendido por seus discípulos mais próximos, mas então teríamos de abandonar toda a esperança de chegar à figura histórica. Não, uma das ideias que podemos atribuir a Jesus, uma probabilidade além da dúvida razoável, estava errada, e sua representação do juízo e da condenação, provavelmente, não era compatível com princípios morais modernos. Além disso, o Jesus histórico parece ter apenas ocasionalmente vislumbrado uma difusão universal de sua mensagem, incidentalmente, talvez mais recorrentemente após suas decepções com os judeus. Uma perícope como Marcos 7,24 ss. e Mateus 15,21 ss. é algo que dificilmente se teria inventado em uma época de uma missão florescente aos pagãos. Um perigo fundamental para o método histórico, reconhecidamente, consiste no fato de que, às vezes, se acredita que as hipóteses mais sustentáveis *epistemologicamente* em relação às visões pertencentes a um autor constituem os componentes *ontologicamente* centrais de seu sistema de ideias. Com isso, com certeza, comete-se uma falácia elementar. Jesus pode muito bem ter considerado algumas de suas ideias de modo muito mais significativo que outras que nós podemos atribuir a ele com probabilidade muito maior.

que dificilmente pode reivindicar ter todas as características atribuídas a si pela dogmática tardia. O próprio Jesus não parece reivindicar onipotência ou mesmo bondade divina (Mc 10,40 e 10,18, respectivamente). Não ajuda, de modo algum, objetar que o "verdadeiro" Jesus histórico, em contraste com o Jesus histórico, é o que a Igreja ensina ou o que é apreendido pela fé — ao menos até o ponto em que a Igreja e a fé querem fundar sua legitimidade em Jesus. Pois, então, o círculo fundacional se torna muito óbvio.

Para deixar ainda mais problemática a ideia de que a teologia tem um estatuto científico, deve-se acrescentar, também, que a grande tradição da teologia filosófica e seu núcleo, a doutrina das provas de Deus, está em uma imensa crise desde o século XIX. Sem dúvida, há muitos bons argumentos contra o antigo modelo dualista, de acordo com o qual a razão deve provar o ser de Deus e os argumentos de probabilidade histórica provam a existência de uma revelação que é, enfim, articulada pela dogmática. Em particular, é absurdo, como foi claramente captado por Gotthold Ephraim Lessing e Immanuel Kant, fundar a validade da lei moral em considerações de probabilidade. *Mas é um círculo ainda mais absurdo tentar fundamentar o ser de Deus em uma revelação que pode ser reconhecida como divina, apenas se já há argumentos independentes para o ser de Deus*. Certamente, a teologia dialética derivou sua legitimidade de uma polêmica contra a inclusão da cultura protestante do religioso no mundo social, uma inclusão que a priva de toda transcendência crítica, que constitui a essência do Novo Testamento. Mas a teologia dificilmente pode evitar um afeto antifilosófico, uma vez que, em uma era de pluralidade religiosa, a teologia precisa de um fundamento que vá além do apelo à revelação e ao dogma. Não obstante, a teologia teme que uma filosofia autofundante — especialmente a hegeliana — a torne, em última instância, supérflua, ou ao menos que furte sua autonomia epistêmica. E, de certo modo, está mais disposta a prescindir de tal fundamentação do que de sua autonomia, à qual o estudo dos textos sagrados, inevitavelmente, pertence.

Na sequência, eu esboço brevemente um modelo que, talvez, torne possível incluir a melhor forma de tradição cristã em uma concepção filosófica que irradia de fora a partir da autofundamentação da razão e que, ao mesmo tempo, reconheça que um dos seus conceitos centrais toma seu ponto de partida genético de uma ideia articulada com força especial no Novo Testamento. Eu me refiro aos conceitos de *pneuma* e de *Geist*. A princípio, eu identifico algumas facetas do conceito de espírito no Novo Testamento (I) e, depois, nomeio alguns momentos centrais do conceito de espírito no Idealismo Alemão (II). A abrangência não está sendo buscada, mas minha seleção de passagens com *pneuma* dos Evangelhos deve ser bem representativa.

I

Na Septuaginta, *pneuma* aparece quase sempre como tradução da palavra hebraica *ruach* que, todavia, em outros contextos, é também traduzida como *anemos*[3]. O sentido básico da palavra hebraica é "vento" e "respiração". Em questões que dizem respeito a Deus, a tradução apropriada é "energia ativa" ou, também, "espírito", tal como quando o "espírito de Deus" (2Cr 15,1) vem sobre um profeta, ou repousa no Messias (Is 11,2), logo, inspirando pessoas a uma fala e à ação extraordinária, inspirada pelo divino. Do espírito pecaminoso, pode ser retirado (Sl 51,13) e desempenha um papel importante em expectativas escatológicas (Is 32,15; Ez 36,26 s.; Jl 3,1 ss.). Sem dúvida, a separação pós-cartesiana do conceito de espírito do mundo físico é alheia ao Antigo Testamento, mas a tradução em uma língua estrangeira deve corresponder ao seu mundo conceitual, mesmo quando isso, inevitavelmente, acarreta que uma correspondência de um a um entre os termos das duas línguas é insustentável. *Além disso, o monoteísmo judaico foi uma pressuposição necessária do quadro conceitual cartesiano: a princípio, deve-se pensar em Deus como puro espírito, antes de separar, de forma nítida, o mental do físico, nos humanos.*

O termo grego tem, também, um sentido físico além do seu sentido mental: João 3,8 brinca com esse sentido, e em Mateus 27,50, provavelmente também em Lucas 23,46; Atos dos Apóstolos 7,59; João 19,30; e Tiago 2,26, quer-se dizer "sopro vital". Contudo, no Novo Testamento o sentido espiritual é, sem dúvida, o dominante[4]. *Pneuma* pode ser atribuído tanto a Deus quanto a seres humanos; no último caso, pode ser um elo com Deus, mas também pode designar o mundo psíquico interior (Jo 11,33; 13,21). Muitas vezes, o espírito santo é mencionado; todavia, há também espíritos impuros (Mc 1,23.26; 5,13; 6,7; 7,25), cegos (Mc 9,17) e malignos (Mt 12,45; Lc 7,31; 8,2; 11,26). Observe que *pneuma* pode ser qualificado com adjetivos de sentido normativo contrário. Mesmo o plural, *pneumata*, sem um adjetivo, pode indicar "demônios" (Mt 8,16; comparar ao uso do singular em At 16,18, onde, todavia, previamente, um adjetivo foi usado); mas anjos são também chamados de *pneumata* (Hb 1,14). De-

---

3   Comparar com ISAACS, M. E., *The Concept of Spirit*, London, Heythrop College, 1976, 10 ss. Poderia ir além do limite desse ensaio investigar se a ideia de espírito divino (que surge da compreensão de que o espírito é a parte mais divina dos humanos) está conectada, de maneira especial, com a era axial. Claramente, não se limita à religião judaica; pense na teoria do *nous* de Anaxágoras, mas também no bem anterior *spenta mainyu* (espírito santo) de Zaratustra, que dá o nome ao terceiro Gatha (Yasna 47-50).

4   Edward W. Winstanley forneceu uma antiga porém ainda útil lista de todas as passagens com *pneuma* no Novo Testamento em seu livro: WINSTANLEY, E. W., *Spirit in the New Testament*, Cambridge, Cambridge University Press, 1901.

ve-se considerar, além disso, que *pneuma* pode designar uma qualidade de Deus e também dos humanos, bem como substâncias espirituais independentes. O "espírito de Deus" oscila entre ambos os sentidos pois, às vezes, parece designar uma propriedade; outras vezes, algo autossuficiente.

É fascinante o imanentismo que ocorre em Lucas, em contraste com os outros dois sinóticos na perícope na tentação de Jesus. Após o batismo de Jesus, quando o espírito, o espírito de Deus, e o espírito santo, respectivamente, descem e tomam a forma de uma pomba em Jesus (Mc 1,10; Mt 3,16; Lc 3,22), o espírito leva Jesus ao deserto (Mc 1,12; Mt 4,1); em Lucas, todavia, o próprio Jesus é descrito como *plērēs pneumatos hagiou*, "pleno do espírito santo" (Lc 4,1). Em passagens como essa, os evangelistas falam de *pneuma* (assim como nas lendas do nascimento: Mt 1,18.20; Lc 1,35). O contraste do batismo com água e o batismo com o espírito santo (e com fogo) é atribuído a João Batista (Mc 1,8; Mt 3,11; Lc 3,16; Jo 1,33). *No autêntico Jesus, o conceito parece não desempenhar papel importante*[5]. Talvez Jesus já houvesse afirmado que Davi estava inspirado pelo espírito santo em sua composição do Salmo 110 (Mc 12,36; Mt 22,43), e que seus discípulos deviam acreditar no espírito santo ou no espírito do Pai, respectivamente, que falava por intermédio deles (Mc 13,11; Mt 10,20; Lc 12,12). Provavelmente, ele falou de uma blasfêmia contra o espírito santo quando foi dito que ele próprio possuía um espírito santo e que ele usava Belzebu para expulsar os demônios em seus exorcismos (Mc 3,22 ss.; Mt 12,22 ss.). Expulsar os demônios no espírito de Deus[6] significa que o Reino de Deus chegou a seus ouvintes (Mt 12,28); aqui, de forma fascinante, o conceito do Reino de Deus, tão central a Jesus, é ligado ao conceito de espírito, e o reino é descrito como se já houvesse chegado (*ephtasen*) — em uma dessas passagens em que a expectativa escatológica, que de outro modo seria relacionada a algo iminente no futuro, é trazida ao presente.

O conceito de espírito é mais significativo em Lucas do que em Marcos e Mateus. A proximidade de Lucas 1,80 e 2,40 indica que *pneuma* quase pode ser um sinônimo de *sophia* (cf. também At 6,3.10). De todo modo, o Cristo que se elevou é definitivamente distinto de mero espírito, pois ele tem carne e ossos (Lc 24,37.39) — aqui, a palavra quer dizer aparência não corporal. *No li-*

---

5   Ver SCHÜTZ, C., *Einführung in die Pneumatologie*, Darmstadt, Wissenschaftliche Buchgesellschaft, 1985, 157: "*Jesus selber hat vermutlich nur wenig vom Geist gesprochen*" ("O próprio Jesus, provavelmente, falou apenas poucas vezes do espírito"). Eu sou grato ao livro por muita informação.

6   Em Lucas 11,20 consta "pelo dedo de Deus". Robert P. Menzies tem bons argumentos com os motivos pelos quais é Mateus, e não Lucas, que segue Q (MENZIES, R. P., *The Development of Early Christian Pneumatology with Special Reference to Luke–Acts*, Sheffield, JSOT Press, 1991, 185 ss.).

vro de Atos, que ele toma como ponto de partida do evento de Pentecostes, o termo é usado mais frequentemente do que em todos os outros escritos no Novo Testamento. O batismo com o espírito santo anunciado pelo Batista é prometido por Jesus, imediatamente antes de sua ascensão; ocorre no Pentecostes, na forma do preenchimento pelo espírito santo (At 2,4). Diversas vezes, o espírito inspira os apóstolos, especialmente no contexto da difusão da fé cristã (8,29; 10,19; 13,4); de fato, o espírito do Senhor faz maravilhas entre eles (8,39). Ocasionalmente, o espírito previne a pregação (16,6). A aparição de Cristo na estrada para Damasco tem o propósito de preencher Saulo com o espírito santo (At 9,17; cf. At 13,9). O espírito santo também cai sobre a audiência dos apóstolos — e, de fato, tanto sobre pagãos quanto sobre judeus (At 10,44 ss.; 15,8). Diante dessa experiência, que o lembra da palavra de Jesus em Atos dos Apóstolos 1,5 (ver 11,16), Pedro decide batizar o primeiro pagão, o centurião Cornélio: quem quer que tenha recebido o espírito santo não pode ser privado do batismo de água (At 10,47). Mesmo o Decreto Apostólico, tão crucial na história do cristianismo, refere-se explicitamente ao espírito santo (At 15,28).

O valor filosófico do Evangelho de João é inversamente proporcional ao seu valor como fonte histórica. O fato de o Evangelho ensinar um caminho espiritual para Cristo o torna interessado apenas causalmente em fatos históricos. O nascimento por intermédio do espírito, como Jesus ensina a Nicodemos, de espírito obtuso, é uma precondição ao acesso do Reino de Deus; aquilo que nasce do espírito é, em si, espírito, *pneuma* funcionando como conceito de contraparte a *sarx* (Jo 3,5 s.). Jesus declara à mulher samaritana que o tempo está chegando e, de fato, já chegou quando os verdadeiros adoradores ainda adoram o Pai em espírito e em verdade. O pai quer tais adoradores, pois o próprio Deus é espírito: *pneuma ho theos* (4,24). *Isso pode ser considerado uma asserção sobre a essência de Deus que mudou a história, tal como foi feito pela afirmação rival do círculo joanino* (1Jo 4,8): "ho theos ágape estin", *Deus é amor*. Ao espírito pertence a propriedade de dar a vida (Jo 6,63). Mas os discípulos, que em João compreendem tão pouco como em Marcos, não podem apreendê-lo; o espírito se torna realidade neles apenas com a transfiguração, isto é, a morte e a ressurreição de Jesus (cf. Jo 7,39; 20,22). Em seus discursos de despedida, Jesus promete que o pai enviará um defensor, o espírito da verdade, que o mundo não pode apreender porque não o vê ou não o conhece, mas não obstante permanecerá com os discípulos na eternidade (14,17). Esse Paráclito, ou espírito santo, que procede do Pai (15,26) ensinará tudo aos discípulos (14,26) e os guiará à verdade (16,13). O fato de o Paráclito só poder vir após a morte de Jesus torna sua morte até valiosa para os discípulos (16,7). Ernst Haenchen escreve, em seu comentário, que combina precisão filológica com apropriação espiritual, que, nessa primeira metade do verso, está claramente implícito que o que o espírito irá ensinar vai além da mensagem do Jesus terreno; pode-se dizer, talvez: irá além dela tanto quanto as correções e as adições do escritor do Evangelho vai além da tradição acessível a ele, na forma de sua fonte. Aqui, encontramos uma clara ciência de que há uma lacuna entre o que o Jesus terreno fez e disse e a mensagem do espírito (...). João radicalizou a expectativa escatológica que, para Marcos, ainda está como um evento cósmico em um futuro indeterminado, de tal modo que o tempo cronológico é eliminado e, com isso, a mudança dentro do mundo que Marcos e os cristãos primitivos esperavam[7].

A primeira carta de João — para caracterizar rapidamente as cartas do Novo Testamento — distingue o espírito da verdade do espírito do erro (1Jo 4,6) e exige que haja diferenciação entre os dois. O critério relevante é o espírito reconhecer que Cristo chegou à carne; então, e apenas então, o espírito se originará de Deus (1Jo 4,1 s.). Isso explica por que na Vulgata consta "*Christus est veritas*", ao passo que o texto grego identifica o *espírito* com a verdade (5,6). Já nas cartas paulinas, o conceito de espírito, como é bem conhecido, desempenha um papel decisivo. A teologia de Paulo é, certamente, cristocêntrica, mas algumas de suas afirmações sobre Cristo correspondem a afirmações sobre *pneuma*, e também porque o Cristo erguido se tornou um *pneuma zōopoioun*, um espírito que dá a vida (1Cor 15,45; 2Cor 3,17). Portanto, Paulo pode tanto afirmar que somos um corpo em Cristo (Rm 12,5) quanto citar que somos um corpo em um espírito (1Cor 12,12). Esse espírito, ou Cristo, respectivamente, supera a divisão entre judeus e gregos, escravos e pessoas livres (1Cor 12,13; Gl 3,28). Certamente, Paulo conectou "mais fundamentalmente que sua tradição, pneumatologia à cristologia"[8]. Mas apenas em sua fé o espírito se mostra (Gl 3,2; 5,18). Paulo fala de *pneuma tês pisteos* (2Cor 4,13); ao mesmo tempo, a promessa do espírito é o *objeto* da crença (Gl 3,14). *O espírito é*,

---

7   HAENCHEN, E., *Das Johannesevangelium: Ein Kommentar*, Tübingen, J. C. B. Mohr [Paul Siebeck], 1980, 495: "*In dieser ersten Vershälfte wird deutlich vorausgesetzt, daß jenes, was der Geist lehren wird, über die Botschaft des irdischen Jesus hinausgehen wird; man könnte vielleicht sagen: soweit hinausgehen wird, wie die Korrekturen und Zusätze des Evangelisten über die Tradition, die ihm in seiner Vorlage zu Gebote stand. Hier spricht ein klares Bewußtsein davon, daß zwischen dem, was der irdische Jesus sagte und tat, und der Botschaft des Geistes eine Zäsur besteht (...) Johannes hat die Enderwartung, die für Mk noch als ein kosmisches Ereignis in einer unbestimmten Zukunft lag, derart radikalisiert, daß die chronologische Zeit ausgeschaltet wird und mit ihr jene Veränderung innerhalb der Welt, auf die Mk und die erste Christenheit warteten*".

8   VOS, J. S., *Traditionsgeschichtliche Untersuchungen zur paulinischen Pneumatologie*, Assen, Van Gorcum, 1973, 145. Sobre a pré-história da formação de Paulo, comparar também PHILIP, F., *The Origins of Pauline Pneumatology*, Tübingen, Mohr Siebeck, 2005.

portanto, igualmente sujeito e objeto da crença. O espírito de Deus é distinto dessa maneira do espírito do mundo (1Cor 2,12); vive nos humanos (3,16; 6,19). É importante que o Paulo pneumático, que atribui ao espírito os diferentes carismas (1Cor 12,4 ss.), moralizou o conceito de *pneuma*: o espírito se mostra não só em feitos e eventos extraordinários, mas também em uma forma de vida inspirada pela fé (Gl 5,22 ss.)[9]. A oposição de Paulo entre espírito e carne (*sarx*) é influente, bem como a oposição entre espírito e letra (*gramma*). O primeiro contraste[10], é claro, não tem nada a ver com o cartesiano: possuir carne é uma atitude. A carne não pode obedecer à lei de Deus. Enquanto a lei leva ao conhecimento do pecado e, inevitavelmente, ao pecado, o ser humano é livre da lei do pecado e da morte por meio da lei do espírito da vida em Cristo, que leva à vida e à paz (Rm 8,2 ss.). O espírito, que não é um espírito de servidão, nos torna filhos de Deus; é o espírito divino que exibe a testemunha correspondente ao nosso espírito (8,14 ss.; cf. Gl 4,6). Nele, é liberdade (2Cor 3,17). Semelhante é o contraste entre espírito e letra: só é um verdadeiro judeu aquele em quem ocorreu uma circuncisão do coração no espírito, e não na letra (Rm 2,29). A novidade do espírito é contrastada com a idade avançada da letra (Rm 7,6); esta mata, aquela vivifica (2Cor 3,6). Com duas metáforas e um poliptoto, Paulo explica, em uma de suas passagens mais bonitas, que quem semeia o espírito colhe a vida eterna do espírito (Gl 6,8).

II

O longo caminho da pneumatologia do Novo Testamento por meio da formulação dos dogmas trinitários pela antiga Igreja[11], e pelas doutrinas medievais do espírito santo[12], não pode ser seguido aqui, ainda que a teologia da histó-

---

9 Comparar com GUNKEL, H., *Die Wirkungen des heiligen Geistes nach der populären Anschauung der apostolischen Zeit und nach der Lehre des Apostels Paulus*, Göttingen, Vandenhoeck & Ruprecht, 1888, 77: "*Paulus sieht in einer Fülle von christlichen Funktionen Geisteswirkungen, welche das Judentum und die ältesten Gemeinden nicht für Wirkungen einer übernatürlichen Kraft gehalten haben*" ("Paulo reconhece, em uma variedade de funções cristãs, efeitos do espírito que o judaísmo e as comunidades mais antigas não consideram efeitos de uma força sobrenatural").

10 Também é encontrado em 1 Pedro 3,18; 4,6. O espírito não é um mero princípio da vida, mas, sim, é contrastado com o *psychikos* (...) *anthrōpos* (1Cor 2,14: cf. Tg 3,15 e Jd 19), e diferenciado tanto de *psyche* quanto de *soma* (1Ts 5,23).

11 Comparar com HAUSCHILD, W.-D., e DRECOLL, V. H., *Pneumatologie in der Alten Kirche*, Bern/New York, Peter Lang, 2004.

12 Cf. DREYER, E. A., "An Advent of the Spirit: Medieval Mystics and Saints", in: HINZE, B. E.; DABNEY, D. L. (eds.), *Advents of the Spirit: An Introduction to the Current Study of Pneu-*

ria de Joaquim de Fiore já manifeste o desejo de ir além da Nova Aliança. Eu devo saltar imediatamente para o quinto paradigma do cristianismo, o do iluminismo, após os paradigmas do cristianismo inicial — helenístico, medieval e protestante[13]. No contexto desse paradigma, o idealismo alemão é particularmente fascinante porque se atém, de um lado, ao racionalismo do iluminismo; de outro lado, com base em uma noção mais complexa de razão, busca transformar mais da tradição cristã em forma conceitual do que outros representantes do iluminismo foram capazes de fazer: não se pode esquecer que Johann Gottlieb Fichte, Friedrich Wilhelm Joseph Schelling e Georg Wilhelm Friedrich Hegel foram educados como teólogos luteranos. Todos os três conheciam a Bíblia muito bem, e foi a oposição paulina entre letra e espírito que permitiu a Fichte compreender suas inovações filosóficas como uma continuação legítima da filosofia kantiana — o que compreensivelmente irritou Kant, que, contra a afirmação de que "a letra *kantiana* matou o espírito tanto quanto a aristotélica", afirmou que "a crítica deve ser entendida segundo a letra"[14]. Ainda assim, o jovem Hegel afirmou em 1801: "A filosofia *kantiana* requer que o espírito seja separado (...) da letra"[15]. Mas, obviamente, não foi apenas a filosofia kantiana. O cristianismo também é sujeito a uma nova interpretação por Hegel, que pode ser conceitualizada na seguinte forma: *a cristologia é absorvida pela pneumatologia*. Por que esse programa filosófico foi tão plausível?

As duas rupturas mais importantes na história da filosofia moderna são definidas pelos nomes de Descartes e Kant. Descartes sustenta que o mental é irredutível ao físico; Kant afirma que a lei moral pertence a uma ordem distinta do mundo natural (a que o mental também pertence). Enquanto Descartes e Kant são dualistas, seus sucessores — Spinoza, Leibniz e os idealistas alemães, respectivamente — tentam elaborar filosofias que superam esses dualismos. Se o mental não pode ser reduzido ao físico, consequências idealistas são tentadoras, seja do tipo idealista subjetivo, seja do tipo idealista objetivo: ou se inicia da própria consciência, ou de uma razão geral da qual a consciência finita participa. *Se o senso do normativo não pode ser derivado de con-*

---

matology, Milwaukee, Marquette University Press, 2001, 123-162. A hermenêutica bíblica de Mestre Eckhart é um elo especialmente importante para o idealismo alemão.

13   Estou me referindo à convincente subdivisão de KÜNG, H., *Christianity: Essence, History, and Future*, New York, Continuum, 1995.

14   Ver sua "Elucidação", de 7 de agosto de 1799 (*Kant's gesammelte Schriften*, vol. XII, Berlin/Leipzig, 1922, 371). O próprio Kant, é claro, insiste na tensão entre letra e espírito, em outros momentos.

15   HEGEL, G. W. F., *Werke in zwanzig Bänden*, Frankfurt, 1969-1971, 2.9. Todas as passagens que estou citando são de sua edição, inclusive as palestras tardias, que não são disponíveis em edições críticas, uma vez que o desenvolvimento de Hegel ao longo dos anos não é temático.

dições mentais descritivas e, caso se acredite em um único princípio do mundo, então, é plausível interpretar a abertura à lei moral, que se pode chamar de "espírito", como o verdadeiro princípio da realidade. O "eu" do jovem Fichte, o "absoluto" do jovem Schelling e o "espírito" de Hegel são os respectivos princípios de suas filosofias. Com Kant, já é primordial a concepção ética que defende que a lei moral deve ser fundada no princípio de autonomia: o que está em jogo é uma legislação da própria razão prática. Nesse aspecto, a ética cristã tradicional é sentida como heterônoma, na medida em que remete a validade de normas morais à revelação. Certamente, não é coincidência que essa virada da ética à autonomia seja levada adiante por protestantes. A virada significa nitidamente que eles estão em oposição rígida às crenças escriturais literais da ortodoxia luterana de seu tempo. Mesmo o Schelling tardio, que limita a ideia de autojustificação da razão, enfatiza que a Reforma, "que procedeu mais a partir de uma profunda empolgação moral e religiosa do que de um espírito científico, deixou a antiga metafísica intocada; portanto, esta permaneceu incompleta" e reclama sobre a "crença na revelação como meramente autoridade externa, na qual a reforma inegavelmente degenerou, no fim"[16].

---

[16] SCHELLING, F. W. J., *Philosophie der Mythologie, Erster Band: Einleitung in die Philosophie der Mythologie*, Darmstadt, Wissenschaftliche Buchgesellschaft, 1976, 264. ("*mehr aus tief religiöser und sittlicher Erregung alswissenschaflichem Geist hervorgegangen, hatte die alte Metaphysik unangetastet stehen lassen, war aber eben dadurch unvollendet geblieben*") e 266 ("*Glauben an die Offenbarung als bloß äußere Autorität, worein unleugbar die Reformation zuletzt ausgeartet*"). Schelling, não obstante, elogia os primeiros reformadores que, diferentemente de seus contemporâneos, os pietistas, não escolhiam passagens individuais da Bíblia, mas se ordenavam "segundo o princípio do cristianismo", "e, porque encontraram o espírito, eles foram vitoriosos" (*Philosophie der Offenbarung*, 2 vol., Darmstadt: Wissenschaftliche Buchgesellschaft, 1974], II 101: "*und eben weil sie den Geist getroffen, darum haben sie gesiegt*"). As filosofias tardias de Fichte e de Schelling não podem ser discutidas aqui. Pode bastar a afirmação de que elas não podem ser designadas irracionais, mesmo que desviem significativamente da ideia de sistema de Hegel. Schelling escreve, no mesmo texto, brevemente após a passagem supracitada: "Também o cristianismo exige superação, mas não da própria razão (pois, então, todo entendimento cessaria), mas apenas da razão meramente natural" (267: "*Auch das Christenthum verlangt Ueberwindung, aber nicht der Vernunft selbst [denn dann hörte alles Begreifen auf], sondern der bloß natürlichen*"). "Se há algo em nós que transcenda toda a razão, seremos capazes de falar dela apenas após a ciência da razão ter sido completada, e ela ainda está longe desse ponto" (269: "*Wenn in uns selbst etwas alle Vernunft Uebertreffendes liegen sollte, so wird von diesem erst dann die Rede seyn können, wenn die Vernunftwissenschaft bis an ihr Ziel geführt ist, davon sie aber noch weit entfernt ist*"). De qualquer modo, sua cristologia relativamente tradicional é muito diferente da cristologia de Fichte e de Hegel, contra quem ele se volta na *Philosophie der Offenbarung* (II 101 ss.) [*Filosofia da revelação*]. Um dos problemas de sua cristologia (não o único) é que Schelling não leva a pesquisa moderna sobre o Novo Testamento a sério: ele considera a carta aos Hebreus de autoria paulina (320) e apresenta uma interpretação filologicamente inaceitável de João 21 (328 ss.).

Há múltiplas razões que, nos séculos XVII e XVIII, conduziram a um declínio na fé entre muitos intelectuais sobre a verdade literal da Bíblia[17]. Primeiro, uma nova metafísica das leis da natureza fez o conceito de milagroso parecer problemático de forma muito diferente do que era na Antiguidade (Porfírio não desafia a possibilidade, mas, sim, a *singularidade* dos feitos milagrosos de Jesus, e indica Apolônio de Tiana). Depois, o desenvolvimento de um método hermenêutico que, com Spinoza, separa estritamente a questão do sentido da questão da verdade tornou possível deixar mais nítidas as afirmações questionáveis da Bíblia, ao passo que, anteriormente, elas haviam sido interpretadas como não questionáveis. Na sequência, o desenvolvimento do historicismo levou à ideia de que uma forma diferente de pensar, a saber, mítica, pode ser atribuída a culturas mais antigas. E, então, o pensamento de que as pessoas que não conhecem Cristo poderiam ser excluídas da salvação veio a ser sentido como moralmente intolerável. De fato, o universalismo ético, que sem dúvida foi vivificado pela cristandade, inspirou, no século XVIII, um interesse completamente novo em outras culturas. *Johann Gottfried Herder exemplifica um novo tipo de humanidade que, para ele, tem raízes teológicas evidentes: a energia de Deus se manifesta em todas as obras significativas da mente.* Próximo a Herder está o fragmento épico de Johann Wolfgang von Goethe, *Die Geheimnisse* [*Os mistérios*], que esboça a ideia de uma religião universal integrativa. Sem dúvida, a combinação das novas humanidades com uma metafísica e uma epistemologia complexa, uma síntese não adquirida pelo próprio Herder, é uma das questões mais importantes para Schelling e Hegel.

Ainda que o conceito fundamental de Fichte seja o "eu", o conceito de "espírito" já desempenha um papel importante para ele. Nós vimos como ele evocou o espírito em sua transformação da filosofia kantiana. No semestre de verão de 1794, e no semestre de inverno de 1794-1795, Fichte lecionou, em Jena, "*de officiis eruditorum*" ("sobre os ofícios dos intelectuais"); a ênfase principal na segunda metade do curso foi na diferença entre o espírito e a letra na filosofia. Na primeira palestra relevante, Fichte inicia declarando que o espírito é "aquilo que, de outro modo, se chamaria *poder produtivo imaginativo*"[18]. Nesse sentido, todos os humanos têm um espírito. Contudo, se diferenciarmos humanos com espírito de humanos sem espírito, veremos que apenas os primeiros têm ideias e ideais, pois estão preocupados com a "unificação de todos ao reino da verdade e da virtude (...) quem chega a essa região é um es-

---

17   Ver o cap. 7 deste volume.
18   FICHTE, J. G., *Von den Pflichten der Gelehrten: Jenaer Vorlesungen 1794/95*, Hamburg, Meiner, 1971, 58.

pírito e tem espírito no sentido superior da palavra" (60). Não é possível descrever cientificamente o que é ter espírito, pois um espírito não pode afetar imediatamente outros espíritos, mas deve ser representado por um corpo, e essa representação externa é "uma representação do espírito meramente para aquele que tem espírito" (62). A história consiste em uma "disputa dos espíritos entre si" (63). O espírito, então, resumo Fichte, é em sua essência autônomo: "o espírito age de acordo com sua própria regra; ele não precisa de lei, mas é uma lei em si" (64). E, no ensaio correspondente, nós lemos: "o espírito deixa as fronteiras da realidade para trás de si (...) o impulso ao que é dado procede rumo ao infinito" (162).

Dos três maiores representantes do idealismo alemão, Hegel é o que estudou o Jesus histórico de forma mais completa — pense-se em *Das Leben Jesu* [*A vida de Jesus*], escrito em 1795 em Berna, em que todos os relatos de milagres do Evangelho são excluídos. Os manuscritos escritos em Frankfurt, sobre o chamado *Geist des Christentums* [*Espírito do cristianismo*], oferecem uma interpretação filosófica do material estudado mais cedo. O antijudaísmo de Hegel é marcante; ele falou da "antiga aliança de ódio" (1: 293; cf. 287). Jesus surge em uma época de mudança radical. Hegel usa, aparentemente seguindo Montesquieu, o termo *Geist* [*espírito*] pela primeira vez em um sentido sociológico geral:

> No tempo em que Jesus se apresentou na nação judaica, eles se encontravam em uma situação de revolução, a qual teria de ocorrer mais cedo ou mais tarde, e que sempre tem as mesmas características gerais. Quando o espírito está ausente de uma constituição, das leis, e por meio de sua mudança o espírito não mais concorda com estas, uma busca, um esforço para algo diferente, se desenvolve (297).

O "espírito sublime de Jesus" — aqui, de forma secundária, o termo designa algo individual —, particularmente no Sermão da Montanha, se volta contra a lei (324). A interpretação hegeliana de Jesus é certamente influenciada por sua própria crítica da "autoimposição da virtude kantiana" (359); os conceitos religiosos e morais de Jesus são muito mais ancorados no judaísmo do que os conceitos de Hegel, que ignorava a tradição judaica contemporânea e se apropriava voluntariamente da construção dos Evangelhos (cf. 355 e Jo 2,24 s.), como se poderia saber (ainda que, como um completo leigo, eu não descarte que, hoje, a originalidade de Jesus é, às vezes, subestimada — fruto do desejo bem compreensível de romper com a terrível tradição do antijudaísmo cristão). Para Hegel, a mensagem central de Jesus é algo vivo e espiritual (aqui, por sua vez, em um sentido normativo), a saber, o amor: "Que o amor triunfou, não significa, como quando o dever triunfou, que ele subjugou o inimigo, mas que ele superou a hostilidade. Para o amor, é um tipo de desonra, se é comandado, se ele, uma coisa viva, um espírito, é chamado por um nome" (363). Hegel se baseia especialmente nos discursos de Jesus no Evangelho de João[19]: o fundamento de uma comunidade verdadeira no "mesmo espírito de amor", não a mera satisfação pelo sacrifício, é o que Jesus buscava (367). A consubstanciação deve ser como que duplicada: "não apenas o vinho é sangue, mas o sangue é também espírito" (366). Quem identifica o "espiritual com o espírito" irá também captar que a "sequência de frases téticas" no início do prólogo a João tem "apenas a aparência enganadora de juízos" (373). A divindade do Cristo aponta para a conexão do finito com o infinito, que é a própria vida (378). *Apenas quem sente o divino em si mesmo pode reconhecê-lo também em Cristo* (383); *quem é incapaz de senti-lo por esse, já é condenado por esse fato, não apenas no futuro* (379 com referência a Jo 3,18). Ao mesmo tempo, Jesus é uma parede divisória entre os discípulos e Deus (384); Hegel explicitamente cita João 16,7. "Apenas após a separação de sua individualidade, sua independência dele cessaria e o próprio espírito do divino subsistiria neles" (388). Hegel interpreta, no espírito de João, o *logion* de Jesus (Mt 12,22 ss.): "quem se separa do divino, e blasfema a própria natureza e o espírito nela, seu espírito destrói o sagrado nele mesmo" (389). Certamente, para Hegel, a história do cristianismo primitivo se encerra tragicamente: ainda que a crença tenha se tornado uma expectativa que se autorrealize (397 s.), os discípulos falharam e externalizaram sua imagem de Jesus em um mundo transcendente, em vez de se apropriarem dela. "O manto da realidade, oculto no túmulo, novamente saiu do túmulo e aderiu à pessoa elevada como um Deus. Essa necessidade de algo real, triste para a comunidade, é profundamente conectado com seu espírito e seu destino" (410). No fim do tratado, onde Hegel defende a interpretação tipológica do Antigo Testamento por intermédio dos autores dos Evangelhos, pode ser encontrado algo especialmente fascinante. Hegel não contesta a hipótese de que os próprios profetas não tenham pensado em Jesus, mas ele distingue entre *realidade* histórica e a *verdade* da apropriação, cuja legitimidade não depende da realidade histórica. Hegel pode se referir a João 16,51, em que os evangelistas reconhecem, na frase de Caifás, um sentido profético — embora, como ele bem sabe, não intencional. Nessa ha-

---

19 Fichte interpretará, na sexta palestra de *Die Anweisung zum seligen Leben, oder auch die Religionslehre* [Caminho para uma vida abençoada, ou, também, doutrina da religião], de 1806, o prólogo do Evangelho de João de acordo com sua própria filosofia. Ver WEIDNER, D., Geist, Wort, Liebe: Johannes um 1800, in: MARTUS, S.; POLASCHEGG, A. (eds.), *Das Buch der Bücher — gelesen: Lesarten der Bibel in den Wissenschaften und Künsten*, Frankfurt, Peter Lang, 2006, 435-470.

bilidade de reconhecer o espírito, mesmo onde trabalha a contragosto, reside "a mais elevada crença no espírito: (...) ele se refere a Caifás como 'pleno do espírito', no qual reside a necessidade do destino de Jesus" (416 s.).

Caso se queira, pode-se ver um equivalente dessa crença mais elevada no espírito das mudanças que levaram, enfim, às bem diferentes *Vorlesungen über die Philosophie der Religion* [Palestras sobre filosofia da religião], de Berlim. O desdobramento histórico da religião cristã não parece mais, ao Hegel maduro, ser uma história de declínio, mas, sim, o caso de ser amado por Deus. O espaço disponível aqui não me permite desenvolver a filosofia da religião madura de Hegel, que integra com muito mais ênfase a dogmática trinitária da antiga Igreja[20]. Apenas três pontos cabem ser abordados neste momento. Em primeiro lugar, a filosofia da religião de Hegel não é primariamente preocupada com Deus, mas com concepções humanas de Deus. Em contraste com Schelling[21], o "espírito absoluto" para Hegel não se refere a Deus, mais à arte, à religião e à filosofia. Deus em si é temático para Hegel na *Ciência da lógica*. Contudo, Deus se manifesta também no desenvolvimento do mundo, particularmente do espírito; por essa razão, Hegel pôde, provavelmente com João 4,24 em mente, escrever no § 384 da *Enciclopédia* de Berlim: "*o absoluto é o espírito*; essa é a mais alta definição do absoluto" (10.29). Como a manifestação pertence ao conceito hegeliano de espírito, isso significa que o absoluto deve se revelar: "Ou, para expressá-lo mais teologicamente, Deus é essencialmente espírito, na medida em que ele está em sua comunidade. Foi dito que o espírito, o universo sensorial, deve ter espectadores e ser a favor do espírito, então Deus deve ser muito mais pelo espírito" (16.53). Deus se manifesta em todas as religiões, mas sobretudo na religião que o concebe explicitamente como espírito, ou seja, a religião cristã. Em segundo lugar, o Hegel maduro também vê a pneumatologia como a verdade da cristologia: "a relação com um mero ser humano se torna uma relação que é modificada e transformada pelo espírito" (17.296). Em terceiro lugar, Hegel segue o desenvolvimento posterior do cristianismo, de um lado, pelo moderno estado-nação, de outro, para uma filosofia que conceitualiza o cristianismo (17.330 ss.).

A que ponto a filosofia hegeliana do espírito, provavelmente o ápice do idealismo alemão, é uma herdeira legítima do conceito de *pneuma* do Novo Testamento? A resposta a essa questão, naturalmente, depende da natureza dos critérios para a herança legítima. Se os critérios são de natureza filosó-

---

[20] Eu posso me referir a meu livro: HÖSLE, V., *Hegels System*, Hamburg, Meiner, 1998, 638-662. Trad. bras.: *O sistema de Hegel. O idealismo da subjetividade e o problema da intersubjetividade*, trad. A. C. P. de Lima, São Paulo, Loyola, 2007.

[21] *Philosophie der Offenbarung*, I, 248 ss.

fica, a única questão em jogo é determinar se a filosofia hegeliana é mais bem fundamentada que todas as alternativas possíveis. Se esse é o caso, ela pode certamente integrar formas anteriores de espírito em sua própria pré-história. Se, de outro modo, os critérios são de natureza teológica, deve-se perguntar quais conceitos importantes sobre Jesus são perdidos na filosofia hegeliana. Até onde posso dizer, três conceitos foram destacados na leitura de Hegel. A determinação do que é importante em si leva a preocupações que transcendem os textos, e não simplesmente resultam da frequência dos conceitos do Novo Testamento; pois, de outro modo, seria necessário destacar os exorcismos, também. Em primeiro lugar, pode-se defender que, no Hegel maduro, o conceito de espírito substituiu o conceito de amor. A apropriação existencial do mandamento do amor está além das humanidades fundamentadas no âmbito filosófico — essa compreensão de Kierkegaard é atraente e se torna ainda mais atraente quando associada a seu retorno à antiga ortodoxia luterana, que promete a todos os que não acreditam na unicidade do Cristo a condenação eterna. Em segundo lugar, é possível criticar a teoria de que a experiência da própria pecaminosidade é impedida quando se aponta, com tanta força quanto Hegel aponta, para a divindade do espírito humano; quem sofre pode encontrar um conforto na figura do crucificado que a filosofia hegeliana do espírito não transmite a ele. E, em terceiro lugar, pode-se recusar a chegar a um acordo com a imanentização da escatologia em Hegel. Entretanto Hegel poderia responder que todas as três peculiaridades de sua interpretação são, ao menos, rudimentarmente encontradas no Evangelho de João[22], e o que quer que esteja além disso se deve à força do espírito que João proclama. Só se pode responder a isso com firmeza quando se tenta mostrar por que cada um dos três limites perde algo essencial e, de fato, se tenta mostrar isso com argumentos filosóficos. *Afinal, o espírito vivo só opera quando tradições espirituais são estudadas e sujeitas ao exame argumentativo.*

---

22 Sobre o segundo ponto, ver, por exemplo, HAENCHEN, E., *Das Johannesevangelium*, 493: "*Es ist längst aufgefallen, daß der Begriff Sünde im vierten Evangelium zwar 16 mal vorkommt, aber dennoch keine entscheidende Rolle spielt*" ("Já foi notado, há muito tempo, que o conceito de pecado ocorre 16 vezes no quarto Evangelho, mas, não obstante, não desempenha um papel crucial").

CAPÍTULO 9

Razões, emoções e presença de Deus no diálogo *Cur Deus homo* [*Por que Deus se fez homem*], de Anselmo de Cantuária

(com Bernd Goebel)

Um dos mais importantes resultados da historiografia da filosofia medieval no século XX foi a rejeição da imagem monolítica que a renovação neoescolástica do pensamento medieval favoreceu no século XIX tardio. Uma das razões pelas quais a filosofia medieval é uma época importante na história da filosofia é precisamente porque contém uma vasta gama de diferentes posições sobre uma grande variedade de questões. A exata determinação da relação entre fé e razão, por exemplo, é uma questão crucial tanto para a filosofia da religião quanto para a epistemologia. Em relação a esse ponto, encontramos, além da influente delineação, por Tomás de Aquino, de fé e razão com sua distinção entre verdades naturais e sobrenaturais, pensadores medievais que acreditam que nem a existência de Deus pode ser provada pela razão, ao passo que outros filósofos e teólogos defendem que todas as doutrinas principais da verdadeira religião podem e devem ser demonstradas racionalmente. Todos os filósofos cristãos medievais viam o cristianismo como a verdadeira religião. Os racionalistas, entre eles, portanto, estão acima de tudo comprometidos com o objetivo de justificar, apenas por meio da razão, os dois dogmas do cristianismo que o distinguem, mais que outros, das duas grandes religiões monoteístas — a Trindade e a encarnação. Apesar desse caráter apologético, todavia, seu racionalismo implica, tacitamente, que esses dogmas não podem ser provados racionalmente, ou que devem ser interpretados de forma acessível à demonstração racional. E essa é uma das razões por que seu projeto foi considerado com suspeita por muitos oficiais da Igreja.

Depois de Tomás de Aquino, se não pouco antes, a maioria dos teólogos e filósofos medievais abandonou o projeto racionalista, as mais notáveis exceções sendo Raimundo Lúlio e seus seguidores[1]. Mas, até o século XII, o racionalismo, geralmente mitigado por uma versão de teologia negativa, tinha uma posição disseminada entre os filósofos mais originais. João Escoto Erígena, Anselmo e os Vitorinos — bem como, embora de forma significativamente menor, Pedro Abelardo — são, atualmente, considerados racionalistas — mesmo que, ainda em 1931, Karl Barth tenha defendido uma interpretação radicalmente fideísta da prova ontológica de Anselmo (que definitivamente diz mais sobre sua teologia dialética do que sobre o argumento de Anselmo)[2]. No que segue, apoiamos a leitura racionalista moderna de Anselmo, mostrando, em particular, que seu apelo recorrente à ajuda de Deus não põe em perigo a autonomia da razão. Ao mesmo tempo, todavia, a fé realmente desempenha um papel importante para o programa de Anselmo de *fides quaerens intellectum* [fé que busca a inteligência, ou compreender] — embora só o faça em relação a tornar a descoberta da verdade possível ou mais provável, e não em relação a justificar o que foi descoberto. Ainda assim, o apoio emocional dado pela fé à atividade do intelecto é indispensável, e um arrazoado do racionalismo de Anselmo que falha em fazer justiça a esse aspecto seria incompleto.

Para provar nosso posicionamento, focamos no *Cur Deus homo* [*Por que Deus se fez homem*]. Fizemos isso por dois motivos. De um lado, essa obra contém a discussão mais extensa sobre a questão mais espinhosa para uma interpretação racionalista do cristianismo, isto é, a encarnação. De outro lado, *Cur Deus homo* é a única obra de Anselmo que compõe um diálogo vivo, de pleno direito. Sem dúvida, *De grammatico*, *De veritate*, *De libertate arbitri*, e *De casu diaboli* são diálogos, também, mas, neles, os interlocutores permanecem anônimos — são simplesmente chamados de *mestre* e *discípulo*; e enquanto o professor pode, é claro,

---

1   Sobre o racionalismo de Lúlio, ver HÖSLE, V., "Einführung", in: LÚLIO, R., *Die neue Logik: Logica nova*, trad. V. Hösle and W. Büchel, Hamburg, Meiner, 1985, ix-ixxxii. Seus seguidores incluem Raymond Sebond e Nicolau de Cusa. Ainda que a epistemologia de De Cusa, em virtude de sua distinção entre *ratio* e *intellectus*, seja mais complexa que a de Lúlio, nenhum outro autor o influenciou mais profundamente que Lúlio. Isso vale também para seu diálogo inter-religioso *De pace fidei*; ver cap. 10 deste volume.

2   Ver BARTH, K., *Fides quaerens intellectum: Anselms Beweis der Existenz Gottes im Zusammenhang seines theologischen Programms*, München, Zollikon, 1931, 1958.

ser identificado com Anselmo, o discípulo nem parece corresponder a uma pessoa real nem exibe qualquer individualidade como ficção literária. Essa situação é reminiscente das *Tusculanae disputationes* de Cícero, provavelmente o diálogo filosófico menos completo de Cícero no que diz respeito a suas qualidades como um diálogo. Sua experimentação com as formas existenciais mais profundas do tratado baseado em meditação e o endereçamento direito de Deus em seu *Monologion* e no *Proslogion*, respectivamente, e sua composição de orações, meditações e centenas de cartas pessoais, sua vida espiritual e quase trinta anos de ensino na escola de Bec, tudo isso ajudou Anselmo a adquirir a capacidade de escrever um diálogo no qual os interlocutores são verdadeiros indivíduos. Afirmo isso não só no sentido de que há pessoas históricas conjuradas pelo universo literário do *Cur Deus homo* — Anselmo é explicitamente mencionado, bem como seu pupilo da vida real, Boso de Montivilliers (ca. 1065/1066-1136)[3]. "Verdadeiros indivíduos" buscam transmitir mais: os dois interlocutores não se parecem mais com abstrações, mas, sim, com seres humanos concretos, com diferentes estruturas emocionais e distintas capacidades intelectuais, permanecendo em profunda e pessoal relação um com o outro[4].

De fato, além do uso inovador de formas literárias, a experiência de uma intensa amizade parece ter sido uma das razões principais pelas quais *Cur Deus homo* se tornou o diálogo mais vivo a ser escrito desde a Antiguidade Tardia no mundo latino. Quem lê as cartas que Anselmo escreveu a seu pupilo Boso (que se tornaria seu segundo sucessor como abade de Bec) não consegue deixar de perceber quão afetuoso era seu relacionamento. De fato, é impossível considerar a afeição que Anselmo e Boso mantêm um pelo outro simplesmente com referência aos costumes da época. Há certa exclusividade em sua amizade, mesmo uma qualidade quase erótica, embora isso não sugira nada físico[5]. Em uma carta, Anselmo declara que ele sabe que Boso não ama ninguém mais do que o ama, e ele acrescenta que ele mesmo não sabe quem ele amaria mais que Boso[6]; em outra, ele acrescenta que sabe que Boso

---

[3] Sobre Boso, cf. GOEBEL, B., "Boso von Montivilliers", in: BAUTZ, T. (ed.), *Biographisch-bibliographisches Kirchenlexikon*, Nordhausen, Traugott Bautz, 2004, vol. 23, 112-114; o texto moderno mais extenso sobre Boso é de PORÉE, A.-A., *Histoire de l'Abbaye du Bec*, Evreux, Charles Herrissey, 1901, vol. 1, 280-314.

[4] Usando as categorias introduzidas por FORSTER, E. M., *Aspects of the Novel*, San Diego, Harcourt Brace, 1955, 67 ss., poder-se-ia chamá-los de personagens "redondos", em contradistinção aos personagens "planos" dos diálogos anteriores.

[5] Sobre a concepção de amizade monástica de Anselmo, ver SOUTHERN, R., *Saint Anselm: A Portrait in a Landscape*, Cambridge, Cambridge University Press, 1990, 138-165.

[6] ANSELMO, *Epistola* 174, *Sancti Anselmi Cantuarensis Archiepiscopi opera omnia*, ed. F. S. Schmitt, 6 vol., Seckau/Rome/Edinburgh, Thomas Nelson, 1938-1961 (citado como S,

o deseja mais do que qualquer coisa no mundo. "A gentileza de seu amor por mim conhece a gentileza de meu amor por você, e meu afeto por você conhece sua afeição por mim"; e esse mútuo e verdadeiro amor tem seu princípio em Deus[7]. Por duas vezes, Anselmo, então arcebispo da Cantuária, convidou Boso a ir à Inglaterra. Quando retornou de seu segundo exílio, ele pediu a seu antigo mosteiro que lhe enviasse Boso "porque ele preferiria viver com ele em solidão do que sem ele com grandes riquezas", como relata o biógrafo de Boso, Milo Crispino[8]. Eadmer de Cantuária, em seu *De vita et conversatione sancti Anselmi*, nos conta que Boso foi a Bec, a princípio, porque sua mente estava incomodada por questionamentos intrincados (*perplexis quaestionibus*) que ninguém tinha sido capaz de resolver, e que ele abrira seu coração a Anselmo, tendo recebido dele todas as respostas exigidas. "Como resultado, ele foi movido pela admiração e cativado por um profundo amor por Anselmo."[9] Logo depois disso (provavelmente, por volta de 1088), Boso, junto a seus dois irmãos, assumiu o hábito monástico em Bec. Eadmer, segundo Milo, narra que, depois, o demônio tentou Boso por vários dias, e que Anselmo pôs fim a seus problemas ouvindo a ele e dizendo não mais que "*Consulat tibi Deus*" (Que Deus te ajude)[10]. Obviamente, a narrativa, forjada em uma história de milagre por Milo, deve ser interpretada com a ajuda das categorias modernas psicológicas e históricas. Boso deve ter tido — como outros monges e freiras no século XI e no início do século XII (como Otlo de Santo Emerão, Pedro, o Venerável, e Elizabeth de Schoenau)[11] — sérios problemas intelectuais e emocionais em re-

---

fornecendo o volume, página e número da linha), IV, 56, 3-5: "*cuius conscientizam sic nova, ut nullum hominem supra me diligat, et quem tantum diligo, ut nesciam quem plus diligam*".

7   *Epistola* 209, S IV, 104, 6-8: "*Novit dulcedo dilectionis tuae erga me dulcedinem dilectionis meae erga te, et novit affectus meus erga te affectum tuum erga me*". (As traduções em inglês das cartas de Anselmo são tomadas de ANSELMO, *The Letters of Saint Anselm of Canterbury*, trad. W. Fröhlich, 3 vol., Kalamazoo, MI, Cistercian Publications, 1990-1994.)

8   CRISPINO, M., *Vita venerabilis Bosonis*, Patrologia Latina 150, Paris, Migne, 1854, 723-732, 726 B: "*quia magis amaret cum illo vivere in solitudine quam sine eo in magnis divitiis*".

9   EADMER, *The Life of St. Anselm, Archbishop of Canterbury*, ed. R. W. Southern, Oxford, Clarendon, 1996, 61 (cap. 34): "*Miratus ergo hominem est, et nimio illius amore devinctus*".

10 EADMER, *Life of St. Anselm*, 61 (cap. 34); cf. CRISPINO, M., *Vita venerabilis Bosonis*, 725C-D.

11 Portanto, o abade de Cluny, Pedro, o Venerável (1094-1156), que estava interessado em diálogos inter-religiosos e traduziu o Corão para o latim, reconta que, em um sonho, ele encontrou um conhecido falecido e perguntou a ele: "Mas as coisas que acreditamos de Deus são certas? Não há dúvida de que a nossa crença pode ser a verdadeira?" (PEDRO, O VENERÁVEL, *De miraculis*, Turnhout, Brepols, 1988, CCCM 83), 145 (II, 25); cf. DINZELBACHER, P., *Vision und Visionsliteratur im Mittelalter* (Stuttgart, Anton Hiersemann, 1981, 44-45). Poucas décadas após a morte de Anselmo, a freira Elizabeth de Schoenau (1129-1164) forneceu um relato de sua crise espiritual, que culminou na questão: "mas pode ser verdade

lação a sua fé cristã, e Anselmo deve ter sido capaz de lidar com ambos os tipos de problemas da maneira correta. *Cur Deus homo* expressa a mistura de questões emocionais e intelectuais de forma sutil, artisticamente complexa, que, muito provavelmente, tem suas raízes nas experiências do velho abade com seu pupilo e amigo, trinta anos mais novo que ele. Enquanto a maioria dos diálogos filosóficos de nossa tradição são pura ficção, podemos supor que muitas das questões feitas por Boso em *Cur Deus homo* foram, de fato, feitas por ele na vida real. Em certo sentido, o diálogo ocupa uma posição intermediária entre uma estória imaginada pela mente de um indivíduo, como geralmente é o caso com diálogos filosóficos, e uma troca real entre duas pessoas, como aquela entre Anselmo e Gaunilo de Marmoutiers, que Anselmo ordenou ser incluída como apêndice ao seu *Proslogion*[12]. (*Isso pode justificar, parcialmente, nosso abandono da distinção entre Anselmo, o autor, e Anselmo, o interlocutor de Cur Deus homo. Mesmo que essa distinção deva ser levada a sério ao se discutir determinadas questões, ela não precisa ser séria em relação às questões discutidas nesse ensaio.*) Essa interpretação não entra em contradição com o fato de que Anselmo, no início da obra, explicitamente defende o uso da forma de diálogo como útil pedagogicamente, porque é agradável; pois ele tem pressa em acrescentar que é Boso que, com mais insistência, lhe pediu para escrever a obra[13]. Um dos argumentos que Boso usa no *Cur Deus homo* para atrair Anselmo à discussão com ele é que, no processo de conversa, os interlocutores podem descobrir algo novo; Deus pode recompensar a pessoa disposta a comunicar seu conhecimento com novos discernimentos[14]. Anselmo reage dizendo que ele não o faz tanto por querer ensinar, mas para embarcar em uma investigação conjunta[15].

Cur Deus homo é fascinante não apenas porque liga a relação entre fé e razão aos problemas pessoais de Boso, mas também porque a vincula à relação amorosa e tensa entre Anselmo e seu pupilo favorito (a quem ele dedicou, posteriormente, seu *De conceptu virginal et de originali peccato*). Nosso diálogo é, também, excepcional porque ocupa uma posição intermediária entre os dois tipos

---

tudo isso escrito sobre ele [Cristo]?" (ROTH, F. W. E., *Die Visionen der Heiligen Elisabeth*, Brünn, Verlag der Studien aus dem Benedictiner- und Cistercienser-Orden, 1884, 1, 2, 4). Já em meados do século XI, Otlo de Santo Emerão (1000-1070) relata como, seguindo as insinuações de uma "voz demoníaca", ele duvidou da confiabilidade da escritura e, eventualmente, até da existência de Deus (OTLO DE SANTO EMERÃO, *Detemptationibus suis*, Patrologia Latina 146, Paris, Migne, 1884, 29 58, 33AB); Cf. RUBENSTEIN, J., *Guibert of Nogent: Portrait of a Medieval Mind*, New York, Routledge, 2002, 76 s.

12   Cf. EADMER, *Life of St. Anselm*, cap. 19.
13   Cf. *Cur Deus homo* (CDH) I, 1, S II, 48, 11-15.
14   CDH I, 1, S II, 49, 3-6.
15   CDH I, 2, S II, 50, 6: "*non tam ostendere quam tecum quaerere*".

principais de diálogo filosófico que encontramos na Idade Média — o diálogo professor-pupilo e o diálogo inter-religioso[16]. É um diálogo entre um professor e seu pupilo, embora seja um pupilo bem mais individualizado e independente que o geral; e um aspecto dessa independência é ser capaz de representar, de forma eloquente, o ponto de vista não cristão. Em um ambiente cristão medieval, judeus e muçulmanos dificilmente poderiam fazer suas objeções com ênfase maior que Boso, que, como um cristão professado e comprometido, não se arrisca a atacar dogmas cristãos, tendo em mente o argumento.

No que segue, analisamos o racionalismo de Anselmo em *Cur Deus homo* (I), depois consideramos a função das emoções de Boso no estudo racional desse diálogo (II) e, finalmente, investigamos o arrazoado de Anselmo sobre a natureza da presença de Deus na busca intelectual (III). Enquanto a primeira dessas questões já foi tratada de forma extensa na literatura[17] e a terceira questão também já foi abordada por um número considerável de acadêmicos[18], o segundo tópico foi, até o presente, quase inteiramente negligenciado.

I

Anselmo não nega e até mesmo afirma, com vigor, que a fé é o ponto de partida privilegiado para qualquer tentativa de entender a própria religião. A *recusa ordo*, observa Boso em sua primeira elocução, exige que acreditemos, em primeiro lugar, nos princípios do cristianismo antes de presumirmos discuti-los racionalmente. Ele afirma, todavia, que seria negligente não tentar entender aquilo em que acreditamos — ou melhor, temos um dever moral de tentar[19]. Em sua carta a Urbano II, recomendando *Cur Deus homo* ao papa, An-

---

[16] Ver a classificação de JACOBI, K., "Einleitung", in: JACOBI, K. (ed.), *Gespräche lesen*, Tübingen, Narr, 1999, 9-22, 12. A *Disputatio Iudaei et Christiani* (ed. B. Blumenkranz, Utrecht/Antwerp, Spectrum, 1956), de Gilberto Crispino, geralmente, é considerada o primeiro diálogo inter-religioso da Idade Média; Cf. ABULAFIA, A. S., *Christians and Jews in the Twelfth Century Renaissance*, London/New York, Routledge, 1995. Gilberto era um amigo de Anselmo e, como ele, foi um pupilo de Lanfranc em Bec.

[17] Ver, por exemplo, ROQUES, R., La méthode de S. Anselme dans le Cur Deus homo, *Aquinas*, v. 5 (1962) 3-57; CHARLESWORTH, M. (ed.), *St. Anselm's Proslogion* (Notre Dame, Notre Dame University Press, 1965, 1979), "Introduction", 30-40; "Faith and Reason in the Cur Deus homo", EVANS, G. R., Cur Deus homo: The Nature of St. Anselm's Appeal to Reason, *Studies in Theology*, v. 31 (1977) 33-50.

[18] Ver, por exemplo, ADAMS, M. M., Fides quaerens intellectum: St. Anselm's Method in Philosophical Theology, *Faith and Philosophy*, v. 9 (1992) 409-435, 411-414.

[19] CDH I, 1, S II, 48, 16-18.

selmo chega ao ponto de colocar a compreensão da fé no meio entre uma fé irrefletida e a visão beatífica (*species*)[20]. Certamente, ele insiste no fato de que a *veritatis ratio* (a "lógica" da verdade) não pode ser exaurida por mortais; mas, de um modo interessante, no contexto da carta, isso tem por intenção sugerir que não se pode descartar que o livro de Anselmo oferece novas compreensões que ainda eram obscuras para os padres da Igreja. Anselmo busca compatibilizar as duas seguintes afirmações: que nem ele nem futuros teólogos são idênticos aos padres; e que, não obstante, é possível adquirir discernimentos teológicos ausentes neles. O século XII expressaria exatamente essa posição, com a famosa metáfora de gigantes e anões.

O fato de, num aspecto genético — e, nesse âmbito, mesmo necessariamente — a fé ser o ponto de partida do entendimento é algo que mesmo um racionalista como Gotthold Ephraim Lessing concebe (embora em condições históricas e intelectuais muito diferentes) em seu *Die Erziehung des Menschengeschlechts* [*A educação do gênero humano*]. Uma tese bem semelhante parece se aplicar, também, a grandes partes da matemática; pois, frequentemente, antes de tentar provar um teorema, já se deve ter a convicção de que é verdadeiro, para saber em qual direção investigar[21]. Discutiremos, posteriormente, se Anselmo atribui à fé um papel ainda mais importante na investigação intelectual do que sua postura incontroversa. O que é claro, todavia, é que uma interpretação da posição de Anselmo para o efeito de que seus argumentos só são válidos se a verdade da fé cristã já for pressuposta[22] está em desacordo com toda a natureza de seu programa. O sarcasmo com que o cético Sênamo, no quarto livro do diálogo inter-religioso de Jean Bodin, *Colloquium heptaplomeres* [*Colóquio dos sete*] trata os círculos lógicos com os quais toda fé tenta se justificar[23] teria sido bem alheio ao tipo de pessoa pia e sóbria que Anselmo foi; mas, certamente, ele teria compartilhado da opinião de Sênamo de que tais provas alegadas não teriam valor algum.

No prefácio a sua obra (que ele afirma ter sido copiada com o texto inteiro), Anselmo declara, com clareza inequívoca, que pretende provar *rationi-*

---

20 CDH, *Commendatio operis ad Urbanum Papam* II, S II, 40, 10-12.

21 Como adquirir convicções matemáticas — que devem ser nitidamente distintas de suas provas, embora elas possam facilitar a descoberta delas — é um problema discutido, pela primeira vez, no início do *Método sobre teoremas mecânicos*, de Arquimedes.

22 Para uma interpretação nessa via, ver CORBIN, M., "La nouveauté de l'incarnation: Introduction à l'Epistola et au Cur Deus homo", in: CORBIN, M.; GALONNIER, A. (ed.), *Anselme de Cantorbéry: Lettre sur l'incarnation du verbe: Pourquoi un Dieu-homme*, L'oeuvre de S. Anselme de Cantorbéry, vol. 3, Paris, Cerf, 1988, 58-61.

23 BODIN, J., *Colloquium heptaplomeres*, ed. L. Noack, Schwerin, Bärensprung, 1857, reimpresso em Stuttgart-Bad Cannstatt, Frommann-Holzboog, 1966, 131 s.

bus necessariis ("por razões necessárias"), no *primeiro* livro, que sem um Deus-homem ninguém poderia ser salvo e, no *segundo* livro, que os seres humanos devem, em princípio, ser redimíveis; dessas duas premissas infere-se a existência de um Deus-homem. Esse programa, certamente, é mais que mera refutação das objeções dos *infideles*. Ambas as obras parecem proceder *remoto Christo, quase numquam aliquid fuerit de illo* ("deixando Cristo fora da causa, como se nunca existisse nada relacionado a ele") e *quasi nihil sciatur de Christo* ("como se nada fosse conhecido sobre Cristo")[24]. Há pouca dúvida de que o argumento a favor da encarnação é, para colocar em uma linguagem que ainda não é a de Anselmo, um argumento *a priori* para a necessidade, com fundamentos morais e metafísicos, para a existência de um Deus-homem. Anselmo, ou ao menos seu amigo Boso, parece não ter consciência clara (a ser encontrada, posteriormente, em Lúlio) de que tal argumento ainda não é o suficiente para estabelecer a identidade de Jesus com esse Deus-homem. Boso ingenuamente propõe essa identidade de II,10 adiante[25], e é nessa base que, ao fim da obra, ele justifica a autoridade tanto do Antigo quanto do Novo Testamento[26]. No último capítulo, Boso estima que o argumento de Anselmo deve satisfazer tanto os judeus quanto os *"pagani" sola ratione* ("apenas pela razão"), uma vez que algumas alusões à doutrina da Trindade e a Adão (que, está implicado, não são pressuposições necessárias para seu argumento) foram removidas[27]. De fato, ao longo do diálogo, Boso representa a posição dos *infideles* ou, como colocado em outro lugar, daqueles "indispostos a acreditar em qualquer

---

24   CDH, Praefatio, S II, 42, 12-14; as traduções em inglês das obras de Anselmo são, na maior parte, extraídas (ocasionalmente alteradas de forma curta) de ANSELMO DE CANTUÁRIA, *The Major Works*, ed. B. Davies and G. R. Evans, Oxford, Oxford University Press, 1998; às vezes, são nossas próprias traduções.

25   Cf. S II, 106, 19-21: "*Ut enim aliquantulum loquar non quasi de illo qui numquam fuerit, sicut hactenus fecimus, sed velut de eo quem et cuius facta novimus*". Um contraste entre *ratio* e *experimentum*, em relação a Jesus, pode ser encontrado em CDH II 11, S II, 111, 26-112, 4.

26   CDH II, 22, S II, 133, 8-11. Ver também CDH II, 19, S II, 131, 7-10.

27   CDH II,22, S II, 133, 5-8. É controverso afirmar quem seriam os *pagani*. Para uma defesa da tese de que eles devem ser considerados muçulmanos, ver ROQUES, R., *Anselme de Cantorbéry: Pourquoi Dieu s'est fait homme*, Paris, Cerf, 1963, 72; todavia, CHARLESWORTH, op. cit., 32-33, sugere que isso é errado. Para o pano de fundo histórico-intelectual do *Cur Deus homo*, ver GAUSS, J., Anselm von Canterbury: Zur Begegnung und Auseinandersetzung der Religionen, *Saeculum*, v. 17 (1966) 277-363; ABUFALIA, A. S., "Christians Disputing Disbelief: St. Anselm, Gilbert Crispin and Pseudo-Anselm", in: LEWIS, B.; NIEWÖHNER, F., *Religionsgespräche im Mittelalter*, Wiesbaden, Otto Harassowitz, 1992, 131-148; KIENZLER, K., Cur Deus homo — aus der Sicht des mittelalterlichen jüdisch-christlichen Religionsgespräches, in: KIENZLER, K. (ed.), *Gott ist größer. Studien zu Anselm von Canterbury*, Würzburg, Echter, 1997, 122-140.

coisa sem uma demonstração prévia de sua razão"[28]. Reiteradamente, Boso insiste em afirmar que ele pretende ouvir as razões para os princípios de sua fé[29]. Isso não quer dizer que Boso desistiria de sua fé se ele fosse incapaz de encontrar uma razão para isso[30]; sua recusa a fazê-lo o distingue, de fato, dos infiéis, e veremos que, aos olhos de Anselmo, isso é muito importante. Mas o fato de Boso estar disposto a permanecer comprometido com sua fé, ainda que esta não possa ser justificada para sua satisfação, é mais de importância psicológica e existencial do que justificativa. Seu problema, na medida em que é previsto como uma entidade ideal, no sentido do terceiro reino de Frege, e o problema dos infiéis são idênticos: "eu concedo que eles estão em busca da razão [para a fé] porque eles não acreditam, ao passo que nós a estamos buscando porque acreditamos. Não obstante, o objeto de nossa busca é um e o mesmo"[31].

O *Cur Deus homo*, entretanto, não apenas propõe argumentos racionais para a necessidade da encarnação; as exigências para a racionalidade de um argumento são bem elevadas. A primeira rejeição das objeções dos infiéis por Anselmo não é bem-recebida por Boso, porque não é baseada em algo sólido; de fato, ele iguala os "argumentos de conveniência" em I, 3, à pintura na água ou no ar:

> Portanto, quando apresentamos aos descrentes esses conceitos que você diz ser convincentes, como representações pictóricas de um evento passado atual, eles pensam que estamos, por assim dizer, pintando em uma nuvem, uma vez que acham que nós acreditamos não em um evento passado, mas em uma ficção. O que deve ser demonstrado, portanto, é a solidez racional da verdade, isto é, a necessidade que prova que Deus deveria ter tido ou poderia ter se humilhado para os propósitos que proclamamos. Portanto, para que a realidade física de verdade, por assim dizer, possa brilhar em seu esplendor, essas conveniências devem ser estabelecidas como representações pictóricas dessa realidade física[32].

---

28   CDH I, 10, S II, 67, 1-2: "*qui credere nihil volunt nisi praemonstrata ratione*".
29   Cf. CDH I, 16, S II, 74, 14; I, 20, S II, 88, 4-10; I, 25, S II, 96, 6-15.
30   Cf. CDH I, 1, S II, 47, 8-11; 48, 16-24; II, 15, S II, 116, 8-12; II, 18, S II, 127, 12-16.
31   CDH I, 3, S II, 50: "*Quamvis enim illi ideo rationem quaerant, quia non credunt, nos vero, quia credimus: unum idemque tamen est quod quaerimus*".
32   CDH, I, 4, S II, 51, 21-52, 6: "*Quapropter cum has convenientias quas dicis infidelibus quasi quasdam picturas rei gestae ostendimus, quoniam non rem gestam, sed figmentum arbitrantur esse quod credimus, quasi super nubem pingere nos existimant. Monstranda ergo prius est veritatis soliditas rationabilis, id est necessitas quae probet deum ad ea quae praedicamus debuisse aut potuisse humiliari; deinde ut ipsum quasi corpus veritatis plus niteat, istae convenientiae quasi picturae corporis sunt exponendae*". Cf. também a reação de Anselmo e, II, 8 S II, 104, 16-27. A crítica de Boso não afirma que a beleza não possa acompanhar a verdade; ao contrário, o próprio Anselmo desfruta da *pul-*

Anselmo, portanto, é forçado a oferecer mais que *convenientiae*; Boso pergunta explicitamente por *necessitas*[33]. A nossos olhos, não é plausível afirmar que, no capítulo 10 do primeiro livro, Anselmo reabilita o conceito de *convenientia*[34]; em vez disso, ele propõe apenas o princípio metodológico de que nada inapropriado deve ser atribuído a Deus e que, onde Deus está envolvido, uma razão deve ser considerada como necessária, a não ser que seja derrubada por uma mais forte: "pois, assim como, no caso de Deus, de qualquer inadequação — por menor que seja — segue a impossibilidade, de acordo com a menor razão, se não for derrotada por uma razão maior, segue a necessidade"[35]. De fato, esse princípio duplo — que Boso aceita na forma de um pacto — é, ele mesmo, um princípio necessário; sua parte negativa de modo algum afirma que *convenientiae* são suficientes, mas rejeita tudo o que é inapropriado a Deus; sua parte positiva, significativamente o suficiente, fala sobre *ratio*, não sobre *convenientia*, e remete a algo como "o que quer que aumente o valor das ações de Deus deve ser atribuído a ele". Isso é claramente relacionado à afirmação posterior de Gottfried Wilhelm Leibniz, de que, dada a natureza de Deus, seus feitos (inclusive sua criação) devem constituir uma máxima axiológica.

Não obstante, Anselmo é um racionalista em um sentido qualificado. A princípio, esta é uma forma razoável de racionalismo — isto é, Anselmo está ciente dos limites da razão humana em geral e da sua própria em particular. Um dos motivos por que ele hesita em discutir o problema da encarnação é que ele sabe perfeitamente bem que está intimamente conectado a uma série de outras questões[36]. É a dimensão holística do conhecimento humano que torna problemática a inevitável limitação de nossa pesquisa a uma questão determinada. Além disso, Anselmo afirma várias vezes que, sendo falível, todos os seus argumentos podem ser substituídos por argumentos melhores; "[o

---

chritudo de argumentos filosóficos, e Boso, mais tarde, reconhece a compatibilidade de racionalidade e beleza (CDH I, 1, S II, 49, 17-26; I, 3, S II, 51, 11-12; II, 8, S II, 104, 28).

33 Boso contrasta *conveniens* e *necessarium* novamente em II, 16, S II, 119, 11-15.

34 Ver ROQUES, op. cit., 80 ss.; e HOPKINS, J., *A Companion to the Study of St. Anselm*, Minneapolis, University of Minnesota Press, 1972, 48-49.

35 CDH, I, 10, S II, 67, 2-4: "*Sicut enim in deo quamlibet parvum inconveniens sequitur impossibilitas, ta quamlibet parvam rationem, si maiori nonvincitur, comitatur necessitas*".

36 CDH I, 1, S II, 49, 7-13. Portanto, no fim de sua vida, Anselmo começou a escrever um tratado em lógica modal aparentemente com a intenção de estabelecer certos princípios e distinções que ele usara em *Cur Deus homo*; o primeiro esboço dos primeiros poucos capítulos desse tratado foi editado por Franciscus Salesius Schmitt como *De potestate* or *Lambeth Fragments* (ANSELMO DE CANTUÁRIA, *Ein neues unvollendetes Werk des hl. Anselm von Canterbury: De potestate et impotentia, possibilitate et impossibilitate, necessitate et libertate,* ed. F. S. Schmitt, [Münster, Aschendorff, 1936]; cf. SOUTHERN, R.; SCHMITT, F. S., *Memorials of St. Anselm*, Oxford, Oxford University Press, 1991).

argumento] deve ser aceito com apenas esse grau de certeza: que parece provisório, até que Deus me revele, de alguma maneira, algo melhor"[37]. Ainda que *Cur Deus homo* não nos mostre Anselmo cometendo um erro, Boso explicitamente retira seu argumento, que ele, a princípio, pensou ser convincente, mas de que, após o esclarecimento de Anselmo, viu-se obrigado a desistir[38]. Ao fim da obra, Anselmo afirma que uma mente superior à sua pode satisfazer a Boso melhor do que a ele, e que há mais e maiores razões que ele ou qualquer outra mente mortal poderia captar[39]. De fato, Anselmo nunca afirma ter exaurido todas as razões possíveis; ainda que ele pense que uma razão (necessária) seja o suficiente para validar uma posição[40], pode muito bem haver mais razões, que permaneceram desconhecidas a ele[41]. Humanos podem não ser capazes de apreendê-las, mas ainda há razões. Portanto, é crucial que a rejeição de um argumento deva ser baseada em um argumento melhor: razões são refutadas por razões maiores ou, como ele escreve no início do diálogo, mais profundas (*altiores rationes*), e, todavia, podem transcender o conhecimento humano[42]. Mesmo o apelo à vontade divina não é o suficiente. De outro lado, Deus quer algo porque é razoável, e não o outro caminho[43]; e, de forma similar, nós humanos não conseguimos reter nosso assentimento a um argumento convincente, mesmo se quisermos fazê-lo[44]. Ainda que possamos acreditar que algo é razoável porque é desejado por Deus — como a vontade de Deus nunca é irracional —, não é fácil saber, como Boso observa, que uma coisa realmente é desejada por Deus[45]. Portanto, o apelo genérico à von-

---

[37] CDH I, 2, S II, 50, 7-10: "*non alia certitudine accipiatur, nisi quia interim ita mihi videtur, donec deus mihi melius aliquo modo revelet*". Cf. I, 18.S II, 82, 5-10.

[38] CDH II, 18, S II, 129, 14-16.

[39] CDH II, 19, S II, 131, 14-45: "*maiores atque plures quam meum aut mortale ingenium comprehendere valeat huius rei sint rationes*".

[40] CDH I, 21, S II, 91, 19-22.

[41] CDH II, 17, S II, 126, 5-7.

[42] CDH I, 2, S II, 50, 12-13.

[43] CDH I, 12, S II, 70, 14-30, uma passagem reminiscente do *Eutífron* de Platão (10a), que, todavia, Anselmo não poderia conhecer. Essa rejeição de um voluntarismo teológico é uma pressuposição necessária do argumento cristológico de Anselmo. Em In I, 13, S II, 71, 15-27, Deus é até identificado com a *summa iustitia*. Em II, 10, S II, 108, 23-24, Anselmo antecipa o princípio de razão suficiente: "*quia deus nihil sine ratione facit*".

[44] CDH I, 19, S II, 86, 14-15: "*ut, etiam si velim, non possim dubitare*". (Esse ponto é, de certa forma, semelhante à crítica de Spinoza a Descartes, *Ethica* II, 49 Cor.) Anselmo também afirma que somos moralmente obrigados a manter certas crenças: CDH I, 12, S II, 69, 16; I, 13, S II, 71, 26.

[45] CDH I, 8, S II, 59, 10-13. Cf. a passagem similar em II, 15, S II, 116, 4-12.

tade de Deus nunca pode ser substituto de um argumento. Anselmo insiste, todavia, em afirmar que mesmo que possamos compreender *por que* Deus quer que algo aconteça, nós não sabemos *como* ele o consegue[46]. Isso reflete o que Anselmo disse no capítulo 64 do *Monologion*, sobre a incompreensibilidade do *quomodo* da divina Trindade, após ter provado sua existência com argumentos que transmitem "certeza"[47].

É revelador que, na discussão sobre a questão da inteligibilidade do divino, Boso seja a força motriz. Mesmo que ele reconheça, com palavras fortes (talvez irônicas?), sua inferioridade intelectual em relação a Anselmo[48], é sua insistência que faz Anselmo falar e desenvolver seus argumentos mais fortes. Boso frequentemente levanta as questões que o leitor já tinha em mente, com a obstinada honestidade de seu racionalismo; há até algo reminiscente de Sócrates, apesar do papel de pupilo de Boso[49]: ambos funcionam como tormento para seus interlocutores — suas questões obrigam-nos a tornar as ideias mais claras, embora Anselmo nunca seja levado a confessar uma aporia. A passagem que lança luz na natureza de sua relação é encontrada no capítulo 16 do segundo livro. Os dois amigos estão discutindo sobre como o Deus-homem pode ser presumido da massa de pecadores sem ser contaminado pelo pecado original. Como Anselmo rejeita a ideia de uma imaculada conceição de Maria[50], ele tem dificuldades peculiares com essa questão, tentando evitar uma resposta clara.

> Ora, se não pudermos entender a razão pela qual a Sabedoria de Deus fez isso, nós não devemos expressar espanto, mas reverentemente lidar com o fato de que, nos recessos ocultos de tão grande atualidade, há algo que não

---

[46] CDH I, 25, S II, 95, 18-23; 96, 2-4: "*Quod enim necessaria ratione veraciter esse colligitur, id in nullam deduci debet dubitationem, etiam si ratioquomodo sit non percipitur*".

[47] Cf. *Monologion* 64, S I, 74, 28-75, 16. Essa certeza inclui nosso conhecimento da incompreensibilidade em questão: "*rationabiliter comprehendit incomprehensibile esse*" (75, 11-2).

[48] CDH II, 16, S II, 122, 17-21. Ver também II, 16, S II, 120, 12-13, onde Anselmo repreende Boso por fazer uma pergunta cuja resposta está implícita no que já foi dito.

[49] Vamos ainda além de SWEENEY, E., "Anselm und der Dialog", *Gespräche lesen*, 101-124, 123: "*So läßt Anselm zu, was Sokrates nie tut, daß der Schüler möglicherweise einsichtigere Fragen und bohrendere Schwierigkeiten aufstellt, als der Lehrer in Angriff zu nehmen wagte. Schüler and Lehrer bei Anselm stehen mehr oder weniger auf gleichem moralischem Grund, und in gewissem Sinne tauschen sie auf höherem intellektuellen Grunde mehrfach die Plätze: Intellektuelle Einsicht oder spirituelle Entwicklung finden sich teils mehr auf seiten Anselms, teils mehr auf seiten des Schülers*".

[50] CDH II, 16, S II, 116, 16-24. Anselmo não contradiz a afirmação de Boso de que Maria, também, foi concebida *in iniquitatibus*; todavia, ele aponta mais tarde que, antes de conceber o Deus-homem, ela foi purificada por meio da morte de seu filho antes mesmo de esta ter ocorrido.

conhecemos (...) quem pode presumir sequer pensar que um intelecto humano seria capaz de compreender como é que tal ato foi executado com tanta sabedoria e de maneira tão maravilhosa[51]?

A reação de Boso é significativa:

> Eu não concordo que nenhum ser humano possa, em sua vida, revelar as profundidades mais íntimas de tão grande mistério, e não estou pedindo que você faça o que nenhum ser humano é capaz de fazer, apenas o tanto que você pode, pois você estará fazendo uma defesa mais persuasiva de sua posição havendo razões mais profundas para essa ação se mostrar que discerne alguma razão do que se, sem dizer nada, deixar autoevidente que não compreende razão alguma[52].

Anselmo reconhece que não pode se libertar da "importunação"[53] de Boso, pela qual este não lamenta[54], desenvolvendo sua teoria de acordo com a qual Maria foi purificada dos pecados antes do nascimento de Jesus. Isso, então, leva ao problema posterior de determinar em qual sentido a morte de Jesus (que, por si só, garantiria essa purificação) é necessária.

Além de tudo, o racionalismo de Anselmo é limitado pela autoridade da Igreja (em particular, do papa[55]) e da Bíblia. Uma vez que, todavia, ele não considera possível haver conflito entre razão e autoridade, esse limite não remete a muita coisa: apenas nos força a buscar a falta em nosso argumento e a procurar razões melhores. Anselmo claramente afirma que, em todas as questões deixadas em aberto pela Bíblia, permite-se que a razão proceda por

---

[51] CDH II, 16, S II, 117, 3-6; 15-17: "*Qua vero ratione sapientia dei hoc fecit, si non possumus intelligere, non debemus mirari, sed cum veneratione tolerare aliquid esse in secretis tantae rei quod ignoramos (...) Quis ergo praesumat vel cogitare quod humanus intellectus valeat penetrare, quam sapienter, quam mirabiliter tam inscrutabile opus factum sit?*".

[52] CDH II, 16, S II, 117, 18-22: "*Nec peto ut facias quod nullus homo facere potest, sed tantum quantum potes. Plus enim persuadebis altiores in hac re rationes latere, si aliquam te videre monstraveris, quam si te nullam in ea rationem intelligere nihil dicendo probaveris*".

[53] CDH, II, 16, S II, 117, 23. O mesmo termo já foi usado em CDH 1, 2, S II, 50, 3. Se nos lembrarmos do uso desse termo no prefácio ao *Proslogion*, onde Anselmo descreve que ele não conseguia se livrar do desejo de encontrar um argumento convincente para a existência de Deus, uma vez que "*magis ac magis nolenti et defendenti se coepit cum importunitate quadam ingerere*" (S I, 93, 15-16), até que ele finalmente encontrou seu argumento-mestre, torna-se claro que o termo não é usado em um sentido derrogatório. Ao contrário, Boso agora exerce a mesma função que a própria ambição de Anselmo desempenhava vinte anos atrás.

[54] CDH II, 17, S II, 126, 3-4. Cf. a observação semelhante em I, 18, S II, 84, 2-3.

[55] CDH, Commendatio operis ad Urbanum Papam II, S II, 41, 1-5.

conta própria⁵⁶, e mesmo que, imediatamente antes, ele diga que irá reconhecer as próprias conclusões como falsas, caso elas mostrem contradizer a Bíblia *sem dúvida alguma*, a qualificação é importante. Ora, se alguém segue o método anselmiano de interpretação bíblica, não é fácil aduzir uma contradição com uma passagem na Bíblia que não poderia ser interpretada de modo diferente. Portanto, em I, 9 e 10, ele lida com a doutrina segundo a qual Deus ordenou que Jesus morresse e ficou exaltado por causa de sua morte. Anselmo considera a doutrina incompatível com a justiça divina e a nega pelo uso de uma interpretação criativa das passagens relevantes. Anselmo opera com *ac si* ("como se") e *quasi* ("como se fosse") para mitigar passagens da Bíblia que parecem estar em desacordo com seu ensino filosófico⁵⁷. Nisso, Anselmo adota um método que ele já empregara em suas obras anteriores. Portanto, em *De casu diaboli*, ele explicitamente escreve:

> Cuidado para não pensar, como lemos na Sagrada Escritura (ou dizemos, ao citá-la) que Deus causa o mal ou o não-ser, que eu estou criticando ou negando o que é dito lá. Mas, ao ler a Escritura, nós não devemos prestar tanta atenção na inadequação das palavras que cobrem a verdade, mas, sim, prestar atenção na propriedade da verdade oculta sob vários tipos de expressões verbais⁵⁸.

Em relação à autoridade da Igreja, a submissão de Anselmo a ela é conectada com a ciência de sua própria falibilidade. Sua fórmula de submissão (assim interpretamos a penúltima frase da obra), todavia, é memorável: "Se dissemos algo que deveria ser corrigido, eu não rejeito a correção, se é feita de forma racional"⁵⁹. A própria correção de sua obra deve ser baseada na razão.

Enfim, insisto em afirmar que uma defesa do racionalismo de Anselmo obviamente não acarreta que seu argumento em *Cur Deus homo* seja convincente. Como todo argumento, ele tem premissas que podem ser negadas mesmo quando se admite que a conclusão segue delas; validade, não solidez, é impli-

---

56   CDH I, 18, S II, 82, 10-16. Essa passagem é da discussão sobre o número de anjos eleitos e humanos, uma discussão que mostra que Anselmo não parece considerar que Deus, certamente, sabia antecipadamente também o número de anjos eleitos.

57   Ver, por exemplo, CDH I, 9, II, 62, 16-27 em Filipenses 2, 18.

58   S I, 235, 8-12: "*Vide ne ullatenus putes, cum in divinis libris legimus aut cum secundum illos dicimus deum facere malum aut facere non esse, quia negem propter quod dicitur, aut reprehendam quia ita dicitur. Sed non tantum debemus inhaerere improprietati verborum veritatem tegenti, quantum inhiare proprietati veritatis sub multimodo genere locutionum latenti*".

59   CDH II, 22, S II, 133, 12-13: "*Si quid diximus quod corrigendum sit, non renuo correctionem, si rationabiliter fit*".

cada quando se atribui uma estrutura racional ao argumento de Anselmo. Sua força reside, principalmente, na rejeição implacável da ideia arcaica de que, em virtude do pecado original, o ser humano é justamente a propriedade do demônio[60]. Entre as muitas críticas que foram levantadas contra o argumento de Anselmo em *Cur Deus homo*, uma frequente, porém inválida, é objetar que Anselmo, no diálogo, pressupõe a existência de Deus. Anselmo poderia rebater essa crítica não só apontando que os oponentes com que está preocupado são, eles mesmos, monoteístas, mas também afirmando que ele provou a existência de Deus no *Monologion* e no *Proslogion*. Bem mais problemáticas são as premissas axiológicas de seu argumento. Às vezes, ele até se recusa a discuti-las; portanto, é evidente para ele e para seu amigo monge, Boso, que, por exemplo, o Deus-homem não deveria ser concebido em intercurso sexual, mas deve ser nascido de uma virgem[61]. Contudo, isso é apenas uma questão menor. Crucial para seu argumento, todavia, é a ideia de que apenas um Deus-homem pode compensar o insulto que Deus sofreu pelo pecado humano. Essa ideia é, como frequentemente foi observado[62], de algum modo reminiscente do sistema feudal de valores, de acordo com o qual quanto maior a posição de uma pessoa, mais severo deve ser o castigo por um insulto contra sua honra. Mas, para pessoas modernas, é impossível aceitar isso como uma verdade da razão moral. Em geral, Anselmo não utiliza um método pelo qual ele poderia justificar todas as suas afirmações e pressuposições axiológicas, mesmo que ele tente oferecer uma justificativa ontológica complexa para a dívida da raça humana diante de Deus[63]. Além disso, permanece misteriosa a forma como alguém pode se satisfazer por outra pessoa, caso se pense que a culpa é individualmente imputável. Anselmo, que em *Cur Deus homo* chega perto do intencionalismo de Abelardo[64], simpatiza com um arrazoado individual da culpa, mesmo quando tenta encontrar uma justificativa para a visão de

---

60   CDH I, 7, S II, 55-59; II, 19, S II, 131, 17-24.

61   CDH II, 8, S II, 103, 28-30 and 144, 9: *"non est opus disputare"*.

62   Ver, por exemplo, ROHLS, J., *Geschichte der Ethik*, Tübingen, J. C. B. Mohr [Paul Siebeck], 1991, 136: *"Anselm will zwar mit ausschließlich rationalen Argumenten die Notwendigkeit der Menschwerdung Christi für die Genugtuung aufweisen, aber der von ihm vorausgesetzte Begründungsrahmen ist der frühmittelalterliche Feudalismus"*. Mais recentemente, todavia, BROWN, D., "Anselm on Atonement", in: DAVIES, B.; LEFTOW, B. (eds.), *The Cambridge Companion to Anselm*, Cambridge, Cambridge University Press, 2004, 279-302, 286, defendeu que interpretar o argumento do *Cur Deus homo* "em termos da confiança de Anselmo no imaginário feudal (…) é muito menos plausível do que geralmente se afirma".

63   Ver GOEBEL, B., *Rectitudo: Wahrheit und Freiheit bei Anselm von Canterbury*, Münster, Aschendorff, 2001, 232-50.

64   CDH I, II, S II, 68, 15-19; II, 15, SII, 115, 12-21. Ver também GOEBEL, *Idem*, 435-444.

que uma criança já é afetada pelo pecado original[65]. De modo algum fica claro como tal teoria pode ser compatível com a doutrina da satisfação vicariante. Sendo o diálogo verdadeiro o suficiente, há passagens nele em que Anselmo ensina que o autossacrifício de Cristo funciona como um modelo a ser imitado por humanos[66], mas essas passagens são incidentais, e não o núcleo do argumento. Por outro lado, permanece implausível o fato de que a morte de Cristo possa corresponder também aos feitos cometidos após a sua morte. Se todo pecado é uma violação da majestade divina, que nem mesmo mundos infinitos poderiam compensar por isso[67], aqueles pecados cometidos após o autossacrifício pareceriam ainda mais atrozes, porque a ingratidão é somada à violação da vontade de Deus. Por sua vez, o argumento de Anselmo se baseia em uma forma de "especismo" inaceitável, uma vez que se torna óbvio que ele justifica sua crença de que anjos caídos não podem ser salvos com o argumento de que mesmo um Deus-anjo não poderia ser suficiente, uma vez que não há nem dois anjos pertencendo à mesma espécie[68]. Portanto, de acordo com os princípios de Anselmo, para organismos racionais pertencentes a uma espécie diferente da humana, uma nova encarnação seria necessária. Enfim, como o conhecimento que deixa para trás o desespero experienciado na primeira parte do livro é a ideia de que os fins de Deus com o homem não podem ser frustrados[69], o leitor se pergunta se Deus pode não querer e ser capaz de realizar uma salvação universal. A outra ordem pertence à sexta objeção, de que se pode facilmente portar dúvidas se a ideia de um Deus-homem for uma interpretação consistente ou, ao menos, se a interpretação dessa ideia por Anselmo se relacionar, de maneira plausível, aos fatos históricos. Portanto, Anselmo está comprometido com a crença de que Jesus, no momento em que Deus se tornou encar-

---

65 Isso é porque, aos olhos de Anselmo, o pecado só existe na vontade racional (cf. *De conceptu virginali* III, S II, 142, 12: "*Quod non sit peccatum nisi in voluntate rationali*"). Portanto, ele conclui: "se uma criança for gerada, mesmo em concupiscência perversa, o pecado não estaria mais na semente do que estaria na saliva ou no sangue se alguém em má-fé fosse cuspir ou sangrar. Pois a culpa não se atribui ao sangue ou à saliva, mas à má vontade (...). De fato, não há pecado nessas crianças, pois elas não têm a vontade, sem a qual elas não podem pecar; todavia, o pecado é dito estar nelas, pois com a semente supõe-se a necessidade de que, quando se tornarem seres humanos, venham a pecar" (VII, S II, 149, 6-13: "*si vitiosa concupiscentia generetur infans, non tamen magis est in semine culpa, qua est in sputo vel sanguine, si quis mala voluntate exspuit aut de sanguine suo aliquid emittit. Non enim sputum aut sanguis, sed mala voluntas arguitur... Quippe non est in illis peccatum, quia non habent sine qua non inest voluntatem; et tamen dicitur inesse, quoniam in semine trahunt peccandi, cum homines iamerunt, necessitatem*").

66 CDH II, 18, S II, 127, 30-128, 2; II, 19, S II, 130, 26-131, 2.

67 CDH I, 21, S II, 89, 1-17; II, 14, S II, 113, 21-31.

68 CDH II, 21, S II, 132, 8-28.

69 CDH I, 25; S II, 95, 24-96, 3.

nado nele, já quando um embrião, era onisciente[70] — uma crença que não é facilmente aceitável para uma pessoa versada em crítica bíblica moderna. Sem dúvida, há bons motivos filosóficos para conferir atributos divinos à *razão* encarnada, mas o perigo de toda teologia do *logos* (começando do Evangelho de João) é que afasta da figura histórica de Jesus de Nazaré, que permanece estranhamente ausente no *Cur Deus homo*.

Muitos dos argumentos desenvolvidos aqui já desempenham importantes papéis nos últimos dois livros do *Colloquium heptaplomeres* de Bodin e são disseminados na crítica iluminista ao cristianismo. A quem pensa que a teoria de Anselmo não funciona, mas ainda está interessado em uma interpretação racional do dogma da encarnação, aconselho a olhar uma vertente alternativa da cristologia filosófica na Idade Média, já desenvolvida no século XII. De acordo com essa teoria "cosmológica", a encarnação também teria ocorrido sem pecado original, para completar a criação. Rupert de Deutz, Duns Escoto e Raimundo Lúlio são defensores dessa posição. Georg Wilhelm Friedrich Hegel, posteriormente, transformou-a em uma complexa filosofia do espaço da mente humana na estrutura do ser e de seu necessário desenvolvimento histórico, em que a crença cristã na encarnação de Deus desempenha um papel decisivo. Mas, por mais insatisfatório que seja o argumento de Anselmo, ele merece respeito por ter sido o primeiro a elaborar uma teoria racionalista da encarnação: ainda que sua teoria tenha falhado, sua metodologia é exemplar para qualquer filosofia da religião comprometida com a razão.

II

Uma das razões para a escolha da forma de diálogo em *Cur Deus homo* é que Anselmo quer mostrar o impacto emocional dos vários passos de seu argumento ao sensível Boso — algo que seria impossível em um tratado. Ao mesmo tempo, a agitação emocional de Boso é verificada pelo fato de que, em contraste com os infiéis que ele finge representar, ele já tem a fé que almeja compreender. Como veremos, o choque emocional conectado ao argumento de Anselmo ainda é forte o suficiente, mas há boas razões para dizer que Boso não foi afetado por ele, porque sua fé lhe dá um apoio emocional que afasta os piores aspectos desse choque. Como mostramos, a verdade da fé cristã não é pressuposta pelo argumento de Anselmo; permanece algo a ser verificado se for uma pressuposição da capacidade emocional de um cristão medieval ser ca-

---

70 CDH II, 13, S II, 113, 5-15.

paz de elaborar o argumento de Anselmo. Dos capítulos 11 a 24 do primeiro livro, Anselmo oferece um verdadeiro crescente de agitação emocional nas reações de Boso a seu argumento quase jurídico. Após a primeira introdução, por Anselmo, da ideia de que o pecador deve satisfação a Deus, Boso responde que ele não tem objeções, uma vez que eles tiveram de concordar em seguir a razão; mas ele confessa sentir uma crescente inquietação: "embora você me amedronte um pouco"[71]. No início do capítulo 16, a vaga possibilidade de um *taedium* (desgosto) na continuação da discussão aparece no horizonte[72]; mas é no fim do capítulo 20 que Boso expressa, pela primeira vez, sua angústia em termos claros. Uma vez que penitência, contrição, abstinência e trabalho físico foram mostrados como algo que, de todo modo, devemos a Deus e que, portanto, não pode constituir uma satisfação da violação da honra de Deus por meio do pecado, Boso tem de responder negativamente à pergunta de Anselmo sobre como ele poderia ser salvo: "Se eu levo em conta suas razões, eu não vejo como pode ser. Mas, supondo que eu retorne à minha fé: na fé cristã, 'que opera por meio do amor', é minha esperança que eu possa ser salvo"[73]. Mas Anselmo objeta que eles concordaram em investigar a questão *sola ratione*, abstraindo de Cristo e da fé cristã; portanto, ele exige que procedam *sola ratione*. Boso o segue: "Deixemos de lado o fato de que você está me guiando à angústia (*in angustias*), eu desejo muito que você consiga proceder da mesma forma que iniciou"[74]. O próximo capítulo mostra um aprofundamento do medo de Boso. Após Anselmo ter declarado que estamos sempre sob o olho de Deus e que estamos sempre proibidos de pecar, Boso se interpõe, afirmando que "nós vivemos muito perigosamente"[75]. E, quando Anselmo defende que nós devemos uma satisfação maior que qualquer objeto que não poderia ter justificado uma violação da vontade de Deus, Boso concorda ao mesmo tempo que reconhece que nenhum ser humano será capaz de proporcioná-la. "Eu vejo que a razão exige isso: eu também vejo que é inteiramente impossível."[76] A consequência de que Deus não pode conferir bem-aventurança a ninguém é chamada *nimis gravis* ("excessivamente grave"). E, quando Anselmo anuncia outra razão para essa mesma consequência, Boso só pode apelar à sua fé

---

71 CDH I, 11, S II, 69, 3-4: "*quamvis aliquantulum me terreas*".

72 S II, 74, 11.

73 S II, 87, 30-88, 1: "*Si rationes tuas considero, non video quomodo. Si autem ad fidem meam recurro: in fide Christiana, 'quae per dilectionem operatur', spero me posse salvari*".

74 CDH I, 20, S II, 88, 9-10: "*quamvis me in angustias quasdam ducas, desidero tamen multum ut, sicut incepisti, progrediaris*".

75 CDH I, 21, S II, 89, 24: "*nimis periculose vivimus*".

76 CDH I, 21, S II, 89, 29: "*Et rationem video sic exigere, et omnino esse impossibile*".

para evitar desespero: "Se não fosse a fé me consolando, isso me forçaria ao desespero"[77]. Quando, todavia, Anselmo declara que desenvolverá um terceiro argumento, Boso afirma que ele não pode estar mais aterrorizado do que já está[78]. Ele repete apenas *grave nimis*, quando Anselmo rejeita seu argumento de que a culpa do homem diminuiu porque ele simplesmente não pode satisfazer a Deus ao rebater que um ser humano é, ele mesmo, responsável por ter se incapacitado[79]. Todavia, logo em seguida, Boso se mostra disposto a desistir do método racionalista, uma vez que isso conduz, necessariamente, à maldição de *miser homuncio* ("homem desprezível"); e Anselmo deve lembrá-lo que foi ele que pediu tão insistentemente pela razão e que, portanto, deve se ater a ela: "*Rationem postulasti, rationem accipe*" ("você pediu a razão, eis a razão")[80]. Novamente, Anselmo diz que as pessoas que negam a necessidade de Cristo para a salvação e que Boso representa (*quorum vice loqueris*) devem, agora, demonstrar como a salvação seria possível sem um Deus-homem. Se eles são incapazes de mostrar uma alternativa, deveriam se desesperar ou, se estão horrorizados com essa perspectiva, unir-se aos Cristãos[81].

Já foi mencionado como o diálogo procede: o segundo livro inicia com o argumento de que Deus criou o homem com o fim de salvação em mente e que, portanto, o Deus-homem é necessário. A tensão emocional de Boso é aliviada, e isso resulta em uma explosão de alegria ao fim desse livro, isto é, da obra inteira:

> Não há nada mais razoável, mais doce, nada mais desejável que o mundo possa ouvir. De fato, eu derivo tal confiança disso que não posso expressar em palavras; agora, com que alegria meu coração rejubila, pois me parece que Deus não rejeita nenhum membro da raça humana que o aborde em sua autoridade[82].

A passagem é importante não só por causa de sua intensidade emocional. A confiança recuperada por Boso é bem pacífica não só porque ele mesmo pode ser salvo, mas, em princípio, porque todo ser humano o pode — uma

---

77 CDH I, 22, S II, 90, 6: "*Nisi me fides consolaretur, hoc solum me cogeret desperare*".
78 CDH I, 23, S II, 91, 1-2.
79 CDH I, 24, S II, 92, 32-93, 3.
80 CDH I, 24, S II, 94, 10.
81 CDH I, 25, S II, 95, 1-6.
82 CDH II, 19, S II, 131, 3-6: "*Nihil rationabilius, nihil dulcius, nihil desiderabilius mundus audire potest. Ego quidem tantam fiduciam ex hoc concipio, ut iam dicere non possim quanto gaudio exultet cor meum. Videtur enim mihi quod nullum hominem reiciat deus ad se sub hoc nomine accedentem*".

dimensão universalista é ligada à sua certeza de salvação que não se encontra em experiências religiosas comparáveis de salvação. Sem dúvida, essa dimensão é ligada à base racional de sua certeza: o primeiro predicado que Boso usa, anterior a *dulcius* ("mais doce") e *desiderabilius* ("mais desejável"), é *rationabilius* ("mais razoável"). A mensagem é doce e desejável porque é enraizada na razão — Anselmo apelou à *ratio veritatis*[83]

É bem provável que as reações emocionais de Boso no diálogo espelhem sua crise existencial mencionada no início[84]. Mas Anselmo não as teria integrado em seu trabalho se ele não tivesse considerado que elas lhe permitiram estabelecer um ponto de vista poderoso: a discussão de questões religiosas é mais que um passatempo intelectual. Para seguir a razão e confiar nela, precisa-se de mais que a mera razão: a externa majestade do "*rationem postulasti, rationem accipe*" de Anselmo transmite, poderosamente, a ideia de que nem todos são capazes de se ater à razão, uma vez que a razão pode levar, ao menos durante a fase de transição, a resultados tão aterrorizantes que se precisa de força além da razão para continuar com o exame racional de uma questão. Mesmo aqueles que não mais compartilham da convicção de Anselmo de que, sem encarnação, todo ser humano encontraria a condenação podem citar experiências análogas. Muitos racionalistas, por exemplo, passaram por uma crise cética, e se tiveram de superá-la, isso foi consequência não de recursos racionais apenas; pois, antes de terem encontrado argumentos racionais contra o ceticismo, eles já precisaram acreditar que uma busca por tais argumentos teria uma chance séria de atingir os resultados desejados[85]. Talvez essa seja a razão pela qual Anselmo não tenha escrito um verdadeiro diálogo inter-religioso — talvez ele temesse que um interlocutor que não só fingisse negar, como Boso, mas realmente negasse o cristianismo não conseguisse passar pelo abismo do fim do primeiro livro. Uma fé ainda não fundada na razão não é o grau mais elevado de crença, mas pode ser, segundo Anselmo, uma *conditio sine qua non* para adquirir um grau mais elevado. Mas Anselmo não fala apenas sobre a fé. Em I, 20, sua fé é qualificada como se operasse por meio do amor (Gl 5,6), e o diálogo entre um pupilo e um mestre que o introduz parcialmente em seu entendimento mais profundo da fé e que, parcialmente, busca junto com ele é um exemplo esplêndido desse amor presente em uma tradição viva.

---

[83] CDH II, 19, S II, 130, 29.

[84] A *Vita venerabilis Bosonis* retrata Boso como se sofresse de *cogitationum tumultibus*, também de *turbatus* e de *mente confusus* antes de consultar Anselmo. Cf. CRISPINO, M., *Vita venerabilis Bosonis*, 725.

[85] Ver AGOSTINHO, *Soliloquia*, 1.6.12. Trad. bras.: *Solilóquios*, trad. N. de A. Oliveira, São Paulo, Paulinas, 1993.

Terrere, angustiae, periculose, grave, desperare, horrere são as palavras que descrevem a ansiedade crescente de Boso. O termo "angústia"[86] é escolhido de modo consciente, pois é etimologicamente relacionado a *angustiae* (*anxius* vem de *ango*, a que também pertence *angustus*, "estreito"). Por sua vez, *angustiae* é relacionado ao substantivo alemão/dinamarquês *Angst/Angest*, e a palavra dinamarquesa pode nos lembrar de um dos tratados mais importantes da filosofia da religião do século XIX: o *Begrebet Angest* [*Sobre o conceito de angústia*] de Søren Kierkegaard. De fato, pode-se dizer que Kierkegaard aprofunda os estados emocionais esboçados por Anselmo em muitas de suas obras — desespero, por exemplo, em *Sygdommen til Døden* [*O desespero humano*], ainda que o termo dinamarquês *fortvivlelse*, em virtude de seu acento ser cindido em dois, permita desenvolvimentos conceituais impedidos pelo termo mais simples *desperatio*, que simplesmente significa falta de esperança. A proximidade entre Anselmo e Kierkegaard é tanto surpreendente quanto significativa. É surpreendente porque há, de fato, um abismo entre a estrutura racionalista da teologia filosófica de Anselmo e a rejeição do racionalismo (em sua forma hegeliana) pelo preexistencialista dinamarquês: uma obra como *Frygt og Baeven* [*Temor e tremor*] é diametralmente oposta ao programa inteiro de teologia racional; seus princípios centrais são incompatíveis com a doutrina de Deus de Anselmo, bem como sua ética. É suficiente lembrar que Anselmo rejeita a ideia de que Deus possa querer, diretamente (não apenas aceitar como meio para um bem maior) o sofrimento de uma pessoa inocente[87]. É significante, todavia, que isso não previne Anselmo de conhecer ao menos as superfícies dos estados emocionais que Kierkegaard analisaria em profundidade. E ele não só *teoriza* sobre essas emoções como as *representa* em forma de diálogo — um gênero marginalizado por Kierkegaard, de tão obcecado que ele era com a subjetividade[88]. Ao fazê-lo, Anselmo consegue acessar três coisas desprezadas por Kierkegaard. Em primeiro lugar, em vez de meditar sobre elas, ele mostra tais emoções em ação, vinculadas com e conferidas por uma busca intelectual. Em segundo lugar, ele as contrasta com a tranquilidade da mente de outro interlocutor, a saber, ele mesmo; essa presença de uma pessoa mais madura que previne Boso de ser completamente sobrecarregado por elas. Em terceiro lugar, ele não permite que elas tenham a última pala-

---

86   No caso do original inglês, Hösle e Goebel usam "*anxiety*", que pode traduzir tanto "angústia" quanto "ansiedade" para o português. No português, é mais viável usarmos "angústia", por ser mais próximo do latim. (N. do T.)

87   Cf. CDR I, 7, S II, 57, 10-13.

88   Ver HÖSLE, V., Interpreting Philosophical Dialogues, *Antike und Abendland*, v. 48 (2002) 68-90, 80.

vra, mas as supera na alegria final de Boso, uma alegria meditada, como vimos, de introspecções em razões. Sem dúvida, seria interessante comparar a dramaturgia e a dialética do medo e a reafirmação em *Cur Deus homo* como aquela na primeira meditação de Anselmo, a *Meditatio ad concitandum timorem* [Meditação para trazer o medo], que inicia com um quase dramático "*Terret me vita mea*" ("minha vida me amedronta")[89] e emprega um vocabulário similar, ainda mais rico, de medo, temor e desespero (*terrere, terror, terribilis, terrificus, horridus, taedere, tremere, plorare, desperare, timere, pertimescere*), que é, então, abruptamente superado pelo apaziguador "doce nome" de Jesus[90]. De fato, a primeira meditação de Anselmo parece refletir menos o curso de *Cur Deus homo* que a sua terceira, mais famosa, *Meditatio redemptionis humanae* [Meditação sobre a redenção humana]. Enquanto esta basicamente resume os argumentos desenvolvidos em *Cur Deus homo* e, portanto, acentua seu lado racional, a primeira meditação de Anselmo captura o desenvolvimento dos estados emocionais de Boso no diálogo.

Um racionalista, o exemplo de Anselmo nos mostra, não precisa ser cego às emoções; pelo contrário, ele sabe que o caminho da razão é arriscado e que temos de ser gratos por uma fé que garante estabilidade emocional e nos previne de ser engolidos pelas emoções de medo, ansiedade e desespero (que, não obstante, pertencem à via da razão). Além disso, ele defende que nossa mente é feita para desfrutar as doçuras, e que a coisa mais racional é também a mais doce.

III

Nós vimos que a importância da ciência de estados emocionais, da parte de Anselmo, não põe em perigo o racionalismo, mas, em vez disso, o enriquece. Mas como os muitos apelos a Deus que encontramos no *corpus* anselmiano se relacionam à autonomia da razão?

Imediatamente após Anselmo ter decidido satisfazer o desejo de Boso e seus amigos de discutir a questão racionalmente, ele apela à ajuda de Deus e às preces de seus amigos[91]. No fim do primeiro livro, ele reza novamente pela ajuda de Deus, "não confiando em mim mesmo, mas em Deus"[92]. Quando, posteriormente, ele cede pela segunda vez à "importunação" de Boso, e entra a fundo no estudo do árduo problema supracitado, ele propõe agradecer a Deus

---

[89] S III, 76, 4.
[90] S III, 79, 85.
[91] CDH I, 2, S II, 50, 4-5.
[92] CDH I, 25, S II, 96, 16-20; 18: "*non in me, sed in deo confidens*".

por tudo o que ele poderia ser capaz de mostrar[93]. A última frase dessa obra é: "Mas, se o que achamos ter descoberto racionalmente for corroborado pelo Testemunho da Verdade, devemos atribuir isso não a nós mesmos, mas a Deus, que é abençoado ao longo de todas as eras. Amém"[94]. Uma passagem particularmente reveladora é a seguinte. Após Anselmo ter afirmado que uma *ratio inevitabilis* ("uma razão inevitável") nos levou à conclusão de que a natureza divina e humana devem ser unidas em uma pessoa, Boso concorda: "A estrada pela qual você me guia, fortificada pela razão em ambos os lados, é tamanha que eu vejo que não posso partir dela nem pela direita nem pela esquerda"[95]. Anselmo, todavia, objeta: "Não sou eu que estou liderando você, mas aquele sobre quem falamos, sem o qual não podemos fazer nada, e que é nosso guia onde quer que mantenhamos nossa busca pela verdade"[96]. A passagem é reveladora porque três líderes possíveis são mencionados — primeiro, uma razão inevitável; em segundo lugar, o próprio Anselmo e, em terceiro lugar, Cristo. Como eles permanecem em relação uns com os outros?

Uma consequência imediata da passagem citada é a identificação da verdade necessária e de Cristo (frequentemente referido como *veritas* na Idade Média). Já vimos que Anselmo relaciona Deus com a bondade moral (*iustitia*): Deus não é menos idêntico à verdade, verdade e bondade moral são relacionadas à *rectitudo*[97]. *Quando quer que apreendamos uma verdade* (*uiam veritatis tenemus*), isto é, quando quer que sigamos a razão (*via* [...] *undique munita ratione*) e, particularmente, quando quer que apreendamos razões relacionadas ao divino, Deus e seu *logos* operam em nós. Deus é o princípio de nossa razão, e, ao usar nossa razão corretamente, alcançamos as possibilidades de nossa razão finita. Isso não significa que Deus interfira com o curso normal dos argumentos ou que ele acrescente algo a eles — se o argumento é convincente, é por si mesmo uma manifestação da verdade e, portanto, de Deus. Sendo assim, Anselmo poderia conceber o *Proslogion* como uma prece, e isso não significa que seu argumento já pressupõe a existência de Deus — se um argumento é convincente, ele é, por si mesmo, uma manifestação da verdade

---

93   CDH II, 16, S II, 117, 23-24.

94   CDH II, 22, S II, 133, 13-15: "*Si autem veritatis testimonio roboratur, quod nos rationabiliter invenisse existimamus, deo non nobis attribuire debemus, qui est benedicus in saecula amen*".

95   CDH II, 9, S II, 106, 5-6: "*Sic est via qua me ducis, undique munita ratione, ut neque ad dexteram neque ad sinistram videam ab illa me posse delineare*".

96   CDH II, 9, S II, 106, 7-8: "*Non ego te duco, sed ille de quo loquimur, sine quo nihil possumus, nos ducit ubicumque viam veritatis tenemus*".

97   De acordo com Anselmo, toda verdade é uma forma de *rectitudo*, *iustitia* sendo uma subespécie de *rectitudo*; ver *De veritate*, esp. XII.

e, por conseguinte, de Deus. Consequentemente, Anselmo pôde conceber o *Proslogion* como uma prece, e isso não significa que seu argumento já pressupõe a existência de Deus — Anselmo era um filósofo muito sutil para cometer uma petição de princípio tão vulgar. Contudo, após termos demonstrado a existência de Deus, percebemos intelectualmente — e não apenas por meio da fé — que nossa atividade não teria sido possível sem o princípio de todo ser e raciocínio, isto é, sem Deus. A existência de Deus não é uma premissa do argumento, mas Deus é o fundamento de todo ser e argumentar — como o próprio argumento mostra[98]. Alguns podem considerar arrogante atribuir a Deus a própria argumentação. Mas a última frase da obra mostra que essa atribuição é apenas hipotética — apenas enquanto o argumento pode ser validado pela verdade. Esse movimento implica grande simetria: não é Anselmo que guia Boso, mas a verdade que guia a ambos[99]. Isso, é claro, não é dizer que o conhecimento seria produzido independentemente dos esforços de Anselmo e de Boso para chegar a ele.

Pode-se objetar que, se a presença de Deus é reduzida ao fato de o argumento ser verdadeiro, a questão é bem trivial. Mas, obviamente, a presença de Deus deve ser localizada em dois níveis — um dos quais (que acabamos de discutir) é o que Frege chama de *terceiro reino*. O outro se relaciona ao que Frege chama de *segundo reino*: as ideias nas mentes individuais, isto é, as qualidades subjetivas que variam de acordo com diferentes sujeitos. É claro, há

---

[98] Essa é a própria interpretação de Anselmo do seu argumento. No *Proslogion*, 14-16, refletindo sobre sua prova da existência de Deus e seus atributos, ele escreve: "[Minha alma] poderia entender algo sobre ti, senão por meio de 'sua luz e sua verdade'? (...) pois quão grande é essa luz da qual toda verdade brilha, que dá luz ao entendimento! Quão imensa é essa verdade na qual tudo é verdadeiro e fora da qual nada existe, exceto o nada e a falsidade (...) De fato, eu não vejo essa luz, uma vez que é muito para mim; e, todavia, quando quer que eu veja, eu vejo através dela, assim como um olho fraco vê o que vê pela luz do Sol, que eu não consigo olhar no próprio Sol" (S I, 111, 17-112, 24: "*Aut potuit omnino aliquid intelligere de te, nisi per 'lucem tuam et veritatem tuam'?* [...] *Quanta namque est lux illa, de qua micat omne verum quod rationali menti lucet! Quam ampla est illa veritas, in qua est omne quod verum est, et extra quam non nisi nihil et falsum est!* [...] *Vere ideo hanc non video, quia nimia mihi est; et tamen quidquid video, per illam video, sicut infirmus oculus quod videt per lucem solis videt, quam in ipso sole nequit aspicere*"). Para uma interpretação da prova de Anselmo nessas linhas (uma interpretação que não precisa negar a natureza argumentativa de *Proslogion* 2-4), ver também HICK, J., "Introduction", in: HICK, J.; MCGILL, A. (eds.), *The Many-Faced Argument*, New York, Macmillan, 1967, 215-218: "The Hegelian Use of the Argument".

[99] Mesmo um matemático poderia argumentar de maneira semelhante: Georg Cantor "poderia escrever (...) que ele não era o criador de sua nova obra, mas meramente um repórter. *Deus* forneceu a inspiração, deixando Cantor responsável apenas pela forma na qual seus artigos foram escritos, por seu estilo e organização, mas não por seu conteúdo" (DAUBEN, J. W., *Georg Cantor*, Cambridge, MA, Harvard University Press, 1979, 146).

inúmeros argumentos que não foram descobertos por nenhuma mente finita; portanto, analisar um argumento não responde à questão que justifica por que há ideias subjetivas correlacionadas a ele. Essa questão é particularmente difícil de responder quando alguém descobre um argumento pela primeira vez, pois não se pode forçar o caminho rumo a uma descoberta importante[100], e mesmo que um racionalista sempre suponha que há uma série de causas secundárias que explicam por que uma certa descoberta foi feita por um indivíduo específico em um momento específico, essas causas, se elas puderem ser descobertas, só podem ser consideradas após o fato na perspectiva do espectador, não pela pessoa que descobre o próprio argumento. A questão existencial "Por que eu e não outra pessoa?" permanece não resolvida para ela. Entre os que abrem novos horizontes intelectuais, é quase universal a experiência de que suas descobertas vêm a elas como um presente, como um dom, como graça. Anselmo descreveu muito bem como seu maior discernimento filosófico (sem dúvida, também um dos mais importantes para toda a história da filosofia) foi impresso sobre ele quando ele já havia perdido a esperança de encontrar aquele argumento "que, para sua prova, não precisava de nenhum outro, salvo ele mesmo"[101]. É claro, ele descobriu seu argumento-mestre apenas porque tinha uma ideia de como seria seu argumento e, porque, ao escrever o *Monologion*, ao ensinar, e ao refletir, ele havia preparado sua mente para tal busca. Mas é ainda significativo que ele falhara em sua busca e que havia decidido banir esse projeto de seu pensamento, de modo que ele poderia se focar em empreendimentos mais promissores. Não obstante, a questão retornava várias vezes a sua mente, muito contra sua vontade, que se provava incapaz de se livrar dele, até que "um dia, quando eu estava bem fatigado de resistir a essa importunação, veio a mim, no conflito de meus pensamentos, o que eu estava desesperado para encontrar, de modo que captei ansiosamente a noção que, em minha distração, eu tentava rejeitar"[102]. Nós vemos dessa passagem que não só Boso, mas também Anselmo, passou pelo desespero, que

---

100 Ainda que uma das razões pelas quais Descartes fosse tão orgulhoso de sua descoberta da geometria analítica fosse o fato de que ele acreditava ter descoberto um método que o permitiria encontrar bem rapidamente as provas dos teoremas geométricos. DESCARTES, R., *Discours*, *Œuvres*, vol. VI, ed. C. Adam and P. Tannery, Paris, Cerf, 1902, 20 s.). Em primeiro lugar, há de se reconhecer que a geometria analítica apenas *facilita* a descoberta de *alguns* teoremas — não há algoritmo que leve a provas — e, em segundo lugar, que a descoberta de tal método nunca pode ser o resultado de sua aplicação.

101 *Proslogion*, Prefácio, S I, 93, 6-7: "*quod nullo alio ad se probandum quam se solo indigeret*".

102 *Proslogion*, Prefácio, S I, 93, 16-19: "*Cum igitur quadam die vehementer eius importunitati resistendo fatigarer, in ipso cogitationum conflictu sic se obtulit quod desperaveram, ut studiose cogitationem amplecterer, quam sollicitus repellebam*".

ele conhecia emoções e pensamentos contrastantes, e que ele foi presenteado com um dom após ter decidido abandonar seu projeto. Há uma transformação quase milagrosa de opostos um no outro — no momento em que ele se tornou cansado da resistência contra o pensamento que ainda o atormentava, ofereceu-se a ele o argumento que ele buscou em vão durante tanto tempo. A analogia com a rejeição (hipotética) de Boso do dom do autossacrifício de Cristo é marcante e demonstra que, tanto no *Proslogion* quanto no *Cur Deus homo*, a autonomia da razão é, para o indivíduo que se cria para ela, um dom de Deus: é de acordo com seu querer segundo normas retas; é, ao mesmo tempo, uma aproximação de Deus, uma imitação do criador.

CAPÍTULO 10

Diálogos inter-religiosos durante a Idade Média e o período inicial da modernidade

> *Ut credat quod tu, nullum ui cogere tenta;*
> *sola quippe potest huc racione trahi.*
> *Extorquere potes fidei mendacia frustra:*
> *Ipsa fides non ui, set racione venit.*
>
> Pedro Abelardo, *Carmen ad Astralabium*, 783-786.

Um dos fatores que definem a religiosidade no mundo contemporâneo é o fato de que quase toda pessoa religiosa é confrontada, em seu mundo de vida imediato, com uma pluralidade de ofertas religiosas. Essa é uma das consequências necessárias da globalização — a expansão de nosso horizonte histórico e geográfico, a mescla de pessoas por meio de migrações e jornadas, a presença de todas as ideias possíveis em um mercado global, como percebido em sua forma mais difusa pela Internet, tornam o acesso a tradições religiosas alternativas algo natural e até mesmo óbvio. Na história europeia moderna, todavia, isso é bem recente. Mesmo após o colapso da unidade religiosa na Reforma, a maioria dos países europeus permaneceu, por razões políticas, homogêneo no que diz respeito à denominação, e também em um país com denominação mista, como a Alemanha, o princípio do *cuius régio, eius religio* garantiu que, na maior parte dos estados dentro do Sacro Império Romano-Germânico, uma grande parte das pessoas pertencesse a uma denominação. É claro, na maioria dos países europeus havia uma minoria de origem judaica, mas era frequentemente relegada a um gueto e, quase sempre, excluída de direitos plenos do cidadão. Além disso, os judeus não representavam, para os cristãos, alteridade religiosa radical, já que seu livro sagrado central, o Antigo Testamento, era parte do cânone cristão. Esse estado de coisas durou até o século XX — em sua recente autobiografia[1], Johannes Hösle descreveu o *cosmos* fechado de uma vila católica do sul da Alemanha entre os anos 1930 e 1940, época em que até mesmo o protestantismo era apenas um rumor e em que uma alternativa à visão de mundo católica era radicalmente inconcebível.

As condições sociais de tal forma de religiosidade desapareceram na segunda metade do século XX, e o Segundo Concílio Vaticano foi a tentativa teológica memorável de lidar com uma nova situação, que tornou a *extra ecclesiam nulla salus* mais e mais obsoleta e até mesmo ofensiva. Uma complexa teologia de religiões não cristãs se desenvolveu e tentou efetuar uma mediação entre a afirmação de absolutez intrínseca à maioria das religiões (certamente, ao cristianismo) e a pluralidade de tradições religiosas. Além da abordagem mais tradicional, exclusivista, foram elaboradas tanto teologias da religião pluralistas quanto inclusivistas[2]. Os resultados dessas novas abordagens teológicas foram tanto uma maior abertura a religiões não cristãs quanto um naufrágio de certezas religiosas que caracterizaram o cristianismo por quase dois milênios. O processo posterior encontrou desaprovação por muitos cristãos tradicionais, e, algumas vezes, não se pode evitar a impressão de que as diferenças entre os defensores mais tradicionalistas da religião e os intérpretes mais "liberais" da mesma religião são até mais agressivas e amarguradas do que aquelas entre as pessoas pertencentes a diferentes religiões, enquanto elas são interpretadas, em um metanível, de maneira semelhante. Em todo caso, dificilmente se pode duvidar de uma coisa: uma educação religiosa responsável no século XXI deve lidar com a questão da existência de diferentes religiões de maneira muito mais intensa do que foi feito antes. A capacidade de interagir com outras religiões de uma forma que tente aprender com elas sem trair o compromisso com alguns princípios absolutos — um compromisso que constitui a essência da religião — provavelmente será uma competência crucial em um mundo globalizado, mas, para um futuro distante, religiosamente heterogêneo.

---

1 HÖSLE, J., *Vor aller Zeit: Geschichte einer Kindheit*, München, DTV, 2000; HÖSLE, J., *Und was wird jetzt? Geschichte einer Jugend*, München, C. H. Beck, 2002.

2 Uma boa visão geral da discussão contemporânea e uma crítica da tricotomia popular de teologias da religião podem ser encontradas em SCHENK, R., Debatable Ambiguity: Paradigms of Truth a Measure of the Differences among Christian Theologies of Religion, *Jahrbuch für Philosophie des Forschungsinstituts für Philosophie Hannover*, v. 11, 2000, 53-85.

Felizmente, tal capacidade não precisa ser desenvolvida do zero. O mundo medieval foi, em alguns aspectos, mais diverso religiosamente que o mundo do início da modernidade — o fato de a tradição grega ter sido redescoberta pelo Ocidente em parte devido à mediação árabe conferiu ao Islã, na Idade Média, um desafio intelectual muito maior para os cristãos que do século XVI em diante (os sucessos militares do Império Turco-Otomano não foram acompanhados de inovações intelectuais comparáveis, e a revolução científica certamente afrouxou a relação da Europa com o mundo não cristão). Os teólogos medievais cristãos não lidam apenas, em longos tratados, com as outras duas religiões monoteístas não cristãs; eles usaram o gênero literário do diálogo para mostrar como um encontro intelectual e moralmente satisfatório com outras religiões deveria ocorrer. É claro, esses diálogos antecedem dois dos grandes desafios que transformaram profundamente o cristianismo — a emergência da ciência natural moderna e o pensamento histórico moderno[3]. Nenhum dos autores que discuto na sequência, nem o historicamente e filologicamente erudito Jean Bodin, tinha o conhecimento amplo e preciso de história da religião e teologia histórica adquirido sobre outras religiões, bem como sobre o desenvolvimento da própria tradição, do século XVIII em diante. Ainda assim, eu acredito que muito pode ser aprendido desses diálogos. Eu me concentro tanto na pragmática do diálogo inter-religioso (I) quanto — muito breve e superficialmente — em alguns dos argumentos principais (II) que se podem encontrar nessas quatro obras que, provavelmente, são os diálogos inter-religiosos mais originais e ricos do século XII ao XVI: as *Collationes* de Pedro Abelardo, ou *Dialogus inter philosophum, Judaeum et Christianum* [*Diálogo entre um filósofo, um judeu e um cristão*], O *Llibre del gentil dels tres savis* [*Livro do pagão e dos três homens sábios*] de Raimundo Lúlio, o *De pace fidei* [*Sobre paz na fé*], de Nicolau de Cusa, e o *Colloquium heptaplomeres de abditis reum sublimium arcanis* [*Colóquio dos sete sobre segredos do sublime*], de Jean Bodin[4].

Esses quatro diálogos, que eu comparo com o que vem em seguida, se conectam uns aos outros: mesmo que não esteja claro que Lúlio conhecia Abelardo[5] — eu considero isso improvável —, De Cusa deve ter estudado o diálogo de Lúlio[6], e Bodin deve ter reagido abertamente, eu acredito, ao diá-

---

3   Ver o cap. 7 deste volume.

4   Minha ignorância de fontes árabes me força a ignorar também todas as obras semelhantes escritas por não cristãos, tais como o *Kuzari* de Yehuda Halevi.

5   DOMÍNGUEZ, F., Der Religionsdialog bei Raimundus Lullus, in: JACOBI, K. (ed.), *Gespräche lesen: Philosophische Dialoge im Mittelalter*, Tübingen, Narr, 1999, 263-290, 266.

6   Ver COLOMER, E., *Nikolaus von Kues und Raimund Llull*, Berlin, de Gruyter, 1961, 115, ainda que não se encontre, na biblioteca do De Cusa, o *Llibre del gentil e dels tres savis*, nem em catalão, nem em latim. Sobre o estudo de Abelardo por Nicolau de Cusa, ver HAUBST,

logo inter-religioso de De Cusa. No diálogo de Abelardo, foi pedido ao autor, em uma visão de sonho, que funcionasse como juiz em uma controvérsia entre um judeu, um cristão e um filósofo não vinculado a nenhuma fé religiosa, mas de descendência ismaelita (eu não descarto a possibilidade de Abelardo ter se inspirado em um dos racionalistas muçulmanos, como Ibn Tufayl[7], por exemplo); ele não julga, mas ouve o diálogo, primeiro, entre o judeu e o filósofo e, depois, entre o cristão e o filósofo (eu não compartilho da opinião de que uma terceira parte contendo uma discussão entre o judeu e o cristão tenha sido planejada). O diálogo de Lúlio traz um gentio que fica desesperado de medo da morte e, por isso, entra em contato com três sábios, a saber, um judeu, um cristão e um muçulmano, um dos quais — não é dito quem —, na primeira parte da obra, convence o gentio da existência de Deus e da imortalidade da alma; seu grande prazer, todavia, é transformado em um desespero ainda maior quando se pede que ele se converta a uma das três religiões monoteístas, uma vez que, então, ele encontrará a condenação eterna se não fizer a escolha certa; sendo assim, primeiro, o judeu, depois, o cristão e, finalmente, o muçulmano apresentam argumentos, cada um a favor de sua própria religião. Mesmo que o gentio, no fim, declare ter feito sua escolha, os sábios se negam a ouvi-la para que possam continuar a discutir entre si qual dessas três religiões é a verdadeira. A obra de Nicolau de Cusa descreve uma visão em que o herói, facilmente identificável com o próprio De Cusa, é levado ao paraíso, onde ele ouve as reclamações dos anjos diante de Deus a respeito de violência motivada por religião. Deus, por recomendação do Verbo, pede a seus anjos que tragam diante dele representantes filosóficos de variadas nações (e, portanto, de diversas religiões): diante do Verbo, eles discutem suas diferenças religiosas e são, então, enviados de volta com a ordem de se reunir em Jerusalém para tentar entrar em acordo no que se refere a uma religião comum. Finalmente, o diálogo de Bodin, de longe a maior, mais rica e, formalmente, mais complexa dessas obras, consiste em seis livros em que sete pessoas conversam,

---

R., Marginalien des Nikolaus von Kues zu Abaelard, in: THOMAS, R. (ed.), *Petrus Abaelardus*, Trier, Paulinus, 1980, 287-296. (As notas marginais de Nicolau de Cusa, todavia, não mostram conhecimento algum das *Collationes*.) Especificamente sobre as relações entre Lúlio e De Cusa no que tange às questões inter-religiosas, ver EULER, W. A., *Unitas et pax: Religionsvergleich bei Raimundus Lullus and Nikolaus von Kues*, Würzburg, Echter, 1990, e COLOMER, E., *Nikolaus von Kues († 1464) und Ramon Llull († 1316): ihre Begegnung mit den nichtchristlichen Religionen*, Trier, Paulinus, 1995.

[7] Ver VON MOOS, P., Abaelard: Collationes, in: FLASCH, K., *Hauptwerke der Philosophie: Mittelalter*, Stuttgart, Reclam, 1998, 129-150, 133. Ele exclui a possibilidade muito rapidamente. Abelardo estava fascinado pela tolerância religiosa do Islã; quando considerou emigrar para um país muçulmano (*Historia calamitatum* 12), ele provavelmente não tinha conhecimento dos racionalistas entre os muçulmanos.

primeiro, sobre questões físicas e metafísicas e, depois, sobre temas religiosos na casa de um cavaleiro de Veneza, Paulo Coroneu. O anfitrião é um católico; seus convidados são o matemático luterano Frederico Podamicus, o jurista calvinista Antonius Curtius, o judeu idoso Salomão Barcasius, o italiano Otávio Fagnola, que se converteu ao Islã após ter sido capturado por piratas muçulmanos (ele se revela um muçulmano apenas no meio do quarto livro), o defensor de uma teologia racional (mais próxima de Platão que de Aristóteles) Diegus Toralba, e, enfim, Hieronymus Senamus, que também não é vinculado a nenhuma religião histórica, mas defende todas elas com base em uma teologia negativa e em um ceticismo reminiscente de Montaigne, com base no qual eu acredito que o personagem possa ter sido modelado.

I

A escolha da forma em que um filósofo comunica seu pensamento determina muito mais de seu conteúdo que historiadores da filosofia geralmente percebem. O diálogo literário, por exemplo[8], permite ao autor reter suas próprias posições de uma maneira que não é factível em um tratado — ao menos, enquanto ele mesmo não é um interlocutor no diálogo; e mesmo quando ele é, um distanciamento de si mesmo é possível. Muitas vezes, debateu-se como Pedro Abelardo — não o autor, mas a pessoa das *Collationes* a que se pediu que funcionasse como um *index*, que claramente tem de ser distinta da pessoa real que escreveu o diálogo, bem como, embora a um menor grau, do narrador[9] — se relaciona ao *Christianus*, que desenvolve tantos dos princípios de Abelardo, e foi corretamente observado que os dois são conscientemente distintos por Abelardo, o autor: o *Christianus* é aquele lado da pessoa real que se identificou com a tradição cristã na qual foi educada; Abelardo, todavia, é a figura mais complexa que poderia se distanciar de seu próprio pano de fundo religioso e confrontar a religião cristã com a judaica, bem como com uma filosofia não comprometida com nenhuma revelação[10]. De fato, o *Philosophus*,

---

8   Sobre as múltiplas variações do gênero, ver meu ensaio: HÖSLE, V., Interpreting Philosophical Dialogues, *Antike and Abendland*, v. 48, 2002, 68-90, bem como meu livro: HÖSLE, V., *The Philosophical Dialogue*, Notre Dame, University of Notre Dame, 2012.

9   Ver WESTERMANN, H., Wahrheitssuche im Streitgespräch: Überlegungen zu Peter Abaelards "Dialogus inter Philosophum, Iudaeum et Christianum", in: *Gespräche lesen*, 157-197, 166 s. Eu devo muito a esse esplêndido artigo.

10 Ver a excelente Introdução em ABELARDO, P., *Collationes*, ed. e trad. John Marenbon e Giovanni Orlandi, Oxford, Oxford University Press, 2001, xvii-ciii, livf. Eu cito Abelardo de acordo com essa edição e tradução, mencionando primeiro o número do parágrafo e, de-

também, espelha aspectos do verdadeiro Abelardo, e talvez essa seja uma das funções da visão noturna, onírica, dentro da qual o diálogo ocorre — a saber, mostrar que ao menos dois dos interlocutores e o *index* são facetas da complexa personalidade de Abelardo.

Ao tornar necessários os esforços hermenêuticos incomuns, o diálogo engaja o leitor de modo particularmente desafiador — ainda que todo texto constitua um convite a um diálogo entre o autor e os leitores, textos dialógicos geralmente provocam um diálogo mais interessante entre o autor e o leitor que, por exemplo, os ensaios. Esse apelo à autonomia do leitor pode ser ainda maior quando a obra permanece um fragmento. Portanto, um fator decisivo do diálogo de Abelardo é seu caráter de algo inacabado. Enquanto a visão tradicional era de que Abelardo teria sido impedido, por sua morte em 1142, de completar a obra escrita em seus últimos anos em Cluny, estudos mais recentes tornaram mais provável que a obra teria sido escrita nos anos de 1120 ou 1130[11]. É claro, isso nos leva a questionar por que Abelardo deixou a obra inacabada — ou, melhor, se Abelardo conscientemente teria decidido romper com ela. Há argumentos para uma visão posterior (que transformaria, de certo modo, Abelardo em um predecessor medieval de Rodin)[12] — ao suprimir o juízo final do *index*, Abelardo teria, deliberadamente, escolhido uma apolepse por motivos pedagógicos. "Nessa forma presente, o *Diálogo* empurra o leitor para um papel pedagógico: os três interlocutores apresentaram seus casos; aqueles abertos a aprender de discussões entre culturas devem decidir a questão por si mesmos."[13] Uma interpretação menos radical e, talvez, mais provável do fim abrupto é que "Abelardo decidiu levar a obra a uma conclusão provisória, deixando aberto a decisão de continuá-la em outra data se ele o escolher"[14].

Como quer que essa questão específica seja resolvida, há pouca dúvida de que a maior parte dos diálogos, só de propor posturas diferentes, obriga os leitores a se posicionar. Isso é, pelo menos, o caso quando temos um diálogo entre parceiros que estão mais ou menos em pé de igualdade ou, me-

---

pois, o número de página, para que os usuários de outras edições possam encontrar a passagem com facilidade.

11 Sobre a data das *Collationes*, ver WESTERMANN, Wahrheitssuche im Streitgespräch, 157 ss., bem como MARENBON, Introduction, xxvii ss.

12 Foi proposto primeiro por MEWS, C., "On Dating the Works of Peter Abelard", *Archives d'histoire doctrinale et littéraire du moyen âge*, v. 52, 1985, 73-134. Ver também JOLIVET, J., *La Théologie d'Abélard*, Paris, M. Arnold, 1997, 88 ss.; JACOBI, K., Einleitung, in: *Gespräche lesen*, 9-22, 20.

13 ADAMS, M. M., Introduction, in: ABELARDO, P., *Ethical Writings*, trans. P. V. Spade, Indianapolis/Cambridge, Hackett Publishing Company, 1995, xiii.

14 MARENBON, "Introduction", lxxxviii.

lhor dizendo, em que a superioridade de um dos interlocutores não é tão evidente quanto é nos diálogos entre um professor e um pupilo, que constituem a maioria dos diálogos filosóficos medievais. Klaus Jacobi observou, corretamente, que uma classificação inicial, rude, dos diálogos filosóficos medievais é a dos diálogos entre professores e pupilos e diálogos inter-religiosos entre cristãos, judeus, pagãos e filósofos, mesmo quando há transições entre as duas formas — notavelmente na *Disputatio Christiani cum Gentili* de Gilberto Crispino[15]. Entre os quatro diálogos em que pretendo me concentrar, certamente o *De pace fidei* [*Sobre paz na fé*], de Nicolau de Cusa, se aproxima mais de um diálogo entre professor e pupilo — pois não apenas Pedro e Paulo, mas também o *Veerbum caro factum* fala, e obviamente com uma voz não menos autoritária do que a do professor medieval comum. Ainda assim, no diálogo que se inicia no capítulo 3, há dezessete outros interlocutores que estão mais ou menos em pé de igualdade um com o outro (não, todavia, com o Verbo e com os santos), todos os quais são humanos. Naturalmente, é de extrema importância distinguir entre esses diálogos em que a igualdade nos parceiros é apenas formal e aqueles em que é essencial — isto é, entre diálogos em que o autor claramente opta pela posição de um dos interlocutores, mesmo que todos sejam tratados por ele com respeito e também lidem um com o outro com cortesia, e aqueles em que o autor não parece se aliar a ninguém, ou parece garantir verdade parcial a cada lado. Às vezes, pode ser hermeneuticamente difícil descobrir qual é a intenção do autor; mas, desde que, nos casos de todos os nossos autores — diferentemente de Platão, cujos diálogos, todavia, são, em geral, diálogos entre pessoas radicalmente desiguais —, temos algumas obras que são não dialógicas, nós não estamos em posição muito difícil. Portanto, é óbvio para alguém que tenha lido, por exemplo, no *Llibre de contemplació en Déu* que Lúlio não tinha dúvida alguma da superioridade dos argumentos desenvolvidos pelos cristãos — apesar do fato de que, em seu diálogo, a posição intermediária do cristão entre o judeu e o muçulmano não assinala nenhum valor especial do cristianismo, e que a escolha do gentio entre uma das três religiões monoteístas permanece um segredo, uma vez que os três sábios não querem saber qual é. Bodin, de outro lado, que em sua vida oscilou entre o catolicismo, a teologia racional e, talvez, a reforma — ainda que a pessoa em Gênova possa bem ter sido homônima dele — e o judaísmo[16], não

---

15 JACOBI, "Einleitung", 12.

16 Bodin, é claro, nunca foi um judeu — ainda que seus ancestrais maternos possam ter sido —, "mas um profundo judaizante que tinha uma afinidade espiritual com os judeus, que foi enraizada em um monoteísmo profético compartilhado". ROSE, P. L., *Bodin and the Great God of Nature*, Genève, Droz, 1980, 191.

parece longe do espírito da parábola do anel, em *Nathan der Weise* [*Nathan, o sábio*] de Gotthold Ephraim Lessing, e mesmo para o pluralismo moderno: o primeiro, o segundo e o sexto livro dos *Heptaplomeres* terminam com música, e o quarto livro se inicia com uma discussão sobre harmonia — sugerindo, provavelmente, que a pluralidade de religiões é desejada por Deus na medida em que contribui para a complexidade da harmonia do universo. "Eu acho que a harmonia é produzida quando muitos sons são formados; mas, quando eles não podem ser mesclados, conquista-se o outro como o som entra no ouvido, e a dissonância ofende os sentidos delicados de homens mais sábios"[17], diz Otávio. Ou, como Toralba afirma: "Essas discussões não ofereceriam propósito ou prazer a não ser que tomassem brilho de razões e argumentos opostos"[18]. De outro lado, é adequada a ideia de que, também a esse princípio, algo é oposto: Sênamo considera que um estado sem pessoas perversas seria mais feliz que um mundo com pessoas boas e pessoas ruins, e, com seu sarcasmo comum, ele questiona se pode haver guerras civis mesmo entre anjos[19].

Como vimos, o diálogo a que o autor convida seu leitor depende também do tipo de diálogo em que os interlocutores criaram por intermédio dele se engajam. De fato, diálogos literários não têm como meta apenas um diálogo futuro real entre o autor e seus intérpretes, eles representam um diálogo passado — seja real ou, na maioria dos casos, fictício. Mesmo onde um diálogo real pode ter ocorrido no passado, as leis do gênero obrigam o autor a transcender a fatuidade bruta e idealizá-la, ainda que em níveis variáveis. O *Colloquium* de Bodin é o que chega mais perto de um diálogo da vida real, mas isso contribui para a falta de concentração na obra, com suas repetições e digressões. Temos de distinguir, entre a questão se houve uma base na vida real para o diálogo literário — uma questão que transcende a obra literária — e a questão literária imanente, se o texto pretende representar um diálogo real

---

17 BODIN, J., *Colloquium of the Seven Secrets of the Sublime*, ed. Marion L. D. Kuntz, Princeton, Princeton University Press, 1975, 145. Uma vez que a única edição completa do original latino é de 1857 (por NOACK, L.; reprint Stuttgart/Bad-Cannstatt, 1966) e Kuntz consultou, para a tradução dela, manuscritos desconhecidos a Noack, sua tradução, que contém muitas notas críticas sobre o texto, é, portanto, uma contribuição ao original latino, do qual uma nova edição é altamente desejável. Hugo Grotius, rainha Christina da Suécia, Pierre Bayle, Hermann Conring, Jacob Thomasius e Gottfried Wilhelm Leibniz tiveram de ler essa obra de Bodin em forma manuscrita (em 1720, uma impressão do livro já havia sido iniciada em Leipzig, mas foi proibida pelas autoridades). Eu também forneço as passagens da edição de Noack (a passagem que acabo de citar está na p. 112). De importância para a harmonia e o novo cromatismo da música renascentista para os *Heptaplomeres*, ver a Introdução erudita de KUNTZ, xiii-lxxxi, l xiiff.

18 KUNTZ, 148: NOACK, 115.

19 KUNTZ, 150; NOACK, 116.

ou não. De nossos quatro diálogos, por exemplo, só dois — o de Lúlio e o de Bodin — afirmam representar tal diálogo real; os diálogos de Abelardo e de Nicolau de Cusa pretendem representar sonhos de visões dentro das quais os diálogos ocorreram; o estatuto ontológico dos parceiros do diálogo é, portanto, de acordo com o próprio texto literário, de algum modo, deficiente. Mesmo que os textos de Lúlio e de Bodin representem diálogos reais, a introdução ao prólogo do *Llibre* de Lúlio mostra, claramente, que ele deseja que o leitor reconheça o caráter fictício do diálogo, cuja estrutura de estória é reminiscente dos contos de fada. Bodin, ao contrário, quer transmitir a impressão de que seu diálogo realmente ocorreu — os personagens são claramente individualizados, muito mais que em Abelardo, cujos personagens são tipos, mas ainda assim com algumas peculiaridades psicologicamente interessantes (aos tipos de Lúlio e de Nicolau de Cusa faltam, ainda, traços peculiares). Os problemas centrais do diálogo são abordados de forma gradual e tácita, e o narrador, que afirma ter ouvido os diálogos como *kōphon prosōpon*, apresenta-se brevemente na carta para N. T., dentro da qual o diálogo é narrado. A carta disputa com as narrativas de viagem (imitadas, também, na *Utopia* de Thomas Morus), mas, como as viagens constituem uma importante parte da experiência de vida do século XVI, isso apenas amplia a atmosfera realista do diálogo.

Quais são os elementos formais de troca entre os interlocutores dentro de um diálogo? Cada um de nossos diálogos pressupõe, em primeiro lugar, que o encontro entre religiões não deve ocorrer em meio à violência. Mesmo que o Lúlio tardio tenha defendido a ideia das Cruzadas, sua obra inicial, o *Llibre del gentil e dels tres savis* [*Livro do pagão e dos três homens sábios*], é comprometida com a ideia de troca pacífica entre religiões[20]; o diálogo de Nicolau de Cusa é uma reação explícita à queda de Constantinopla[21], e a obra de Bodin

---

20 Ver LÚLIO, R., *Llibre del gentil e dels tres savis*, ed. Antoni Bonner, Palma de Mallorca, Patronat Ramón Llull, 1993, 207. Para a maioria dos leitores, será mais fácil procurar a tradução latina *Liber de gentili et tribus sapientibus*, feita durante a vida de Lúlio; para isso, ainda tem de se consultar a famosa Moguntina, isto é, a edição do século XVIII das obras latinas de Lúlio, uma vez que a obra ainda não apareceu na nova edição crítica. Ver LÚLIO, R., *Opera*, Tomus II, Mainz, Mayer, 1722; reprint Frankfurt, Minerva, 1965), 21-114; 113. (Eu forneço as páginas do *reprint*, e não da edição original.) Uma tradução complete para o inglês por Anthony Bonner pode ser encontrada no primeiro dos dois volumes de LÚLIO, R., *Selected Works*, Princeton, Princeton University Press, 1985. Uma versão condensada, em: BONNER, A. (ed.), *Doctor illuminatus: A Ramon Llull Reader*, Princeton, Princeton University Press, 1993.

21 DE CUSA, N., *De pace fidei cum epistula ad Ioannem de Segobia*, ed. R. Klibansky and H. Bascour, Hamburg, Meiner, 1959, 3, cap. 1. A tradução mais recente da obra em inglês é DE CUSA, N., *De pace fidei and Cribratio Alkorani*, ed. J. Hopkins, Minneapolis, Arthur J. Banning Press, 1990. Ver na carta a João de Segóvia o apelo contra a guerra e por uma troca espiritual: 97, 100.

é uma tentativa de propor uma alternativa à loucura das guerras religiosas no século XVI. Veneza é elogiada no início do *Colloquium* por causa de sua liberdade, contrastada com as guerras civis de outros estados[22], e a obra termina com uma nítida condenação do uso de força em questões religiosas, recentemente especialmente contra judeus e muçulmanos na Espanha e em Portugal, e com um acordo geral sobre tolerância religiosa[23]. Ainda que, em Bodin, não haja mais a esperança de que as pessoas possam chegar a um consenso sobre questões religiosas essenciais, há um acordo sobre como se deve lidar com pessoas com cuja religião não se concorda. A renúncia à violência já é pressuposta na forma de diálogo, uma vez que um verdadeiro diálogo é diferente de uma barganha estratégica, que pode muito bem anunciar violência, pois o diálogo verdadeiro se baseia no desejo sincero de aprender com cada um e de chegar, juntos, à verdade. Para isso, deve-se concordar em relação a certos procedimentos que devem ser respeitados. Quando, no diálogo de Lúlio, primeiro, o cristão e, depois, o judeu e o cristão querem contradizer o muçulmano (que, no primeiro caso, atribuiu ao cristão uma interpretação da Trindade que ele havia rejeitado antes), o pagão os interrompe — não é sua hora de fazer objeções; apenas ele, o pagão, pode fazê-lo[24].

Não obstante, os autores de nossos diálogos são realistas o suficiente para saber que relações de poder permanecem importantes em diálogos reais entre humanos e que, particularmente em controvérsias inter-religiosas, as pessoas tendem a machucar umas às outras e a disposição a se sujeitar às demandas da verdade raramente é incondicional. Provavelmente, o diálogo de Nicolau de Cusa é o mais ingênuo no que diz respeito a esse ponto — uma vez que apresenta uma autoridade absoluta e divina que não pode ser desafiada sem impiedade, talvez De Cusa pensasse ter a capacidade de abstrair-se das relações de poder entre humanos, mas a realidade dos diálogos humanos é que ninguém tem acesso direto aos conhecimentos do verbo divino, e isso leva, quase necessariamente, a diferenças difíceis de reconciliar. Além disso, há certa ingenuidade no texto de Nicolau de Cusa não tanto porque inevitavelmente antropomorfiza Deus, a quem o arcanjo e o Verbo pedem para agir; a ingenuidade consiste muito mais no fato de que *estrutura* de seu diálogo já pressupõe a *verdade* do cristianismo — ainda que, no curso do diálogo, ele tenda a apresentar argumentos racionais para a posição cristã. Ainda assim, essa estrutura é responsável pelo fato de que só se chega a um consenso explícito nesse diálogo

---

22   KUNTZ, 3; NOACK, 1.
23   KUNTZ, 467 ss.; NOACK, 355 ss.
24   *Llibre*, 160, 180; *Liber* 93, 102. Ver o acordo entre *Llibre* 46/*Liber* 41, um acordo que deve evitar que surja antipatia.

— ao menos, no céu, uma vez que sua implementação no concílio humano, em Jerusalém, permanece uma tarefa.

Em contraste, o lugar onde o diálogo descrito por Lúlio supostamente ocorre é caracterizado por absoluta neutralidade — é uma floresta com todas as propriedades do tradicional lugar ameno (familiar, com função diferente tanto ao *Fedro* de Platão quanto ao *De legibus* de Cícero) — mas, ao mesmo tempo, alegoricamente é enobrecido pela presença da Senhora Inteligência e de cinco árvores cujas flores correspondem a virtudes, pecados e vícios. Na floresta, onde as estruturas de poder da cidade parecem não penetrar, a interação entre os três homens sábios é determinada por uma simetria completa, manifesta, por exemplo, pelo fato de Lúlio frequentemente escrever "um dos sábios disse"[25] — não é relevante quem toma a iniciativa. Para honrar os outros, ninguém quer expor sua religião primeiro — é o gentio que, finalmente, escolhe, de acordo com um critério cronológico[26]. É claro, há uma assimetria inicial entre os três sábios, de um lado, e o gentio, de outro, mas esta é, de certo modo, invertida no final, quando o gentio não é mais capaz de organizar todos os argumentos os quais escutou pacientemente[27], mas também mostra uma religiosidade tão profunda que os três sábios se sentem humilhados por ele[28]. Um traço particularmente belo é que os três sábios, ao fim, pedem — e garantem — perdão de e para cada um por qualquer palavra desrespeitosa que possam ter usado contra as religiões dos outros[29].

Com certeza, a neutralidade é aparente na medida em que o método proposto pela Senhora Inteligência é o método combinatório específico de Lúlio, a chamada *Ars*, que torna a maior parte de suas obras tão cansativa de ler. Nenhum autor pode abstrair-se de seu próprio ponto de vista, e talvez Abelardo seja mais honesto quando faz de si mesmo juiz, ainda que, como um cristão, ele seja, em partes, controverso — especialmente porque, então, ele deixa o juízo ao leitor. É memorável que os estilos argumentativos das duas partes do diálogo sejam bem diferentes — o diálogo entre o judeu e o filósofo é caracterizado por menos liberdade de fala e por uma desigualdade maior que o diálogo entre o cristão e o filósofo. É verdade que, na segunda parte, o filósofo que tinha sido intelectualmente superior na primeira parte é, por sua vez, conduzido por uma mente superior, mas, apesar da assimetria intelectual nas

---

[25] *Llibre*, 13, 14, 207, 208; *Liber*, 25, 26, 113, 114.
[26] *Llibre*, 46; *Liber*, 41.
[27] *Llibre*, 198; *Liber*, 109.
[28] *Llibre*, 205; *Liber*, 113.
[29] *Llibre*, 208; *Liber*, 114.

duas partes, a relação entre os dois interlocutores se torna bem mais agradável na segunda parte — os interlocutores ouvem com intenção de aprender uns com os outros; o cristão, por exemplo, leva as objeções do filósofo a sério[30]. Abelardo deixa claro que a arrogância do filósofo, bem como seus medos seculares, limita de forma consciente e subliminar a liberdade de expressão do judeu[31], enquanto não há tais obstáculos no segundo discurso. O filósofo revoga suas observações sobre a loucura dos cristãos — estas foram proferidas apenas para provocar uma discussão franca e, portanto, foram perdoadas[32], mas ele continua a falar sobre judeus em termos derrogatórios, até mesmo os comparando a animais[33]. O judeu de Lúlio também reclama do destino de sua nação[34]; apenas Nicolau de Cusa não lida com a desigualdade política dos judeus na Idade Média, e De Cusa chega a atribuir a Pedro uma observação agressiva antissemita — não tão surpreendentemente, dadas as próprias políticas de Nicolau de Cusa contra os judeus[35]. Bodin, de outro lado, que provavelmente era de descendência judaica, tinha uma ciência, não inferior à de Abelardo, dos medos dos judeus. Mas, enquanto o judeu em Abelardo é incapaz de superá-las, no *Colloquium* de Bodin, ele tem sucesso em fazê-lo — graças ao generoso encorajamento de seu anfitrião.

Na obra de Bodin, o lugar em que ocorre o discurso é a casa de um dos interlocutores, mas Bodin se esforça muito para convencer o leitor de que esse fato não diminui a neutralidade do lugar. Primeiro, a casa é um microcosmo no qual pode-se encontrar não somente todos os livros e instrumentos possíveis como também a pantoteca, onde, em caixas, modelos de quase todas as entidades básicas do mundo são mantidos. Em segundo lugar, o anfitrião é um homem de caráter exótico — um homem seriamente comprometido, ao mesmo tempo, com o catolicismo[36], com a curiosidade e com a tolerância religiosa (possivelmente inspirado pelo grande cardeal Gasparo Contarini) —, de grande gentileza com seus anfitriões, cujos sentimentos religiosos ele nunca

---

30   *Collationes*, § 147, 157.

31   Ver as observações autodepreciativas do Judeu, *Collationes*, § 10 s., 13 e § 15 s., 19 ss.

32   *Collationes*, § 63, 81.

33   § 69, 87. O Sênamo de Bodin, que também tem inclinações antijudaicas (KUNTZ, 152 s., 206; NOACK, 118, 159), chama todos os povos incultos de "animais" (KUNTZ, 442; NOACK, 336).

34   *Llibre*, 67; *Liber*, 51.

35   Cap. 12, 39. Sobre o antijudaísmo na política eclesiástica de Nicolau de Cusa, ver FLASCH, K., *Nikolaus von Kues: Geschichte einer Entwicklung*, Frankfurt, Klostermann, 1998, 350 s. Eu devo muita informação a esse livro.

36   Ele é chamado de *religiosissimus* por Sênamo (KUNTZ, 465; NOACK, 354).

fere (em contraste, particularmente, com o luterano irascível Frederico) e os quais repetidamente convida a falar com liberdade. Suas próprias contribuições não são intelectualmente sobrepujantes, e ele não fala tanto quanto os outros, mas é ele que gentilmente direciona o fluxo da conversa e elimina obstáculos quando estes surgem. Uma das passagens mais tocantes é quando ele pede a seus amigos que orem por ele[37]. Esse movimento também é perspicaz, porque ele quer mostrar que é piedoso orar para os santos; mas é bem mais do que isso, e contrasta com a rejeição brutal, da parte de Frederico, da observação de Salomão de que os judeus rezam pelos não judeus[38]. O muçulmano Otávio agradece a Coroneu por toda a gentileza dedicada a ele, um apóstata do catolicismo[39] e, novamente, isso contrasta com a condescendência de Curtius em relação aos pobres muçulmanos[40] e aos comentários vulgares de Frederico[41]. Quando Coroneu mistura algumas maçãs artificiais com maçãs de verdade, oferecendo ambas a seus convidados, e Frederico morde uma maçã artificial, Coroneu dá a ele e aos demais uma lição sutil — ser mais cuidadoso com nossas reivindicações de verdade no que diz respeito a questões complexas, pois mesmo nossos sentidos podem ser enganados tão facilmente[42]. Mesmo que não possamos ter certeza de que Bodin se considerava um católico quando escreveu os *Heptaplomeres* e, embora seja óbvio que, se fosse o caso, ele não tinha a certeza religiosa de um Coroneu, sente-se a veneração de Bodin e, inclusive, o amor por esse tipo de pessoa. Provavelmente, a simpatia de Bodin não é diminuída pelo fato de Coroneu, na prática o mais tolerante de todos os interlocutores, em teoria, aceitar a doutrina da Igreja Católica de que as pessoas devem ser forçadas a frequentar os serviços religiosos públicos[43], pois Bodin estava bem ciente de que as contradições pertencem à natureza humana — o agressivo Frederico, teoricamente, é mais tolerante que Coroneu[44] — e a prática conta para ele mais que a teoria.

---

[37] KUNTZ, 438; NOACK, 333.

[38] KUNTZ, 254; NOACK, 194.

[39] KUNTZ, 241; NOACK, 184.

[40] KUNTZ, 434; NOACK, 330.

[41] KUNTZ, 420; NOACK, 319. Após Curtius mencionar os padres da Igreja cristã, Otávio cita autoridades muçulmanas; a reação de Frederico é: "*Non video cur theologorum christianorum clarissima lumina cum ista Mahummedanorum fece debeant comparari*". Ver seu comentário semelhante sobre o Talmude em KUNTZ, 354; NOACK, 269.

[42] KUNTZ, 233; NOACK, 178. Frederico é chamado pelo narrador, nesse contexto, de forma irônica e benevolente de *homo minime malus*.

[43] KUNTZ, 467 s.; NOACK, 355 s.

[44] KUNTZ, 471; NOACK, 358.

Poucas passagens no *Colloquium* são tão intensas quanto aquela em que os interlocutores finalmente começam a falar sobre religião. Apenas ao fim do terceiro livro se questiona "se é adequado para um bom homem falar sobre religião"[45], e, quando os interlocutores, enfim, enfrentam a questão, após a já mencionada discussão sobre harmonia, mostra-se difícil motivar Salomão, o judeu, a participar desta. Por outro lado, as pessoas concordaram que até a superstição mais grosseira é melhor que a ausência de religião[46], e Salomão teme que uma conversa sobre religião possa arrancar a piedade de uma pessoa sem substituí-la por algo melhor. Ele é destacado por Sênamo, que, de um lado, defende Aristóteles mesmo quando há fortes argumentos empíricos contra suas teorias[47], mas, de outro lado, é a mente mais inclinada num aspecto cético e, apenas por causa disso, apoia a religião tradicional, qualquer que seja: "ainda que uma nova religião seja melhor ou mais verdadeira que uma religião antiga, eu acho que não deve ser proclamada"[48]. Todavia, ainda mais importante que a consideração altruísta pela estabilidade mental de outras pessoas é o medo de Salomão, enraizado na experiência histórica, de que tal discussão possa levar ao ódio contra os judeus. Portanto, Salomão permanece silencioso mesmo depois de Frederico explicar que apenas discussões religiosas públicas são perigosas, e não as privadas. A restrição de Salomão é compreensível, especialmente porque as observações de Frederico, comparando-o com uma víbora, são ofensivas e mostram que, enquanto ele quer converter Salomão ao cristianismo, ele não está disposto a pôr sua própria fé em jogo. É nessa situação que Coroneu declara o seguinte: "eu peço a Salomão que traga a todos nós o maior conhecimento e deleite por meio de sua fala, e nada será mais gratificante para mim do que isto: que cada um de nós desfrute a maior liberdade ao falar sobre religião"[49]. Salomão ainda oscila e menciona, de um modo muito crítico, o diálogo mais antigo entre os representativos das duas religiões monoteístas, o *Pros Tryphona Iudaion dialogos* [*Diálogo com Trifão, o judeu*], de Justino: "Eu me lembro de ler um diálogo de Justino Mártir com Trifão, o judeu, que ele apresenta de forma tão tola e sem instrução que me causou incômodo com seu trabalho e sua tolice. De fato, o autor declara vitória, assim como o guerreiro fanfarrão em frente ao teatro". Ele menciona, além disso, sua idade avançada, que quase o impossibilita de mudar sua filiação religiosa,

---

45　KUNTZ, 143; NOACK, 111.
46　KUNTZ, 143; NOACK, 111.
47　KUNTZ, 29 ss., 74 ss.; NOACK, 21 ss., 59 ss.
48　KUNTZ, 165; NOACK, 126. Ver também KUNTZ, 422; NOACK, 320 s.
49　KUNTZ, 165 s.; NOACK, 127.

e continua a temer que tal discussão sobre religião possa destruir sua amizade com seus interlocutores. Coroneu o reassegura novamente; Salomão ainda hesita, e outros interlocutores compartilham de sua preocupação de que a discussão sobre religiões pode pôr em risco o espaço público. Deve-se mencionar que Coroneu mantém seu juramento: quando Salomão decide abrir seu coração e, depois de outras saídas, finalmente levanta as objeções mais nítidas contra o catolicismo, de forma mais veemente, os outros convidados se calam porque sentem que Coroneu está ferido; porém o mais gentil anfitrião consegue se restringir e ainda diz: "eu pensei que removeria as acusações e as queixas de Salomão, mas acho que eu devo deixar isso para outra ocasião, para que eu não impeça a liberdade de fala de ninguém"[50].

II

Os obstáculos epistemológicos são bem mais importantes que os argumentos políticos contra um diálogo inter-religioso — e, com sua análise, deixamos o nível pragmático e entramos no nível teórico das obras. Toralba considera a fé algo distinto tanto do conhecimento quanto da opinião[51]; e enquanto Curtius e Coroneu acreditam haver um dever moral de tentar converter pessoas pertencentes a outras religiões, é Sênamo quem faz a pergunta decisiva: "quem será o árbitro de tal controvérsia"[52]? A resposta de Frederico é de uma ingenuidade tocante: "Cristo, o Senhor! Pois ele disse que onde três se juntam em seu nome ele estaria em seu meio". Com a objeção de Sênamo, chega-se ao ponto de desacordo entre cristãos e outras religiões monoteístas, põe-se em dúvida se Cristo é Deus ou não. Curtius — cujo nível de argumento, bem como de cortesia, é bem superior ao de Frederico, assim como Calvino, é superior a Lutero nesses atributos — diz algo mais válido quando ele pede "referências e testemunhas adequadas". Ainda assim, Sênamo diz: "não se sabem quais testemunhas são confiáveis, quais registros são confiáveis e como determinar uma fé correta e segura". O próximo a apresentar um critério é Coroneu, e ele é tão ingênuo quanto Frederico: "A Igreja será o juiz". Não é difícil para Sênamo reagir.

> Uma questão ainda mais séria é a seguinte: o que é a verdadeira igreja? Os judeus dizem que sua igreja é a verdadeira, e os maometanos o negam. De

---

50 KUNTZ, 208; NOACK, 160.
51 KUNTZ, 169; NOACK, 129 s.
52 KUNTZ, 170; NOACK, 131.

outro lado, o cristão faz uma afirmação por sua igreja, e os pagãos na Índia dizem que sua igreja deveria ter preferência sobre todas as demais por causa de sua idade. E, então, o muito erudito cardeal Nicolau de Cusa declara que ele não deve representar nada sobre a igreja cristã, mas ao expor o fundamento de que a igreja reside em sua união com Cristo, ele a coloca como ponto central do debate[53].

E, de fato, Salomão afirma que os hebreus são a verdadeira igreja de Deus, enquanto Frederico limita a verdade de sua afirmação ao tempo antes de Cristo, e Otávio afirma que o Novo Testamento foi corrompido. O racionalista Toralba introduz o critério dos sábios, mas levanta uma dúvida sobre quem é sábio, como Sênamo afirma. E, quando Deus finalmente é tido como autoridade final, Sênamo concorda: "Necessariamente, a religião que tem deus como seu autor é a verdadeira religião, mas a dificuldade é discernir se ele é o autor desta ou daquela religião. Essa é a tarefa e a dificuldade". Nem os milagres nem os oráculos ajudam, particularmente, uma vez que podem ser apresentados e efetuados também por mágicos. Tampouco a duração de uma religião é um bom critério[54].

De fato, o *Heptaplomeres* não encerra, de modo algum, com um acordo religioso. Os interlocutores se abraçam, mas decidem "não ter mais conversas sobre religiões, embora cada um tenha defendido a própria religião com a suprema santidade de sua própria vida"[55] — em nítido contraste com o *Llibre*, de Lúlio, em cujo fim aparentemente aberto os três sábios decidem continuar suas discussões até chegarem a um acordo[56]. Quais as razões para esse fracasso? *Se é que é um fracasso*, pois a civilidade e a amizade dos interlocutores de Bodin são mais memoráveis quanto menos eles concordam substancialmente[57].

---

53 KUNTZ, 171; NOACK, 131. Bodin tem em mente uma passagem do *De concordantia catholica* (I 2), mas ele pode, também, referir-se aos caps. 13 e 16 do *De pace fidei*. Os editores da obra de De Cusa escrevem, em seu *praefatio* erudito: "*Guillelmus Postellus nec non Ioannes Bodinus in operibus Cusani versabantur: quorum etsi neuter ipsum laudat De pace fidei, tamen utrumque hunc quoque librum cognovisse haud absonum videtur*" ("Guillaume Postel e Jean Bodin estavam familiares com a obra de Nicolau de Cusa; e mesmo que nenhum deles cite *De pace fidei*, faz sentido supor que ambos também conhecessem esse livro", xliii).

54 KUNTZ, 330 ss.; NOACK, 252 ss.

55 KUNTZ, 330 ss.; NOACK, 252 ss.

56 *Llibre*, 209; *Liber*, 114.

57 Ver GAWLICK, G., "Der Deismus im *Colloquium Heptaplomeres*", in: GAWLICK, G.; NIEWÖHNER, F. (eds.) *Jean Bodins Colloquium Heptaplomeres*, Wiesbaden, Harassowitz, 1996, 13-26, 25 s.: "*Von den Sieben wird keiner zu einem Glaubenswechsel oder gar zum Ausstieg aus der Offenbarungsreligion bewegt, und auch vom Leser wird weder das eine noch das andere erwartet. Keine Religion erweist sich als stärker denn die andere, und selbst der Deismus, der den kleinsten gemeinsamen Nenner aller Religionen enthält, ist und bleibt nur eine unter mehreren Optionen. — So hat denn*

Eu acho que, pelo menos, três fatores o explicam. Em primeiro lugar, Bodin deixa claro reiteradamente que nem todos os interlocutores estão dispostos a se distanciar de sua fé. Salomão afirma isso, como vimos, abertamente; Coroneu, não menos[58], e, ainda que Frederico e Curtius não o digam explicitamente, sente-se que isso também se aplica a eles. Toralba é o único que afirma, explicitamente, estar disposto a ser convencido pelos melhores argumentos — acrescentando, é claro, que seria um traço de loucura concordar imediatamente com outras pessoas[59]. Em segundo lugar, os interlocutores cometem, de modo frequente, falácias e círculos — Bodin quer mostrar a seus leitores inteligentes quão difícil é evitar circularidades ao lidar com questões religiosas[60]. A agressividade com que seus interlocutores, às vezes, afirmam que a religião do outro sequer merece refutação[61] e elogiam sua própria religião pertence a esse contexto. Em terceiro lugar, e por último, Bodin parece ter dúvidas em relação à capacidade da razão humana de resolver as questões em jogo. Frequentemente, não apenas o Antigo Testamento (incluindo o Deutero-Isaías)[62], mas inclusive os mesmos fatos podem ser interpretados de maneiras diferentes — o sofrimento do povo judeu pode ser visto como castigo ou como privilégio[63], Jesus perdoar os pecados pode ser visto como expressão de uma divindade ou como um sinal de uma arrogância desprezível[64]. Não fica claro, para mim, se Bodin aceita a razão como o último critério ou se vê na suposição do seu padrão, também, uma forma de circularidade. Toralba

---

das Colloquium m.E. nicht den Deismus zum Ergebnis, sondern etwas anderes, viel Bescheideneres: Gesprächsteilnehmer und Leser bleiben bei der Religion, mit der sie ins Gespräch bzw. in die Lektüre eingetreten sind, nun aber mit verändertem, erweitertem Bewußtsein. — Das scheint nicht sehr viel zu sein; es ist aber auch nicht so wenig, daß man sagen müßte, das Colloquium lohne nicht die Mühe intensiven Studiums" ("Nenhum dos sete é levado ao ponto de desistir da religião da revelação, ou mesmo a mudar sua própria fé, e nem se espera do leitor que faça um ou o outro. Nenhuma religião se mostra mais forte que a outra, e mesmo o deísmo, que contém o denominador menos comum de todas as religiões, é e permanece apenas um entre diversas opções. — Portanto, em meus olhos, o Colloquium não possui o deísmo como seu resultado; mas algo a mais, muito mais modesto: interlocutores e leitores ficam com a religião com a qual entraram na conversa e a leitura, respectivamente, mas agora com uma ciência modificada e estendida. — Isso não parece ser muito; mas também não é tão pouco a ponto de se dizer que o Colloquium não merece esforço de estudo intenso").

58 KUNTZ, 205, 435; NOACK, 158, 331.
59 KUNTZ, 327; NOACK, 249.
60 Ver KUNTZ, 268, 277, 292, 383; NOACK, 205, 212.
61 KUNTZ, 221, 266; NOACK, 169, 204.
62 KUNTZ, 384; NOACK, 290.
63 KUNTZ, 262; NOACK, 200 ss. ABELARDO, Collationes, § 15, 19 ss.; Llibre, 69; Liber, 52.
64 KUNTZ, 310. Ver também a crítica da confissão auricular em KUNTZ, 391; NOACK, 295.

prefere argumentos a autoridades, que não deveriam ser aceitas, por exemplo, por epicuristas[65], mas Curtius defende o fideísmo[66], e Frederico chega a dizer que certas contradições só são percebidas por pessoas sem um coração puro[67] e que Deus é incompreensível à razão[68]. Mesmo que esteja claro que, com tais afirmações, os protestantes se imunizem contra qualquer crítica, isso ainda não demonstra que Bodin compartilha do otimismo racionalista de Toralba; ele está, ao menos, fascinado pelo ceticismo de Sênamo.

Abelardo, Lúlio e Nicolau de Cusa, de outro lado, compartilham uma fé comum na razão. Os três acreditam em um possível acordo entre religiões e sabem muito bem que tal acordo só pode ser adquirido com base na razão. A principal diferença entre suas obras e o diálogo de Bodin, a meu ver, não consiste no fato de que um "deísmo" comprometido apenas com a razão tenha se tornado, no século XVI, uma alternativa de pleno direito a religiões baseadas na revelação; pois o filósofo, em Abelardo, chega mais perto da posição do deísmo, e também o sábio sem nome que desenvolve a base comum de todas as religiões monoteístas na primeira obra do *Llibre* de Lúlio. Ainda assim, provavelmente, Abelardo e, certamente, Lúlio acreditam que uma religião racional não é uma alternativa ao cristianismo — o cristianismo, para eles, é *a* religião racional, ao menos na medida em que a religião racional esteja disposta a tornar explícito o que é implícito nela. Não é um acidente que o principal interlocutor do primeiro livro da obra de Lúlio, ao mesmo tempo, pertença a uma das religiões monoteístas — ele nunca poderia ter apreendido o pensamento de que a religião racional poderia ser verdadeira e todas as religiões históricas poderiam ser falsas. Em Nicolau de Cusa, a situação é diferente, porque, como vimos, a estrutura do livro já pressupõe uma configuração cristã. Ainda assim, a massa de argumentos usada pelo Verbo, por Pedro e por Paulo se baseiam na razão. A Escritura é quase ausente em seus debates — Nicolau de Cusa identifica, como Lúlio, a religião da razão com o cristianismo. Pode-se dizer que, de maneira limitada para Abelardo e de forma integral com Lúlio e De Cusa, o cristianismo — interpretado de certa forma — e a religião da razão coincidem, e isso é, de fato, uma diferença em relação a Bodin e seu Toralba, pois este é hostil ao cristianismo; ele considera a doutrina da Trindade e da cristologia teorias inconsistentes e não é familiarizado

---

65 KUNTZ, 171, 252, 394, 397, 399, 421, 460; NOACK, 132, 193, 297s., 300, 302, 319, 350.
66 KUNTZ, 252, 354; NOACK 193, 269 s.
67 KUNTZ, 298; NOACK, 228.
68 KUNTZ, 359; NOACK, 273. Ver também: KUNTZ, 396; NOACK, 299. Também são interessantes as observações de KUNTZ, 463; NOACK, 352.

com interpretações de tais doutrinas que possam ser compatíveis com a razão ou, mesmo, seguir delas. O cristianismo mudou radicalmente no curso do século XVI — a síntese entre platonismo e catolicismo que se pode encontrar também em Marsílio Ficino entrou em colapso: com o Concílio de Trento, o catolicismo se tornou mais antifilosófico, e a filosofia se tornou mais distante da religião tradicional.

Contudo, por mais importante que seja, não é a diferença mais relevante. O mais importante é que, nos universos intelectuais de Abelardo, Lúlio e De Cusa, não há intelectual que corresponda a Sênamo. Sua presença em Bodin não é importante por aumentar o número de interlocutores, mas porque coloca em perigo o projeto de identificação de uma religião histórica específica, por mais que seja interpretada sutilmente, com a religião da razão — pois a pluralidade de religiões, então, é apenas espelhada pela pluralidade de razões. Isso pode parecer uma posição atraente, mas o preço pago por ela é muito alto — assim como o positivismo jurídico é consequência necessária do desaparecimento do jusnaturalismo, uma autoridade religiosa que não seja desafiável pela razão deve ser resultado do fato de a razão desistir de sua posição como juiz final.

Os três autores anteriores, como mencionado acima, são mais ou menos racionalistas religiosos — eles acham que a razão é o juiz supremo, mesmo em questões divinas, e que podemos decidir, apenas por meio da razão, qual é a verdadeira religião; fé e autoridade são subordinadas à razão. É difícil ver como um diálogo inter-religioso poderia ser, de outro lado, possível — cada lado apelaria a sua própria fé, e o diálogo falharia, como ocorre em Bodin. Todos os três autores estão cientes do fato de que hábitos e tradições religiosas são extremamente importantes, e que pessoas não estão dispostas a abrir mão deles; ainda assim, eles insistem em afirmar que são capazes; e mais, que eles devem fazê-lo quando forem convencidos pela razão. O filósofo de Abelardo reclama:

> Há um amor naturalmente presente em todas as pessoas por sua própria raça e por aqueles com quem elas cresceram, que as faz encolher de horror diante de qualquer coisa que seja dita contra sua fé; e, tornando aquilo com que se acostumaram como parte de sua natureza, como adultos, elas se atêm obstinadamente ao que aprenderam quando crianças e, antes de ter sido capazes de apreender as coisas que foram ditas, elas afirmam que acreditam nelas (...) pois é algo incrível (...) sobre a fé (...) não há progresso, mas, antes, os líderes da sociedade e o povo comum, os camponeses e os educados, são tidos como portadores das mesmas visões, e a pessoa dita mais forte na fé é aquela que não vai além do entendimento comum das pessoas[69].

---

[69] § 7f., 9 ss.

Certamente, o filósofo não é idêntico a Abelardo, cuja posição epistemológica não parece completamente racionalista — ao menos, em alguns de seus outros livros. Nas *Collationes*, todavia, o cristão não contradiz o credo racionalista do filósofo:

> Nós não nos atemos à autoridade deles [isto é, à autoridade dos filósofos convertidos ao cristianismo], no sentido de que falhamos em discutir racionalmente o que eles disseram antes de o aceitarmos. De outro modo, cessaríamos de ser filósofos — ou seja, se colocarmos de lado a investigação racional e fizermos grande uso de argumentos de autoridade[70].

Afinal, o cristão objeta apenas que determinadas coisas podem parecer racionais, ainda que não sejam[71], e isso não é negado pelo filósofo, que apenas acrescenta que também as autoridades erram, e que há autoridades que se contradizem, de modo que a razão deve determinar o que é uma autoridade. O cristão responde, em seguida, que "nenhum de nossos escritores que tem bom juízo proíbe a fé de ser investigada e discutida por argumento, nem é razoável aceitar o que é duvidoso, a não ser que o motivo pelo qual deva ser aceito seja proposto primeiro"[72]. E ele reconhece que a discussão com uma pessoa que não aceita a autoridade da Sagrada Escritura só pode ser feita com base na razão.

> Ninguém pode ser contra-atacado, exceto com base no que ele concorda fazer; ele não estará convencido a não ser que aceite (...) eu sei que o que Gregório e nossos outros escritores letrados e que mesmo o próprio Cristo e Moisés declaram é irrelevante para vocês: seus pronunciamentos não irão obrigá-lo à fé[73].

Abelardo, a princípio, disse que o fato de o filósofo não ser obrigado a defender uma autoridade tornou sua posição mais fácil no debate, uma vez que ele poderia ser menos atacado. Todavia, ele acrescentou que, portanto, o filósofo não poderia considerar grande coisa se ele parecesse o mais forte no debate[74]. O compromisso com uma autoridade pode ser um fardo, mas, se é possível defender essa autoridade, como o cristão tem êxito em fazer, o feito

---

70 § 70, 89.
71 § 72, 93.
72 § 77, 97.
73 § 78, 99.
74 § 5, 7.

intelectual é muito mais impressionante. Depois disso, o judeu inverte o argumento: o cristão é favorecido por estar armado com dois chifres — os dois Testamentos — em vez de um[75].

Lúlio, com certeza, é o mais racionalista dos três — ele geralmente opõe fé à razão da mesma forma que Platão opôs *orthē doxa* à *epistēmē*[76], e ele não distingue a sutil diferença entre *razão* e *intelecto* que caracteriza a epistemologia de Nicolau de Cusa (ainda que, provavelmente por razões pedagógicas, esta não desempenhe um papel em *De pace fidei* [*Sobre paz na fé*]). Nesse diálogo, já antes da aparência do gênio, os três sábios decidiram buscar a religião que corresponde a um Deus e, portanto, discutir suas fés de acordo com os princípios metodológicos ensinados a ele pela Senhora Inteligência; afinal, como eles não poderiam concordar no apelo a autoridades, deveria haver razões necessárias[77]. Após a conversão do gentio, um sábio propõe que se deveria reassumir a tarefa anterior, mas outro objeta que os seres humanos estão muito enraizados na fé a que eles e seus ancestrais pertencem, tão enraizados que seria impossível mudar suas opiniões religiosas por meio de disputas; eles desprezam argumentos que visam a abalar sua fé e afirmam que desejam viver e morrer na fé de seus pais. No entanto, o primeiro sábio insiste em afirmar que pertence à natureza da verdade ser mais fortemente enraizado na alma que na falsidade; e ele declara que há um dever religioso de tentar encontrar a verdade no que diz respeito a Deus. Então, eles concordam em relação a uma hora, um lugar e um método, tanto na forma de lidar um com o outro quanto de argumentar, para que prossigam com seus encontros[78]. Uma expressão do racionalismo de Lúlio é que os três sábios nem mesmo querem saber como o gentio escolhe, uma vez que isso colocaria em risco a confiança apenas na razão em sua discussão[79]. O que conta, para eles, não é qual religião o gentio escolhe, mas qual religião ele *deveria* ter escolhido. Ainda assim, Lúlio não nega, de modo algum, que aspectos emocionais de uma conversão, ao contrário, são representados muito bem — o gentio chora tanto após sua conversão ao monoteísmo em geral quanto após sua conversão a uma das três religiões monoteístas[80]. Lúlio fala, nesse contexto, também de graça e iluminação — mas a graça

---

75 § 10, 13.

76 Ver minha interpretação da filosofia de Lúlio em: HÖSLE, V., Einführung, in: LÚLIO, R.; LOHR, Ch (ed.), *Raimundus Lullus, Die neue Logik. Logica nova*, Hamburg, Meiner, 1985, ix-xciv.

77 *Llibre*, 12; *Liber*, 25.

78 *Llibre*, 209; *Liber*, 114.

79 *Llibre*, 206; *Liber*, 113.

80 *Llibre*, 43, 198; *Liber*, 39, 109.

divina é infundida quando uma pessoa é autorizada, pela razão, a apreender e a internalizar verdades salvíficas.

A visão de Nicolau de Cusa sobre as realizações históricas das religiões é ainda mais realista que a de Abelardo e a de Lúlio. No diálogo introdutório, diante de Deus, um arcanjo descreve a condição humana de uma forma em que a maioria das pessoas é obrigada a trabalhar duro e a obedecer ao poder político. Eles não têm nem possibilidade de pensar por si mesmos; portanto, Deus lhes enviou profetas para instruí-los. Contudo, as pessoas não pensavam em ouvir os profetas, mas, neles, o próprio Deus; em geral, a natureza humana tende a considerar o hábito como verdade[81]. A ideia central de Nicolau de Cusa é mostrar que todas as religiões participam, embora em níveis diferentes, da única verdadeira religião; eles cultuam ritos diferentes, que deveriam ser mantidos em sua diferença, pois o desejo por muita homogeneidade é um obstáculo à paz[82] e a diversidade pode muito bem aumentar a devoção[83].

De fato, esta é uma grande diferença entre Lúlio e Nicolau de Cusa: Lúlio quer converter todos à Igreja Católica porque ele não tem dúvida de que todos os neocatólicos serão condenados, porém Nicolau de Cusa parece aceitar uma pluralidade de religiões com seus diferentes ritos e costumes se estas aceitarem os princípios básicos de uma forma platônica de cristianismo. Se os conteúdos das variadas religiões são interpretados corretamente, eles não se contradizem, de fato. De Cusa parece garantir que o cristianismo, também, tem de ser interpretado de forma correta: há interpretações errôneas da doutrina da Trindade, e o próprio De Cusa não gosta dos termos Pai, Filho e Espírito Santo, que podem gerar equívocos[84]. A abordagem de Nicolau de Cusa é claramente inclusivista — em toda religião há vislumbres das verdades religiosas reveladas no cristianismo, uma vez que os princípios básicos do cristianismo estão implicados em todas as religiões[85]. Necessariamente, para um monista metafísico radical como De Cusa (um exclusivista), a posição dualista não pode ser aceitável; de algum modo, ele deve compartilhar a convicção de Abelardo de que não há doutrina tão falsa que não contenha alguma verdade[86]. Sem dúvida, o inclusivismo contém certos traços paternalistas — ele pressupõe que o intérprete

---

81   Cap. 1; 5 s.
82   Cap. 19; 61.
83   Cap. 1, 19; 7, 62.
84   Cap. 8; 25.
85   Cap. 9; 26, sobre a doutrina da Trindade como implicada por Isaías.
86   *Collationes*, § 5, 7. Abelardo cita Agostinho (*Quaestiones Evangeliorum* 2, 40), mas, como Marebon observa, ele "está usando o comentário de Agostinho quase no sentido oposto ao que o autor tinha em mente".

tem a postura superior, e que ele é capaz de compreender os representantes de outras tradições melhor do que eles mesmos se compreendem. Quando Nicolau de Cusa declara, em seu sermão CXXVI, que todo judeu acredita em Cristo, quer ele queira, quer não[87], pensa-se nos "cristãos anônimos" de Karl Rahner — e na fúria que este provocou entre os não cristãos[88].

Quando Abelardo, Lúlio, De Cusa e Bodin (no personagem de Toralba) opõem razões a autoridades, o que eles querem dizer com "razão"? De um lado, tanto o filósofo de Abelardo quanto Toralba opõem lei natural e religião natural à lei e à religião baseadas na revelação e na exigência do cumprimento de ritos que não podem ser deduzidos da razão (por exemplo, circuncisão). É característico que nenhum deles apele à razão pura, como Kant faria; ambos aceitam a narrativa bíblica e identificam sua posição com a religião dos patriarcas antes de Moisés.

> É claro que, antes de a lei ter sido apresentada e antes de os sacramentos terem sido estabelecidos pela lei, havia muitas pessoas que se contentavam com a lei natural, que consiste em amar a Deus e ao próximo. Essas pessoas cultivavam a justiça e viviam vidas que eram mais aceitáveis a Deus: por exemplo, Abel, Noé e seus filhos, e também Abraão, Lot e Melquisedeque, que até mesmo sua lei lembra e elogia bastante[89].

De forma semelhante, Toralba diz:

> Eu apenas concluo que Adão e seu filho, Abel, foram instruídos na melhor religião e, após eles, Seth, Enoque, Matusalém e até Noé, que adoravam em grande santidade, excluindo os outros deuses, adoravam o eterno e único Deus verdadeiro, o construtor e pai de todas as coisas, e o grande arquiteto do mundo inteiro. Portanto, eu acredito que essa religião não é apenas a mais antiga, mas também a melhor de todas[90].

---

87 DE CUSA, N., *Sermones III (1452-1454), Fasciculus I, Sermones CXXI-CXL*, ed. R. Haubst and H. Pauli, Hamburg, Meiner, 1995, 23: "*credit igitur, sive velit, sive nolit, Christum* (...) *Et ob hoc fides Judaica implicite semper Christum continebat*".

88 Um estudante sul-asiático, em um dos meus cursos, disse o seguinte sobre a posição de Rahner: "eu não sei se gosto da condescendência desse budista anônimo".

89 § 20, 25. Ver também § 48 ss., 59 ss.

90 KUNTZ, 183; NOACK, 141. O argumento da idade é implicitamente rejeitado pelo filósofo de Abelardo, quando este afirma que espera encontrar mais verdade na religião cristã do que na religião judaica, uma vez que aquela é mais jovem e um progresso intelectual nunca é garantido, mas ainda parece provável (*Collationes*, § 65, 81 ss.). O muçulmano, em Lúlio, parece sugerir que um profeta tardio é mais autorizado que um profeta anterior, mas

De acordo com Toralba, a lei da natureza e a religião natural (*naturae lex et naturalis religio*) são o suficiente para se atingir a salvação, de modo que os ritos mosaicos não são mais necessários[91]. Mesmo em sua defesa do Decálogo, Toralba fornece uma justificativa "natural" — os Dez Mandamentos correspondem aos dez orbes celestiais[92]. Não a revelação, mas a cosmoteologia fundamenta a moral.

Contudo, a oposição à autoridade e ao rito factual não explica, ainda, o que é a razão e como ela ocorre. Nossos autores têm conceitos bem diferentes sobre o que seria a razão. O diálogo de Abelardo difere dos outros porque não confronta o judeu com o cristão, mas o filósofo com ambos; e a segunda *collatio* lida quase completamente com questões de ética (incluindo a metafísica da ética e a questão da teodiceia), ignorando as doutrinas da Trindade e da encarnação. O ponto de partida dessa *collatio* é o desejo humano de sentir felicidade; a definição do "bem" e a determinação do sumo bem são os principais assuntos do debate. O horizonte do debate é, portanto, o que Kant chamaria de "ético-teologia". Como o cristão afirma:

> Você geralmente chama isso de "ética", isto é, "moral", e nós, de "divindade". Nós a chamamos assim por causa do que ela busca alcançar — Deus; você a chama de outro modo por causa daquilo por meio do qual a jornada até lá é feita — bom comportamento, o que você chama de "virtudes"[93].

A ideia central é que a ética pode ser elaborada de forma convincente apenas se incluir uma dimensão escatológica. Nesse processo, todavia, o cristão rejeita ideias populares sobre o céu e o inferno como lugares. Deus não é local, o céu e a terra não devem ser interpretados como tais; em geral, as afirmações bíblicas sobre o inferno não devem ser entendidas literalmente[94]. Enquanto Abelardo defende a ascensão física de Cristo, ele insiste em afirmar que ela foi feita apenas para fortalecer nossa fé, não para aumentar a glória de Cristo, e que, em qualquer caso, as afirmações sobre Cristo estar sentado ao lado direito do Pai são apenas metafóricas[95].

é confrontado com a objeção de que, nesse caso, Maomé seria substituído por um novo profeta, e daí em diante: *Llibre*, 164; *Liber*, 95.

91 KUNTZ, 186; NOACK, 143.
92 KUNTZ, 190; NOACK, 146.
93 *Collationes*, § 67, 83.
94 § 161-98, 171-203.
95 § 174 s., 185 ss.

Se o diálogo de Abelardo pode ser chamado de "ético-teológico", o diálogo de Lúlio é, certamente, "ontoteológico". A base de todos os seus argumentos, muitos dos quais são repetitivos, é a prova ontológica[96]. Isso é uma prova *a priori*, e tal prova é exigida de Lúlio se ele quer confiar apenas na razão. Como em Anselmo, a prova ontológica é interpretada em sua variante axiológica: Deus tem todas as perfeições, e a religião que deve ser considerada verdadeira é a que atribui a maior perfeição a Deus. Tendo-o feito em outro lugar, não analisarei em detalhe, aqui, os argumentos de Lúlio sobre a razão de as doutrinas da Trindade e da encarnação partirem da perfeição divina — mesmo aqueles que as rejeitarem provavelmente concordarão com a afirmação comparativa de que eles pertencem aos melhores argumentos desenvolvidos para os dogmas especificamente cristãos. Eles influenciaram Nicolau de Cusa profundamente. O que Nicolau de Cusa acrescenta no *De pace fidei* [*Sobre paz na fé*], todavia, é uma reflexão transcendental alheia a Lúlio.

Todo o diálogo inicia com uma reflexão sobre o que já é pressuposto pelos filósofos que se juntaram no paraíso da razão. A sabedoria é o objeto de sua busca. Mas só pode haver uma sabedoria; se houver muitas, elas terão de fazer parte de uma única, pois a unidade antecede a pluralidade. Essa sabedoria é o *Lógos* divino, que não pode ser diferente de Deus. "Vejam como vocês, filósofos de diversas seitas, concordam com a religião de um Deus que todos vocês pressupõem, na medida em que professam ser amantes da sabedoria."[97] Já em Abelardo, o cristão viu, no *lógos*, a ponte da posição do filósofo para o cristianismo[98]; mas isso foi uma observação isolada, enquanto, no caso de Nicolau de Cusa, sua meta é deduzir os principais fatores da verdadeira religião com base no conceito de *lógos*. A Trindade é interpretada como a estrutura interior do *lógos* — ela não tem nada a ver com o politeísmo, que, de fato, pressupõe *um deus* da mesma forma que o culto dos santos pressupõe *um santo*[99]. Como infinito, Deus não é nem um nem três; a Trindade pode ser apreendida melhor com os conceitos de unidade, igualdade e conexão[100]. Como Lúlio[101], De Cusa vê, além disso, na estrutura triádica das criaturas, uma alusão à Trindade divina[102].

---

96 Isso se torna particularmente evidente em: *Llibre*, 100; *Liber*, 66.
97 HOPKINS, 40; cap. 5, 14.
98 *Collationes*, § 71, 89.
99 Cap. 6, 16.
100 Cap. 8, 21 ss.
101 *Llibre*, 97; *Liber*, 64 s.
102 Cap. 8, 25 s.

É importante salientar que De Cusa concorda com judeus e muçulmanos quando afirma que a Trindade que eles negam, de fato, precisa ser negada; mas, corretamente entendida, a Trindade é implicada por eles[103]. Muito mais desajeitado é o argumento a favor da encarnação, como desenvolvido por Pedro; é bem menos satisfatório que o que nós encontramos em outras obras de Nicolau de Cusa, como o terceiro livro de *A douta ignorância*, onde Cristo tem a função de mediação entre Deus e o universo. A ideia central em *De pace fidei* [*Sobre paz na fé*] parece ser que a natureza humana pode adquirir imortalidade apenas em união com a natureza divina[104], e que isso pressupõe uma pessoa que tenha uma sabedoria que não poderia ser maior; tal pessoa teria, então, de ser, ao mesmo tempo, humana e divina[105]. De Cusa defende, contra os muçulmanos, a necessidade — não apenas a fatualidade histórica — da morte de Cristo; por meio de tal morte ele é mais perfeito que seria sem ela[106]. É importante que tais argumentos axiológicos para a encarnação não determinem, ainda, a questão que põe em dúvida se o Jesus histórico é o Deus encarnado. Lúlio[107], por sua vez, tem uma clara ciência de que essas são duas questões distintas, e é fácil ver que a segunda questão é bem mais difícil de resolver que a primeira: mesmo se tivéssemos argumentos apodíticos para a necessidade da encarnação, isso ainda não mostraria que Jesus é o Cristo. A teoria de Nicolau de Cusa parece indicar que Deus encarnado era onisciente — como se poderia provar que Jesus também o era?

Questões éticas desempenham o papel dominante em Abelardo, um papel menor em Lúlio. Em Nicolau de Cusa, elas aparecem apenas no fim da obra, quando a natureza da felicidade humana é discutida. A discussão sobre o paraíso corânico, que foi criticado tão frequentemente pelos cristãos, é memorável; como Lúlio[108], De Cusa menciona que poderia ser interpretado de forma não literal, e isso foi feito, de fato, por filósofos islâmicos como Avicena[109]. É memorável também a simpatia de Pedro pela tarefa difícil de Maomé: para superar o politeísmo tradicional, o profeta tinha que seduzi-los por meio de

---

103 Cap. 9, 27 s. Uma distinção similar entre a crença na Trindade atribuída pelos muçulmanos aos cristãos e sua crença real se encontra em LÚLIO, *Llibre*, 114 s., 160 s.; *Liber*, 73, 93; e analogamente, em relação à encarnação, *Llibre*, 140; *Liber*, 81.
104 Caps. 13 e 14, 40 s. e 46.
105 Cap. 12, 35 ss.
106 Cap. 14, 44 ss. Novamente, De Cusa segue LÚLIO, *Llibre*, 140; *Liber*, 84.
107 *Llibre*, 165 s.; *Liber*, 95: A divindade de Jesus é "provada" pelo sucesso do cristianismo.
108 *Llibre*, 196 s.; *Liber*, 109. O muçulmano, todavia, rejeita essa interpretação como herege. Lúlio parece sugerir que há uma interpretação mais intelectual do Islã, mas que ela não é disseminada.
109 Cap. 15, 48 ss.

promessas sensuais[110]. A discussão sobre os sacramentos é iniciada por um tártaro que diz, sem rodeios, como parece estranha a eucaristia do seu ponto de vista — a saber, como uma forma de teofagia[111]. Pedro é substituído por Paulo como líder da discussão, que desenvolve uma teoria da justificação por meio da fé que foi, frequentemente, comparada com a de Lutero. De Cusa, todavia, afirma que uma fé sem obras é morta e que as obras exigidas por Deus são as mesmas para todas as pessoas. Nossos deveres morais não são comandados por nós de maneira heterônoma por diferentes profetas, inclusive Jesus — a luz que os mostra a nós é criada junto a sua alma.

> Os mandamentos divinos são muito concisos e muito bem conhecidos por todos e comuns a todas as nações. De fato, a luz que nos mostra esses mandamentos é criada junto à alma racional, pois Deus fala dentro de nós e nos ordena a amá-lo, pois ele é aquele de quem recebemos o ser e não nos permite fazer nada exceto o que ele quer que seja feito em nós. Portanto, o amor é a realização da lei de Deus, e todas as outras leis são redutíveis à lei do amor[112].

O conteúdo material da lei de Deus é, portanto, semelhante ao que encontramos defendido pelo filósofo de Abelardo e por Toralba. E os sacramentos? De Cusa reduz sua importância radicalmente: o que conta não é o signo, mas o que é representado por ele[113], a circuncisão não salva, mas tampouco deveria ser proibida[114], e, mesmo sem a eucaristia, a salvação é possível[115]. Nem Lúlio nem o Coroneu pós-Concílio de Trento elaborado por Bodin teriam sido capazes de concordar com essa nova doutrina dos sacramentos do cardeal do século XV.

III

O que podemos aprender com esses diálogos? Permitam-me sintetizar minha análise com os sete pontos apresentados a seguir.

---

110   Cap. 15, 49. No *Llibre*, 162 s.; *Liber* 94 de Lúlio, todavia, o muçulmano argumenta que a missão divina de Maomé é provada por sua luta contra os politeístas, mas o pagão rejeita esse pensamento. De Cusa está mais disposto, ao menos em *De pace fidei*, a garantir uma função positiva, almejada por Deus, a Maomé.

111   Cap. 16, 51.

112   HOPKINS, 65 s.; cap. 16, 55.

113   Cap. 16, 52.

114   Cap. 16, 55 s.

115   Cap. 18, 60 s.

Primeiro, o alcance de possibilidades ao se lidar um com o outro, esboçado por nossos autores, é memoravelmente amplo. Desde a humilhação para com o outro até o desejo sincero de aprender com o outro, passando pelo respeito em relação à pessoa e à religião do outro, apesar da convicção de que ele está errado, nossos autores nos mostram quase tudo que, em nosso tempo, bem como no tempo deles, ocorre em interações humanas que lidam com questões religiosas. É claro que estas questões nos mostram o que é uma relação simétrica, que é melhor que uma relação assimétrica, que um diálogo inter-religioso deve ocorrer em uma arena neutra, que a liberdade de fala deve ser garantida, mesmo que todos estejam aconselhados a evitar observações que machuquem, e que regras procedimentais são indispensáveis, e que não se tem o direito de esperar do outro que desista de sua religião, ou que a "corrija", caso não se esteja disposto a fazer o mesmo. A convicção de que os membros de outra religião serão amaldiçoados se não se converterem à própria religião é, como Lúlio mostra, compatível com polidez, mas envenena a abertura à troca, ao menos em longo prazo — o próprio Lúlio desenvolveu traços obsessivos em sua vida tardia, ainda que sua ira fosse mais direcionada contra os cristãos indiferentes que aos muçulmanos, de quem ele tinha pena[116].

Segundo ponto: tal diálogo é possível apenas quando os interlocutores sabem muito e estão dispostos a aprender mais sobre as outras religiões. Abelardo é o mais ignorante dos nossos quatro autores — ele menciona apenas o judeu, e o que ele atribui a ele não corresponde ao que judeus contemporâneos pensam de si mesmos. O conhecimento de Lúlio sobre a religião judaica também não é muito profundo; todavia, seu conhecimento sobre o Islã era excepcional não só para sua época. Basta mencionar que ele falava árabe fluente e que, possivelmente, deve ter escrito o *Llibre del gentil e dels tres savis* [*Livro do pagão e dos três homens sábios*] primeiro em árabe[117]. De Cusa não sabia árabe, mas estudou o Corão extensamente, como demonstra seu *Cribratio Alkorani* [*Peneirando o Corão*], e ele incluiu, em seu diálogo, bem mais interlocutores do que qualquer autor inter-religioso antes dele; entre eles, politeístas. O alcance de Bodin é limitado a monoteístas, mas, graças à Reforma, ele acrescenta o debate interdenominacional ao debate inter-religioso. Seu conhecimento sobre

---

116 Já no *Llibre*, 121, 155; *Liber*, 76, 91, o cristão diz que os cristãos merecem ser punidos por Deus por seus malfeitos mais severamente que os não cristãos. Em relação ao senso de respeito de Lúlio por outras religiões, ele faz seu muçulmano apontar algo semelhante: *Llibre*, 169: *Liber*, 97.

117 Isso continua sendo uma interpretação plausível do *Llibre*, 5 s.; *Liber*, 21, apesar das objeções de Antoni Bonner em sua introdução a sua edição catalã, xv-liv, xviii s. Ele é forçado a supor um Lúlio antes de Lúlio, que ninguém mais havia mencionado. E, mesmo que ele tenha existido no Oriente, seria provável que o Lúlio autodidata conhecesse seu trabalho?

as diferentes tradições religiosas é altamente impressionante, e ele parece inteiramente justo em relação a cada uma delas. É claro, nenhum de nossos autores é familiar ao tipo de religiosidade bem diferente representado pelas religiões do Leste Asiático, como o confucionismo e o budismo; estas religiões se tornaram profundamente conhecidas no Ocidente apenas no século XVII e no século XIX, respectivamente, e eles desafiaram, de fato, o consenso monoteísta: basta mencionar Arthur Schopenhauer.

Terceiro ponto: nós vimos que Lúlio e De Cusa estão cientes de tradições diferentes e de interpretações dentro de outras religiões — nenhuma religião é uma unidade monolítica. Portanto, é moralmente imperativo tentar encontrar a melhor tradição e fornecer uma interpretação caridosa dela — ao menos, caso se deseje ter a própria tradição tratada com respeito semelhante. Em seu *Cribratio Alkorani* [*Peneirando o Corão*], De Cusa usa o termo *pia interpretatio*[118], e, mesmo quando ele o atribui aos muçulmanos, Jasper Hopkins considera plausível que De Cusa "tenha pretendido dizer algo alheio à construção caridosa"[119], também porque ele distingue entre a intenção de Maomé e a intenção do Corão. Como De Cusa elogiou Avicena, devemos, hoje, lembrar os muçulmanos de sua própria tradição de teologia racionalista — ainda que deva ser considerado o fato de que tal tradição não é mais viva entre os poderosos.

Quarto ponto: deve-se reconhecer que, também na própria tradição religiosa, há tradições irracionais, supersticiosas e até mesmo moralmente patológicas. Ignorá-las e apontar apenas os traços questionáveis de outras religiões é manifestamente injusto. Bem mais importante que a conversão de outros à própria religião é a conversão de si mesmo a uma interpretação espiritual da própria religião. De Cusa interpreta, sutilmente, a própria tradição, e, ainda que seu conceito de cristianismo não seja tocado por muitos dos ataques de Toralba, o problema de uma interpretação consistente da cristologia continua sendo uma tarefa assustadora. O próprio De Cusa sabia que era muito mais fácil concordar no que se refere à doutrina da Trindade do que em relação aos dogmas cristológicos[120]. A Fórmula de Calcedônia parece inconsistente a muitos que pensaram sobre ela; e a abordagem histórica de Jesus destruiu muitas das evidências tradicionais da cristologia. Ainda assim, a ideia de uma mediação necessária entre Deus e o mundo permanece profunda, o futuro do cristianismo pode depender da interpretação dessa mediação de uma maneira que seja tanto logicamente consistente quanto compatível com os fatos históricos.

---

118 DE CUSA, N., *Cribratio Alkorani*, ed. L. Hagemann, Hamburg, Meiner, 1986, 125.
119 Ver sua introdução na tradução supracitada, 24.
120 Ver sua carta a João de Segóvia, 98.

Quinto ponto: além da dimensão dogmática, a dimensão ética das religiões não deve ser negligenciada. A sublimidade da ética do Evangelho continua a ser uma marca do divino, e pode-se facilmente compreender que nem Lúlio[121] nem Nicolau de Cusa[122] estavam dispostos a considerar a poliginia como de igual valor à monogamia cristã. Uma reconstrução ético-teológica da religião, como proposta por Abelardo e elaborada por Kant, deve ser, se não o núcleo, um elemento central de toda religião da razão. O cumprimento da lei moral deve desfrutar de um estatuto superior à celebração de ritos religiosos, ainda que erre a antropologia que não reconheça a necessidade de símbolos externos para princípios morais internos — todos os personagens de Bodin cantam, juntos, hinos a Deus[123].

Sexto ponto: o fracasso do diálogo de Bodin nos mostra que a continuação de uma troca inter-religiosa só pode ser esperada se há um fundamento comum, e este dificilmente pode ser outro além da razão. A destruição da razão não melhorará o diálogo inter-religioso — ao contrário, como a história do islamismo mostra, uma filosofia cética como a de Sênamo paralisa qualquer troca inter-religiosa significativa. Um fundacionismo racionalista não leva, de modo algum, ao fundamentalismo; ao contrário, é o baluarte mais forte contra ele. O fideísmo é a reação natural quando as pessoas começam a se desesperar em relação à razão; e quando elas abraçam a hermenêutica moderna, o fideísmo pode levar ao fundamentalismo (um fenômeno inteiramente moderno).

Sétimo ponto: o problema principal do programa aqui esboçado, claro, é seu caráter elitista. Nenhum de nossos autores mantém uma ilusão sobre isso — seus interlocutores são treinados no âmbito filosófico ou teológico, e eles sabem que seu conhecimento lógico, hermenêutico e histórico só pode ser encontrado em poucos. Após a última contribuição de Toralba, Salomão observa:

> Se fôssemos como aqueles heróis, não precisaríamos de ritos ou de cerimônias. Todavia, dificilmente é possível — aliás, é impossível para as pessoas comuns e as massas sem instrução — ser restrito por um simples assentimento da religião verdadeira sem ritos e sem cerimônias[124].

O aristocratismo intelectual de nossos autores dificilmente seria compatível com as aspirações democráticas subjacentes aos racionalismos modernos e

---

121 *Llibre*, 196; *Liber*, 109.
122 *De pace fidei*, cap. 19, 61.
123 KUNTZ, 90, 144, 312; NOACK, 71, 112, 238.
124 KUNTZ, 462; NOACK, 352.

aos fundamentalismos contemporâneos. As pessoas precisam de instituições, e estas são despeitosas umas em relação às outras. Como as guerras entre nações cristãs nos ensinam, seria ingênuo supor que, mesmo que uma unidade religiosa pudesse ser adquirida, a agressividade humana cessaria. Há alguma forma de reformular a ideia de busca com base em diálogos e argumentos racionais, de uma religião comum, de modo que possa ser atraente também para o século XXI? Eu não me aventuro a responder a essa questão, mas me limito à observação conclusiva de que o prospecto humano pareceria melhor do que parece se um equivalente funcional a ela pudesse, de fato, ser encontrado.

CAPÍTULO 11

Platonismo e antiplatonismo na filosofia da matemática de Nicolau de Cusa

Uma das razões pelas quais De Cusa fascina tão profundamente tanto os historiadores de ideias quanto historiadores da filosofia em nosso tempo consiste, certamente, no fato de que ele pode ser considerado um pensador de duas faces, cujo pensamento simultaneamente abrange filosofia medieval e antecipa ideias centrais da filosofia e da ciência moderna[1]. Pensamento escolar tradicional, a tentativa peculiar de Raimundo Lúlio de racionalizar a Trindade e a cristologia, as ideias especulativas do misticismo alemão, especialmente as de Mestre Eckhart sobre a relação entre Deus e alma, as grandes descobertas dos "percussores de Galileu" em Paris e Oxford[2], a tradição conciliarista, o interesse dos humanistas tanto em uma nova antropologia quanto em uma nova abordagem dos filósofos antigos — todas essas questões claramente influenciaram De Cusa, que teve sucesso em sintetizá-las em um sistema de coerência, originalidade e profundidade singulares[3]. Nele, podemos

---

1   Eu irei me referir ao texto latino de uma edição latino-alemã das obras de Nicolau de Cusa: DE CUSA, N., *Philosophisch-theologische Schriften*, ed. L. Gabriel, D. Dupré, e W. Dupré, 3 vol., Wien, Herder, 1964-1967 (= PTS). Eu estou bem ciente dos defeitos dessa edição (tanto em relação ao texto latino quanto em relação à tradução alemã), mas, no mundo alemão, ela é a mais amplamente usada. A tradução para o inglês é sempre minha.

2   Eu tenho em mente Thomas Bradwardine, Jean Buridan e Nicole Oresme. Ver MAIER, A., *Studien zur Naturphilosophie der Spätscholastik*, 5 vol., Roma, Edizioni di Storia e Letteratura, 1949-1958, especialmente o volume 1: *Die Vorläufer Galileis im 14. Jahrhundert*.

3   Ver CASSIRER, E., *Individuum und Kosmos in der Philosophie der Renaissance*, Darmstadt, Wissenschaftliche Buchgesellschaft, 1963, 34 ss., e a introdução de Pauline M. Watts à

descobrir, de forma embrionária, muitas das ideias que dominarão os debates filosóficos e científicos dos séculos seguintes, incluindo o conceito matemático de infinito atual, a nova cosmologia antiaristotélica, o programa de uma ciência natural quantitativa, a ideia da função gnosiológica constitutiva da subjetividade finita e a busca por uma lógica dialética.

Uma vez que não estou convencido, de modo algum, de que há progresso contínuo na história da filosofia, não acho que seja justo considerar De Cusa como uma figura *meramente* de transição. O fato de que, dentro da estrutura triádica de *De docta ignorantia* [Sobre a douta ignorância], a ideia de um Deus-homem no terceiro livro[4], em certo sentido, relativiza a especulação cosmológica engenhosa não precisa ser interpretado, como feito por Hans Blumenberg[5], como um sinal de superioridade do pensamento cosmológico de Giordano Bruno. Certamente, o projeto de Nicolau de Cusa é mais remoto do mundo da ciência moderna que o de Bruno, mundo este alheio a estruturas teleológicas. Contudo, uma vez que não é claro que essa concepção seja a mais satisfatória do ponto de vista filosófico, a relação entre De Cusa e seu divulgador, Bruno, poderia ser definida de forma bem diferente: a estrutura triádica do primeiro sistema de Nicolau de Cusa poderia ser preferida ao monismo abstrato e naturalista de Bruno, uma vez que apenas De Cusa pode fundamentar a dignidade humana no aspecto metafísico, dando ao homem um lugar bem definido no *cosmos*. Poder-se-ia referir — como feito por Franz Brentano[6] — às semelhanças notáveis entre a *De docta ignorantia* [Sobre a douta ignorância] de Nicolau de Cusa e a *Enciclopédia das ciências filosóficas* de Georg Wilhelm Friedrich Hegel; em ambas as obras, Deus e natureza são tratados nos dois primeiros livros; o dualismo é, então, superado em uma parte sintética, que reconcilia Deus com um universo natural por meio de Cristo ou, mais geralmente, o espírito humano. Voltemo-nos, por um momento, ao *Sobre a douta ignorância* e à sua cosmologia e sua cristologia. De um lado, a tentativa, da parte de Nicolau de Cusa, de racionalizar a encarnação sem apelar à queda original — uma tentativa profundamente influenciada por Lúlio[7] — merece nossa admiração,

---

sua tradução de DE CUSA, N., *De Ludo Globi: The Game of Spheres*, New York, Abaris, 1986, 13-51, especialmente 39 ss.

4 Sobre a cristologia de Nicolau de Cusa, que perpassa todos os seus trabalhos, ver HAUBST, R., *Die Christologie des Nikolaus von Kues*, Freiburg, Herder, 1956.

5 Ver a quarta parte da obra de BLUMENBERG, H., *Die Legitimität des Neuzeit*, Frankfurt, Suhrkamp, 1966.

6 BRENTANO, F., *Geschichte der mittelalterlichen Philosophie im christlichen Abendland*, Hamburg, Meiner, 1980, 95.

7 Ver COLOMER, E., *Nikolaus von Kues und Raimund Llull*, Berlin, de Gruyter, 1961. Ver também: HÖSLE, V., "Einführung", in: LÚLIO, R.; LOHR, Ch. (ed.), *Raimundus Lullus, Die neue Logik. Logica nova*, Hamburg, Meiner, 1985, ix-xciv.

assim como sua designação da humanidade como meio de criação — entre animais e anjos — e, portanto, como o único lugar em que a unidade do *maximum absolutum* e do *maximum contractum*, o máximo absoluto e o máximo contraído, é possível (III 3, PTS I 436 ss.). De outro lado, De Cusa desenvolveu, no capítulo 12 do livro II (PTS I 402 ss.) a ideia fascinante e, para sua época, extraordinariamente original de que outras estrelas podem ser povoadas por seres racionais. Todavia, ele não percebe que a suposição de que pode haver outros seres finitos, racionais, põe em risco sua cristologia; afinal, a princípio, como podemos saber que o ser humano realmente é o centro do universo se não conhecemos esses outros seres? E, por outro lado, quem é o mediador que pode levar esses seres a Deus? A ideia inquietantemente herética de uma encarnação múltipla se torna aparente ao leitor atento de Nicolau de Cusa, especialmente porque a encarnação não é motivada pelo pecado original.

A cristologia de Nicolau de Cusa não é o assunto deste ensaio. Não obstante, eu considerei apropriado iniciar com a cristologia não só porque é tão central à sua filosofia de *Sobre a douta ignorância* e *De ludo globi* [*O jogo das esferas*], mas também porque mostra claramente a ambiguidade que, às vezes, caracteriza a tentativa de nosso autor de reconciliar o pensamento teológico tradicional com ideias que conduzirão à ciência moderna. Também encontramos tal equivocidade em sua filosofia da matemática, que merece ser extensamente analisada, uma vez que ele é, sem dúvida, um dos maiores matemáticos do século XV[8]. De um lado, De Cusa adota, com grande virtuosismo, as

---

[8] De Cusa iniciou o estudo da matemática em Pádua, com Paolo Toscanelli, um dos melhores matemáticos italianos da época. Sobre ele, ver UZIELLI, G., *La vita e i tempi di Paolo dal Pozzo Toscanelli*, Roma, Ministero della pubblica istruzione, 1894, e CELORIA, G., *Sulle osservazioni di comete fatte da Paolo dal Pozzo Toscanelli e sui lavori astronomici suoi in generale*, Milano, Hoepli, 1921; sobre sua famosa correspondência com Colombo, a quem ele encorajou a tentar sua grande viagem, ver VIGNAUD, H., *Toscanelli and Columbus*, London, Sands, 1902; sobre matemáticos humanistas em geral, ver ROSE, P. L., *The Italian Renaissance of Mathematics: Studies on Humanists and Mathematicians from Petrarch to Galileo*, Geneva, Droz, 1975. De Cusa dedicou seu *De transmutationibus geometricis* [*Sobre transmutações geométricas*] a Toscanelli (ver as observações introdutórias cordiais em *Opera*, 3 vol., Paris, Aidibus Ascensianis, 1514, reimpresso em Frankfurt, Minerva, 1962, II, Fo. XXXIII). Ele estava familiarizado com o importante matemático e astrônomo Georg von Peurbach, a quem ele dedicou *De quadratura circuli* [*Sobre a quadratura do círculo*]. Seus feitos matemáticos específicos não são o assunto deste ensaio: ver CANTOR, M., *Vorlesungen über Geschichte der Mathematik*, 4 vol., Leipzig, Teubner, 1880-1908, II 170-187, e as obras do melhor especialista na matemática de Nicolau de Cusa, Josef E. Hofmann. Ele é o tradutor e também autor da introdução e das notas a DE CUSA, N., *Die mathematischen Schriften*, Hamburg, Meiner, 1952, e de muitos ensaios acerca dos escritos matemáticos de Nicolau de Cusa, como: HOFMANN, J. E., Mutmaßungen über das früheste mathematische Wissen des Nikolaus von Kues, *Mitteilungen and Forschungsbeiträge der Cusanus-Gesellschaft*, v. 5, 1965, 98-136, e HOFMANN, J. E., Sinn and Bedeutung der wichtigsten mathematischen Schriften

ideias centrais da filosofia platônica e neoplatônica da matemática: pode-se dizer que, provavelmente, desde Proclo, ninguém se apropriou dessas ideias tão profundamente. É incrível quão detalhadas são as correspondências que encontramos entre a filosofia da matemática de Nicolau de Cusa e a doutrina platônica esotérica, à qual aquela forma de pensamento retorna. De outro lado, duas ideias na filosofia da matemática de Nicolau de Cusa permanecem bem distantes da filosofia da matemática platônica tradicional, a saber, seu conceito de infinito e a interpretação de entidades matemáticas como criações da mente humana. Essas duas ideias são compatíveis com o pano de fundo platônico? Isso parece ser o maior problema para quem está preocupado com a filosofia da matemática de Nicolau de Cusa. Eu começo com um esboço muito breve das ideias platônicas sobre a filosofia da matemática que ainda estão em De Cusa (I). Em seguida, tematizo as ideias correspondentes de Nicolau de Cusa (II) e, finalmente, observo os aspectos antiplatônicos em sua filosofia da matemática (III). Em minha análise, lido tanto com sua obra inicial quanto com trabalhos tardios; devo pôr de lado, por ora, a difícil questão que põe em dúvida se há um desenvolvimento na filosofia da matemática de Nicolau de Cusa[9].

des Nikolaus von Kues, in: VV. AA., *Nicolò Cusano agli inizi del mondo moderno*, Firenze, Sansoni, 1970, 385-398; ver também HOFMANN, J. E., *Geschichte der Mathematik*, 3 vol., Berlin, de Gruyter, 1953-1957, I 89-100. Embora De Cusa tenha falta do rigor necessário, sua criatividade matemática é memorável, e, com Regiomontano (que, certamente, era tecnicamente superior a ele e criticava agudamente seus erros matemáticos), De Cusa é um dos dois maiores matemáticos do século XV. Importantes são seu discernimento do fato de que 3 1/7 é apenas uma aproximação de π e seu estudo de Arquimedes, cuja obra ele conheceu na tradução latina de Jacó de Cremona (ver *De arithmeticis complementis* [Sobre complementos aritméticos], Opera, II Fo. LIIII e *De mathematicis complementis* [Sobre complementos matemáticos], II Fo. LIX). Outras influências em De Cusa incluem Euclides (na tradução de Adelhard de Bath e Campanus de Novara) e as obras matemáticas de Alberto da Saxônia e Thomas Bradwardine.

9 Em geral, eu não vejo mudanças *fundamentais* no De Cusa maduro — embora, certamente, modificações e elaborações importantes sejam aparentes. SENGER, H. G., *Die Philosophie des Nikolaus von Kues vor dem Jahre 1440: Untersuchungen zur Entwicklung einer Philosophie in der Frühzeit des Nikolaus (1430-1440)*, Münster, Aschendorff, 1971, mostrou de forma convincente que muitas das ideias fundamentais de De Cusa já podem ser encontradas nos primeiros sermões — em todo caso, antes da famosa experiência de iluminação durante a jornada de volta da Grécia, da qual ele fala ao fim de *De docta ignorantia* (PTS I 516). Onde encontramos discrepâncias notáveis — como entre a estrutura triádica cristocêntrica de *De docta ignorantia* and e o sistema quádruplo neoplatônico da obra *De coniecturis* — é difícil resolver as ambiguidades cronologicamente, já que De Cusa já cita, em *De docta ignorantia*, a obra *De coniecturis* (II 1, 6, 8, III 1, PTS I 318, 350, 352, 370, 426). Parece muito mais provável que De Cusa, seja certo, seja errado, tenha pensado que os dois sistemas eram compatíveis do que tenha mudado de ideia. Isso é, a meu ver, também válido em relação à sugestão de KOCH, J., *Die Ars coniecturalis des Nikolaus von Kues*, Köln/Opladen, Westdeutscher Verlag, 1956, 16, de que em *De coniecturis*, De Cusa tenha substituído uma me-

I

Após as obras de Hans J. Krämer[10], Konrad Gaiser[11], John N. Findlay[12], Thomas A. Szlezák[13] e Giovanni Reale[14], eu não acho que se possa duvidar, razoavelmente, de que os diálogos platônicos pressupõem uma teoria dos princípios, que podemos reconstruir especialmente com ajuda dos fragmentos de Aristóteles e de seus comentadores, a que os diálogos platônicos frequentemente aludem, sem, todavia, torná-la explícita. As doutrinas esotéricas defendem que, além da esfera das ideias, há dois princípios ontológicos fundamentais que, por meio de sua cooperação, constituem o mundo. Platão os chama de Um (*hen*) e de diáde indeterminada (*aoristos dyas*) — esta diáde é o princípio de pluralidade e tem o grande e o pequeno (*mega-mikron*) como manifestações. Um interesse especial de Platão consistia em resolver problemas fundacionais da matemática de seu tempo. Não deve ser esquecido que a Academia foi o centro de pesquisa matemática da época e que Platão foi, certamente — assim como foram muitos grandes filósofos, especialmente na tradição idealista (por exemplo, Proclo, Nicolau de Cusa, René Descartes, Gottfried Wilhelm Leibniz) —, uma das mentes matemáticas mais bem-dotadas da história mundial. A descoberta de que a razão humana pode apreender verdades *a priori* com certeza absoluta foi feita por ele, a princípio, no campo da matemática, e essa descoberta forma a base de seu programa filosófico, que está profundamente conectado ao pitagorismo. Platão estava convencido de que, para todo filósofo, uma educação matemática era absolutamente necessária a fim de preparar a mente para a concepção de verdades metafísicas, e, embora provavelmente seja uma invenção posterior, o rumor de que acima da entrada da academia estava escrito "*mēdeis ageōmetretos eisitō*" ("ninguém poderá entrar sem ter estudado geometria") é certamente adequado[15]. Platão viu muito cla-

---

tafísica do ser por uma metafísica do *um*. Uma autocrítica explícita pode ser encontrada em *De apice theoriae* (*Sobre o ápice da contemplação*) em relação ao *De possest* (PTS II 364 ss.), mas, embora a mudança de *possest* a *posse* acarrete importantes consequências, apenas mostra que De Cusa nunca parou de buscar novos nomes para o mesmo objeto.

10   KRÄMER, H. J., *Arete bei Platon und Aristoteles*, Heidelberg, Winter, 1959; *Platone e i fondamenti della metafisica*, Milano, Vita e Pensiero, 1982.
11   GAISER, K., *Platons ungeschriebene Lehre*, Stuttgart, Klett, 1963, 1968.
12   FINDLAY, J. N., *Plato: The Written and Unwritten Doctrines*, London, Humanities Press, 1974.
13   SZLEZÁK, T. A., *Platon und die Schriftlichkeit der Philosophie*, Berlin/New York, de Gruyter, 1985.
14   REALE, G., *Per una nuova interpretazione di Platone*, Milano, Vita e Pensiero, 1987.
15   *Johannes Philoponus in Aristotelis de anima* 117, linha 26 Hayduck. Ver GAISER, K., *Platons ungeschriebene Lehre*, 446 s.

ramente, todavia, que a matemática não pode fundar suas próprias definições e axiomas; por isso, ele tentou estabelecer uma fundamentação metafísica da matemática. Embora, geneticamente, a filosofia pressuponha a matemática, no âmbito da validade, é a matemática que pressupõe a filosofia. Em dois ensaios antigos[16], eu tentei reconstruir a filosofia da matemática de Platão e, especialmente, sua tentativa de fundamentar a aritmética e a geometria de seu tempo, os dois ramos da pura matemática[17]. Em relação à aritmética, à qual ele conferiu um lugar anterior à geometria, Platão viu, justamente, a necessidade de fundamentar a existência da série de números e as propriedades principais tematizadas pela teoria dos números. Ele considerou que seus dois princípios — que não são em si, números, uma vez que não fundamentam apenas entidades matemáticas — constituem os números da seguinte maneira: em primeiro lugar, o *hen* (Um) cria o número matemático 1 (que, incidentalmente, Platão não considera um número) e, então, os dois princípios cooperam em gerar os números naturais a partir do número matemático. Cada número é uma unidade de unidade e pluralidade: consiste em diversas unidades e é, ele mesmo, uma unidade. O processo concreto da geração de números não foi concebido como uma adição repetida, mas como uma dicotomia repetida. A esse contexto pertence a tentativa de relacionar as duas principais propriedades da teoria dos números de seu tempo (par e ímpar) aos dois princípios[18]. O ímpar representa o Um, já que números ímpares podem ser indivisíveis, enquanto números pares, sendo necessariamente divisíveis, são manifestações da díade indeterminada. Para entender Nicolau de Cusa é importante, além disso, saber que Platão supunha a existência de dez chamados números

---

16   HÖSLE, V., Platons Grundlegung der Euklidizitat der Geometrie, *Philologus*, v. 126, 1982, 180-197 (trad. inglesa no prelo, in: DMITRI, N. [ed.], *The Other Plato*, Albany, State University of New York Press, 2012); trad. bras.: Fundamentação platônica da euclidicidade da geometria, in: HÖSLE, V., *Interpretar Platão*, trad. A. C. P. de Lima, São Paulo, Loyola, 2008, 213-242); HÖSLE, V., "On Plato's Philosophy of Numbers and Its Mathematical and Philosophical Significance", *Graduate Faculty Philosophy Journal*, v. 13, n. 1, 1988, 21-63 (original alemão em 1984). Trad. bras.: Sobre a filosofia platônica dos números e seu significado matemático e filosófico, in: HÖSLE, V., *Interpretar Platão*, trad. A. C. P. de Lima, São Paulo, Loyola, 2008, 157-212. No que segue, eu me limito a resumir os resultados principais.

17   Na verdade, há um terceiro, já que Platão, no sétimo livro da *República*, distingue a geometria da estereometria. Mas, embora essa distinção ainda desempenhe um papel na arquitetura dos *Elementos* de Euclides, pode-se dizer que não é muito importante sistematicamente e que, bem cedo, desistiu-se corretamente dela. As duas ciências matemáticas aplicadas do *quadrivium* são a música e a astronomia. Ver MERLAN, P., *From Platonism to Neoplatonism*, The Hague, Nijhoff, 1960, 88 ss.

18   Comparar com *Parmênides*, 142b ss. e BECKER, O., Die Lehre vom Geraden and Ungeraden im Neunten Buch der Euklidischen Elemente, in: BECKER, O. (ed.), *Zur Geschichte der griechischen Mathematik*, Darmstadt, Wissenschaftliche Buchgesellschaft, 1965, 125-145, 142.

ideais, que ele distingue nitidamente dos números matemáticos, estes ocupando uma esfera ontológica entre as ideias e as coisas sensíveis, já que não são sensíveis e nem únicos: há muitos círculos e muitos "3s", mas há apenas uma ideia do círculo e uma ideia do número 3. Parece curioso que Platão encerre a série de números ideias com a década, mas isso se relaciona à especulação pitagórica sobre o caráter especial da tétrade e da década: o mundo físico tridimensional pode ser interpretado como um desdobramento tetrádico do ponto, o pendente geométrico do Um; ponto, linha, superfície e corpo constituem, em todo caso, a estrutura fundamental tetrádica de corpos estereométricos e do mundo real. Ao mesmo tempo, a década era considerada importante por causa da suposta naturalidade do sistema decádico, e uma conexão entre os dois números era produzida pela compreensão de que 10 é a soma de 1, 2, 3 e 4[19]. Não devemos subestimar a importância de tais reflexões numerológicas para a tradição metafísica, ainda que devamos desconsiderá-las hoje: a tentativa artificial de Aristóteles de chegar a dez categorias era claramente influenciada pela sua crença na importância fundamental do número 10.

Acabamos de tocar no modelo dimensional de Platão, que também interpretava a geometria e a estereometria como se fossem constituídas por esses dois princípios. Em relação a estruturas geométricas concretas, dois argumentos são particularmente importantes. Platão ligava o ângulo reto ao Um, e a infinita pluralidade de ângulos agudos e obtusos à díade indeterminada em seus dois aspectos, o grande e o pequeno. De forma semelhante, linhas retas, por causa de sua duração infinita, foram concebidas como manifestações da *aoristos dyas* (díade indeterminada), enquanto linhas circulares eram remetidas ao *hen* (Um)[20].

II

O tipo de matemática filosófica que acabamos de abordar inicia com os pitagóricos[21] e com Platão, que sistematizou seus pensamentos e deu a eles uma clara

---

19   Ver DIELS, H.; KRANZ, W., *Die Fragmente der Vorsokratiker*, 3 vol., Berlin, Weidmann, 1954, 44 B11, 47 B5, 58 B15.

20   Ver GAISER, K., *Platons ungeschriebene Lehre*, Test. 37 s. Platão não parece ter visto que há certa tensão entre essas duas interpretações, pois, se um ângulo reto corresponde ao Um, então teria de se esperar que a linha reta também fosse interpretada como manifestação do Um: pois há apenas um grau de retidão, mas muitos graus de curvatura. De fato, Aristóteles diz que conhecemos o reto e o curvo pelo reto (*De anima*, 411a5).

21   Pitágoras é chamado por Nicolau de Cusa de "o primeiro filósofo, tanto em relação ao nome quanto em relação à coisa" ("*primus et nomine et re philosophus*", *De docta ignorantia* I 11, PTS I

base ontológica. Também, de acordo com Krämer, estou convencido de que as ideias centrais dos ensinamentos esotéricos de Platão, especialmente mediados pelo que Aristóteles escreve sobre eles, teve um grande impacto nas filosofias helenísticas e tardo-antigas — especialmente o neoplatonismo[22]. Em relação à filosofia da matemática, é evidente que os argumentos do tipo descrito aqui podem ser encontrados em matemáticos e filósofos desde Euclides até Proclo (por exemplo, Heron, Nicômaco, Theo, Jâmblico). Agora, é interessante ver que obras de Nicolau de Cusa são profusas dessas ideias. E isso mostra que Philip Merlan estava provavelmente certo quando escreveu, em 1934, que o impacto de Platão na filosofia medieval era restrito ao seu sistema esotérico[23]. De fato, até Friedrich Schleiermacher, a convicção de que Platão dominava um sistema esotérico era partilhada por quase todos os filósofos sistematicamente interessados em metafísica, e as estruturas *básicas* desse sistema eram conhecidas por eles[24].

230), e Platão é elogiado porque o seguiu: "Nem acredito que alguém tenha adquirido um método mais razoável de filosofar [do que Pitágoras], e porque Platão o imitou, ele é corretamente considerado grande" (*"Neque arbitror quemquam rationabiliorem philosophandi modum assecutum [quam Pythagoras], quem, quia Plato imitatus est, mérito magnus habetur", De ludo globi* II, PTS III 342). Mas, é claro, para De Cusa, a verdade dessa tradição filosófica não é justificada por sua idade ou por seu nome: no sexto capítulo de *Idiota de mente*, o leigo — com quem De Cusa claramente se identifica (PTS III 580) — responde à observação do filósofo de que ele parece ser um pitagórico — "eu não sei se eu sou um pitagórico ou algo mais: mas eu sei que a autoridade de ninguém me guia, mesmo que tente me mover" (*"Nescio an Pythagoricus vel alius sim; hoc scio, quod nullius auctoritas me ducit, etiam si me movere tentet"*, III 522).

22   KRÄMER, H. J., *Der Ursprung der Geistmetaphysik: Untersuchungen zur Geschichte des Platonismus zwischen Platon und Plotin*, Amsterdam, Schippers, 1967; *Platonismus und hellenistische Philosophie*, Berlin/New York, de Gruyter, 1971; Die Ältere Akademie, in: FLASHAR, H. (ed.), *Die Philosophie der Antike*, vol. 3: *Ältere Akademie-Aristoteles-Peripatos*, Basel/Stuttgart, Schwabe, 1983, 1-174.

23   MERLAN, P., Beiträge zur Geschichte des antiken Platonismus II: Poseidonios über die Weltseele in Platons Timaios, *Philologus*, v. 89, 1934, 213: "*daß der Einfluß Platons aufs Mittelalter ungefähr gerade so weit reicht wie die Kenntnis dieses Systems*" ("que o impacto de Platão na Idade Média se estenda aproximadamente tanto quanto o conhecimento desse sistema"). Mostrar, detalhadamente, quanto os ensinamentos esotéricos de Platão ainda eram conhecidos na Idade Média continua a ser uma tarefa importante de pesquisa na história da filosofia.

24   Por quais canais essas ideias vieram a De Cusa, não se sabe. É claro, Platão, Aristóteles, Proclo — cujo comentário a Euclides, todavia, não parece ter sido conhecido por De Cusa (não ocorre mais que nenhuma das obras dos outros filósofos neoplatônicos da matemática em MARX, J., *Verzeichnis der Handschriften-Sammlung des Hospitals zu Cues bei Bernkastel a./Mosel*, Trier, Schaar & Dathe, 1905) —, o Pseudo-Dionísio, o Areopagita e o *Liber XXIV philosophorum* são fontes importantes, mas provavelmente não são as únicas. STULOFF, N., Mathematische Tradition in Byzanz and ihr Fortleben bei Nikolaus von Kues, *Mitteilungen und Forschungsbeiträge der CusanusGesellschaft*, v. 4 (1964) 420-436, nomeia alguns autores bizantinos, como Michael Psellos e Nikolaos Rhabdas, mas as semelhanças entre suas ideias e as

O próprio Nicolau de Cusa, no capítulo XXIV de *De beryllo* [*Sobre os óculos*], alude, no contexto da doutrina da Trindade, aos "segredos de Platão"[25] e escreve, em *De principio* [*Sobre o princípio*]: "Mas Platão, após o Um, postulou dois princípios, a saber, o finito e o infinito"[26]. As duas passagens são importantes porque revelam certo conhecimento dos conteúdos da doutrina não escrita de Platão — Platão também chamava os dois princípios de *peras* e *apeiron*, "o limite" e "o ilimitado". De outro lado, é memorável que De Cusa atribua a Platão certas ideias que são suas, ou que pertencem aos neoplatônicos tardios, mas não ao próprio Platão. Na teoria dualista de princípios, estruturas triádicas não desempenham um papel maior, e é errôneo dizer que, em Platão, o finito e o infinito *seguem* o Um (que Nicolau de Cusa supõe ser o único princípio): o finito e o infinito, em Platão, são manifestações dos *dois* princípios, que provavelmente não são opostos no sentido de um dualismo estrito, mas, certamente, não podem ser interpretados no sentido de que Um subsiste sem a díade[27]. É essa unidade de apropriação e transformação dos elementos do pensamento platônico e, posteriormente, neoplatônico que caracteriza a filosofia da matemática de Nicolau de Cusa.

Como é o caso no que se refere a Platão, a matemática tem uma importância especial para De Cusa como preparo rumo à metafísica — ou, melhor, teologia, uma vez que, para ele, a verdadeira teoria do ser está fundamentada na doutrina racional de Deus[28]. Por meio da matemática, podemos superar a esfera sensível da física e, portanto, aproximarmo-nos de Deus. A ordem tradicional platônico-aristotélica das ciências[29] — física, matemática e metafísica (teologia) — pode ser encontrada também em Nicolau de Cusa (*Trialogus de possest* [*Triálogo sobre possibilidade atualizada*], PTS II 334; ver também *De beryllo*

de Nicolau de Cusa talvez se devam a fontes comuns, e não a uma influência direta de seus pensamentos em De Cusa. O último, todavia, certamente não pode ser excluído, uma vez que De Cusa estava familiarizado com muitos platônicos bizantinos. Ver KRISTELLER, P. O., *Renaissance Concepts of Man and Other Essays*, New York, Harper & Row, 1972, 86-109. O trecho "Byzantine and Western Platonism in the Fifteenth Century", 103 s., é dedicado a Nicolau de Cusa.

25 *Secreta Platonis*, PTS, III 46.
26 "*Plato autem post unum posuit duo principia scilicet finitum et infinitum*", PTS, II 248.
27 Ver HÖSLE, V., *Wahrheit und Geschichte: Studien zur Struktur der Philosophiegeschichte unter paradigmatischer Analyse der Entwicklung von Parmenides bis Platon*, Stuttgart-Bad Cannstatt, Frommann-Holzboog, 1984, 459 ss.
28 O conhecimento completo de Deus, se fosse possível, implicaria um conhecimento completo de tudo: *Idiota de mente* III, X (PTS III 500, 566).
29 Aristóteles aceita essa ordem na *Metafísica* K 7, mas desiste dela no tratado escrito posteriormente, E 1.

XXX, PTS III 62). Não obstante, uma diferença importante entre Platão e Nicolau de Cusa é imediatamente clara. Para Platão, a matemática é também, no aspecto gnóstico, inferior à metafísica, uma vez que um dos axiomas centrais de Platão é o da correspondência ontológica e gnosiológica, que afirma que quanto mais elevado algo é ontologicamente, melhor pode ser conhecido (*República*, 477a 2 ss.). Nicolau de Cusa, todavia, pensa que nosso conhecimento da matemática é mais preciso do que nosso conhecimento sobre Deus — a princípio, por causa de sua interpretação antiplatônica da natureza de entidades matemáticas, que eu analiso posteriormente e, também, por causa de sua clara ciência das dificuldades de um conhecimento do infinito por um ser finito. A matemática pode ser usada como ponto de partida para conjecturas sobre Deus; as relações entre figuras matemáticas podem ser interpretadas como símbolos da realidade de Deus (*Sobre a douta ignorância* I 11, PTS I 288 ss.)[30]. Para Nicolau de Cusa, portanto, a matemática tem uma importância maior do que tem para Platão — sem ela, a doutrina do absoluto de Nicolau de Cusa não poderia ser fundamentada. Não obstante, De Cusa também tenta o oposto, a saber, fundamentar os princípios da matemática em categorias metafísicas gerais.

Segundo as *Categorias*[31] de Aristóteles, Nicolau de Cusa afirma várias vezes que a quantidade é definida por sua capacidade de assumir o mais e o menos (*De beryllo* XXVI, *Idiota de sapientia* [*O leigo na sabedoria*] II, PTS III 52, 468)[32]. É interessante sua ideia de que não a quantidade, mas o número é a determinação mais universal — o número, ele escreve, não é restrito à quantidade (*Sobre a douta ignorância* I 11, PTS I 196)[33]. Nicolau de Cusa argumenta que, sem ele, nenhuma distinção subsistiria e, portanto, nenhuma distinção haveria entre as categorias: "A razão nos convence de que, quando o número é eliminado, nada mais permanece (...) pois, sem alteridade, a substância não seria outra coisa senão quantidade, ou brancura, ou escuridão, e assim por diante; o que é alte-

---

30 Ver também o primeiro capítulo do *Complementum theologicum*, PTS III, 650. Essa obra tenta avaliar teologicamente o *De mathematicis complementis*, que foi dedicado ao Papa Nicolau V.

31 As metacategorias de Aristóteles, é claro, são influenciadas pela teoria dos princípios de Platão. Ver MERLAN, P., Beiträge zur Geschichte des antiken Platonismus I: Zur Erklärung der dem Aristoteles zugeschriebenen Kategorienschrift, *Philologus*, v. 89, 1934, 35-53.

32 Em *Idiota de mente* II (PTS III 492 ss.), De Cusa atribui, novamente de maneira muito platônica, o mais e o menos ao mundo sensível, em que "apenas a forma mais simples brilha de vários modos, mais em um objeto, menos em outro, e em nenhum precisamente" ("*non nisi ipsa simplicissima forma varie relucet, magis in uno et minus in alio et in nullo praecise*").

33 O conceito de proporção pressupõe, de imediato, o conceito de número: *De docta ignorantia* I 1, PTS I 196. Trad. bras.: *A douta ignorância*, trad. R. A. Ullmann, São Paulo, EDIPUCRS, 2002. Ver também *Idiota de mente* VI, III 524. Sobre proporção e número em Nicolau de Cusa, ver SCHULZE, W., *Zahl Proportion Analogie: Eine Untersuchung zur Metaphysik und Wissenschaftstheorle des Nikolaus von Kues*, Münster, Aschendorff, 1978, 74 ss.

ridade se deve ao número"[34]. Faz sentido, portanto, que Nicolau de Cusa trate o número como anterior a conceitos geométricos. Nisso, ele segue Platão e antecipa Gottlob Frege[35].

É platônica a ideia de que o número é produto de uma síntese entre unidade e alteridade, ou multiplicidade[36]. Dessa definição de número, segue que, tanto para Platão quanto para De Cusa, apenas números naturais maiores que 1 são números: a *monas* não é um número para Nicolau de Cusa; nele, a categoria ontológica de unidade — que, como para Platão, não é idêntica ao número 1^{37} — se manifesta "sem ser numerada" (*innumerabiliter, De Filiatione Dei [Sobre ser um Filho de Deus]* IV, PTS II 628 ss.). Para a díade, que De Cusa considera um número, e não um princípio ontológico, é um número muito peculiar: nem unidade, nem pluralidade, ela participa da unidade e é a causa e a mãe da pluralidade (*De principio*, PTS II 248). Não só o número 2, mas cada número participa da unidade: pois, embora signifique uma pluralidade, significa, primeiro, uma pluralidade de unidades: "não é o um uma vez um, e o dois uma vez duas vezes, e o três o um três vezes, e assim por diante?"[38]. Além disso, toda pluralidade é uma pluralidade *determinada*, e essa determinação parte do princípio ontológico de utilidade. "Isso seria causado pela infinidade da forma chamada de poder da unidade, uma vez que essa forma, se você olhar a sua dois-idade, não pode ser maior ou menor que a forma da dois-idade, da qual é o modelo mais

---

34   "*Eo* [numero] *sublato nihil omnium remansisse ratione convincitur* (...). *Neque alia res substantia, alia quantitas, alia albedo, alia nigredo et ita de omnibus absque alietate esset; quae est, numero est*" (*De coniecturis* 14, PTS II 8 ss.).

35   Ver *De beryllo* XVII, PTS III 26: "O um, ou *mônas*, é mais simples que o ponto" ("*Unum seu monas est simplicius puncto*").

36   "*Omnem constat numerum ex alteritate et unitate constitui*", nós lemos em *De coniecturis* (I 11, PTS II 38), e em *Idiota de mente*, que ele chama o número de "*simplicitatis et compositionis sive unitatis et multitudinis coincidentiam*" (VI, PTS III 524). De Cusa não responde melhor que Platão à questão do que distingue o número de outras unidades de unidade e alteridade. Em *De coniecturis* II 2, PTS II 90, a harmonia também é definida como "*unitatis et alteritatis constrictio*", e nós vemos que uma definição semelhante é dada à alma.

37   De Cusa diz que Deus, que é a unidade absoluta, é "um poder mais abrangente que o do Um e o do ponto" ("*virtus magis complicativa quamunius et puncti*", *De ludo globi* II, PTS III 314). Em *Complementum theologicum* X (PTS III 684), ele distingue claramente entre a unidade e o Um, criado pela unidade; é memorável que ele conecte unidade com limitação, pois Platão já chamava o *hen* (um) de *peras* (limitado). "Portanto, unidade é um princípio que limita e que, ao mesmo tempo, faz algo ser um. Ao fazer algo ser um, limita e, ao limitar, faz um" ("*Sic* [unitas] *est principium terminans simul et unum faciens. Unum faciendo terminat et terminando unum facit*"). Não obstante, De Cusa, em sua definição de número, combina dois tipos de definição que eu distingui dentro da tradição neoplatônica ("On Plato's Philosophy of Numbers", 31 s.).

38   "*Nonne unum est unum semel, et duo est unum bis, et tria est unum ter, et sic deinceps?*" (*Idiota de sapientia* I, PTS III, 424).

preciso."[39] Que o número 10 seja 10, e não 6 ou 7, que seja um número, e não outro, é o resultado da *monas*. "A década contém tudo o que é da mônada, sem a qual a década não seria nem um número nem uma década."[40] A última frase, todavia, não está isenta de problemas, pois diz algo que Platão nunca teria dito: ou seja, que 10 é *tudo* o que é em virtude da *monas*. Aqui, nós vemos a tendência geral de Nicolau de Cusa de mitigar os momentos dualistas na teoria dos princípios de Platão. Embora essa tendência siga do monoteísmo de Nicolau de Cusa e não possa ser negado que haja, de fato, fortes argumentos filosóficos contra toda forma de dualismo (De Cusa lida com essas formas, por exemplo, em *De principio*[41]), um dos maiores problemas da filosofia de Nicolau de Cusa em geral (não apenas de sua filosofia da matemática) é o fato de ele não conseguir explicar a fonte da diferença. Não se pode duvidar, razoavelmente, de que sua resposta usual que surge "da contingência", que encontramos desde a *Sobre a douta ignorância* (II 2, PTS I 324) até *de ludo globi* (PTS III 308)[42], é mais a renúncia de uma solução do que uma solução: afinal, de onde vem a contingência? Ainda menos convincente é o argumento de que a pluralidade surge do fato de que Deus está no nada (*Sobre a douta ignorância* II 3, PTS I 334 ss.), pois ou o nada é nada, e então não pode explicar nada, ou é algo e, como tal, deve ser explicado[43].

Em sua tentativa de entender a relação entre unidade e pluralidade, Nicolau de Cusa usa os conceitos que determinam a relação entre Deus e o mundo: *complicatio* (concordância dos contrários) e *explicatio* (desdobramento)[44]. Como a linha desdobra o ponto; o tempo, o agora; o movimento, o repouso; a dife-

---

39 "*Hoc enim ageret infinitas formae illius, quae vis dicitur unitatis, quod, dum ad dualitatem respicis, forma illa non potest esse nec maior nec minor dualitatis forma, cuius est praecisissimum exemplar*" (*Idiota de sapientia* I, PTS III, 446).

40 "*Habet enim denarius omne id quod est a monade, sine qua nec denarius unus quidem numerus nec denarius foret*" (*De filiatione* IV, PTS II 628; ver *De ludo globi* II, PTS III 290).

41 Ver, especialmente, o sutil argumento em PTS II 216, que remete ao comentário de Proclo ao *Parmênides* (*Opera inedita*, ed. V. Cousin, Paris, Durand, 1864; reprint Frankfurt, Minerva, 1962], 725, linhas 20 ss.) e ao próprio Platão (*Parmênides* 147 ss.). Um argumento semelhante pode ser encontrado em *De ludo globi* II (PTS III 288).

42 Na última passagem, ele diz que mesmo a alteridade não pertence à essência da dois-idade: "*Nec est de essentia binarii alteritas, licet eo ipso, quod est binarius, contingat adesse alteritatem*".

43 Nem é satisfatório responder que a unidade e a alteridade (ou pluralidade) coincidem em Deus (ver, por exemplo, *De docta ignorantia* I 24, PTS I 280; *De coniecturis* II 1, PTS II 80), pois a questão permanece: o que levou a sua dissociação? Uma resposta possível pode estar na doutrina da Trindade de Nicolau de Cusa. Pois, para explicar as verdadeiras diferenças no mundo, precisamos de certa diferença "ideal" no próprio Deus, e tal diferença pode ser encontrada na geração da igualdade pela unidade.

44 De Cusa também usa a palavra *evolutio*: "*Linea itaque est puncti evolutio*" (*Idiota de mente* IX, PTS III 556; ver *De ludo globi* I, PTS III 228).

rença, identidade; a desigualdade, igualdade; a divisão, simplicidade; então, também o número desdobra o Um (*Sobre a douta ignorância* II 3, PTS I 330 ss.; *De ludo globi, Idiota de mente* IV, PTS III 314, 320, 506). Todavia, De Cusa admite que não pode ser concebido como concordância dos contrários e desdobramentos operam[45]. De todo modo, é fascinante observar que, para ele, o número não pode ser entendido apenas como um desdobramento da unidade: para um determinado número surgir, o processo do desdobramento deve ser cessado. Nicolau de Cusa chama tal interrupção de "concordância dos contrários". "Pois quem conta desdobra o poder da unidade e faz concordar os números contrários na unidade. Pois a década é uma unidade que concorda em contrários com o dez; então, quem conta desdobra e faz concordar contrários."[46]

Os conceitos de unidade e alteridade em Nicolau de Cusa, como em Platão, são relacionados aos conceitos de par e ímpar, sendo que a imparidade é ligada à unidade e a paridade, à alteridade (*De coniecturis* [*Sobre suposições*] I 9, PTS I 40). Frequentemente, ele diz que todo número consiste tanto em paridade quanto em imparidade[47]. Em *De ludo globi*, ele explica essa afirmação peculiar da seguinte maneira: uma vez que não é possível que uma coisa composta consista em partes idênticas, o número 4 não deve ser interpretado como a soma de 2 e 2. Isso capturaria apenas sua quantidade, não sua substância, que consiste em um número par e um número ímpar: "portanto, o número quaternário consiste no ternário e na alteridade, o ternário sendo ímpar, a alteridade, par, e, analogamente, o número binário consiste na alteridade"[48]. Se quisermos entender a afirmação de Nicolau de Cusa, devemos entender "alteridade" como "sucessor", e, de fato, a díade indeterminada de Platão tem fortes afinidades com o conceito de sucessor de Giuseppe Peano[49].

---

[45] "*Excedit autem mentem nostram modus complicationis et explicationis*" (*De docta ignorantia* II 3, PTS I 334). O conceito de desdobramento é especialmente importante para descrever as diferentes dimensões, uma vez que De Cusa sabe muito bem que a linha não pode ser concebida como uma soma de pontos: "O ponto é tão próximo de nada que, se você adicionar um ponto ao outro, não vai resultar muito mais do que acrescentar nada a nada" ("*Adeo enim prope nihil est punctus, quod si puncto punctum addas non plus resultat quam si nihilo nihil addideris*", *Complementum theologicum* IX, PTS III 678; see *De ludo globi* I, PTS III 228).

[46] "*Nam qui numerat, explicat vim unitatis et complicat numerum in unitatem. Denarius enim est unitas ex decem complicata; sic qui numerat explicat et complicat*" (*Idiota de mente* XV, PTS III 605). Isso está de acordo com o princípio ontológico geral: "o idêntico chama o não idêntico ao idêntico" ("*Vocat igitur idem non-idem in item*", *De genesi*, PTS II 398).

[47] Cf. *Idiota de mente* VI, PTS III 522, 530: "*compositionem numeri ex unitate et alteritate, ex eodem et diverso, ex pari et impari, ex dividuo et individuo*".

[48] "*Unde quaternarius ex ternario et altero componitur, ternarius est impar, alter par, sicut binarius ex uno et altero*" (PTS III 340).

[49] Ver meu ensaio "On Plato's Philosophy of Numbers", 40 s.

A ideia de que nada pode ser composto de duas partes idênticas aparentemente poderia derivar de um dos princípios centrais da metafísica de Nicolau de Cusa — um princípio que Leibniz viria a chamar de *princípio da identidade dos indiscerníveis* e que Nicolau de Cusa antecipa repetidamente em suas obras[50]. É claro, todavia, que esse princípio só é válido para representações matemáticas de entidades matemáticas (*De coniecturis* I 3, PTS III 56), e não para as entidades matemáticas em si: "E mesmo que sejam verdadeiras as regras em sua essência, para descrever uma figura igual a uma dada essência, não obstante, em ato, igualdade é impossível em coisas diferentes"[51]. De Cusa reconhece, como Platão, que na esfera de entidades matemáticas há uma pluralidade de entidades iguais, e ele distingue, portanto, entre números matemáticos e intelectuais. As operações da aritmética (por exemplo, divisão e multiplicação) não podem ser aplicadas aos números intelectuais. Destes, há múltiplas instanciações[52].

De acordo com a tradição platônica, De Cusa favorece os números 4 e 10^{53}. Ele usa o argumento de que 10 é a soma dos quatro primeiros números (*De coniecturis* I 5, 13, PTS II 12, 64; *De ludo globi* II, PTS III 306, 338). O número 4 é especialmente importante na estrutura sistemática de *De coniecturis* porque Deus, espírito, alma e matéria constituem as quatro regiões do ser e porque — já como em Platão — subjazem ao modelo dimensional. Ponto, linha, superfície e corpo são os quatro princípios básicos da geometria e da estereometria; o corpo descreve o mundo empírico (*De coniecturis* I 10, PTS II 32 ss.); apenas como corpo, a linha é atual (*Sobre a douta ignorância* II 5, PTS I 346). De Cusa também tenta descobrir a quatridade nas quatro quantidades, nos quatro modos e nas quatro figuras da silogística aristotélica (II 2, PTS II 92), nos quatro elementos (II 4, PTS II 104 ss.), nas quatro causas, nas quatro estações e se-

---

50   Esse princípio é, para De Cusa, uma das razões de nossa incapacidade de conhecer o mundo de forma exata, pois nenhuma medida pode ser realmente exata, uma vez que duas coisas não são absolutamente idênticas. Se nós fôssemos capazes de saber exatamente uma coisa, então, poderíamos conhecer o mundo inteiro, uma vez que tudo é determinado por sua relação com o todo. O segundo motivo é que um conhecimento completo do mundo pressupõe um conhecimento completo de Deus, o que não podemos adquirir (*De docta ignorantia* I 3, II 5, PTS I 200 ss., 344 ss.).

51   "*Et quamvis regulae verae sint in sua ratione datae figurae aequalem describere, in actu tamen aequalitas impossibilis est in diversis*" (*De docta ignorantia* II 1, PTS I 314). Deve-se entender, desse modo, *De docta ignorantia* I 17, PTS I 250: "é impossível que duas linhas finitas sejam exatamente iguais" ("*nullae duae lineae finitae possunt esse praecise aequales*").

52   "*Triplum enim complicat numeros multos triplos*" (*De coniecturis* I 11, PTS II 42). Possivelmente, a distinção corresponde àquela entre o número que procede da mente divina e o número matemático criado por nós, que é sua imagem (*Idiota de mente* VI, PTS III 522).

53   Também o produto de ambos, 40, tem certa importância para De Cusa, especialmente porque é a soma de 1, 1, 3, 9 e 27 (*De coniecturis* I 16, PTS II 68 ss.).

melhantes (*De ludo globi* II, PTS III 306). O número 10 é relevante, é claro, por causa das dez categorias (*Sobre a douta ignorância* II 6, PTS I 350 ss.)[54] e por causa do sistema decádico, que De Cusa parece considerar necessário. Mas também deve sua importância ao fato de que, com o número 10, De Cusa tenta preencher a lacuna entre as opções tretrádicas, que acabamos de abordar, e as opções triádicas, que se espera de um pensador trinitário[55]. Tanto em *De coniecturis* (I 14 ss., PTS II 66 ss.) quanto em *De ludo globi*, a importância do número 10 resulta não só de sua relação com o 4, mas também do fato de que é o número que segue imediatamente o 9, o quadrado de 3. São nove — assim como para Lúlio — as virtudes ou os níveis de realidade que constituem o mundo: o caos, a virtude dos elementos, dos minerais, da vegetação, da sensação, da imaginação, da lógica, da inteligência e da inteligibilidade (*chaos, virtus elementativa, mineralis, vegetativa, sensitiva, imaginativa, logistica, intelligentialis, intellectibilis*; *De ludo globi* II, PTS III 336). Como se relacionam o 3 e o 4? Claramente, 3 é um número mais divino que 4. Por essa razão, De Cusa acredita que, em um mundo criado, 4 é mais dominante. É apropriado que o meio não seja simples, mas duplo:

> Se, portanto, na ordem ordenada ou criada, não pode haver um meio simples e igual, ela não será completa na progressão ternária, mas vai além da composição para a frente. O quaternário procede imediatamente da primeira progressão[56].

De forma semelhante, 4 (suponha que 4 é 0000) pode ser estendido a seis, dobrando-se o meio duplo (000000). E se procedermos de 4 a 1, temos sete

---

[54] Em *Idiota de mente* X, PTS III 566, De Cusa esboça a ideia de que nove categorias não substanciais podem ser deduzidas do conceito de multiplicidade, mas não leva adiante a derivação: "Pois entende-se, com dificuldade, como isso ocorre" ("*Nam quemadmodum hoc fiat, difficulter cognoscitur*").

[55] Muito importantes, para De Cusa, são as tríades categoriais, tais como unidade, igualdade, conexão (*De docta ignorantia* I 7 ss., PTS I 214 ss.) ou possibilidade (ou matéria do universo), alma (ou forma do universo), espírito do todo (II 7 ss., PTS I 354 ss.; junto a Deus, eles constituem as *quatro* modalidades universais do ser). A tríade posterior é considerada mais universal que as dez categorias (*De aequalitate* [*Sobre a igualdade*], *Idiota de mente* XI, PTS III 366 ss., 576). Como Lúlio, De Cusa interpreta as três dimensões do espaço (*De apice theoriae*, PTS II 382) e o silogismo — especialmente, o modo Barbara da primeira figura de forma trinitária (*De genesi* [*Sobre o Gênesis*], PTS II 432). Ver HAUBST, R., *Das Bild des Einen und Dreieinen Gottes in der Welt nach Nikolaus von Kues*, Trier, Paulinus, 1952, 203 ss.

[56] "*Si igitur non potest esse in ordinato seu creato ordine simplex et aequale medium ideo nec in ternaria progressione concluditur, sed ultra progreditur in compositionem. Quaternarius autem est immediate a prima progressione exiens*" (*De ludo globi* II, PTS III 340). Não é difícil ver a semelhança com o conceito de "meio quebrado" (*gebrochene Mitte*) de Hegel; ver HÖSLE, V., *Hegels System*, 2 vol., Hamburg, Meiner, 1987, I 147 ss. Trad. bras.: *O sistema de Hegel. O idealismo da subjetividade e o problema da intersubjetividade*, trad. A. C. P. de Lima, São Paulo, Loyola, 2007.

itens (1, 2, 3, 4, 3, 2, 1). E, se procedemos de 4 a 1, temos dez itens, de modo que alcançamos o 10 dessa forma, também (*De coniecturis* II 7, PTS II 118 ss.).

Eu já mencionei o modelo dimensional que nos leva à geometria e no qual o ponto tem a mesma função da *monas* na aritmética. De Cusa frequentemente insiste no pensamento, que não se encontra em Platão, de que o triângulo é o polígono mais simples; ele usa isso como um argumento pela Trindade (*Sobre a douta ignorância* I 20, PTS I 262 ss.; *De coniecturis* I 10, *De possest*, PTS II 36, 322). É fácil ver que o seu argumento é extremamente fraco, uma vez que o corpo mais simples, o tetraedro, é determinado por quatro pontos — como De Cusa, é claro, sabe (*De coniecturis* II 4, PTS II 102 ss.). Por que, então, a tétrade não pode ser a medida de Deus?

É muito platônica a teoria de que um ângulo reto é a medida do número infinito de ângulos obtusos e agudos, que podem sempre ser mais obtusos e mais agudos, e que é o exato meio entre dois extremos (*De beryllo* VIII, XXV, XXXIII, *Complementum theologicum* [O complemento teológico] XII, PTS II 10 ss., 38, 72, 692). Não menos platônica é a tentativa de ligar linhas curvas e retas aos princípios positivos e negativos. Há uma ambiguidade peculiar em Nicolau de Cusa, todavia, pois, de um lado, ele subordina, como Platão, o reto à linha circular fechada, que parece a ele mais bela e uniforme:

> Portanto, a curvatura do círculo é mais similar à linha reta infinita porque é mais similar ao infinito do que a retidão infinita. Todos nós, dotados de mente, somos afetados pela figura do círculo, que parece a nós completa e bela por causa de sua uniformidade, sua igualdade e simplicidade[57].

O círculo, com sua estrutura simétrica e fechada, na qual início e fim coincidem, é interpretado como uma imagem da eternidade (*De ludo globi* I, PTS III 234 s.); e a teologia é dita "circular" e "posicionada em um círculo" (*De docta ignorantia* I, PTS I 270), uma vez que as diferentes propriedades de Deus, como justiça e verdade, coincidem. De outro lado, De Cusa afirma que a linha reta, como o ângulo reto, é inequivocamente determinada e não pode admitir o mais e o menos enquanto houver diferentes graus de curvatura (*Complementum theologicum* VII, PTS III 672)[58]. A tensão entre as duas opções pode ser superada, apa-

---

57 "*Quare ei [rectitudini infinitae] similior est circularis curvitas, quia similior infinito quam finita rectitudo. Afficimur igitur omnes mentem habentes figura circulari, quae nobis completa et pulchra apparet propter eius uniformitatem et aequalitatem et simplicitatem*" (*Complementum theologicum* VII, PTS III 672).

58 Ver também, na mesma obra, IV, VIII, XIII, PTS III 664, 676, 700, onde De Cusa favorece a linha reta, ao passo que, em III e IX, PTS 660 e 680, ele dá a preferência do círculo sobre

rentemente, apenas no círculo infinito, "no qual retidão coincide com circularidade"[59]. Isso nos conduz a uma das ideias mais originais de Nicolau de Cusa, que transcende radicalmente o platonismo das reflexões que até aqui abordei.

III

Se a filosofia da matemática de Nicolau de Cusa não remetesse a mais que os argumentos acima expostos, ele teria sido considerado um platônico inteligente e erudito, nada mais; não poderíamos aprender muito com ele. A originalidade de seu pensamento matemático e de seu pensamento filosófico, todavia, consiste em combinar a tradição clássica da filosofia platônica da matemática com um conceito completamente antiplatônico, que parte da revolução intelectual que ocorreu no cristianismo e culminou no conceito de infinito. É bem conhecido que a matemática grega não lidou com o infinito atual. Essa recusa explica por que os gregos não desenvolveram o cálculo infinitesimal, embora o método de exaustão de Eudoxo e de Arquimedes possa ter levado a essa direção. A filosofia da matemática de Platão reflete essa situação muito bem. Para ele, o infinito é uma manifestação do princípio *negativo*, a díade indeterminada[60]. Que a quadratura do círculo tenha permanecido um dos maiores problemas não resolvidos da matemática grega, era uma consequência da sua recusa do infinito atual, pois, de um lado, os gregos aceitavam certa forma do axioma de continuidade: eles acreditavam que existiria algo igual a algo dado se existisse algo maior e algo menor que ele (Platão, *Parmênides* 161d). Ora, não é difícil inscrever um quadrado em um círculo e circunscrever o mesmo círculo com um quadrado. Entretanto não é, de modo algum, fácil construir um quadrado que tenha a mesma superfície que o círculo — na verdade, como Ferdinand von Lindemann demonstrou, é impossível levar adiante tal demonstração com régua e compasso em um número finito de passos. Não é por acaso que a quadratura do círculo era o problema

---

os polígonos. Em *De docta ignorantia* I 18 (PTS I 252 ss.), De Cusa compara a relação com a linha reta infinita, a linha reta finita e a linha reta curva em relação ao ser, à substância e aos acidentes, e cita Aristóteles (*De anima* 411a5): "O reto é a medida de si mesmo e do curvo" ("*Rectum est sui et obliqui mensura*"). Ver também *De venatione sapientiae*, XXVI, PTS I 118.

59   No original, "*in qua coincidit rectitudo cum circularitate*" (II, PTS III 656).
60   Em seu estudo do conceito grego de infinito, MONDOLFO, R., *L'infinito nel pensiero del Greci*, Firenze, Le Monnier, 1934, o autor nivela, de forma equivocada, essa diferença radical entre gregos e modernos. Certamente, algumas ideias tardias são antecipadas pelos gregos, mas isso não faz a transição suave e contínua.

matemático a que De Cusa dedicou todas as suas obras matemáticas[61]. Mas eu não lido com elas aqui. Eu devo me limitar à sua *filosofia* da matemática.

Em sua interpretação filosófica do problema da quadratura do círculo, De Cusa afirma, com insistência, que o círculo pode ser considerado um polígono com um número infinito de lados e ângulos. De acordo com essa concepção, o círculo é superior aos polígonos retilíneos porque, nele, o infinito é presente. A aplicação dessa interpretação à epistemologia é profunda: De Cusa compara a relação entre nosso conhecimento atual e Deus à relação entre polígonos finitos e o círculo:

> Portanto, o intelecto, que não é verdade, nunca apreende a verdade tão precisamente que não poderia ser apreendida de maneiras finitas mais precisamente, relacionando-se à verdade como o polígono se relaciona ao círculo, que é mais semelhante ao círculo quanto mais ângulos tiver inscritos em si. Todavia, nunca se torna igual, ainda que multiplique os ângulos ao infinito, enquanto não se resolver na identidade com o círculo[62].

Essa comparação é excelente, pois não se restringe a afirmar a diferença entre nossas opiniões e a verdade. A mera ideia de aproximação é, de fato, filosoficamente insatisfatória, uma vez que não explica como podemos saber que estamos nos aproximando da verdade se não tivermos conhecimento da verdade. Como é possível afirmar que estamos nos aproximando da verdade, e não recuando dela, se a verdade é completamente desconhecida a nós? A comparação de Nicolau de Cusa sugere uma ideia muito melhor e mais complexa. Nós não exaurimos a verdade — e nunca iremos fazê-lo —, mas já estamos na presença da verdade. Somos *viatores*, estamos no caminho da verdade, mas, no caminho para ela, já somos abraçados pela verdade, que, de algum modo, já está sempre presente[63].

---

61 Também em seus escritos filosóficos, De Cusa frequentemente menciona o problema — ver, por exemplo, *De coniecturis* II 2; *De possest*, PTS II 88, 316; e *De beryllo* XVII, PTS III 54. Até no caso desse interesse de Nicolau de Cusa, Lúlio é uma de suas maiores fontes: ver HOFMANN, J. E., *Die Quellen der cusanischen Mathematik I. Ramon Lulls Kreisquadratur*, Heidelberg, Winter, 1942.

62 "*Intellectus igitur, qui non est veritas, numquam veritatem adeo praecise comprehendit, quin per infinitum praecisius comprehendi possit, habens se ad veritatem sicut polygonia ad circulum, quae quanto inscripta plurium angulorum fuerit, tanto similior circulo. Numquam tamen efficitur aequalis, etiam si angulos usque in infinitum multiplicaverit, nisi in identitatem cum circulo se resolvat*" (*De docta ignorantia* I 3, PTS I 202).

63 Menos feliz é a aplicação, por Nicolau de Cusa, da relação entre polígono e as duas naturezas de Cristo (*De docta ignorantia* III 4, PTS I 448), pois ele identifica a natureza humana de Cristo com um polígono máximo. Então, não poderia haver diferença entre natureza humana e divina, de modo que De Cusa cai no risco de se tornar um monofisista. Ver a crí-

De outro lado, já vimos que o círculo, a despeito de sua excelência, é limitado na medida em que o grau de sua curvatura varia de acordo com a extensão de seu raio. De Cusa vê, claramente, que ambas as determinações são indiretamente proporcionais (*Complementum theologicum* III, PTS III 658) e levam a uma importante conclusão de que um círculo com um raio infinito teria um grau de curvatura igual a zero e, portanto, seria uma linha reta. No infinito, opostos coincidem: a linha reta é, ao mesmo tempo, um círculo fechado[64]. Essa ideia, repetida ao longo da obra de Nicolau de Cusa[65], é desenvolvida, primeiro, no livro I de *Sobre a douta ignorância*, cujas partes matemáticas antecipam tanto da matemática posterior quanto os últimos capítulos do livro II antecipam a cosmologia posterior. De Cusa declara, nesse volume, de maneira muito platônica e neoplatônica, que a matemática pode nos levar ao conhecimento de Deus. Complemente antiplatônica, todavia, é a noção de que figuras *infinitas* devem formar a base da teologia filosófica. De Cusa distingue entre três passos. Em primeiro lugar, devemos analisar figuras finitas, as relações e as qualidades que existem nelas. Em segundo lugar, devemos transferi-las para figuras infinitas e, por último, para o conceito de infinito simples que é absoluto — que é mesmo "ab-solvido" da determinação de ser uma figura (I 12, PTS I 232). Nós podemos ver que De Cusa nunca identifica Deus com uma figura infinita — ele parece, todavia, identificar Deus com o infinito quantitativo; não encontramos em De Cusa, como encontramos na *Ciência da lógica* de Hegel, uma distinção entre o infinito qualitativo e o infinito quantitativo.

Considerar Deus como infinito, é claro, é um pensamento especificamente cristão. Anselmo chamou Deus de "*maximum*", e isso também é a primeira qualificação de Deus que De Cusa usou em *De docta ignorantia* (I 4, PTS I 204). Entretanto, já no início, De Cusa diz que seu máximo é também o mínimo, o argumento seria que o mínimo é *maximamente* pequeno — isto é, ambos os extremos concordam em ser extremos[66]. Esse argumento não prova o que Nicolau de Cusa acredita ter provado; embora ambos os extremos tenham algo em comum, isso não significa que sejam idênticos. Não obstante, é fascinante ver como, com sua ideia, De Cusa transforma a teoria platônica dos princípios. De acordo com essa teoria, o princípio negativo era responsável pelo menor e pelo

---

tica bem executada por Jasper Hopkins em sua introdução à tradução inglesa: *Nicholas of Cusa, On Learned Ignorance*, Minneapolis, Banning, 1981, 1-43, especialmente 36 ss.

64   No menor círculo, há outra coincidência peculiar, uma vez que não há diferença entre o centro e a periferia (*De ludo globi* II, PTS III 296).

65   *Idiota de sapientia* I, II, *Complementum theologicum* II s., PTS III 444, 470 ss., 656 ss.

66   Em *De possest*, encontramos, em relação ao movimento, a ideia mais concreta de que um pião, se movendo com velocidade absoluta, pareceria em repouso, uma vez que nenhuma mudança seria percebida (PTS II 290 ss.).

maior; o Um permanecia no meio entre as duas manifestações da díade indeterminada. É claro, Platão não supunha que o atual infinito existia; a díade indeterminada era apenas indeterminada, e o princípio de um progresso era infinito, pois o fim não existia, de fato. De Cusa faz coincidirem os extremos do infinito atual, o máximo e o mínimo. Esse máximo, que, ao mesmo tempo, é o mínimo, é considerado a medida absoluta (*De docta ignorantia* I 16, PTS I 244); é, portanto, o verdadeiro Um. Mediado pela coincidência dos dois lados do princípio negativo, os princípios positivo e negativo também coincidem. É importante ver como os dois princípios coincidem por meio da postulação do infinito atual. Se imaginarmos o infinito atual, então, alcançaremos algo que não pode se tornar maior (ou menor), "pois apenas infinitude não pode ser nem maior nem menor"[67]. Tal infinito não pode mais seguir a regra do princípio negativo; torna-se, ele próprio, princípio positivo. "Pois o início da emanação e o fim do retorno coincidem na unidade absoluta, que é a infinitude absoluta."[68]

Um dos conhecimentos mais concretos de Nicolau de Cusa sobre a natureza do infinito matemático é a descoberta de que, no infinito, dois conjuntos podem ser equinumerosos, embora um seja um subconjunto próprio do outro. Das observações incidentais de Proclo até os *Paradoxien des Unendlichen* [*Paradoxos do infinito*], de Bernhard Bolzano (1851)[69], os filósofos têm se intrigado com esse fato incrível, que obteve sua solução sistemática por meio da teoria dos conjuntos de Georg Cantor, e, certamente, a obra de Nicolau de Cusa tem um lugar importante na história desse pensamento. Em sua obra fundamental, *Grundlagen einer allgemeinen Mannichfaltigkeitslehre* [*Fundamentos de uma doutrina geral da diversidade*], de 1883, o quinto ensaio de *Über unendliche, lineare Punktmannichfaltigkeiten* [*Sobre infinitas diversidades de pontos lineares*], em que Cantor lida tanto com os aspectos filosóficos quanto com os aspectos históricos de sua teoria matemática, ele explicitamente reconhece De Cusa como um percussor do seu conceito de infinito atual[70]. De fato, De Cusa afirma, com frequência,

---

67 "*Solum enim infinitas non potest esse maior nec minor*" (*Complementum theologicum* III, PTS III 658).

68 "*Principium enim ipsius fluxus et finis refluxus coincidunt in unitate absoluta, quae est infinitas absoluta*" (*De coniecturis* II 7, PTS II 118).

69 Ver BECKER, O., *Grundlagen der Mathematik in geschichtlicher Entwicklung*, Freiburg/München, Alber, 1954, 272 ss., que cita o comentário de Proclo a Euclides (sobre a definição I 17), e MAIER, *Die Vorläufer Galileis im 14. Jahrhundert*, 155 ss. (sobre pensadores medievais que lidam com a questão).

70 ZERMELO, E. (ed.), *Gesammelte Abhandlungen mathematischen und philosophischen Inhalts*, Berlin, Springer, 1932, 165-209, especialmente 205: "*Ebenso finde ich für meine Auffassungen Berührungspunkte in der Philosophie des* Nicolaus Cusanus (...) *Dasselbe bemerke ich in Beziehung auf Giordano Bruno, den Nachfolger des* Cusaners" ("Eu também acho pontos de contato com mi-

que uma linha composta de um número infinito de unidades é tão longa quanto uma linha que consiste em um número infinito de unidades duplas, "pois o infinito não é maior que o infinito"[71]. Outra antecipação da teoria posterior dos conjuntos é sua ideia, frequentemente repetida, de que toda parte do infinito é infinita (I 14, I 15, I 16, II 1, PTS I 236, 240, 246, 320). É claro, nem todo subconjunto de um conjunto infinito é infinito — mas, certamente, todo conjunto infinito tem um número infinito de subconjuntos infinitos que são, eles mesmos, infinitos. Não obstante, Nicolau de Cusa erra em supor que não pode haver diferenciação quantitativa no infinito[72] — R (o conjunto de números reais) é incontável e, portanto, não equinumérico com Q (o conjunto de números racionais), que é equinumérico com N. Mas a menor parte do contínuo é equinumérica com R, e R é equinumérico com R^3[73]. Com esses resultados em mente, pode-se, de fato, encontrar sentido na afirmação de Nicolau de Cusa de que a linha infinita é, também, um triângulo[74], um círculo e uma esfera (I 14 s., PTS I 236 ss.)[75], ainda que seu argumento seja apenas metafísico: na linha infinita, aquilo que na linha finita é apenas potencial deve se tornar atual. Incidentalmente, a teoria da identidade da linha infinita e do triângulo infinito também contém certos pensamentos que levarão à geometria projetiva como será desenvolvida no século XVII por Gérard Desargues.

A importância filosófica da teoria dos conjuntos consiste, certamente, no fato de que determinadas teorias que são inconsistentes para conjuntos finitos se tornam necessárias para conjuntos infinitos — "você vê que o que é impossível para *quanta* se torna, em todos os aspectos, necessário no que não é um *quantum*"[76]. Parece contraditório supor que um conjunto pode ser equinumé-

---

nhas concepções nessa filosofia de *Nicolau de Cusa* [...] observo o mesmo em relação a *Giordano Bruno*, sucessor de Nicolau de Cusa" [grifos do autor]).

71 No original, "*cum infinitum non sit maius infinito*" (I 16; ver II 1, PTS I 246, 320)

72 I 14: "não pode haver uma pluralidade de infinitos" ("*plura infinita esse non possunt*"), II 1, *Complementum theologicum* III, PTS I 236, 320, III 660.

73 Uma boa introdução à teoria dos conjuntos é ENDERTON, H. B., *Elements of Set Theory*, New York, Academic Press, 1977.

74 De Cusa fala de um triângulo com três ângulos retos (I 12, PTS I 232): ele tem triângulos esféricos em mente? Menelau já havia sido traduzido no século XII por Gerhard de Cremona, e não muito tempo após *De docta ignorantia*, Regiomontano, seguindo as sugestões de Georg von Peurbach, dá uma exposição independente da trigonometria plana e esférica em *De triangulis omnimodis* [*Sobre os triângulos de todos os tipos*] (1462-1464).

75 Em I 19, PTS I 258, essas determinações geométricas são conectadas com categorias ontológicas. A linha com a essência, o triângulo com a Trindade, o círculo com a unidade, e a esfera com a existência atual.

76 "*In quibus* [*non-quantis*] *quod in quantis est impossibile, vides per omnia necessarium*" (*De docta ignorantia* I 14, PTS I 238). *Quanta*, para De Cusa, são necessariamente finitos, pois ele não acredita no infinito atual matemático.

rico com um subconjunto adequado, e, ainda assim, essa suposição faz sentido no que se refere a conjuntos infinitos. A "lógica" dos conjuntos infinitos difere da lógica de conjuntos finitos[77]; isso tem consequências profundas para uma teoria filosófica do absoluto, pois, se axiomas diferentes são válidos para o infinito quantitativo, para qualidades finitas, é apropriado acreditar que isso seja verdade em um grau ainda maior para o próprio absoluto. Embora eu esteja longe de pensar que a teoria de Nicolau de Cusa sobre Deus é insuperável[78], eu compartilho de sua crença de que, para uma teoria filosófica do absoluto, é necessário haver uma lógica que transcenda as pressuposições ontológicas da lógica aristotélica, pois a *ratio* deve ser superada pelo *intellectus*[79]. É plausível que essa crença, que torna De Cusa um percussor de Hegel e de diferentes teorias que podem ser chamadas dialéticas, foi mediada por seus estudos matemáticos. É a matemática do infinito que forma o pano de fundo da história do misticismo dialético e filosófico[80].

---

77 Incidentalmente, esse foi o argumento principal de Cantor contra a negação tradicional do infinito atual: ver Über die verschiedenen Standpunkte in bezug auf das aktuelle Unendliche, in: *Gesammelte Abhandlungen*, 370-377, especialmente 371 s.: "*Alle sogenannten Beweise wider die Möglichkeit aktual unendlicher Zahlen sind, wie in jeden Falle besonders gezeigt und auch aus allgemeinen Gründen geschlossen werden kann, der Hauptsache nach dadurch fehlerhaft, and darin liegt ihr proton pseudos, daß sie von vornherein den in Frage stehenden Zahlen alle Eigenschaften der endlichen Zahlen zumuten oder vielmehr aufdrängen*" ("Todas as chamadas provas contra a possibilidade de números infinitos atuais são, como pode ser mostrado em cada caso individual e como pode ser concluído, também, com base em fundamentos gerais, falhas, principalmente porque, desde o início, elas atribuem ou mesmo impõem aos números em questão todas as propriedades de números finitos; nisso consiste sua primeira mentira").

78 A primeira questão diz respeito à inaceitável identificação que De Cusa faz entre o absoluto e o infinito quantitativo, dois conceitos que Cantor corretamente sempre distinguiu (ver *Über die verschiedenen Standpunkte*, 375, e o excelente livro de DAUBEN, J. W., *Georg Cantor: His Mathematics and Philosophy of the Infinite*, Cambridge, MA/London, Harvard University Press, 1979, 120-148: "Cantor's Philosophy of the Infinite"). Em relação à *segunda* questão, da validade do princípio da não contradição, ver HÖSLE, V., *Hegels System*, I 156 ss. De Cusa acha que o princípio é válido apenas para a *ratio*, não para o *intellectus*. Então, a meus olhos, há uma forma do princípio de não contradição, a saber, que afirma que teorias autocontraditórias devem ser falsas — o que é absolutamente válido, pois sua negação descartaria a possibilidade de uma crítica imanente (De Cusa, de fato, reconhece que, sem ela, provas apagógicas não seriam possíveis: *De coniecturis* II 2, PTS II 88). Mas isso não acarreta, necessariamente, que proposições sobre a estrutura "A & não-A" (ver, por ex., *De docta ignorantia* I 19, PTS I 260) são sempre falsas e ainda menos que as teorias que contradizem axiomas válidos para o finito, e para o finito apenas, são inconsistentes.

79 A completa incapacidade de entender essa questão demonstra fraqueza intelectual da *De ignota litteratura*, de John Wenck — já disponível em uma nova edição e tradução por HOPKINS, J., *Nicholas of Cusa's Debate with John Wenck*, Minneapolis, Banning Press, 1984.

80 Ver MAHNKE, D., *Unendliche Sphäre and Allmittelpunkt: Beiträge zur Genealogie der mathematischen Mystik*, Halle, Niemeyer, 1937, 76 ss. e *passim*.

A teoria do infinito matemático de Nicolau de Cusa é ainda mais memorável, uma vez que compreendemos que ele está convencido de que o infinito atual *não existe*[81]. Isso pode ser uma surpresa após o que eu disse, mas não pode haver muita dúvida: De Cusa fala apenas do condicional contrafactual do infinito atual, e diz reiteradamente que ele não existe. "Não se chega a um número maior do que aquele do qual nenhum pode ser maior, pois ele seria infinito."[82] "Não pode haver um infinito ou, simplesmente, quantidade máxima."[83] Mas, então, por que ele elabora uma teoria de algo que não existe?

A resposta, eu acho, é clara a todos que são familiares com a história da matemática e especialmente com as categorias desenvolvidas por um dos mais brilhantes historiadores da matemática, Imre Tóth, para a compreensão dessa história. De acordo com Tóth, na história da matemática, frequentemente ocorre que certas teorias são desenvolvidas, a princípio, com a consciência explícita de que estão erradas[84]. Elas são experimentos intelectuais hipotéticos que têm a seguinte estrutura: se essas entidades fictícias ou imaginárias existissem — o que certamente não é o caso — o que ocorreria? Apenas em um passo posterior sua existência é reconhecida, em um ato criativo que postula a exis-

---

[81] Portanto, Ludwig von Bertalanffy — uma mente, em alguns aspectos, congênita à de Nicolau de Cusa — exagera quando declara que "*Cusanus war der erste Mensch, dem sich der Gedanke der Unendlichkeit eröffnete*" ("De Cusa foi o primeiro homem a quem a ideia de infinito se apresentou"); BERTALANFFY, L. von, *Nikolaus von Kues*, München, Müller, 1928, 15). É ao menos necessário interpretar o "apresentar-se" como uma ideia considerada sem ser aceita. Sobre o conceito de infinito em De Cusa, ver LORENZ, S., *Das Unendliche bei Nicolaus von Cues*, Fulda, Fuldaer Actiendruckerei, 1926.

[82] "*Non devenitur tamen ad maximum, quo maior esse non possit, quoniam hic foret infinitus*" (I 5, PTS 208).

[83] "*Non posse esse quantitatem infinitam seu maximam simpliciter*" (*Complementum theologicum* XII, PTS III 694). Segue disso que De Cusa não pode ter acreditado que o mundo físico é, atualmente, infinito — e, ainda menos, que há mundos infinitos: na passagem "se houvesse mundos infinitos" ("*etsi essent infiniti mundi*", *De quaerendo deum* [*On Seeking God*], PTS II 600), o condicional é contrafactual. Sua crítica à cosmologia medieval continua sendo revolucionária, mesmo que não atribuamos a ele teorias que são de Bruno, e não dele. Ele só quer dizer que o mundo não poderia ser maior — mas apenas porque não pode ser infinito; ele compartilha a crença intuicionista de que a negação da finitude do mundo não acarreta que o mundo seja, de fato, infinito. Ver especialmente *De docta ignorantia* II 1, PTS I 320: "e de acordo com essa consideração, [o universo] não é nem finito nem infinito" ("*et hac consideratione* [*universum*] *nec finitum nec infinitum est*"). Sua atitude em relação ao tempo é similar. Embora ele não acredite que uma quantidade finita de tempo tenha se passado desde a criação (e embora, em relação a esse ponto, ele abertamente contradiga o *Gênesis*), ele distingue, é claro, a eternidade de Deus da eternidade do mundo (*De genesi*, PTS II 404 ss.; *De ludo globi* PTS III 314 ss.; Sermon 4, *Cusanus-Texte I, Predigten, 2/5: Vier Predigten im Geiste Eckharts*, ed. Josef Koch, Heidelberg, Winter, 1937).

[84] Ver, especialmente, TÓTH, I., *Die nicht-euklidische Geometrie in der Phänomenologie des Geistes*, Frankfurt, Heiderhoff, 1972.

tência de algo cuja essência já era conhecida. A instanciação clássica dessa estrutura é algo a ser encontrado no desenvolvimento das geometrias não euclidianas, que foram antecipadas pelo que Tóth chama de geometrias antieuclidianas — por exemplo, na *Euclides ab omni naevo vindicatus* de Girolamo Saccheri (1667-1733), que contém os teoremas centrais da geometria hiperbólica, mas no contexto de uma pretendida prova indireta da geometria euclidiana. Adotando esse uso, podemos dizer que Nicolau de Cusa é antifinitista; ele engloba teorias memoráveis sobre o infinito atual, mas ainda não acredita em sua existência[85].

Nós acabamos de falar dos atos criativos que postulam a existência de determinadas entidades matemáticas. É claro, essa expressão pareceria incompreensível a todos os matemáticos e filósofos gregos da matemática, pois, na Grécia, poucas suposições foram tão inquestionáveis quanto a crença de que objetos matemáticos preexistem à mente humana. Quando Euclides esboça uma construção, ele usa o imperativo *perfeito passivo* (ver, por exemplo, *Elementos* I, 1): isso claramente mostra que ele acha que a construção vem sendo feita sempre em um mundo atemporal ideal. Arquimedes compartilha sua convicção de que os matemáticos descobrem, em vez de inventar, as entidades matemáticas com que eles lidam[86]. Uma parte considerável da filosofia moderna da matemática, de outro lado, pressupõe uma ontologia muito diferente: Thomas Hobbes, Giambattista Vico[87] e Immanuel Kant consideram a matemática uma criação e construção da mente humana, e acham que reivindicações de verdade *a priori* da matemática só podem ser fundamentadas em sua interpretação. O principal problema dessa posição é que não pode garantir a validade ontológica da matemática. Ela deixa a aplicação da matemática ao mundo empírico sem explicação. Kant infere as consequências lógicas dessa posição quando declara que nossa intuição matematicamente estruturada é meramente subjetiva e não pode apreender a essência objetiva do mundo, isto é, das chamadas coisas em si. Ora, não há dúvida de que Nicolau de Cusa é um dos primeiros filósofos, se não o primeiro filósofo da matemática, a desenvolver tal abordagem "criacionista". É também claro, todavia, que De Cusa não questiona a reivindicação ontológica da matemática: ele acredita que o mundo — e não só nossa imagem do mundo — é estruturado matematicamente. Essas duas crenças de Nicolau de Cusa são compatíveis? Se sim, por quê?

---

85   Nos *Grundlagen*, Cantor mostra muito bem que, em Leibniz, ainda não há aceitação clara do infinito atual, mas que há tanto afirmações quanto negações dele (179 s.).

86   Ver a carta a Dositheus no início de *On the Sphere and Cylinder*.

87   Vico fala de "*verum factum*" — verdade é o que fazemos. Sobre a pré-história desse princípio, que parece se iniciar com De Cusa, ver MONDOLFO, R., *Il "verum-factum" prima di Vico*, Napoli, Guida, 1969.

Para iniciar com as passagens "criacionistas", De Cusa compartilha da crença humanista de que o ser humano é um deus humano (*De coniecturis* II 14, PTS II 158). Uma vez que uma das principais determinações de Deus, na tradição judaico-cristã, é seu poder criativo, essa reivindicação implica que o ser humano participa do poder criativo de Deus. O ser humano pode criar um novo mundo, o mundo de artefatos, que desempenha um papel muito importante na filosofia de Nicolau de Cusa. É sintomático que De Cusa favoreça a criação de coisas novas, como colheres, em detrimento da imitação de coisas já existentes na natureza.

> A colher não tem outro modelo fora da ideia em nossa mente, pois mesmo se o escultor ou o pintor obtém seus modelos de objetos que busca representar, isso não é verdadeiro em relação a mim, que faço colheres a partir da madeira e tigelas e vasos a partir da argila. Ao fazê-lo, eu não imito a figura de nenhuma coisa natural, pois tais formas de colheres, tigelas ou potes só são produzidas pela arte humana. Portanto, minha arte é, antes, algo que aperfeiçoa em vez de ser algo que imita as figuras criadas e, portanto, é mais similar à arte infinita[88].

No entanto os artefatos pressupõem a existência da matéria, que o próprio homem não pode criar, enquanto Deus "não obtém a possibilidade das coisas de algo que ele não criou"[89]. Essa limitação da criatividade humana é transcendida, todavia, na produção do mundo puramente intelectual de conjecturas e de conceitos. Na criação da lógica, não há matéria dada; a mente precede até mesmo a "possibilidade de vir a ser" (*posse fieri*) dessa arte (*De venatione sapientiae* [*Sobre a perseguição à sabedoria*] IV, PTS I 16 ss.). Algo semelhante também pode ser dito em relação à matemática: De Cusa compara os *Elementos* de Euclides à criação de Deus (*De beryllo* XXVII, PTS III 86). A esse respeito, Nicolau de Cusa critica explicitamente Platão e os pitagóricos, que supunham que a mente matemática imita algo fora dela. "Pois se ele [Platão] o considerou, ele certamente teria descoberto que a mente que cria os objetos matemáticos tem o que pertence à sua função em verdade maior em si mesma do que se estivesse fora."[90] Especialmente no *Idiota de mente*, ele desenvolve

---

88 "*Coclear extra mentis nostrae ideam aliud non habet exemplar. Nam etsi statuarius aut pictor trahat exemplaria a rebus, quas figurare satagit, non tamen ego, qui ex lignis coclearia et scutellas et ollas ex luto educo. Non enim in hoc imitor figuram cuiuscumque rei naturalis. Tales enim formae cocleares, scutellares et ollares sola humana arte perficiuntur. Unde ars mea est magis perfectoria quam imitatoria figurarum creatarum, et in hoc infinitae arti similior*" (*Idiota de mente* II, PTS III 492).

89 No original, "*non colligat ex aliquo quod non creavit possibilitatem rerum*" (*Degenesi*, PTS II 414).

90 "*Nam si considerasset hoc [Plato], repperisset utique mentem nostram, quae mathematicalia fabricat, ea, quae sui sunt officii, verius apud se habere quam sint extra ipsam*" (*De beryllo* XXXII, PTS III 66).

a ideia de que números, pontos, linhas, superfícies e corpos são criações da mente humana (III, VI, IX, PTS III 500 ss., 522, 554; ver também *De venatione sapientiae* XXVII e *Sobre a douta ignorância* I 5 PTS I 128, 210). Entidades matemáticas não existem na própria esfera do ser, como é o caso em Platão, onde elas se situam entre Deus e a natureza. Tampouco estão na mente humana, onde subsistem como em sua forma, ou nas coisas externas em si (*Idiota de mente* VI, VII, XV; *Complementum theologicum* II, PTS 530, 538, 602, 652). Uma vez que entidades matemáticas são produzidas por nossa mente, animais não podem contar (*Sobre a douta ignorância* II 3, PTS I 332; *De coniecturis* I 4, PTS II 8; *Idiota de sapientia* I, PTS III 424). Isso também corresponde à nossa habilidade de ter conhecimento completo delas — a famosa teoria do *verumfactum* de Vico já está presente em Nicolau de Cusa. Enquanto apenas Deus pode saber exatamente a natureza que criou, a matemática, criação do ser humano, é acessível a este:

> Pois, na matemática, entidades que procedem de nossa razão e que experienciamos como se estivessem em nós como em seu princípio são conhecidas por nós precisamente como nossas próprias entidades, ou como entidades da razão, a saber: com a precisão racional da qual elas partem. De forma semelhante, coisas reais são conhecidas com a precisão divina exata da qual elas procedem ao ser. E essas entidades matemáticas não são nem substâncias nem qualidades, mas um tipo de conceito produzido por nossa razão, sem a qual não pode proceder a seu próprio trabalho, isto é, construir, medir etc. Mas as obras divinas que precedem do intelecto divino permanecem desconhecidas a nós em seu ser preciso. E, se sabemos algo sobre elas, conjecturamos isso por meio da assimilação de uma figura à forma[91].

Não obstante, há importantes diferenças entre a teoria de Nicolau de Cusa e as filosofias da matemática construtivistas posteriores. Em primeiro lugar, é óbvio que Nicolau de Cusa não tem um claro conceito de conhecimento *a priori*; às vezes, ele sugere que todo conhecimento humano parte da reflexão da mente sobre si mesma[92]. Ora, pode-se dizer, certamente, que há também

---

[91] "*Nam in mathematicis, quae ex nostra ratione procedunt et in nobis experimur inesse sicut in suo principio, per nos ut nostra seu rationis entia sciuntur praecise scilicet praecisione tali rationali a qua prodeunt. Sicut realia sciuntur praecisa praecisione divina, a qua in esse procedunt. Et non sunt illa mathematicalia neque quid neque quale, sed notionalia a ratione nostra elicita sine quibus non possit in suum opus procedere scilicet aedificare, mensurare, et cetera. Sed opera divina, quae ex divino intellectu procedunt, manent nobis uti sunt praecise incognita. Et si quid cognoscimus de illis per assimilationem figurae ad formam coniecturamur*" (*De possest*, PTS II 318).

[92] Ver *Complementum theologicum* II, PTS III 652: "O que quer que a mente veja, ela vê em si mesma" ("*Quaecumque igitur mens intuetur in se intuetur*"). É enganadora, no *Compendium* VIII,

momentos criativos na formação de teorias empíricas, mas, se a palavra "criativo" é usada em um sentido mais amplo, a diferença específica entre conhecimento empírico e conhecimento matemático é apagada. Em segundo lugar, em Nicolau de Cusa, há passagens afirmando que entidades matemáticas não são exclusivamente subjetivas, mas procedem da mente divina. Essas afirmações buscam explicar por que a matemática é aplicável à realidade. O leigo responde à questão do filósofo se a pluralidade (que pressupõe o número)[93] existe sem a consideração de nossa mente:

> Ela existe, mas graças à mente divina. Portanto, como, no que diz respeito a Deus, a pluralidade das coisas é emitida pela mente divina, então, no que diz respeito a nós, a pluralidade das coisas é emitida por nossa mente, pois apenas a mente conta; sem a mente, não há número discreto[94].

A pluralidade é, nessa perspectiva, uma categoria da mente, mas, como no platonismo tradicional, é uma categoria da mente divina: "Portanto, se você considera de forma perspicaz, você descobrirá que a pluralidade das coisas é apenas um modo de conhecimento da mente divina"[95]. Devemos distinguir entre o número criado pela mente divina e o número criado pela mente finita — este é o número propriamente matemático, a imagem do número divino (PTS III 522; *Complementum theologicum* X, PTS III, 686). Apenas a mente divina, é-nos dito, cria o ser; nossa mente é assimilativa e só cria conceitos (*De ludo globi* II, *Idiota de mente* VII, PTS III 322, 534).

Com essa afirmação, a originalidade da filosofia da matemática de Nicolau de Cusa parece desaparecer, pois Platão teria afirmado, também, que nossa mente cria *imagens* das entidades matemáticas preexistentes, embora não as próprias entidades. Eu acho que, embora as afirmações de Nicolau de

---

PTS II 708, a comparação da relação entre Deus, o criador e o mundo a uma relação entre um cosmógrafo e seu mapa, pois a segunda atividade, certamente, é *a posteriori*. De Cusa alude à diferença com a palavra *anterioriter*: "Mas [Deus] é o artesão e a causa de tudo, e o cosmógrafo acredita que ele se relaciona com o todo do mundo de forma antecedente, como ele mesmo faz com o mapa" ("*Sed omnium [Deus] est artifex et causa, quem cogitat sic se habere ad universum mundum anterioriter, sicut ipse ut cosmographus ad mappam*").

93 Em *De ludo globi* II, PTS III 308, todavia, De Cusa diz que Deus não precisa (como os humanos precisam) do número para distinguir as diferenças.

94 "*Est, sed a mente aeterna. Unde sicut quoad Deum rerum pluralitas est a mente divina, ita quoad nos rerum pluralitas est a nostra mente. Nam sola mens numerat; sublata mente numerus discretus non est*" (*Idiota de mente* VI, PTS III 526).

95 "*Unde si acute respicis, reperies pluralitatem rerum non esse nisi modum intelligendi divinae mentis*" (PTS III 528).

Cusa sejam, de certo modo, irresolutas, a melhor interpretação é a que tem êxito em evitar atribuir a Nicolau de Cusa ou o essencialismo platônico tradicional ou variantes modernas de construtivismo. Mas há um caminho do meio? Eu acho que sim, e estou convencido de que é exatamente esse caminho do meio a solução a que De Cusa estava almejando, e que merece ser levada a sério também por filósofos hoje. Nossos conceitos não podem ser explicados como reflexo passivo da realidade; eles são construções. Mas, nessas construções, se eles são feitos de forma inteligente, nós apreendemos a essência da realidade, pois a própria realidade é criação de uma mente divina.

Iniciamos comparando Nicolau de Cusa com Kant. Se Nicolau de Cusa sustenta que entidades matemáticas são criadas pela mente humana, é claro que, no quadro de sua metafísica, a criatividade da mente humana é, ela mesma, algo criado. Na mente humana, a mente divina cria a si mesma, em certo sentido: "Logo, a mente é criada pela arte criativa, como se essa arte quisesse criar a si mesma"[96]. A teoria de Kant, por outro lado, não é fundada em tais suposições — a unidade da autoconsciência não é mais derivada de uma unidade divina. Para Nicolau de Cusa, todavia, claramente o é; embora, em *Idiota de mente*, a mente humana não seja mais considerada um desdobramento de Deus, ela ainda é uma imagem do desdobramento divino (III s., PTS III 500 ss.). Disso segue que a estrutura da mente é fundada em Deus — ela consiste da unidade de duas categorias fundamentais de unidade e alteridade, ou identidade e diferença: "Pois a mente consistir do idêntico e do diferente significa que consiste de unidade e de alteridade, da mesma maneira em que o número é composto do idêntico no que diz respeito ao trato comum e ao diferente no que tange aos fatores singulares"[97]. Ora, a passagem citada nos diz que a mente é a unidade dos mesmos dois princípios que, de acordo com Platão, constituem entidades matemáticas. É claro, não é satisfatório insistir em similaridades entre número e alma se não nos é dito, ao mesmo tempo, que diferenças categóricas são responsáveis pelo fato de que entidades matemáticas e a alma não são a mesma — e Nicolau de Cusa, como a maioria dos neoplatônicos, falha em fazer[98]. Mas essa teoria mostra muito bem como o platonismo e

---

96 "*Unde mens est creata ab arte creatrice, quasi ars illa se ipsam creare vellet*" (*Idiota de mente* XIII, PTS III 592).

97 "*Nam mentem esse ex eodem et diverso est eam esse ex unitate et alteritate eo modo, quo numerus compositus est ex eodem quantum ad commune, et diverso quantum ad singularia*" (VII, PTS III 532; see *De ludo globi* I, PTS III 248).

98 Embora o criacionismo, em sua forma cusana e, consequentemente, mais moderna, seja alheio ao platonismo, a ideia de que há correspondências ontológicas entre entidades matemáticas e a alma pode ser encontrada no próprio Platão e em vários neoplatônicos. Ver GAISER, K., *Platons ungeschiebene Lehre*, 95 ss., e MERLAN, *From Platonism*, 11 ss.

o construtivismo são compatíveis: a mente humana cria o mundo de entidades matemáticas independentemente de tudo exterior a ela mesma, incluindo um possível mundo de ideias preexistentes. Ao fazê-lo, reflete apenas em si mesma e desdobra as estruturas que encontra em si mesma. Essas estruturas, no entanto, são criadas por Deus, e são criadas de acordo com os mesmos princípios que constituem a base da criação dos números divinos e do mundo natural por Deus, em que essas estruturas matemáticas são realizadas — embora elas sejam realizadas de um modo em que falta a precisão que pode ser encontrada na mente (divina ou humana). Entre a criação humana e divina das entidades matemáticas, portanto, há uma harmonia preestabelecida. Nicolau de Cusa pode, portanto, passar do essencialismo ao construtivismo e do construtivismo ao essencialismo sem se contradizer[99].

Nicolau de Cusa também está justificado em acreditar que a ciência *a priori* da matemática se aplica à natureza, pois Deus utilizou as quatro ciências matemáticas ao criar o mundo: "Deus usou aritmética, geometria e, ao mesmo

---

[99] Ver JASPERS, K., *Nikolaus Cusanus*, München, Piper, 1964, 81: "*Eine forschend aufgefundene, an sich bestehende, ideale Gegenstandswelt des Mathematischen und eine vom Geist konstruktiv hervorgebrachte sind Aspekte derselben Sache. Was wir hervorbringen, ist zugleich gefunden*" ("Um mundo de objetos matemáticos e ideias subsistindo em si e encontrado por pesquisa e um mundo produzido construtivamente pela mente são aspectos da mesma coisa. O que produzimos, ao mesmo tempo, encontramos"). Mais claro é BREIDERT, W., Mathematik und symbolische Erkenntnis bei Nikolaus von Kues, *Mitteilungen und Forschungsbeiträge der Cusanus-Gesellschaft*, v. 12 (1977) 116-126, 125: "*Indem der menschliche Geist die mathematicalia erschafft, expliziert er nur das ursprünglich in ihm Eingefaltete. Dabei ahmt er, getreu dem Imitationsprinzip, Gott bei seiner Schöpfertätigkeit nach*" ("Ao criar as *mathematicalia*, a mente humana desdobra apenas o que foi originalmente envolto nela. Ao fazê-lo, segue Deus em sua atividade criativa, fiel ao princípio da imitação"). Uma estrutura similar deve ser encontrada na fascinante teoria axiológica de Nicolau de Cusa, que ele desenvolve ao fim de *De ludo globi*, livro II. É claro, é Deus que determina o valor das coisas, mas esse valor deve ser reconhecido apenas por um espírito finito, e o valor desse espírito finito, sem o qual a criação não seria apreciada, só é inferior ao valor do próprio Deus: "Se você considera profundamente, o valor do ser intelectual é o maior após o valor de Deus, pois o valor de Deus e o de todas as coisas está no poder do ser intelectual, de forma conceitual e discreta. E, mesmo que não seja o intelecto que garanta ser ao valor, ainda sem intelecto, nem mesmo a existência do valor pode ser apreendida. Pois sem intelecto não se pode saber se há valor" ("*Dum profunde consideras intellectualis naturae valor post valorem Dei supremus est. Nam in eius virtute est Dei et omnium valor notionaliter et discretive. Et quamvis intellectus non det esse valori, tamen sine intellectu valor discerni etiam nisi quia est non potest. Semoto enim intellectu non potest sciri an sit valor*", PTS III 346). Por mais sutil que seja a teoria de Nicolau de Cusa sobre a relação entre mente humana e mente divina, deve ser reconhecido que De Cusa não responde à questão (nem mesmo o afeta como um problema) de como o *liberum arbitrium* humano — no qual ele acredita — é compatível com um mundo que ele às vezes parece considerar, como Leibniz, o melhor possível (embora ele pense que a liberdade de Deus acarrete que ele possa ter criado um mundo melhor).

tempo, música e astronomia na criação do mundo, artes que também usamos ao investigar as proporções das coisas, dos elementos e movimentos"[100]. Ao mesmo tempo, Nicolau de Cusa está convencido de que a natureza do sensível não permite uma reprodução perfeita de entidades matemáticas:

> E se os pitagóricos, e quem mais for, tivessem considerado isso, eles teriam claramente reconhecido que os objetos matemáticos e os números que procedem de nossa mente são da maneira que os concebemos, não são substâncias dos princípios das coisas sensíveis, mas apenas de seres nocionais, cujos criadores somos nós[101].

Foi dito, de modo paradoxal mas correto, que essa renúncia à precisão foi uma das razões pelas quais Nicolau de Cusa pôde desenvolver o programa de uma ciência quantitativa (especialmente no *Idiota de staticis experimentis* [*O leigo em experimentos usados com balanças*]). No século XIV, como foi frequentemente o caso, o melhor era o inimigo do bom, e o ideal de exatidão sufocou tentativas de desenvolver uma ciência exata. Dentro da estrutura da ontologia de Nicolau de Cusa, ao contrário, era impossível atingir exatidão absoluta. Isso permitiu que ele se contentasse com menos e iniciasse a medida do mundo em que vivemos[102].

---

[100] "*Est autem Deus arithmetica, geometria atque musica simul et astronomia usus in mundi creatione, quibus artibus etiam et nos utimur, dum proportiones rerum et elementorum atque motuum investigamus*" (*De docta ignorantia* II 13, PTS I 410).

[101] "*Et si sic considerassent Pythagorici et quicumque alii, clare vidissent mathematicalia et numeros, qui ex nostra mente procedunt et sunt modo, quo nos concipimus, non esse substantias aut principia rerum sensibilium, sed tantum entium rationis, quarum nos sumus conditores*" (*De beryllo* XXXII, PTSIII 68).

[102] Ver MAIUER, *Studien zur Naturphilosophie der Spätscholastik*, vol. 4: *Metaphysische Hintergründe der spätscholastischen Naturphilosophie*, 1955, 402: "*Hier liegt in der Tat die ausschlaggebende Schwierigkeit: eine mathematische Genauigkeit erschien unsern Philosophen von vornherein als unerreichbar, und sie haben darum grundsätzlich auf jedes Messen verzichtet. Ein Rechnen mit ungefähren Maßen, d.h. mit Näherungswerten, mit Fehlergrenzen und vernachlässigbaren Größen, wie es der späteren Physik selbstverständlich wurde, wäre den scholastischen Philosophen als ein schwerer Verstoß gegen die Würde der Wissenschaft erschienen. So sind sie an der Schwelle einer eigentlichen, messenden Physik stehengeblieben, ohne sie zu überschreiten — letzten Endes, weil sie sich nicht zu dem Verzicht auf Exaktheit entschließen konnten, der allein eine exakte Naturwissenschaft möglich macht*" ("Nisso, de fato, consiste a dificuldade decisiva: precisão matemática era considerada inatingível desde o início por nossos filósofos e, portanto, por motivos de princípio, eles evitavam toda medida. Calcular com medidas e valores aproximados, com margens de nosso erro e magnitudes insignificantes, como se tornou natural para a física posterior, pareceria, aos filósofos escolásticos, uma séria violação da dignidade da ciência. Portanto, eles ficaram no limiar de uma física adequada, com medidas — em última instância, porque eles decidiram renunciar à precisão, renúncia que, por si, torna a ciência exata possível"). Essa renúncia é o mérito de Nicolau de Cusa. Segundo a visão de ZIMMERMANN, A., 'Belehrte Unwissenheit' als Ziel der Naturforschung, in: JACOBI, K., *Nikolaus von Kues*, Freiburg/München, Alber, 1979, 121-137, 124 ss.).

Nicolau de Cusa é, portanto, um dos pais não só da matemática moderna, mas também da ciência moderna, que desmantelou a unidade do mundo medieval. Nós vimos que esses momentos modernos em seu pensamento se ligam estreitamente aos conceitos fundamentais do platonismo em suas diversas formas. Em sua filosofia da matemática, isso levou a tensões, que tentei expor. De outro lado, vale considerar se o fato de, em Nicolau de Cusa — e ainda na obra de Johannes Kepler —, a ciência ainda não ter se tornado autônoma, mas funcionar dentro de um programa filosófico, não é a razão *da* grandeza de Nicolau de Cusa[103]. Embora sua síntese não possa ser válida para nosso tempo, estou convencido de que uma síntese entre filosofia, ciência e religião seja uma necessidade central para nossa cultura, e que qualquer um que esteja tentando trabalhar em prol de tal objetivo terá muito o que aprender com Nicolau de Cusa.

---

103   Isso é verdade se reconhecermos que muitas das limitações inerentes ao trabalho científico e matemático de Nicolau de Cusa é imputável a seus interesses universais: "*Als genialer Kopf mit dem Stempel des Erfinders ausgezeichnet war aber nur Einer, nur Cusanus, und für die Mängel seiner Erfindungen ist vielleicht verantwortlich, daß er nicht ausschließlicher Mann der Wissenschaft, in erster Linie Mathematiker, sein durfte*" ("Um gênio com a marca do inventor, só houve um [entre 1400 e 1450], a saber, apenas um De Cusa, e talvez uma causa das falhas em suas invenções seja o fato de que ele não podia ser exclusivamente um cientista, mas primariamente um matemático", CANTOR, M., *Vorlesungen über Geschichte der Mathematik*, II 194).

CAPÍTULO 12

Abraão pode ser salvo?
E Kierkegaard pode ser salvo?

Uma discussão hegeliana
de Temor e tremor

Neste capítulo, eu tento responder a duas questoes que parecem estar em tensão uma com a outra. Primeiro, *"Abraão pode ser salvo?"*. Essa questão é lançada por Søren Kierkegaard com uma intensidade excitante e, na medida em que eu a considero de novo, ao menos reconheço que a pergunta deve ser feita, e que Kierkegaard demonstra sua grandeza em fazê-la. Por outro lado, minha segunda questão — *"Kierkegaard pode ser salvo?"* — pressupõe que a filosofia de Kierkegaard não é menos problemática que o comportamento de Abraão. A tensão entre as duas questões só pode ser tolerada na medida em que se admite, *junto a* Kierkegaard, que a filosofia deve refletir sobre Abraão — aliás, que não pode ignorar as dificuldades que ele impõe — e, caso se acredite, ao mesmo tempo, ir *contra* Kierkegaard, pois sua própria resposta não é apenas falsa, mas também inteiramente inaceitável, apresentando ela mesma uma nova questão: como poderia um filósofo do mérito de Kierkegaard ter oferecido tal resposta, absurda em teoria e perigosa na prática?

A esperança de encontrar sentido tanto no ato de Abraão quanto no pensamento de Kierkegaard é tão mais importante quanto mais se esteja convencido de que o mundo, especialmente o mundo histórico, não prescinde de uma racionalidade inerente — isto é, quanto mais simpatia se tem pela noção de um sistema de Georg Wilhelm Friedrich Hegel. Sabe-se que a filosofia pós-hegeliana é um forte argumento contra Hegel. Isso é evidente não só quando se analisam os argumentos filosóficos concretos que encontramos em escritores como Ludwig Feuerbach, Søren Kierkegaard e Karl Marx e os reconhecem (algo que, em meu ponto de vista, é bem mais difícil do que pensamos hoje; pois os críticos de Hegel raramente argumentam no nível dele); o simples fato de que tanto a história política quanto a história filosófica continuam após Hegel pode, por si, ser visto como um argumento contra ele — ao menos, se nenhuma lógica puder ser encontrada em desenvolvimentos posteriores. Qualquer um que tente levar as ideias centrais de Hegel a sério, portanto, deve evitar adotar uma atitude puramente negativa em relação aos críticos de Hegel. Pode-se indicar um leve paradoxo (e, como Kierkegaard amava paradoxos, ele não protestaria): se Hegel estivesse plenamente justificado, apesar de seus críticos, ele não estaria certo; pois, nesse caso, a história que o seguiu teria feito pouco sentido. Apenas ao reconhecer que a filosofia pós-hegeliana estava ciente de muitos problemas que Hegel ainda não poderia acomodar em seu sistema, teremos a possibilidade de defender a base de seu idealismo objetivo[1].

Eu tento encontrar tanto uma razão objetiva quanto uma subjetiva para me concentrar especificamente em Kierkegaard entre todos os críticos de Hegel. A razão objetiva é que Kierkegaard é, sem dúvida, o mais fascinante de todos esses críticos. Sua personalidade é uma das mais enigmáticas na história da filosofia; se o radicalismo existencial fosse o mais importante critério para determinar a grandeza de filósofos, Kierkegaard poderia reivindicar o primeiro prêmio entre todos eles. Em nosso século, apenas Ludwig Wittgenstein pode ser comparado a ele. De fato, não é coincidência que Wittgenstein admirava Kierkegaard mais do que qualquer outro filósofo do século XIX[2]. Sua vida é caracterizada por uma pureza impecável, e nessa vida acha-se uma lógica verdadeiramente maravilhosa. Não é apenas a sua vida, em certo sentido, que é uma obra de arte; seus escritos filosóficos também são obras de arte consumadas. Certamente, não se pode negar a qualidade poética da linguagem de Giambattista Vico, ou de G. W. F. Hegel. Entretanto suas obras são escritos doutrinais, não novos gêneros literários. Em contraste, Kierkegaard descobriu uma forma inteiramente nova de expressão para seus pensamentos filosóficos; desde Platão, nenhum filósofo conseguiu ser tão grande poeta. Isso não significa, é claro, que ele possa também ser comparado com Platão enquanto filósofo.

E, assim, eu chego à segunda razão de meu desacordo com Kierkegaard. Em meu primeiro livro, que lida com a questão da relação entre filosofia e a

---

[1] Eu me refiro, aqui, à minha obra: HÖSLE, V., *Hegels System*, 2 vol., Hamburg, Meiner, 1987.

[2] Ver a carta de Wittgenstein a M. O'C. Drury, citada em HANNAY, A., *Kierkegaard*, London, Routledge, 1982, ix.

história da filosofia³, eu investigo várias analogias estruturais entre diversos filósofos. Em particular, afirmo que existe uma analogia entre Platão, os neoplatônicos, Nicolau de Cusa e Hegel. No que diz respeito aos três primeiros, eu concordo com Egil Wyller, um filósofo norueguês que exerceu enorme influência em meu livro⁴. O acordo terminou e o desacordo iniciou em relação a Hegel. Conforme afirma Wyller, o predecessor de Hegel, Johann Gottlieb Fichte e, posteriormente, seu crítico, Kierkegaard estavam entre aqueles que levaram adiante a tradição que ele chamava de "henológica". É claro, as diferenças parciais de nossa interpretação da história da filosofia são uma função de diferenças sistemáticas, especialmente no que tange à relação entre filosofia e religião. Minha crítica a Kierkegaard, portanto, se concentra em *Temor e tremor*, o escrito mais provocativo de Kierkegaard sobre a questão, e não tanto em seus argumentos mais explícitos contra Hegel nos *Fragmentos filosóficos* e, em um grau maior, no *Pós-escrito conclusivo não-científico* [às *migalhas filosóficas*]⁵. Talvez essa abordagem possa ser validada pelo fato de que o próprio Kierkegaard provavelmente via *Temor e tremor* como a obra que, com toda a certeza, sobreviveria a ele⁶; não deve-se duvidar, ao menos, de que é o seu "escrito mais difícil"⁷, que, portanto, exige uma análise filosófica acima de todos os outros.

O capítulo é dividido, naturalmente, em quatro partes. Em primeiro lugar, eu esboço o argumento de Kierkegaard (I). Em seguida, mostro por que esse argumento é inaceitável (II). No terceiro passo, ofereço uma resposta al-

---

3   Cf. HÖSLE, V., *Wahrheit und Geschichte: Studien zur Struktur der Philosophiegeschichte unter paradigmatischer Analyse der Entwicklung von Parmenides bis Platon*, Stuttgart-Bad Cannstatt, Frommann-Holzboog, 1984.

4   Ver WYLLER, E. A., *Enhet og Annethet: En historisk og systematisk studie i Henologi. I-III*, Oslo, Dreyer, 1981; WYLLER, E. A., *Den sene Platon*, Oslo, Tano Forlag, 1984.

5   Sobre Kierkegaard e, especialmente, sua crítica de Hegel, ver NADLER, K., *Der dialektische Widerspruch in Hegels Philosophie und das Paradoxon des Christentums*, Leipzig, Meiner, 1931; COLLINS, J., *Kierkegaard's Critique of Hegel*, Bronx, NY, Fordham University Press, 1943; BENSE, M., *Hegel und Kierkegaard: Eine prinzipielle Untersuchung*, Köln, Stauffen Verlag, 1948; THULSTRUP, N., *Kierkegaard's Relation to Hegel*, Princeton, Princeton University Press, 1980; PERKINS, R. L., *Kierkegaard's* Fear and Trembling: *Critical Appraisals*, Alabama, University of Alabama Press, 1981. As bibliografias mais importantes de Kierkegaard são a de HIMMELSTRUP, J., *Søren Kierkegaard: International bibliografi*, København, Nyt Nordisk, Forlag, 1962; JØRGENSEN, A., *Søren Kierkegaard-litteratur 1961-1970*, Aarhus, Akademisk Bokhandel, 1971; JØRGENSEN, A., *Søren Kierkegaard-litteratur 1971-1980*, Aarhus, Jørgensen, 1983.

6   Ver THULSTRUP, N.; BIND, T.; AFDELING, A. (eds.), *Søren Kierkegaards Papirer*, 2ª ed., København, Gyldendal, 1968, 16: "Oh, se eu estou morto — *Temor e tremor*, por si só, bastará para um nome imortal de um autor. Então, ele será lido e traduzido em outras línguas" (setembro de 1849).

7   HIRSCH, E., *Kierkegaard-Studien*, 2 vol., Gütersloh, Bertelsmann, 1930-1933, 635.

ternativa à questão de Kierkegaard (III). Finalmente, defendo a intuição que eu considero que Kierkegaard estaria justificado em manter contra suas próprias formulações concretas (IV). Como se pode ver, a estrutura é dialética: a terceira e a quarta parte são, em certo sentido, uma síntese das duas primeiras. Eu acredito, tanto com relação a Hegel quanto com relação a Kierkegaard, que a síntese é mais forte se a tese e a antítese estão em oposição mais óbvia uma em relação à outra. Portanto, se minha crítica for muito severa, eu peço a paciência do leitor — esta não é minha palavra final sobre Kierkegaard.

I

Assim como ocorre com todas as obras de Kierkegaard, *Temor e tremor* mistura uma peculiar marca de floreio poético com análise filosófica — isto é, argumentativa —, e, nessa análise, obras literárias desempenham um papel central. O subtítulo da obra, "lírica dialética", indica uma relação entre as duas formas de expressão. Além disso, o pseudônimo Johannes de Silentio, atrás do qual Kierkegaard oculta sua identidade, sugere que o ponto principal do texto não pode ser divulgado[8]. Enfim, o lema de Johann Georg Hamann indica que um sentido implícito jaz por trás do que foi dito explicitamente. Depois de um prólogo bem polêmico, Kierkegaard descreve o estado mental em que ele aborda a narrativa da tentação de Abraão; ele conta quatro variações da estória, todas sugerindo uma falta de fé da parte de Abraão; portanto, devem ser distintas do que realmente ocorre. O "discurso em elogio a Abraão" contrasta o verdadeiro Abraão com os heróis de variações fictícias. Seguindo o "preâmbulo do coração", o texto central — *"Problemata"* — discute três questões: "Há uma suspensão teleológica do ético? Há um dever absoluto para Deus? Foi eticamente responsável para Abraão ocultar suas intenções de Sara, Eliezer e Isaac?". Não é difícil vislumbrar um *clímax* nas três questões: a primeira transcende o ético; a segunda fala expressamente de Deus; e a terceira direciona o silêncio como uma consequência necessária da relação absoluta, mais do que a ética do indivíduo com Deus.

O ponto de partida, para Kierkegaard, é a convicção de que aceitar o comportamento de Abraão com base em nosso entendimento ético normal não é uma questão simples. "A expressão ética para o que Abraão fez mostra que

---

[8] Aqui, eu não posso me referir à questão que investiga como os pseudônimos de Kierkegaard se relacionam uns aos outros e à intenção do autor. Ver TAYLOR, M. C., *Kierkegaard's Pseudonymous Authorship: A Study of Time and the Self*, Princeton, Princeton University Press, 1975.

ele estava disposto a assassinar Isaac; a expressão religiosa prova que ele estava disposto a sacrificar Isaac; mas nessa contradição reside a angústia que, de fato, pode deixar alguém sem sono" (29 s./60)[9]. Nem a interpretação da igreja do cristianismo nem a discussão filosófica de Hegel sobre o cristianismo podem dar sentido à vontade de Abraão de sacrificar Isaac. O que mais confunde Kierkegaard não é o fato de o homem moderno ser bem distante de Abraão, mas o fato de que continua a se mostrar admiração hipócrita por um homem que deve ser condenado, caso fosse apenas consistente nos princípios de alguém. Para continuar percebendo Abraão como um modelo, nossas categorias éticas devem ser radicalmente alteradas; caso se esteja disposto a fazê-lo, deve-se distanciar de Abraão. "Então, ou esqueçamos tudo sobre Abraão, ou aprendamos como nos manter horrorizados com o monstruoso paradoxo que é a importância de sua vida, para que possamos entender que nosso tempo, como qualquer outro, pode ser feliz se houver fé" (49/81). Ironicamente, Kierkegaard retrata um padre que elogia Abraão em seus sermões, mas ficaria horrorizado se alguém em sua paróquia levasse Abraão a sério (28 ss./58 ss.). Kierkegaard, sem dúvida, capta um elemento central do cristianismo moderno que se tornou muito mais um fenômeno cultural que um fenômeno religioso. Como ele é um cristão, há muitos elementos em seu próprio repertório cultural que não são levados a sério, ainda que falte a coragem para retirá-los do próprio caminho. Essa falta de autenticidade não faz jus ao conceito kierkegaardiano de seriedade. "Mas, caso se quisesse fazer uma versão barata de Abraão e, então, ainda convencer as pessoas a não fazer o que Abraão fez, então, isso seria simplesmente risível" (50/82). Kierkegaard rejeita, especialmente, qualquer tentativa de racionalizar o cristianismo, pois isso acarretaria, necessariamente, uma ruptura decisiva com esses momentos na fé que são mais básicos que a razão. Enquanto os hegelianos dinamarqueses buscam ir além da fé com Hegel, Johannes de Silentio estaria contente se pudesse apenas alcançar a fé (9 ss./41 ss.). Na opinião dele, Hegel é mais fácil de compreender que Abraão (32/62 s.). Johannes lamenta a ausência da força da paixão em nosso próprio tempo (11/43, 40/71, 62/95,

---

9 Kierkegaard é citado da seguinte edição: *Samlede Værker*, 20 vol., København, Gyldendal, 1963, tanto em numerais arábicos como em algarismos romanos. Quando nenhum numeral romano é dado, eu me refiro ao quinto volume, que contém *Frygt og Bæven* (bem como outras obras). Um erro de impressão em V 35 é corrigido com base em outra edição: KIERKEGAARD, S., *Frygt og Bæven. Sygdommen til Døden. Taler*, ed. L. Petersen e M. Jørgensen, København, Borger, 1989. Trad. bras.: *Temor e tremor*, São Paulo, Hemus, 3ª ed., 2001. Para essa tradução do capítulo, a tradução-padrão em inglês por Alastair Hannay é utilizada: KIERKEGAARD, S., *Fear and Trembling*, Harmondsworth, Penguin, 1985; nesses casos, também as páginas correspondentes em inglês são dadas após uma barra. Um lapso óbvio foi corrigido. Eu não forneço o original dinamarquês, pois apenas alguns leitores poderiam entender.

68/101, 91/126, 109/145) e, todavia, ele sente essa própria força em Abraão. Ele é o herói cujo poeta ele quer ser (17 s./49 s.).

O que é a fé? Kierkegaard desenvolve esse conceito como um terceiro passo além do que se poderia chamar, como um lugar-comum, de mentalidade de filisteu, bem como uma resignação. Podemos observar o caráter triádico desta e de muitas outras divisões. Kierkegaard — cuja dissertação de mestrado, *Sobre o conceito de ironia*, é um dos melhores livros escritos no espírito de Hegel — também se mantém, em termos de seu aparato conceitual, como um crítico de Hegel em dívida com este num nível muito maior do que ele mesmo estava ciente. Uma vez que o primeiro passo não é analisado com mais detalhes por Kierkegaard, irei me contentar, aqui, com algumas observações sobre a relação entre resignação e fé. Resignação — que pode resultar da rejeição por uma mulher amada — consiste em reconhecer que não podemos obter o que desejamos, escapando para um mundo interno, com a dignidade da subjetividade oposta à contingência da existência, e, ao mesmo tempo, numa relação melancólica com o mundo externo. "O cavaleiro da resignação é um estranho, um estrangeiro" (47/49), porque encarou sofrimento infindável. Dessa forma, ele certamente se tornou invulnerável. "Resignação infinita é como aquela malha na fábula antiga. O fio é tecido com lágrimas, embranquecido por lágrimas, a malha é costurada com lágrimas; no entanto, protege mais que ferro e aço. Um defeito da fábula é que um terceiro é capaz de fazer o material" (43/74). Por meio da resignação experimenta-se a morte antes que se morra (43/75, 105/141); "pois apenas na resignação infinita minha validade eterna se torna transparente a mim" (44/75), como expresso em uma frase que nos lembra da noção de "ser-para-a-morte"[10] de Martin Heidegger.

A fé pressupõe tudo isso — sem resignação, não há como se tornar um crente. Contudo, a fé encontra o caminho de volta ao mundo e não perde sua confiança nele, ou na existência. A fé inverte o momento da resignação infinita — "tendo executado os movimentos de infinitude, ela executa os da finitude" (36/37). "Convencido de que Deus se preocupa com a mínima coisa" (33/64), a fé retorna da eternidade ao temporal (19/52). Esse movimento poderia ser chamado de *katabasis*, correspondendo à *anabasis* da resignação. Uma vez que o devoto, como o filisteu, está em casa no mundo, ele pode ser confundido com este (37 ss./67 ss.); talvez por essa razão "a dialética da fé seja a mais refinada e mais memorável de toda a dialética" (35/66). Ter fé significa "existir de forma tal que minha oposição à existência se expresse a cada instante como a mais bela e mais segura harmonia" (47/48).

---

10 Ver HEIDEGGER, M., *Sein und Zeit*, Frankfurt am Main, Klostermann, 1977, § 46 ss. Trad. bras.: HEIDEGGER, M., *Ser e tempo*, trad. F. Castilho, Petrópolis, Vozes, 2012.

Tudo isso explica a confiança de Abraão em Deus e, portanto, explica por que ele estava disposto a sacrificar Isaac sem desespero. As variações no início de *Temor e tremor*, ao contrário, oferecem um vislumbre das diferentes formas que o cavaleiro da resignação pode assumir. O problema moral, todavia, não está, por esse meio, resolvido: Abraão tinha o direito de sacrificar Isaac? A dificuldade da questão consiste no fato de que Abraão não está simplesmente sacrificando a si mesmo; ele está disposto a matar outro ser humano. Se Abraão tivesse sacrificado a si mesmo em vez de sacrificar Isaac, ele teria duvidado; ele teria sido um herói digno de nossa admiração — mas Abraão não duvida (21 s./54 s.). É igualmente possível dizer que o sacrifício de Isaac ocorre em prol de um bem maior, como no caso de uma colisão trágica. Se Agamenon, Jefté e Brutus sacrificam seus filhos para salvar sua terra natal, isso é visto como algo terrível. Mas pode ser analisado racionalmente com puras categorias éticas — como um conflito entre dois valores. O feito de Abraão, todavia, não pode ser justificado dessa forma. O trágico permanece no reino do ético. Abraão, todavia, abre uma nova dimensão — a dimensão religiosa —, que forma um terceiro estágio, além do estético e do ético (enquanto *Ou-ou* ainda não menciona explicitamente esse terceiro estágio, ele recebe tratamento cuidadoso na obra *Estágios no caminho da vida*). "Abraão, portanto, em nenhum instante é um herói trágico, mas algo bem diferente, ou um assassino, ou um homem de fé. O termo médio que salva o herói trágico é algo que falta a Abraão" (53/85). Abraão não pode ser compreendido se não desistirmos da noção hegeliana, já presente no pensamento grego, de que o propósito último do indivíduo é "ab-rogar sua particularidade, de modo a se tornar o universal" (51/83). A fé é algo inteiramente diferente:

> A fé é simplesmente este paradoxo: que o indivíduo singular, assim como o particular, é superior ao universal; é justificado diante deste não como subordinado, mas como superior, embora, de forma tal, note-se que é o indivíduo singular que, tendo sido subordinado ao universal como o particular, agora, por intermédio do universal, se torna aquele indivíduo que, como o particular, está em relação absoluta com o *absoluto*. Essa posição não pode ser mediada, pois toda mediação ocorre precisamente em virtude do universal; é e permanece, em toda a eternidade, um paradoxo inacessível ao pensamento (52 s./84 s.; cf. 57 s./90 s.; 64 s./97 s.).

Todas as pessoas religiosas devem experimentar esse paradoxo, e devem fazê-lo com angústia — inclusive Maria ("ela não é, de modo algum, a fina donzela sentada com sua elegância brincando com uma criança divina" [61/94]); e inclusive os apóstolos: "Não foi um pensamento medonho que esse homem que caminhava entre os outros era Deus? Não era aterrorizante sentar-se para comer com ele?" (61/94). Portanto, deve-se admitir que "aqueles que Deus abençoa, ele amaldiçoa em igual proporção" (60/94).

Tanto contra Immanuel Kant quanto contra G. W. F. Hegel, Kierkegaard defende que, embora todo dever seja também um dever para com Deus, há também um dever direto em relação a Deus que não pode ser reduzido a um dever para com outros humanos (63/96). O cavaleiro da fé "direciona Deus no céu como 'Tu'" (71/105). Nós podemos ver, então, que, para o fiel, "interioridade é maior que exterioridade" (64/87). Por essa razão, a comunicação sobre a fé é impossível (mesmo entre os vários cavaleiros da fé); na fé, a forma mais radical de egoísmo coincide com absoluta devoção a Deus (66/99); o universal desaparece nessa relação exclusiva entre Deus e a alma. Portanto, o cavaleiro da fé não pode ser auxiliado pela igreja, "pois, qualitativamente, a ideia de igreja não é diferente da ideia de estado" (68/102). Kierkegaard não vê perigo na possibilidade de essa teoria ser interpretada de forma equivocada. Tal temor só pode atormentar aquele que não sabe "que existir como indivíduo é a coisa mais aterrorizante de todas" (69/102). Ele não pode ser responsável por "gênios retardatários e vagabundos" (70/103). Ao mesmo tempo, Kierkegaard admite que o cavaleiro da fé é, em certo sentido, insano (70 s./104, 23/56, 96 s./131 s.).

Enquanto o universal é aparente, o indivíduo é "oculto" (75/109). Portanto, vemos imediatamente que a terceira questão pode ser respondida com a seguinte afirmativa: Abraão deve manter suas intenções para si mesmo, pois ninguém conseguiria compreendê-lo. "O alívio da fala é o que me traduz no universal" (102/137) — mas já vimos que Abraão está além do universal. Kierkegaard reconhece que o ético exige candura, especialmente porque — e, aqui, ele parece antecipar o pensamento central da ética do discurso — apenas uma discussão aberta pode garantir que não negligenciemos nenhum argumento importante (79 s./114). Ele também reconhece que nem toda forma de silêncio é boa — o silêncio pode ser demoníaco. O silêncio é "a sedução do demônio, e quanto mais silencioso se mantém, mais terrível o demônio se torna; mas o silêncio é também a comunhão da divindade com o indivíduo" (80/114 s.). Eu não tenho espaço, aqui, para discutir a classificação de "demoníaco" de Kierkegaard; creio que baste dizer que ele funciona como um conceito vinculador. Assim como a categoria de "interessante" medeia entre o estético e o ético (75 s./109 s.), o "demoníaco" medeia entre o ético e o religioso. "Em certo sentido, aqui reside infinitamente melhor na pessoa demoníaca do que em uma pessoa superficial" (88/122). Tanto a pessoa demoníaca quanto a pessoa religiosa deixam o universal para trás e se fecham em sua individualidade, mas a primeira o faz sem a autoridade de Deus, ao passo que a outra o faz em obediência a Deus. Eu não posso analisar, aqui, a narrativa de

Agnes e o Tritão, que ilustra um exemplo importante do demoníaco. Como faz com tanta frequência em suas obras, Kierkegaard novamente fala, em sua fábula, da dissolução do noivado com Regine Olsen. A maior dor do Tritão é não poder ser visto; portanto, ele deve magoar a mulher que ama para libertá-la de um amor que só irá condená-la à infelicidade; se ele é a causa do infortúnio, é ele quem sofrerá mais por isso. O demônio não pode discutir sua dor com os outros porque ele teme a compaixão alheia: "Uma criatura nobre e orgulhosa pode tolerar tudo, mas uma coisa que não consegue suportar é a piedade. A piedade implica uma indignidade" (94/129)[11]. O Tritão, todavia, pode e deve se expressar. Há uma solução para esse dilema: revelar-se e se casar com Agnes. Essa é uma diferença entre Abraão e ele. O demônio comete um pecado ao manter seu silêncio; e "uma ética que ignora o pecado é uma disciplina completamente fútil (90/124).

Precisamos distinguir o demoníaco de um caso em que o silêncio é eticamente permitido. Kierkegaard, em contraste com Johann Wolfgang von Goethe, representa Fausto como um cético que não quer comunicar seus pensamentos corruptores, pois não quer arriscar a deterioração da sociedade (97 ss./132 ss.). Ele se encontra em um dilema ético, pois, de um lado, o universal exige dele que fale; de outro lado, ele também tem o dever ético de não perturbar a certeza do povo mais simples. O Fausto de Kierkegaard, portanto, permanece entre o herói trágico e Abraão; ele deve escolher entre dois valores, mas um desses valores é a negação do universal, o revelado. "Eu não posso entender Abraão, eu só posso admirá-lo" (101/136).

II

Todo crítico de Kierkegaard deve reconhecer ao menos dois méritos do filósofo: um desprezo pelo cristianismo tépido e uma profundidade extraordinária de análise psicológica. Qualquer um que almeje compreender as noções de angústia, desespero e sensações semelhantes sempre irá se referir de novo a Kierkegaard[12]. Se não fosse por sua análise fenomenológica infeliz da

---

11 Cf. a passagem relacionada nas *Vorlesungen über Ästhetik* (*Preleções sobre estética*) de Hegel: "Mas o nobre e grande homem não quer que tenham pena dele ou lamentem por ele de forma alguma. Na medida em que apenas a parte miserável, o aspecto negativo do infortúnio, é apontada, há depreciação da pessoa infeliz" (XV 525; minha tradução). Hegel é citado segundo esta edição: HEGEL, G. W. F., *Werke in zwanzig Bänden*, Frankfurt am Main, Suhrkamp, 1969 ss.

12 Ver *O conceito de angústia* e *O desespero humano*.

subjetividade (desenvolvida posteriormente por Martin Heidegger, Jean-Paul Sartre e Karl Jaspers no século XX), estaríamos sem um dos maiores filósofos nesse campo filosófico. Isso não implica, todavia, que Kierkegaard possa ser comparado a esses filósofos que podem afirmar ter descoberto novos argumentos; de fato, receio que não se possa considerá-lo nem mesmo entre os maiores teólogos cristãos.

Para iniciar minha crítica, quero deixar claro que Kierkegaard sempre argumenta de modo disjuntivo: *Ou-ou* não é apenas o título de sua primeira e brilhante obra, é sua *forma mentis* geral. Ou Abraão deve ser condenado, ou devemos reconhecer a teoria da relação absoluta do indivíduo com o *absoluto* — essa é a tese central de *Temor e tremor*. Eu mostrarei que não temos, necessariamente, que aceitar essa alternativa; se, todavia, tivermos de aceitá-la, um ser humano racional só poderá chegar à conclusão de que, pelo fato de a teoria de Kierkegaard ser absurda, Abraão deve ser condenado. Na filosofia, não é suficiente apenas estabelecer implicações ou alternativas. A última meta da filosofia consiste em fazer afirmações categóricas, como Platão ensinou e como Fichte demonstra de forma bem convincente em sua obra *Sobre o conceito da doutrina da ciência*. Kierkegaard, por outro lado, contenta-se em oferecer apenas uma alternativa: a salvação a Abraão nunca é experimentada, mas ele apenas pode ser salvo com a única condição de que não deixemos a ética ter a voz definitiva. Poder-se-ia dizer que, pelo menos, tal alternativa é original, mas nem mesmo isso é verdade. Kierkegaard não é o primeiro a perceber a dificuldade que o comportamento de Abraão impõe a uma ética baseada na racionalidade; tanto Kant quanto Hegel se conscientizaram disso muito antes[13]. Kant menciona Abraão em *Die Religion innerhalb der Grenzen der blossen Vernunft* [*A religião dentro dos limites da simples razão*] e o critica em um parêntesis (VI 187). Também em *Der Streit der Fakultäten* [*O conflito das faculdades*] Kant argumenta que é impossível saber se é Deus ou não que fala com um indivíduo, mas que tal pessoa pode excluir essa possibilidade se a suposta voz de Deus comandar algo imoral:

> Um exemplo pode ser o mito do sacrifício, que Abraão, agindo por intermédio de um comando divino, ia realizar abatendo o próprio filho e o queimando (a pobre criança estava, sem saber, carregando lenha para esse ato). Abraão deveria ter respondido a essa voz alegadamente divina "É certo que eu não matarei meu filho, mas não estou certo de que você, que aparece para mim, é Deus, e isso não pode ser certo", ainda que essa voz venha do céu (visível) (VII 63).

---

13 Kant é citado segundo a chamada *Akademie-Ausgabe* (Edição da Academia): KANT, I., *Gesammelte Schriften*, 29 vol., reimpresso em Berlin, Georg Reimer, 1968; a tradução é minha.

Com essa crítica a Abraão, Kant desempenha um papel em uma das tendências mais importantes do início da filosofia moderna: a erradicação de toda superstição com pretensões teológicas. Abolir a superstição era extremamente importante tanto por motivos teóricos quanto por motivos práticos: apenas assim a razão poderia atingir autonomia, e só assim o Estado poderia exigir obediência de seus cidadãos. A consequência inevitável de permitir que uma narrativa de uma voz divina contasse como uma instância contra os argumentos filosóficos ou as leis morais e positivas seria anarquia política e intelectual. De fato, não se compreende o motivo pelo qual Thomas Hobbes, no *Leviatã*[14], e Baruch Spinoza, no *Tratado teológico-político*[15], discutem profetas e milagres de forma tão detalhada quando se falha em compreender que o Estado moderno não poderia ter sido desenvolvido sem ter rejeitado esses conceitos. Todo Estado moderno, constitucional, puniria qualquer um que se comportasse como Abraão — assim como, hoje, testemunhas de Jeová são punidas por deixar seus filhos morrerem em vez de receber transfusão de sangue, que consideram uma ação proibida por Deus.

Mas uma crítica das afirmações religiosas puramente subjetivas não é simplesmente a negação de toda a teologia? Compreende-se errado os grandes racionalistas quando se falha em ver que quase todos desejavam ser um teólogo racional: René Descartes, Baruch Spinoza, Gottfried Wilhelm Leibniz e G. W. F. Hegel eram homens profundamente religiosos — todos mantinham a convicção de que Deus é mais bem atendido quando se rejeita uma forma irracional de religião, pois Deus se manifesta mais claramente por meio da razão (o próprio Hobbes considera a fé em vozes divinas uma reminiscência da demonologia pagã; ele teria considerado Kierkegaard, que sempre enfatizou que só sua filosofia oferecia um avanço em relação aos gregos, muito mais pagão que todos os racionalistas). Pode-se negar o projeto dos teólogos racionais, mas, certamente, não sua religiosidade subjetiva: a crítica de um arrazoado voluntarista de Deus colocado adiante por Leibniz, Kant e Hegel é fundada tanto por argumentos lógicos quanto pelo sentido de que um Deus que não pode ser concebido pela razão não pode ser amado, apenas temido. No texto kantiano que acabamos de citar, encontramos uma passagem muito importante — o parêntesis em "visível". Por isso, Kant busca sugerir que o verdadeiro paraíso não é o do reino sensível; o verdadeiro paraíso, em que Deus reside, é a lei moral. Encontramos Deus quando ouvimos a lei moral, e qualquer desculpa que fuja

---

14   Ver HOBBES, T., *Leviathan*, Harmondsworth, Penguin, 1968, caps. 2, 12, 32-47.
15   Ver *Tractatus theologico-politicus* (SPINOZA, B., *Opera*, ed. C. Gebhardt, 4 vol., [Heidelberg, C. Winter, 1925], vol. III), cap. 1 ss.

desta é irreligiosa, mesmo quando (ou, talvez, exatamente quando) ela reivindica um comando divino. Kant, portanto, descreve a história de Abraão como um "mito". (Incidentalmente, quero indicar que, nesse curto texto, Kant expressa uma profunda simpatia por Isaac, enquanto Kierkegaard nunca tenta ver a questão da perspectiva de Isaac, isto é, ele o faz apenas em suas variações da história, que não lidam com o Isaac bíblico.)

Kant não tenta, ainda, entender como Abraão pôde acreditar que Isaac deveria ser sacrificado — do seu ponto de vista, o próprio Abraão é vítima da superstição. Em contraste, Hegel tem um forte interesse histórico na psicologia de Abraão, ainda que não goste dele. Na primeira parte de *Der Geist des Christentums und sein Schicksal* [*O espírito do cristianismo e seu destino*], às vezes chamado de "o espírito do judaísmo", Hegel tenta abordar os valores de Abraão e os valores do judaísmo. De acordo com a interpretação de Hegel, o que sua forma fanática de monoteísmo mais receia é amar algo mais do que Deus; portanto, Abraão deve provar a si mesmo que ele pode matar Isaac.

> Ele não poderia amar coisa alguma; o único amor que ele tinha, pelo seu filho e pela esperança de uma descendência — a única forma de estender seu ser, a única forma e imortalidade que ele conhecia e pela qual esperava —, poderia deprimi-lo, perturbar sua mente, que se desligou de tudo, e abalá-la, pois uma vez foi tão longe que ele quis destruir até mesmo seu amor, e só estava reassegurado pela certeza do sentimento de que esse amor era tão forte que o deu a capacidade de abater seu amado filho com sua própria mão (I 279).

Veremos que a interpretação histórico-psicológica de Hegel não pode ser vista como correta. Mas, provavelmente, pode-se dizer, de Kierkegaard, que ele não estava em posição de amar outro ser humano, o que explica por que ele estava tão fascinado com Abraão. Hegel estava errado em relação a Abraão, mas não em relação a Kierkegaard. Além disso, vemos aqui a diferença mais importante entre Kant e Hegel: Kant busca o universal, o divino na lei moral, enquanto Hegel busca o universal na evolução da história mundial. A filosofia da religião de Kant é uma ético-teologia, enquanto a de Hegel é uma filosofia especulativa da história.

Eu iniciei mostrando que a alternativa de Kierkegaard não é original. Nós já vimos que essa teoria pode ser esclarecida: Abraão, como Kierkegaard o entende, deve ser condenado (ou visto como um mero fanático irresponsável). A teoria de Kierkegaard de que o religioso pode derrotar o ético, bem como o racional, deve ser rejeitada. Toda reivindicação de validade deve ser justificada pela razão; quem nega isso destrói toda a comunicação entre seres humanos racionais. Kierkegaard sabe disso; ele afirma que sua teoria não pode ser divulgada; ele escreve sob o pseudônimo Johannes de Silentio. Por que, então, ele chega a escrever? Eu não quero analisar se o fato de Kierkegaard esboçar seus diários em linguagem pública pressupõe que seus escritos possam ser comunicados. Em todo caso, é claro que *Temor e tremor* (que foi publicado como livro) pressupõe isso, e que há uma contradição performativa em tentar comunicar o que não pode ser comunicado e em pensar o que não pode ser pensado. Presumivelmente, isso também é um argumento contra a teologia negativa; mas é de suma importância perceber que a visão de Kierkegaard não pertence à teologia negativa. Essa visão contém argumentos (talvez pouco convincentes) para a teoria de que o *absoluto* não pode ser determinado. Os neoplatônicos nunca poderiam ter aceitado que um mandamento definitivo, como "sacrificar Isaac", poderia se relacionar com o *absoluto* — pois o *absoluto* abstrato não pode legitimar nenhuma ação, ao menos não uma ação que contradiga princípios morais fundamentais. Kierkegaard quer muito mais do que a teologia negativa pode oferecer — ele quer justificar o absurdo. Todavia, a ideia de justificação já pressupõe certos princípios da razão; justificar sua negação é logicamente impossível. Em um nível prático, também, a sociedade entraria em colapso se levássemos a sério a relação absoluta do indivíduo com o *absoluto*, pois ela não pode ser distinguida da loucura. Na *Fenomenologia do espírito*, Hegel escreve:

> Ao apelar para seu sentimento, seu oráculo interior, essa pessoa rompe com o outro com o qual não concorda; ela deve afirmar que não tem nada mais a dizer à pessoa que não pensa e não se sente da mesma forma que ela mesma; em outras palavras, ela pisa na raiz da humanidade, pois a natureza da humanidade é insistir em acordos com os outros, e essa existência consiste apenas na comunidade adquirida de consciências. O anti-humano, o bestial, consiste em se limitar ao sentimento e em ser capaz de se comunicar apenas pelo sentimento (III 64 s.).

Kierkegaard é um filósofo incapaz de pensar no aspecto transcendental ou de justificar suas afirmações como válidas. Ele constantemente confunde investigação psicológica com a questão da validade. Sua capacidade fenomenológica não é vinculada a uma consciência transcendental. Não obstante, cada análise fenomenológica pressupõe categorias; e Kierkegaard deriva suas categorias (a base de suas classificações) primariamente de Hegel, mas sem querer aceitar o contexto sistemático que atribui sentido a essas categorias. Ele não é o único a fazê-lo (Marx é outro exemplo famoso); ao mesmo tempo, é sempre arriscado serrar o galho em que se senta — ele se vinga por conta própria.

A teoria de Kierkegaard de que o religioso não é simplesmente o ético, é claro, é correta; há muitos indivíduos morais que não são religiosos. Mas ele quer algo mais: ele acredita que uma ação moralmente proibida pode ser justificada se for um feito religioso. Ainda que Kierkegaard esteja convencido de que ele seja menos moderno do que, digamos, Hegel, sua crença na independência do religioso é indicativa da tendência da modernidade rumo à autonomia. O capitalismo moderno não quer que a economia seja avaliada com base na ética — negócios são negócios. Nem o artista moderno quer servir "ao bem" — *l'art pour l'art* (a arte pela arte). E a ciência moderna não reconhece objeções feitas apenas com bases ética. De forma semelhante, o homem moderno religioso busca a autonomia absoluta da religião[16]. A doutrina de Kierkegaard dos estágios diferentes poderia, a um primeiro olhar, ser comparada com a ética do valor de Max Scheler[17]. Para Kierkegaard, o conceito de "estético" corresponde ao "prazeroso" na hierarquia de valores de Scheler; a ética corresponde ao justo, e o religioso corresponde ao sagrado. Há, todavia, uma grande diferença aqui: os valores de Scheler são, todos, valores *morais*, e o conflito entre eles é trágico no sentido hegeliano e no sentido kierkegaardiano. Isso implica que há um critério objetivo capaz de determinar quando um valor inferior deve dar espaço a um valor maior. Portanto, se o conceito de sagrado de Scheler não é particularmente claro, é evidente que ele nunca poderia ter aceitado a atitude de Abraão. Além disso, é memorável que o terceiro *problema* de Kierkegaard ainda faz uso da expressão "eticamente responsável". Na verdade, isso faz pouco sentido, pois já vimos que a atitude de Abraão transcende o ético. Talvez Kierkegaard queira dizer que ele é responsável em um sentido mais do que ético? De todo modo, o fato de Kierkegaard empregar a palavra "ético" é uma indicação de como a ética é absoluta.

Kierkegaard tem um conceito peculiar de fé. Não é difícil ver que ele está operando com dois conceitos diferentes. De um lado, fé (no "preâmbulo do coração") é o terceiro estágio, após a mentalidade filistina e a resignação infinita. De outro lado, a fé implica um ato e uma prontidão contra a razão. O primeiro conceito, claramente, não é idêntico ao segundo. Para compreender o sentido mais profundo do primeiro conceito, devemos usar um conceito mais amplo de resignação do que o utilizado por Kierkegaard. A resignação pode

---

16   HELLESNES, J., "Det socialhygieniska tänkesättet", *Ord & Bild*, v. 3, 1991, 93-100, analisou recentemente o cientificismo, o moralismo e o ascetismo como três consequências desse processo de emancipação. De acordo com a visão de Kierkegaard, poderia ser chamada de "religionismo".

17   Ver SCHELER, M., *Der Formalismus and die materiale Wertethik*, Bern/München, Francke, 1980.

ser compreendida como uma tensão entre o eu e o mundo. Esse sentimento é uma consequência necessária da filosofia, uma vez que a filosofia envolve, primeiro e acima de tudo, colocar um ponto de interrogação por trás de tudo de que, até agora, não se duvidou. A capacidade peculiar de abstração que um filósofo deve ter torna especialmente difícil encontrar o caminho de volta para o mundo. Não obstante, há poucos filósofos que afirmam ter obtido sucesso em fazê-lo não apenas no pensamento como também na vida. O filósofo que pode afirmar tê-lo feito de forma mais enérgica é Hegel. Seu conceito de reconciliação corresponde ao primeiro conceito de fé de Kierkegaard. Eu não posso avaliar, neste momento, se o sistema de Hegel consegue, de fato, uma reconciliação com o mundo. Ao menos, deve-se admitir que, caso se entenda Hegel corretamente, chega-se a compreender muito sobre o mundo em toda a sua abundância. Mas, caso se compreenda Kierkegaard corretamente, tem-se um discernimento importante e original sobre o abismo da alma, mas pouco mais — nem a natureza, nem a história são melhores entendidas. Se compararmos a vida de Hegel e a de Kierkegaard — pois Kierkegaard compete com Hegel em um âmbito existencial, e não argumentativo —, nós veremos que, de um lado, há um homem que tem uma família, que é integrado em sua sociedade, e que claramente tem uma paixão pela vida, mesmo que dificilmente o percebamos como superficial. De outro lado, vemos um homem talentoso, mas ranzinza, que nunca conseguiu encontrar seu caminho de volta para o mundo. Kierkegaard é o cavaleiro da resignação, e Hegel, o cavaleiro da fé. Não se arrisca muito em supor que, precisamente por rejeitar o segundo conceito de fé de Kierkegaard, Hegel pôde ter sido alguém que acredita em sua própria vida (no sentido do primeiro conceito de fé de Kierkegaard).

Em relação ao segundo conceito, é óbvio que a pessoa ingenuamente religiosa não é uma devota nesse sentido. A fé oposta à razão é um conceito de reflexão; isso significa que apenas o indivíduo que perdeu a confiança religiosa de vez pode dizer que acredita, mas não sabe. O conceito de fé de Kierkegaard só é possível como reação à teologia e à ética racionalista. Historicamente falando, é absurdo supor que Abraão poderia, de fato, ter dito "*credo quia absurdum*" ("eu creio porque é absurdo"). Apenas quem sofre com sua própria negatividade pode idealizar a fé dessa forma, como Kierkegaard faz. A relação entre Abraão e Deus não pode ser chamada de fé no sentido de Kierkegaard, essa relação é, de fato, mais básica que a diferença entre fé e razão. Devemos, portanto, dizer que o conceito de fé de Kierkegaard não é apenas filosoficamente absurdo, mas também historicamente absurdo. Não é necessário ter estudado a hermenêutica para ter o sentimento de que, entre o Antigo Testamento e Kierkegaard, ou entre o Novo Testamento e Kierkegaard, há um abismo — um abismo criado pela subjetividade moderna.

É de máxima importância saber que Kierkegaard não precisa ser historicamente exato. Ele não carece apenas de inclinação histórica, ele também é ciente disso. Ele declara, em várias ocasiões, que não tem interesse em discutir a possibilidade de que o feito de Abraão possa ter uma interpretação diferente dentro do seu próprio meio do que teria em nosso tempo. "Ou, talvez, Abraão simplesmente não tenha feito o que a história narra, talvez no contexto de sua época o que ele fez pode ser algo bem diferente. Então, vamos esquecê-lo, pois para que se lembrar de um passado que não pode se tornar presente?" (30/60; cf. 33/64, 50/82, 67/100). É evidente que a crítica de Kierkegaard ao historicismo é, de certa forma, justificada: pode-se apreender de Gotthold Ephraim Lessing, Immanuel Kant e G. W. F. Hegel que o problema histórico, se o que é afirmado na Bíblia, de fato, ocorreu, não é importante para responder à questão que define se o cristianismo é relevante para nós. O passado deve se tornar o presente — deve-se reconhecer, junto a Hegel e Kierkegaard, que é o caso. Isso não implica, todavia, que possamos ler no texto apenas o que já sentimos ou acreditamos — tal interpretação seria historicamente falsa e sistematicamente artificial: isso já pode ser observado na crítica de Spinoza a Moisés Maimônides[18]. Precisamos dos dois: primeiro, devemos tentar, por meio do método histórico, entender qual é a intenção dos autores da Bíblia (ou das pessoas sobre quem eles narram); então, devemos tentar encontrar um sentido ali. Kierkegaard nunca tenta a primeira tarefa. Ele acha, na história de Abraão, algo que o mantém constantemente ocupado, isto é, seu sacrifício de Regine. Por esse motivo, Abraão (que teria tido pouca apreciação por uma existência moderna como Kierkegaard) pode ser visto como um percursor de Kierkegaard. Eu penso, assim como Hegel, que uma filosofia historicista da religião é muito pior que uma filosofia especulativa da religião; ainda assim, há algo muito pior que os historicistas fizeram — ou seja, a abordagem de Kierkegaard, pois mesmo se os historicistas não elevam o universal dado na razão, eles ao menos encontram o caminho para o elemento universal do passado de uma cultura; Kierkegaard, todavia, apenas apreende sua própria subjetividade. O ataque duplo que Kierkegaard lança tanto nos *Fragmentos filosóficos* quanto no *Pós-escrito conclusivo não-científico* [*às migalhas filosóficas*], tanto contra o historicismo quanto contra a filosofia especulativa da religião, não pode ser vitorioso[19], ainda que o indivíduo absoluto, naturalmente, falhe

---

18   Ver *Tractatus theologico-politicus*, cap. 7, 15.
19   A contradição fundamental nos *Fragmentos filosóficos* consiste no fato de que, de um lado, Kierkegaard quer defender a facticidade histórica da autonomia da razão que, de outro lado, ele precisa usar para atacar o historicismo. "Torna-se imediatamente óbvio que o histórico, em um sentido mais concreto, é indiferente" (VI 56). Mas, se é realmente o caso em que Deus não poderia favorecer ninguém em um momento particular, aqueles que vive-

em reconhecer isso e, ao contrário, despreze aquele que não pode aceitar sua doutrina, uma vez que ser o indivíduo absoluto significa tornar-se imune a toda forma de crítica. Eu não posso fornecer uma análise dos *Fragmentos filosóficos* aqui, mas gostaria de dizer que, num certo sentido do termo, Kierkegaard procede muito mais aprioristicamente do que Hegel (ou Spinoza); pois Hegel sabe que a interpretação histórica correta frequentemente difere do conceito de filosofia especulativa. Kierkegaard, por outro lado, reivindica ser capaz de descobrir a verdade histórica de fato em sua própria subjetividade (apesar de suas lembranças reiteradas de que ele não está interessado em história factual). Kierkegaard comete o mesmo erro pelo qual ele reprova tanto Sócrates quanto Hegel: superestimar o valor da *anamnesis* e falhar em partir de si mesmo. Ele nunca tenta entender uma figura bíblica como algo diferente da subjetividade moderna — ainda que isso possa tê-lo ajudado a entender melhor a si mesmo do que a forma como ele continuamente gira em torno de si.

A crítica publicada em *O corsário* é simplesmente vingativa. Mas a famosa caricatura inegavelmente traz algo importante: que o mundo inteiro gira em torno de Kierkegaard. O livro irônico de Friedrich W. Korff, *Der komische Kierkegaard* [*O Kierkegaard cômico*][20], falha em reconhecer a grandeza de Kierkegaard, mas ele está correto em apontar que há algo grotesco na tentativa de Kierkegaard de usar Deus, Abraão e muitos outros para justificar seu relacionamento problemático com Regine. Assim como ocorre com Jean-Jacques Rousseau e Friedrich Nietzsche, Kierkegaard é um desses filósofos que apreciam falar de si mesmos; e não se nega à subjetividade todos os seus direitos caso se prefiram os filósofos mais discretos, que se perdem em sua obra, e que se imergem nas riquezas de um mundo muito maior do que até mesmo a subjetividade moderna mais interessante. (De fato, Kierkegaard é, sem dúvida, bem mais fascinante que as caricaturas dele que encontramos em nosso século.) Ele mesmo declara: "(...) pois aquele que ama Deus sem fé reflete sobre si mesmo, enquanto a pessoa que ama Deus com fé reflete sobre Deus" (35/66). Se isso é verdade, deve-se dizer que Spinoza e Hegel amam a Deus piamente, *mas não Kierkegaard*.

Pode-se considerar a visão de Kierkegaard como moralidade no sentido hegeliano — ele evita a moral tradicional porque a considera banal e superficial. Mas ele não oferece uma alternativa racional, além da reivindicação de que sua própria subjetividade é verdadeira. Essa posição é imoral, ainda que Kierke-

ram antes de Cristo devem ter tido a possibilidade de conhecer Deus. O cristianismo a-histórico de Kierkegaard tem, substancialmente, menos conteúdo do que a reconstrução hegeliana nas *Preleções sobre filosofia da religião*.

20 KORFF, F. W., *Der komische Kierkegaard*, Stuttgart/Bad Cannstatt, Frommann-Holzboog, 1982.

gaard não busque o mero prazer, e ainda que ele mesmo sofra mais de um sentimento de isolamento, consequência necessária de sua crítica tanto da história quanto da racionalidade. Entretanto o sofrimento não implica que se esteja certo — um prazer interior também é esperado, especialmente de um cristão, mas que está visivelmente ausente em Kierkegaard. É claro que o indivíduo absoluto nunca pode amar o outro, ou a si mesmo, uma vez que destruiu uma condição necessária para a intersubjetividade — isto é, a *racionalidade*. Mesmo que Kierkegaard reconheça o "segredo profundo", que "em amar outra pessoa, deve-se ser suficiente em si mesma" (42/73), ele não obstante elogia Abraão como "grande no amor que é ódio do eu" (18/50). E é bem evidente que o próprio Kierkegaard tenha sido ótimo exatamente nesse tipo de amor. A aplicação da categoria de Hegel da consciência infeliz a Kierkegaard por Jean Wahl é bem conhecida[21], e pode-se muito bem considerar Kierkegaard um exemplo muito melhor do tipo de estrutura psicológica analisada na *Fenomenologia do espírito* do que o cristianismo medieval que Hegel tinha em mente (III 163 ss.).

Eu quero dizer, portanto, que a continuidade entre Kierkegaard e a tradição cristã principal é dificilmente discernível: o cristianismo da Idade Média era bem distante do de Kierkegaard, tanto emocional quanto intelectualmente. O ponto de vista "creio porque é absurdo" é encontrado apenas entre poucos filósofos, ainda que nem todos eles fossem racionalistas radicais como Raimundo Lúlio. Uma história que Lúlio conta em sua autobiografia pode ser descrita como "anti-kierkegaardiana" por excelência[22]. Ele decide viajar à África do Norte com a meta de converter muçulmanos, mas, no último instante, ele não persevera nessa intenção. Seus fracassos o lançam em uma crise psicossomática profunda; ele acredita que irá morrer e, portanto, pede a sagrada comunhão. Mas, então, ele ouve uma voz divina que o instrui a não o fazer, pois, em seu estado pecador, ele apenas profanaria o santo sacramento. Contudo, Lúlio delibera a questão mais a fundo e chega à conclusão de que ele pareceria um herege se morresse sem ter tomado a comunhão; e isso teria um efeito negativo no destino de todas as obras que ele havia escrito com a intenção de salvar muitas almas. Portanto, ele recebe a comunhão, apesar do fato de que a voz se torna audível a ele novamente e acrescenta que ele encararia a condenação por fazê-lo. Lúlio interpreta, posteriormente, a voz como tentação de Deus; e, ao escolher a redenção das almas de outros em vez da sua própria, ele passou no teste. Se tivesse obedecido à voz, ele teria demonstrado

---

21 WAHL, J., *Etudes Kierkegaardiennes*, Paris, F. Aubier, 1938.

22 Ver minha análise da *Vita coaetanea* em minha introdução a Raimundo Lúlio: HÖSLE, V., Einführung, in: LÚLIO, R., *Die neue Logik: Logica nova*, trad. V. Hösle and W. Büchel, Hamburg, Meiner, 1985, ix-ixxxii.

meramente um egoísmo religioso radical. Seguir a razão em vez de uma voz que comanda coisas pouco razoáveis é a maior expressão de sua religiosidade. Sem dúvida, Lúlio teria julgado Kierkegaard como alguém que age contrariamente à essência do cristianismo.

Portanto, se analisarmos a vida de Kierkegaard, é muito mais fácil encontrar um elemento demoníaco em seu pensamento do que algo de um caráter distintamente cristão. Kierkegaard pertence aos filósofos do século XIX que sentem que o cristianismo corre o risco de se tornar apático e que, em seu caráter sincero, não podem mais tolerar a cultura hipócrita de seu tempo, uma cultura que não é mais cristã, mas que ainda se considera como tal. Nietzsche também pertence a esse grupo, embora as conclusões a que ele chegue estejam em oposição às de Kierkegaard. Juan Donoso Cortés pode também ser mencionado nesse contexto. Mas Donoso Cortés, o grande reacionário católico espanhol, foi ao mesmo tempo muito ativo na esfera social. Em um estado de desespero sombrio por conta da crise do cristianismo, ele trabalhou incansavelmente para atender ao mandamento de Cristo de tomar conta dos necessitados. A caridade, nele, tinha algo de um caráter compulsivo. No entanto Donoso Cortés deve ser admirado, enquanto o discurso de Kierkegaard sobre o amor soa como compensação por uma personalidade cujo narcisismo torna impossível assumir a responsabilidade por outra pessoa. O cristianismo gera uma religião em que a intersubjetividade desempenha um papel central. Kierkegaard, que tem pouco interesse pelas preocupações políticas e sociais de seu tempo, dificilmente defende uma relação intersubjetiva além de seus relacionamentos com seu pai e com Regine. Com Kierkegaard, a subjetividade destrói a intersubjetividade; uma vez que nunca se pode saber se o outro tem fé (VI 93), uma comunidade religiosa é essencialmente impossível. Enfim, a batalha de Kierkegaard contra a Igreja demonstra sua falta de reconhecimento dos deveres morais quando ele atribui isso ao Fausto. Enquanto é razoável insistir que o dever à verdade seja mediado por um dever para com a sociedade, Kierkegaard ataca, sem nenhum tato, os sentimentos religiosos de indivíduos que não poderiam arcar com essa subjetividade luxuriante em função de outras responsabilidades.

O Deus de Kierkegaard pertence mais ao Antigo Testamento que ao novo; de todo modo, seu Deus não é um deus caridoso.

III

As últimas palavras na peça *Brand*, de Henrik Ibsen, são, como é bem conhecido, profundamente ambíguas. De um lado, indicam que o Deus de Brand não é o verdadeiro Deus e, em certo sentido, são uma condenação de sua vida. De outro lado, é claro que um Deus, visto como um Deus caridoso, não condenaria; ele deve compreender e reconhecer até mesmo aqueles que não são capazes de amar como ele ama. Ele deve, portanto, tentar entender tanto Abraão quanto Kierkegaard melhor do que fizemos até agora; se devemos estar satisfeitos com nossa interpretação, Abraão deve se tornar algo mais que um assassino e Kierkegaard, algo mais que um narcisista.

Queremos acompanhar Abraão e Isaac novamente ao monte Moriá. O que ocorre lá, talvez, seja mais importante para a história da relação dos seres humanos com Deus e de Deus com os humanos do que Kant ou Hegel acreditaram. Com Kierkegaard, queremos supor que essa jornada tem um sentido para o indivíduo moderno — e, de fato, para todos os indivíduos. Mas, para descobrir esse sentido, deve-se evitar dois dos erros de Kierkegaard: devemos aderir à noção de que o sacrifício humano nunca pode ser justificado, e que Deus nunca poderia ter condenado tal coisa. Devemos reconhecer, todavia, que culturas anteriores poderiam ter tido valores diferentes da nossa própria, ainda que todas as culturas também compartilhem de valores comuns. A filosofia moral de Kant e a filosofia da história de Vico deveriam ser os olhos através dos quais percebemos essa jornada mítica.

Hoje, temos experiência em reconstruir o passado da humanidade. Portanto, não deve ser, de modo algum, surpreendente supor que Abraão só pode ser compreendido se formos além do texto da Bíblia, pois o período em que o Eloísta escreve é muito tempo após o período em que o sacrifício deveria ter ocorrido[23]; e é apenas provável que sua interpretação não capture o que a figura real, em um passado ainda mais distante, tinha intenção de fazer[24]. Abraão, em

---

23 Sobre as fontes do Antigo Testamento, ver, por exemplo, SCHMIDT, W. H., *Einführung in das Alte Testament*, Berlin/New York, de Gruyter, 1979.

24 Cf. *Das Alte Testament Deutsch*, ed. Artur Weiser, vol. 2/4: *Das erste Buch Mose. Genesis*, translated and explained by Gerhard von Rad (Göttingen: Vandenhoeck & Ruprecht, 1972), 188-194: 22, 1-19, esp. 189: "*Auch diese Erzählung — die formvollendetste und abgründigste alter Vätergeschichten — hat nur einen sehr lockeren Anschluß an das Vorhergegangene and läßt schon daran erkennen, daß sie gewiß lange Zeit ihre Existenz für sich hatte, ehe sie ihren Ort in dem großen Erzählungswerk des Elohisten gefunden hat. So steht also auch hier der Ausleger vor jener nicht unkomplizierten Doppelaufgabe: Er muß einerseits den Sinngehalt der alten selbständigen Erzählung ermitteln, dann aber natürlich auch der schon verhältnismäßig früh vollzogenen gedanklichen Verbindung mit einem ganzen Komplex von Abrahamsgeschichten Rechnung tragen*" ("Também essa história — a mais elaborada e a mais profunda de todas as histórias sobre os pais — tem apenas uma conexão bem solta com as precedentes, e manifesta, assim, que existiu por um longo tempo para si, porque encontrou seu lugar no grande trabalho narrativo do Eloísta. Portanto, também aqui o intérprete deve encarar uma tarefa dupla, não pouco complicada: de um lado, ele deve reconstruir o sentido do antigo conto independente, mas, então, é claro,

vez do Eloísta (que Kierkegaard talvez não interpreta tão incorretamente), deveria ser nosso interesse primário. Em seu romance *José e seus irmãos*, Thomas Mann apresenta uma das abordagens mais fascinantes ao Antigo Testamento, cuja interpretação psicológica e metafísica inspira minha análise atual. É claro, não podemos saber se uma pessoa chamada Abraão existiu de fato; não podemos descartar que seja um *universal fantástico*, no sentido de Vico do termo. Em outras palavras, muitas personalidades históricas e muitos eventos históricos são amarrados em uma figura literária. O *Höllenfahrt* [*Descida ao inferno*] de Lúlio pode nos colocar nessa mentalidade de que precisamos para entender que isso de modo algum prejudica o valor da nossa história, mas, antes, o eleva.

Para compreender o que deve ter ocorrido na história da religião judaica, devemos nos lembrar de que o sacrifício humano era uma prática comum em todas as culturas arcaicas, e que o sacrifício dos próprios filhos era bem disseminado na cultura semítica — em Cartago, por exemplo, foi praticado até a época dos romanos[25]. Ainda que tal prática não possa ser justificada, não queremos negligenciar a ideia de uma verdade moral profunda se manifestando nessa terrível instituição. Bartolomeu de Las Casas já compreendeu que o sacrifício humano não é uma expressão de desprezo pela vida humana[26]. Muito pelo contrário; precisamente porque a vida é o maior bem, ela é oferecida aos deuses; e precisamente porque os próprios filhos são mais preciosos, eles são massacrados. Apenas por meio de temor e tremor é que o sacrifício sustenta; uma sociedade arcaica pode superar as forças centrífugas que a ameaçam — essa é a interpretação sociológica de Vico. Contudo, no âmbito moral, também é evidente que o sacrifício de algo que se ama é a prova mais clara de que não se depende de fatores externos, de que se pode ser separado do mundo. Sem essa capacidade, um ser humano dificilmente pode amadurecer. Uma cultura que perdeu todas as tradições de sacrifício perdeu um fator fundamental da humanidade, e é certamente importante que tal cultura seja lembrada por intermédio de Abraão.

---

também fazer justiça à conexão intelectual, traçada relativamente cedo, com todo um complexo de histórias sobre Abraão").

25 Cf. VON RAD, G., *Das erste Buch Mose. Genesis*, 193: "*Es mag deutlich geworden sein, daß die Erzählung in ihrer mutmaßlichen ältesten Fassung die Kultsage eines Heiligtums war, und als solche hat sie die Auslösung eines eigentlich von der Gottheit geforderten Kinderopfers durch ein Tieropfer legitimiert*" ("Pode ter se tornado claro que o conto, em sua versão provavelmente mais antiga, foi a lenda do culto de um santuário e, como tal, justificava a substituição do sacrifício por uma criança, como era originalmente exigido pela divindade, como sacrifício de um animal"). Cf. Êxodo 34,19 s.

26 Ver DE LAS CASAS, B., *In Defense of the Indians*, ed. S. Poole, De Kalb, Northern Illinois University Press, 1974, 221 ss., esp. 234. Las Casas fala expressamente de Abraão.

Entretanto, se Abraão tivesse apenas cumprido a ordem de abater Isaac, ele não teria sido mais interessante que os pais fenícios ou astecas que fizeram o mesmo. Teria sido um representante de costumes arcaicos que ele consideraria, junto com Giambattista Vico, G. W. F. Hegel e Émile Durkheim, com certa simpatia se nosso desgosto pela subjetividade moderna tivesse se tornado muito forte. Mas seus valores não poderiam ser os nossos valores; e até mesmo os críticos da moralidade devem perceber que há algo maior que a conduta tradicional em determinados costumes. O que é esse "algo maior"? É uma conduta que supera costumes anteriores e mais primitivos, pavimentando o caminho para costumes novos e mais nobres. Abraão é precisamente um exemplo disso; ele é o primeiro de uma linha de figuras bíblicas caracterizadas por renovação moral inspirada — aqui, podemos pensar nos profetas e, enfim, mas não por último, em Cristo. Abraão pode e deve ser admirado não porque estava disposto a sacrificar Isaac, mas porque foi o primeiro a *abolir* o costume do sacrifício.

Como, então, entender a voz que, a princípio, manda Abraão sacrificar Isaac e, depois, ordena poupá-lo? Depois de Hobbes, Spinoza e Vico, é claro que a voz não deve ser interpretada como um fenômeno acústico, objetivo (o próprio Kierkegaard tentou, uma vez, dar uma explicação psicológica ao milagre do nascimento de Isaac). Tampouco deve ser compreendida como uma forma e um engano. Enfim, o propósito seria perdido se a voz fosse descrita como uma ilusão subjetiva. Na medida em que o indivíduo arcaico ouve Deus, ele ouve a lei moral; e isso engloba uma realidade muito maior do que os devaneios. Na longa viagem ao Monte Moriá (que durou, talvez, mil anos), Abraão (ou os vários Abraãos) deve ter desenvolvido a profunda crença de que Deus não poderia desejar o sacrifício de um filho inocente. O homem que descobre um conceito mais elevado de Deus entra, também, num nível superior de desenvolvimento humano moral. Ele não erra em acreditar que ouve a voz de Deus; pois o desenvolvimento moral da humanidade não é meramente subjetivo; nele, algo se manifesta, que é maior que um fenômeno psicológico, isto é, a lei moral. O indivíduo arcaico pode experimentar sua objetividade apenas como um poder externo. Mas quão terrível deve ter sido a incerteza dolorosa sobre se foi, de fato, Deus renunciando ao sacrifício em virtude dele ou se essa renúncia foi, de fato, uma tentação. Não é questão simples ser um inovador moral, e é provavelmente ainda mais difícil se a nova voz sugere aquilo que se deseja secretamente. Apenas alguém com uma profunda lealdade a outros aspectos desse costume poderia ter tentado romper com o sacrifício humano — apenas aquele que conhece a obediência pode ser levado a sério quando afirma ter ouvido uma nova voz.

Por que, então Abraão garante mais que um interesse puramente histórico? Graças a Deus, o sacrifício humano não é mais praticado hoje e, portanto, essa história poderia ser relegada ao passado. Contudo, ainda que se considere essa questão concreta resolvida, o conflito entre os costumes de uma sociedade e novos mandamentos é eterno, pois nenhuma sociedade pode realizar tudo o que a lei moral exige. Em relação a esse conflito, devemos reconhecer que Kierkegaard capta muitos problemas éticos negligenciados pela ética racionalista, ainda que eles não constituam um argumento geral contra o racionalismo. Uma ética racionalista (como, por exemplo, a ética do discurso) insiste no universal, na importância da discussão e no que, em termos kantianos, pode ser referido como a "capacidade de publicidade"[27]. Como nós vimos, é verdade que aquilo que não pode, em princípio, ser comunicado não pode ser verdade. Deve-se ser capaz de discutir abertamente questões éticas para encontrar soluções para elas. Mas o que a ética do discurso não aprecia plenamente — e o que Kierkegaard superestima — é que existem situações em que é impossível (seja factual, seja eticamente) discutir publicamente o que deve ser feito. Não tentarei, aqui, apresentar uma tipologia de tais situações; eu apenas mencionarei o caso mais importante, ou seja, quando costumes paradigmáticos não são mais percebidos como adequados por uma consciência moral desenvolvida. Certamente, pode-se supor que o velho paradigma será criticado por várias pessoas de uma vez; mas não é impensável que se pode encontrar apenas um indivíduo que já esteja no nível de um paradigma superior. Deve, é claro, haver argumentos objetivos para a visão do inovador — de modo contrário, ele não seria um revolucionário moral, mas meramente um criminoso narcisista ou, no melhor dos casos, um narcisista insano. Isso não significa, todavia, que ele possa discutir seus discernimentos com os outros. Tampouco significa que ele desenvolveu, para si mesmo, um argumento preciso para seu ponto de vista — talvez ele tenha apenas um sentimento moral que, posteriormente, poderia ser articulado como um argumento, mas ainda não está em posição de ser desenvolvido de forma racional. Nessa situação — e *apenas* nela — podemos falar da relação absoluta do indivíduo com o absoluto. O *absoluto* permanece universal e racional; mas é o universal em relação a uma comunidade futura, e em relação à argumentação racional — não, todavia, com relação às normas da cultura contemporânea. Portanto, o indivíduo está completamente sozinho, e isso, sem dúvida, é uma disputa agonizante que ele trava consigo mesmo, na qual ganha a consciência de que está certo — "disputar com o mundo inteiro é um conforto, mas disputar consigo mesmo é terrível" (102/138; cf. 46/77). Em termos de compreender a situação existencial desse indivíduo, Kierke-

---

27 KANT, I., *Zum ewigen Frieden*, VIII 381. Trad. bras.: *À paz perpétua*, trad. B. Cunha, Petrópolis, Vozes, 2020.

gaard nos ajuda mais que Kant — ainda que apenas Kant consiga estabelecer a objetividade, isto é, a validade intersubjetiva, da ética.

Eu já mencionei que os inovadores morais, ao menos no início da história de nossa consciência moral, não poderiam ter avançado um argumento racional. Não obstante, sem eles, a lei moral nunca poderia ter sido elevada a um nível em que os argumentos éticos se tornam possíveis; se quisermos nos imergir em sua disputa moral, vamos sempre retornar à Bíblia. Mesmo quando não se acredita em uma inspiração moral da Bíblia, deve-se apreciar o fato de que, provavelmente, nenhum outro texto contém tantas descrições esplêndidas das lutas dos inovadores morais. Os profetas são os mais bem conhecidos; mas Abraão é o primeiro a experimentar tal luta, e sua história sempre irá empoderar aquele que sente que os costumes de sua cultura necessitam de uma reforma radical.

IV

Não é difícil imaginar qual seria a objeção de Kierkegaard a nossa reconstrução da história moral. Ele poderia muito bem fazer a seguinte crítica (para não mencionar outras): parecemos pressupor uma superioridade moral sobre Abraão na medida em que falamos de um *desenvolvimento* da consciência moral. Mas é exatamente esse tipo de pensamento que Kierkegaard não toleraria.

De um lado, Kierkegaard está enganado. Vico e Hegel não estão errados em supor que culturas diferentes detêm valores distintos, e que nem todos esses valores podem ser igualmente racionais. Há progresso nos costumes humanos, e seria absurdo negar que instituições e valores pertencentes ao estado constitucional moderno são "maiores" ou "melhores" do que os que havia nos tempos de Abraão. De outro lado, Kierkegaard sugere algo de extrema importância, algo que oferece uma chave para se entender adequadamente o núcleo racional de sua crítica a Hegel. Ainda que, nesses dias, todo filisteu adote certos valores que Abraão nem conhecia nem respeitava, seria absurdo — aliás, uma blasfêmia — afirmar que o filisteu tem um caráter moral mais elevado que o de Abraão, uma vez que, se examinarmos a moralidade de uma pessoa, não analisaremos o comportamento dela; devemos também situar esses comportamentos no contexto de sua respectiva cultura. E o inovador moral é sempre mais nobre que seus epígonos, ainda que estes se adaptem mais rapidamente aos novos valores do que ele mesmo poderia fazer, uma vez que ele tinha, primeiro, que descobri-los. Valores morais não são só a função de uma cultura, eles são, talvez mais ainda, o resultado da apropriação subjetiva. Uma vez que aqueles nascidos posteriormente desfrutem da vantagem de se tornar familiar mais cedo com valores éticos superiores, eles são bem menos dependentes do trabalho subjetivo de apropriação; e precisamente isso não é uma oportunidade, mas um grave perigo, pois ninguém pode aliviar o indivíduo da apropriação moral subjetiva. Por essa razão, uma costura tardia perde sua superioridade se, sendo orgulhosa de sua superioridade, negligencia sua apropriação subjetiva. Se o indivíduo não reitera a *filogênese* em sua *ontogênese*, ele não se tornará melhor que seus predecessores; será apenas uma caricatura deles. Chegar a uma decisão após uma luta prolongada por valores particulares não é a mesma coisa que portá-los superficialmente; e se os que vêm posteriormente se contentam com a superficialidade, eles não estão em condição de falar de progresso. "Então, o que é educação, eu pensava que era o currículo por que o indivíduo passava para alcançar a si mesmo; e qualquer um que não quiser passar por esse currículo será pouco auxiliado por ter nascido na época mais iluminada" (44/75).

Kierkegaard diagnostica precisamente essa situação em seu próprio tempo. Ainda que sua crítica a Hegel seja desorientada de um ponto de vista existencial (pois o jovem Hegel passou por uma fase de profundo desespero), não se pode duvidar de que a afirmação feita pela maioria dos hegelianos — de que um discernimento absoluto está a sua disposição — não é mediada, de forma alguma, por sua existência e, portanto, é *grotesca* (92/127). Compreende-se a crítica de Kierkegaard a todo professor que tenha dado aula sobre o sentido da dúvida, sem levar nenhum risco pessoal ou intelectual (58/91, 99/134), e é certamente correto distinguir entre Descartes, que passou por muito esforço para levar adiante sua dúvida metódica, e seus epígonos (9 s./41 s.).

> A sabedoria convencional busca presunçosamente introduzir, no mundo do espírito, a mesma lei de indiferença sob a qual o mundo externo suspira. Ela acredita que seja suficiente ter conhecimento de grandes verdades. Nenhuma outra obra é necessária. Mas, então, ela não ganha pão, passa fome até a morte, enquanto tudo é transformado em ouro (27/57 s.).

É muito mais importante afastar a confusão entre a apropriação subjetiva dos mandamentos do cristianismo e o protestantismo cultural da época de Kierkegaard. Ainda que Hans Martensen estivesse captando algo quando escreveu que o cristianismo era nossa segunda natureza[28], a crítica de Kierkegaard toca em um ponto importante: a fé não pode ser naturalizada, e as convicções de nossa sociedade não podem substituir as escolhas subjetivas contra o

---

28   O livro de Hans L. Martensen, que Kierkegaard critica em *Fragmentos filosóficos*, é: MARTENSEN, H. L., *Den christelige Daab*, København, Reitzel, 1843.

cristianismo ou por ele (VI 86 s.). Escolher o cristianismo para si mesmo significa mais do que apenas crescer em uma sociedade cristã (para não mencionar uma sociedade que não pode mais ser chamada de cristã). Esse discernimento de Kierkegaard é a base de uma teologia dialética. Reconhecidamente, a dialética entre moralidade e costume constitui um dos motivos mais fundamentais pelos quais a teologia, hoje, se tornou uma parte da tradição cultural protestante — pode-se, é claro, citar Kierkegaard e Karl Barth com a mesma pompa absurda com que Hegel e Schleiermacher foram tratados depois de terem se tornado ícones estabelecidos em nossa cultura. A subjetividade não é a verdade, mas, além da minha própria subjetividade, a verdade nunca pode ser uma verdade *para mim*. Kierkegaard estava errado em negar que a subjetividade humana é sempre uma parte de uma cultura; mas ele e todos os existencialistas estavam corretos em apontar que existe algo que nunca pode ser empreendido por outro, nem mesmo pela mais avançada das culturas. *Eu* sou quem sempre deve buscar uma posição sobre a verdade, ainda que a verdade só possa ser considerada verdade caso haja argumentos objetivos para ela.

Mas Kierkegaard não sugere, simplesmente, que entender algo acarreta mais do que estar ciente do que os outros disseram sobre isso. Ele sugere, também, que mesmo o entendimento subjetivo mais profundo, por si mesmo, não é o suficiente. Com essa questão, nós passamos da crítica de Kierkegaard aos hegelianos à sua crítica ao próprio Hegel. Assim como sua crítica central de que a existência concreta não pode ser integrada em um sistema, certamente, é correta, também é superficial. Nunca foi a intenção de Hegel sistematizar todas as contingências relevantes à existência de um indivíduo, ainda que ele nunca negue que o universal deve existir como o individual. Hegel estava convencido, junto a Platão e Aristóteles, de que a ciência e a filosofia só lidam com o universal. Ainda assim, ele sabia, é claro, que uma característica universal da existência é existir como indivíduo. Como filósofo, Hegel teria pouca paciência para analisar os problemas psicológicos concretos de Kierkegaard, embora ele provavelmente teria aprendido a apreciar suas visões mais gerais. Ao mesmo tempo, Kierkegaard reconhece um problema que Hegel não pôde resolver. Hegel é, principalmente, um defensor da vida teórica; isto é, para ele, a melhor abordagem à realidade é a abordagem teórica, contemplativa. De acordo com Hegel, o filósofo se retirou das lutas do mundo, transformou a realidade em proposições teóricas e não mais precisa lidar com a questão "o que devo fazer?", mas se contenta em descobrir a racionalidade na realidade. Kierkegaard nunca percebe que essa abordagem é um resultado das premissas teológicas de Hegel (e que seu próprio existencialismo é mais compatível com uma perspectiva ateísta do que com uma perspectiva teísta): se o mundo é criação de Deus, não pode ser caótico, mas deve ser entendido como um *cosmos*; tampouco pode faltar ao mundo histórico uma lógica oculta que transcenda as intenções dos seres humanos ativos. Mas, mesmo que não se possa negar que a abordagem de Hegel (e de Leibniz) ao mundo seja uma posição justificável, é evidente que não se trata da única posição possível. Devemos, portanto, viver neste mundo; devemos moldá-lo e formá-lo sem ter conhecido, antecipadamente, o propósito a que nossas ações servem no plano de Deus para o mundo. Hegel nos abandona se tentarmos viver como seres finitos em relação a um futuro desconhecido a nós, pois Hegel só pensa no passado. Se quisermos viver "para a frente", o pensamento não será o bastante; sem *paixão*, o conceito é impotente. A filosofia não pode se contentar com a mera rememoração; a filosofia deve ser mais que uma abordagem teórica. Isso é óbvio no caso da ética: a fundamentação de normas morais não pode substituir a tarefa de sua apropriação; ter apresentado uma justificativa especulativa do cristianismo não implica que alguém tenha se tornado um cristão. O esforço existencial é mais que mera compreensão, ainda que, sem o esforço do conceito, só possa ser mentira.

Com esse juízo, Kierkegaard adota uma das convicções centrais da filosofia grega[29]. Platão retém sua doutrina esotérica porque acredita que seria perdida naqueles cuja personalidade não fosse formada de determinado modo; e, em geral, as escolas gregas e a filosofia sempre quiseram ser mais que apenas lugares para se aprender proposições verdadeiras. Platão escreve diálogos para mostrar que *tipo* de indivíduo se deve ser para compreender certas verdades. Platão não instrui explicitamente — não porque ele tenha pensado que a verdade não poderia ser articulada proposicionalmente, mas porque ele estava convencido de que essa maneira de apreender a verdade seria de pouco uso para qualquer um. Apenas se eu descubro a verdade para mim mesmo, pensando por meio dos argumentos dos interlocutores e considerando a relação entre os argumentos e os personagens que os defendem, posso me apropriar da verdade. A filosofia discute abertamente o que a arte sugere, mas apenas indica o que uma posição teórica significa para a vida de uma pessoa; a arte pode nos motivar a nos tornar uno com a verdade filosófica. Talvez possamos dizer que, com Platão, acha-se uma unidade naquilo pelo que Hegel e Kierkegaard são distintos: Hegel representa a objetividade, Kierkegaard, a subjetividade. O divino Platão desenvolve uma filosofia que não parece diferir muito da filosofia de Hegel, em termos de conteúdo, mas em uma forma que foi adotada novamente por Kierkegaard.

Muito da modernidade se torna inteligível, então, quando se entende que a síntese de Platão não é mais possível. Há um abismo escancarado entre a re-

---

[29] Ver HADOT, P., *What is Ancient Philosophy?*, Cambridge, MA, Harvard University Press, 2002.

lação existencial de um discípulo que liga Sócrates e Platão e a estrutura de negócios de nossas instituições filosóficas, e há bons motivos para temer que o ideal de igualdade, gradualmente, substitua a educação do caráter. A existência de Kierkegaard (bem como a de Nietzsche) é um protesto profundamente sentido contra essa tendência. O resultado final dessa tendência seria uma cultura que não mais sabe o que significa ser sério, uma cultura cujos representantes perderam a noção do que significa se sacrificar. Apenas por meio do sacrifício de si mesmo Kierkegaard pôde arcar com uma guerra contra esse desenvolvimento — e não só com seus ensinos, mas também com sua existência. Apenas como uma consciência infeliz Kierkegaard poderia permitir que sua criatividade se desdobrasse, dizendo o que pode ser feito e devendo dizê-lo melhor que os outros. Regine foi sacrificada não no altar de um deus irracional, mas no altar do espírito absoluto; e, de fato, com base na simples verdade de que o casamento nem sempre é compatível com a vida criativa — ainda mais se a ideia central dessa vida é o sacrifício. Se o fato de Kierkegaard ter rompido seu noivado pode ser justificado, não é uma questão fácil de responder. Não obstante, deve-se reconhecer que Kierkegaard nunca deixou de amar Regine; poucos amantes dedicaram um monumento literário-filosófico tão grande a sua amada com tamanha lealdade[30]. A subjetividade romântica não encontrou maior expressão do que em Kierkegaard — portanto, ele também pode ser redimido no universal. Pois é o próprio universal que reconhece que a verdade deve ser reconciliada com a subjetividade.

---

[30] Esse texto foi originalmente apresentado como uma palestra na Universidade de Oslo em 11 de julho de 1991. Em discussões após a leitura, Egil Wyller enfatizou a importância das *Kjerlighedens Gjerninger* [*Obras sobre o amor*] de Kierkegaard, para melhor compreender seu conceito de amor. Sem dúvida, essa obra, publicada sob seu próprio nome, contém uma ética cristã de maestria com base no universalismo e no intencionalismo ético de Kant. Mas ainda se reconhece nela a ideia de que Deus pode exigir algo que transcende a razão prática — uma ideia que, portanto, não pode ser atribuída apenas a Johannes de Silentio, mas que pertence também a seu autor. A impossibilidade de fundar uma comunidade moral com base nas premissas de Kierkegaard também vale para a obra posterior, cuja diferença principal em relação a *Temor e tremor* parece consistir em uma rejeição das esperanças do cavaleiro da fé e em um retorno à pura interioridade do cavaleiro da resignação.

CAPÍTULO 13

Uma história metafísica do ateísmo

O livro mais recente de Charles Taylor, vigorosamente intitulado *A Secular Age* [*Uma era secular*][1], que surgiu das Palestras Gifford de 1999, pode ser considerado, em muitos aspectos, uma síntese de sua extensa obra: sua metodologia notável em história das teorias, treinada na abordagem fenomenológica de Georg Wilhelm Friedrich Hegel, é conectada a valiosas reflexões sobre a teoria das ciências sociais, bem como seu forte engajamento religioso. Essa metodologia também forma uma teoria sofisticada da secularização que, em termos de diferenciação, não tem paralelos. Evidentemente, Taylor pode ter explicado tudo o que tinha de explicar em um número consideravelmente menor de páginas, uma vez que os capítulos individuais são mais concebidos como ensaios independentes (ix). Certos exemplos recorrem com regularidade, e ocasionalmente frases inteiras são repetidas palavra por palavra (cf. 360 e 400, 361 e 398). Contudo, em razão da escrita elegante de Taylor, é sempre agradável ler sua prosa posterior. É particularmente fascinante a "postura" pela qual ele aborda seu tema — pois ele defende, corretamente, que o sucesso de Edward Gibbon tem menos a ver com seus discernimentos materiais do que com a ironia rude de sua "postura imperturbável" (241; cf.

---

1 Todos os números de página no texto se referem a TAYLOR, C., *A Secular Age*, Cambridge, MA, Harvard University Press, 2007. Trad. bras.: *Uma era secular*, trad. N. Schneider e L. Araújo, São Leopoldo, Unisinos, 2010. A escrita do livro, ainda no século XX, torna-se óbvia quando o século XIX é chamado de "o último século" (168). "Um, dois, três! O tempo corre muito rapidamente, e nós com ele." ("*Einzweidrei! Im Sauseschritt / Läuft die Zeit, wir laufen mit*", do *Julchen*, de Wilhelm Busch.)

272 ss.; 286 ss.)². É claro que a própria abordagem de Taylor é oposta à de Gibbon — ele aborda o tópico sobre religião com um interesse genuinamente cognitivo: sua meta não é simplesmente aprender *a respeito de* pessoas religiosas, mas aprender *delas*. Entretanto essa candura intelectual, esse respeito sincero, aplica-se igualmente àqueles que, no século passado, se desligaram da religião, pessoas que Taylor tenta entender de forma simpática. Em todas as 851 páginas do texto, detecta-se o espírito de caridade cristã incomum a muitos intelectuais modernos, sejam não religiosos, sejam cristãos.

Após a extensa introdução, em que Taylor distingue entre três diferentes conceitos de secularização (como uma separação entre Igreja e Estado; como declínio em práticas religiosas; como uma mudança na natureza da crença graças à disponibilidade de alternativas), as primeiras três partes do livro lidam com mudanças na história das teorias do mundo como este era quinhentos anos atrás, quando o ateísmo estava longe de ser uma visão comum — de fato, quanto o ateísmo era concebido como uma visão fomentada pelo demônio —, até a situação atual. Ele vê nesse desejo de reforma desde Hildebrando (Gregório VII) a força decisiva que, com a Reforma Protestante, culmina em uma nova forma de disciplina para humanos e leva a novos "imaginários sociais".

Assim, Taylor conecta com habilidade estudos na história das teorias com análises sócio-históricas à la Norbert Elias e Michel Foucault, e se mostra, portanto, capaz de banir "o espectro do idealismo" (212 ss.) que ele presumivelmente vê pairando na teoria alternativa da secularização de John Milbank (773 ss.). Para Taylor, um fator-chave nesse processo é a gênese do "eu encapsulado" (37 ss., 134 ss., 300 ss.), que transforma o eu anterior, poroso, em um eu impenetrável, por assim dizer, e cria uma nítida distinção entre o físico e o psíquico, que ele vê como essência do desencantamento.

A segunda parte lida com o deísmo e com a ideia de uma ordem impessoal como o ponto pivô em que o desenvolvimento do ateísmo se tornou possível pela primeira vez. A terceira parte, intitulada de *O efeito Nova*, discute a emergência contínua de novas posições desde o século XIX — as visões radicalmente iluministas, bem como a reação romântica contra uma racionalização percebida como espiritualmente empobrecedora. Entre essas reações, Taylor, de forma correta, extrai atenção suficiente para o contrailuminismo imanente da forma como é representado por Friedrich Nietzsche (369 ss., 636 ss.). Na quarta parte, então, ele introduz sua teoria sociológica de secularização, que é distinta de outras teorias que facilmente se tornaram profecias autorrealizadas

---

2   Analogamente, ele escreve sobre religião: "Mas eu estou falando sobre as atitudes subjacentes. Uma vez que se enquadram religiões como doutrinas, elas são traídas, perdem-se as nuances que elas incorporaram" (511).

(525, 530, 535). Taylor se opõe a autores como Steve Bruce e, em vez disso, é fortemente influenciado pelo renomado sociólogo da religião José Casanova e por seus estudos sobre os motivos religiosos duradouros de movimentos políticos[3]. De acordo com Taylor, apenas a forma muda: "as novas estruturas, de fato, solapam formas antigas, mas deixam em aberto a possibilidade de novas formas que podem florescer" (432). No primeiro passo ("A era da mobilização"), instituições, inclusive instituições religiosas, compreendem-se mais e mais como o produto de um feito coletivo, consciente, em vez de, como no *ancien régime* em suas "políticas paleodurkheimianas", ser uma expressão de uma ordem cosmológica (459 ss.). Paradoxalmente, isso também ocorre onde organizações precisam ser formadas para defender o antigo *establishment* (445, 462). O segundo passo, todavia, vai até além dessas "formas neodurkheimianas": na era da autenticidade, há um compromisso com a expressão subjetiva que conduziu, entre outras coisas, a uma remodelagem radical da ética sexual. Reconhecidamente, o fato de que a religião tradicional não mais se conforma ao espírito dos tempos pode se provar bem atrativo:

> O próprio fato de suas formas não serem absolutamente de acordo com muito do espírito dessa época, um espírito em que as pessoas podem ser aprisionadas e no qual sentem a necessidade de se libertar, o fato de que a fé nos conecta a tantas vias espirituais através de diferentes tempos, isso pode, ao longo do tempo, atrair as pessoas (533).

Portanto, é errado falar de um inevitável desaparecimento da religião. Na quinta parte, Taylor esboça as condições de fé em um contexto contemporâneo. A ciência moderna, de fato, oferece uma estrutura imanente, mas uma via aberta a várias interpretações. É uma peculiaridade de nossa época o fato de estarmos sujeitos a influências de direções opostas, buscando um caminho do meio entre ortodoxia e ateísmo (o deísmo é o primeiro destes; 599), e tentando encontrar sentido ontológico nas experiências fenomênicas da liberdade, da lei moral e da beleza (609). Em certos dilemas, ambos os lados, o religioso e o secular, estão envolvidos de maneira semelhante (por exemplo, questões sobre transcendência, autolimitação, o sentido da violência).

A discussão que segue não pode remeter plenamente à riqueza de interpretações fascinantes, particularmente da história intelectual francesa e inglesa, que Taylor conhece especialmente bem. O escopo de seus interesses é particularmente encorajador em uma época em que a essência da filosofia está

---

[3] CASANOVA, J., *Public Religions in the Modern World*, Chicago, Chicago University Press, 1994.

sendo solapada por uma especialização crescentemente estreita; pois Taylor é competente não só em história, sociologia, política e ciências da religião como também em teorias da arte e da literatura (ver, por exemplo, sua interpretação do *La Resurrezione* de Jacopo Tintoretto, na Sala Grande di San Rocco; 97). Em vez disso, eu gostaria de me concentrar em algumas premissas filosóficas no livro que poderão lançar luz sobre o caráter específico da teoria de Taylor e que, talvez, ponham em relevo uma teoria alternativa, pois contar uma história é inevitavelmente influenciar por meio das crenças normativas do narrador, mesmo que essas crenças sejam, em si, reforçadas pela maneira como este narra sua história (sobre o círculo positivo operando aqui, cf. 768; sobre a inevitabilidade de "narrativas mestras", cf. 573).

Não há a menor dúvida de que Taylor está certo em defender que a *teoria da subtração* padrão não funciona (26 ss.). O ateísmo moderno não é simplesmente o resultado de um declínio na superstição que deixou para trás uma visão naturalista, isto é, não religiosa, do mundo, apenas pelo simples motivo de que, a princípio, a ciência moderna é enraizada em uma crença em Deus:

> O novo interesse na natureza não foi um passo para fora de uma perspectiva religiosa, nem parcialmente; foi uma mutação dentro dessa perspectiva. O relato de um caminho reto da secularidade moderna não pode ser sustentado. De fato, o que estou apresentando aqui é um relato em zigue-zague, e cheio de consequências não intencionais (95).

Ainda assim, há muito mais a dizer sobre o tópico do que Taylor conta, embora ele ao menos aponte a importância central de Nicolau de Cusa (61, 99, 113). Por outro lado, o humanismo secular contemporâneo, em si, é vinculado a uma herança cristã, sem a qual seria inteiramente incompreensível, talvez nem mesmo possível[4]. "As, de fato, muito exigentes demandas da justiça universal e a benevolência que caracterizam o humanismo moderno não podem ser explicadas apenas pela subtração de objetivos e fidelidades anteriores" (572; cf. 255). Não são apenas os juízos de valor que moldam o humanismo; o ateísmo moderno não teria sequer vindo a ser sem as razões morais. Eu acho que até mesmo Nietzsche, o antiuniversalista, demonstra isso com muita clareza: ele é regido pelo *pathos* da sinceridade, e ainda que a superestimação da sinceridade (que, de modo algum, é idêntica à verdade) pertença à era da autenticidade, sua vontade incondicional, à sinceridade, mesmo ao custo da autodestruição, tudo isso indica que seu ateísmo não pode ser explicado meramente em termos de

---

4   Taylor está ciente da dificuldade de fundamentar essa reivindicação à necessidade (247, 267).

subtração. Nietzsche não simplesmente retorna aos antigos (247). A natureza histórica do eu torna tal retorno simplesmente impossível.

É claro, isso leva à objeção fundamental à toda teoria da secularização: a secularização não pode ocorrer pelo simples motivo de que determinados juízos de valor são inevitáveis e, sem uma visão correspondente da realidade e, portanto, sem religião no sentido mais amplo, não haveria juízos de valor. Disso segue, de imediato, que é fundamentalmente impossível reduzir os motivos religiosos a outros tipos de motivos, mesmo que, em um caso particular, eles possam ser enganadores (453, 459, 530). Taylor chega a considerar se o número relativo de pessoas intensamente religiosas por todos os tempos permanece o mesmo (91). Em *Morals and Politics* [*Moral e política*], eu incluo a religião entre os componentes irredutíveis de todo sistema social e, então, percebo que é inevitável que as religiões imanentistas como o confucionismo[5], bem como as visões de mundo que se concebem como antirreligiosas, tais como o marxismo-leninismo, sejam designadas como "religiões"[6]. Assim como Max Weber, Taylor estava ciente de que ele não podia realmente definir "religião" (15), mas, ao se limitar ao cristianismo latino, ele pôde compreender "secularização" essencialmente como "imanentização" (16, 429) ou mesmo como "des-cristianização". (Evidentemente, a importância da doutrina da encarnação depõe contra a conflação dos dois termos anteriores apresentados por Taylor, como ele mesmo indica, cf. 144.) Taylor resiste à expansão sociológica do conceito de religião pelos funcionalis-

---

[5] A religião chinesa, que era atraente a pensadores iluministas do século XVIII, torna-se um problema no século XIX, que é mais fascinado com a Índia que com a China. Cf. SCHELLING, F. W. J., *Philosophie der Mythologie*, 2 vol., Darmstadt, Wissenschaftliche Buchgesellschaft, 1976, II 521 ss.: "A nação chinesa, mesmo que não seja mais jovem que nenhuma das várias nações mitológicas, não mostra, em suas ideias, nada que remete à mitologia de outros povos. Poderíamos dizer: é um povo absolutamente amitológico" (521). Não obstante, de acordo com Schelling, mesmo que seja absolutamente amitológica, apenas parece arreligiosa (522, 539 s.). Schelling, que vê no mito "uma forma de encanto" (II, 596), reconhece que a história da *religião* é continuamente caracterizada pela repressão da *mitologia* (considere a religião iraniana: II 204 s.) e que o "próprio cristianismo desempenha um papel" em superar a mitologia e mesmo em solapar a crença antiga na revelação (I, 260). Portanto, o próprio cristianismo foi um fator nesse desencanto, para empregar um termo técnico encontrado, não originariamente, em Max Weber, mas já em Nietzsche (por exemplo, em *Jenseits von Gut und Böse* [*Além do bem e do mal*], 239). "Não é claro que, ao mesmo tempo e na mesma relação na qual a natureza gradualmente se livra de cada forma de divindade e se degenera em um agregado meramente sem vida, o monoteísmo vivo se dissolva mais e mais em um teísmo vazio, indeterminado, sem conteúdo?" (II 104 s.)

[6] HÖSLE, V., *Morals and Politics*, Notre Dame, University of Notre Dame Press, 2004, 265 s., 467 ss. Disso, segue que eu evito o conceito de secularização o máximo possível. De onde consigo me lembrar, a palavra só ocorre uma vez (590).

tas (780 s., n. 19), mas, em outras passagens, ele concorda com elas (516 ss., 714 s.). De fato, em um momento, ele afirma: "Tudo dito acima mostra que a dimensão religiosa é inescapável. Talvez haja apenas a escolha entre religião boa e má" (708; cf. 427, 768; em 491, quando o ateísmo é descrito como "poder de outra estirpe religiosa"). Taylor está certo quando ocasionalmente observa que a separação entre Estado e Igreja ocorreu, entre outras causas, por motivos religiosos (532, 797 s., n. 43). Essa divisão resultou em maior liberdade religiosa: "Não deveríamos nos esquecer dos custos espirituais dos muitos tipos de conformidade forçada: hipocrisia, estultificação espiritual, revolta interna contra o Evangelho, a confusão entre fé e poder, e ainda pior" (513). O exemplo dos Estados Unidos mostra como um Estado pode se identificar com uma forma de religiosidade que transcende denominações e, crescentemente, até mesmo religiões diferentes (454)[7]. De fato, a pluralização de formas religiosas é o custo inevitável da liberdade religiosa e, com ela, uma conversão religiosa mais frequente que, certamente, não exclui religiosidade intensa (833 s., n. 19). Taylor, o comunitário, sabe que solidariedade forçada chega a um fim totalitário (466, 485 s., 692).

Quem quer que acredite, assim como Taylor, que de fato só há uma escolha entre religião boa e ruim certamente terá interesse em descobrir o que nos leva a decidir entre as duas formas. O próprio Taylor não enfrenta essa questão de cabeça erguida, embora ele também não oculte sua própria visão. Ele representa um catolicismo liberal sem considerar a doutrina da infalibilidade (512), uma opção amplamente atraente porque não tenta demonizar de modo algum o catolicismo pré-moderno e torna flagrantemente óbvio, entre outras coisas, a banalidade da posição *pró-escolha* (478 s.). Por mais que Taylor desminta o *Sílabo* de Pio IX de 1864 (569 s.), ele também desmente um modelo simplista de progresso e observa: "(...) mas isso não significa que os católicos suspeitos da democracia no século XIX podem não ter visto alguns de seus perigos e fraquezas mais claramente que nós, como crianças do sé-

---

7 Esse é certamente o motivo pelo qual os Estados Unidos são menos secularizados (no segundo sentido da palavra) do que a Europa: "Na Europa, era mais fácil vincular religião e autoridade, em conformidade com padrões de amplitude social, mas não falar de divisões hostis entre pessoas, e mesmo de violência" (529; cf. 149). Contudo, Taylor admite que isso não pode ser a explicação completa: "Um arrazoado plenamente satisfatório dessa diferença, que, em certo sentido, é a questão crucial sobre teoria da secularização, me escapa" (530). Em meu ponto de vista, a enorme influência de intelectuais céticos na Europa desempenha um papel diferente de qualquer coisa nos Estados Unidos, que, em função da falta de uma aristocracia, dificilmente engloba intelectuais públicos. Arthur Schopenhauer e Giacomo Leopardi eram famosos na Europa já no século XIX, mas Herman Melville, que se sentia de forma semelhante, ganhou proeminência pela primeira vez no século XX.

culo XX, que tivemos de defender a democracia de várias formas horríveis de tirania" (753). Ainda assim, o conhecimento memorável da história católica por Taylor não é acompanhado de uma análise clara dos argumentos cruciais na filosofia da religião. Portanto, sua crítica ao deísmo pressupõe a autoridade da ortodoxia tradicional. Taylor não narra adequadamente o fato de que os padrões da ortodoxia mudaram — mesmo que ele mencione, várias vezes, o declínio geral de uma crença no inferno (13, 223).

Apesar de seu conhecimento sobre as interpretações em evolução do cristianismo, todavia, Taylor nunca se sente obrigado a investigar, em seu relato, qual tradição de fato resiste ao teste da razão. Seu catolicismo é influenciado pelo personalismo francês do século XX, como indicado por seu fascínio por Charles Péguy (745 ss.). Ele parece não reconhecer que uma tendência racionalista formidável esteve, há muito tempo, presente na tradição cristã. Esses pensadores iluminados que não mais desejavam reconhecer a autoridade da Igreja poderiam, em parte, ser consistentemente interpretados como sucessores desses teólogos racionalistas; e, sem dúvida, eles foram quase sempre guiados por motivos religiosos — o desejo de pensar de forma independente a respeito de Deus é um resultado direto da importância incondicional atribuída à própria relação com o divino[8]. E, ainda hoje, a alienação da Igreja é causada, muitas vezes, por um uso equivocado, objetivamente injustificado, da autoridade clerical, claramente um dos pecados cardeais da Igreja. Taylor nega, como se pode observar, uma filosofia racionalista da religião, incluindo até mesmo as provas da existência de Deus (294, 551)[9]. Sua polêmica contra o modelo epistemológico moderno de justificativa, na esteira de Martin Heidegger, parece confundir gênese e validade (559), e também nos leva a interpretar mal o ponto central do grande projeto fundacionista de René Descartes quando ele escreve "e, é claro, conhecimento das coisas 'deste mundo', da ordem natural, precede qualquer invocação teórica de forças e realidades que o transcendem" (558), pois, de acordo com Descartes, é claro, o conhecimento de Deus precede o conhecimento do mundo externo. Taylor está seguramente certo de que as crenças valorativas são subjacentes ao projeto teórico epistemológico de Descartes, mas, em meu ponto de vista, isso pode claramente significar que tais crenças também devem ser justificadas por meio dos critérios

---

8   Cf. o cap. 1 deste volume.
9   As provas de Deus na Idade Média, escreve Taylor, só foram consideradas válidas dentro de uma tradição vivida (293 s.). Mas isso é uma projeção moderna, não uma autointerpretação medieval. Ver o cap. 9 deste volume, onde, entre outras coisas, é apresentado um argumento contra a interpretação análoga que Karl Barth faz de Anselmo. Evidentemente, razões não excluem emoções profundas, como Taylor parece sugerir (288).

epistêmicos desenvolvidos. Estou convencido da teoria de uma "fundamentação última" de normas que é exigida para se garantir o tipo de comparação paradigmática que Taylor considera inteiramente possível (480).

Taylor parece bem pouco ciente de que a atemporalidade de Deus sugere fortemente a ideia de uma ordem impessoal como o conteúdo principal de um espírito divino, uma atemporalidade ensinada não apenas pelos platônicos pagãos, mas também pela maioria dos padres da Igreja, eles mesmos platônicos (a atemporalidade de Deus é incomparável com a metáfora de Taylor do jogador de tênis, 277). Pode ser que o deísmo destrua a tensão crucial no cristianismo entre platonismo e a doutrina da encarnação; mas não pode ser negado que o deísmo desenvolveu exaustivamente um momento essencial do cristianismo. Sem dúvida, Taylor subestima o poder explosivo por trás da questão da teodiceia ao desenvolver o conceito moderno de Deus. Seguramente, Taylor está certo de que, na "era das visões de mundo" (Heidegger), essa questão atingiu um novo nível de intensidade; pela simples razão de que era mais difícil sobreviver em épocas anteriores, contentavam-se em confiar em Deus como um redentor, "enquanto aceitamos que não podemos entender como sua criação chegou a esse ponto, e cuja falta é (presumivelmente) nossa" (233; cf. 305 s.; 388 s., 650 s.). Contudo, tais referências históricas não resolvem o problema em questão. Simplesmente não se pode entender a natureza religiosa do entusiasmo por meio de um sistema determinista de leis naturais sem perceber que este ajuda a solucionar a questão de teodiceia — Deus permite que crianças inocentes morram porque isso simplifica consideravelmente as leis da natureza. Essa é a famosa resposta de Gottfried Wilhelm Leibniz, e, mesmo que não seja necessariamente emocionante, é presumivelmente justo dizer que, até hoje, nenhuma resposta melhor foi dada. De modo semelhante, a tensão entre onipotência divina e o livre-arbítrio humano é negligenciada — uma tensão com a qual tanto a teologia moderna quanto a religião batalharam. Taylor enfatiza que a doutrina da predestinação "parecia ser gerada inevitavelmente por meio de uma crença na onipotência divina" (262), e ele observa que o deísmo de Thomas Jefferson foi uma reação aos aspectos moralmente repugnantes do calvinismo (804, n. 59; cf. 78 s.). Ainda assim, gostar-se-ia de saber o que o próprio Taylor pensa sobre essa tensão: pois a impressão de sua insolubilidade bem como a inconsistência da cristologia tradicional certamente favorecem o agnosticismo religioso. "Mas, se nossa fé permaneceu no estágio de imagens imaturas, então, a estória de que o materialismo equivale à maturidade pode parecer plausível" (364).

Em conexão com o desenvolvimento da visão de mundo contemporânea, parece importante também discutir os argumentos *morais* que levaram a dúvidas sobre a imortalidade da alma, pois, a meu ver, tais argumentos morais se mostraram mais efetivos que os argumentos que dependem do desenvolvimento de pesquisa neurológica, cujos achados sempre podem ser interpretados de forma paralelista. Com autores como Baruch Spinoza, Pierre Bayle e Immanuel Kant, há uma noção familiar de que a virtude deve ser sua própria recompensa e que, de fato, é moralmente vergonhoso colocar a meta em uma recompensa na vida após a morte. Pode-se objetar que essa posição subscreve a preferência do subjetivista por um heroísmo solitário, contra o qual Taylor joga com a noção de um sumo bem que consiste em "comunhão, dar e receber mútuo, como no paradigma do banquete escatológico" (702). Ainda assim, é crucial investigar a história desse argumento como pertencente não só ao desenvolvimento da descrença, mas também à transformação da concepção cristã da vida após a morte.

Uma razão posterior relevante para a crise do cristianismo é, certamente, a crescente familiaridade, desde o século XIX, com religiões não cristãs e com sua investigação sobre as ferramentas da historiografia moderna. Quem quer que aceite o universalismo ético (e fale algo de Taylor, que, apesar das reservas em relação ao formalismo kantiano[10], que eu compartilho, permanece firmemente na base do universalismo moderno — 120, 608, 671) deve perguntar a si mesmo, é claro, com que direito ele pode estudar outras religiões como um observador, por assim dizer, enquanto evita supor uma perspectiva de terceira pessoa em relação a sua própria religião. Essa questão é mais urgente, uma vez que a transição no papel de um observador distante, que põe em lacuna a busca pela verdade, felizmente não é a única alternativa. A obra *Die Geheimnisse* [*Os mistérios*] de Johann Wolfgang von Goethe e as *Vorlesungen über die Philosophie der Religion* [*Preleções sobre a filosofia da religião*] de Hegel são exemplos impressionantes de uma tentativa de superar a provincialidade de cegamente se identificar com a própria religião em razão da ignorância de outras religiões enquanto evita uma posição de completa neutralidade. A busca por uma religião natural — que, de acordo com Taylor, é um dos três traços do deísmo (221), embora ele preste menos atenção nisso do que nas outras duas características (a psicoteologia e a ordem impessoal) — pode ter desconsiderado, injustamente, uma riqueza de tradições históricas. O tipo

---

10 Portanto, Taylor é um pluralista de valores, mas ele exagera em atribuir a John Rawls e Ronald Dworkin uma crença ao "mito do código singular e onicompetente" (52). Pois, na verdade, é o monoteísmo que é avesso ao tipo de pluralismo de valores que encontra expressão natural no politeísmo antigo. Certamente, há conflitos de valores (704 s.), mas seria uma autoderrota desistir da esperança de que várias combinações de valor formem um tipo de quase-ordem conexa e transitiva. Sendo assim, como eu a concebo, a polêmica de Taylor contra princípios *a priori* (448) faz um desserviço ao teísmo.

de diálogo inter-religioso necessário hoje, todavia, dificilmente é possível sem uma norma regulativa de tal religião. Taylor, é claro, rejeita a teoria de que um compromisso com nossa própria religião vem como resultado de comparar todas as religiões (680).

Aqui não é o lugar de buscar argumentos filosóficos em defesa da religião. Estou muito mais preocupado com a afirmação trivial de que todo relato do processo de secularização pressupõe certas visões dentro da filosofia da religião que não desaparecem simplesmente se as deixarmos fora da discussão. Se o conceito de alguém a respeito de Deus difere do de Taylor, esse indivíduo também terá uma visão muito diferente da história do pensamento religioso. Portanto, ele poderá admitir, por exemplo, que Gottfried Wilhelm Leibniz, Gotthold Ephraim Lessing, Immanuel Kant e o idealismo alemão, todos desempenharam um papel construtivo chave ao formular um conceito mais sofisticado de Deus. A propósito, isso não é apenas a perspectiva subjetiva de um filósofo com tendências racionalistas determinadas; a mais importante teologia moderna — a de Friedrich Schleiermacher — também emerge, parcialmente, em resposta a Kant e a Johann Gottlieb Fichte no contexto do romantismo primitivo. É lamentável que o nome do teólogo mais original desde Tomás de Aquino tenha ocorrido apenas uma vez e, de fato, bem de passagem (489). Considerando o conteúdo de suas doutrinas, eu acho menos lamentável a completa ausência dos teólogos dialéticos do século XX, mas, à luz de sua enorme influência, também na teologia católica, uma inclusão da história protestante da teologia em um livro com esse escopo teria sido apropriada. No âmbito da teologia católica, Taylor indica os avanços dados por Yves Congar, Jean Daniélou e Henri de Lubac em superar a tradição neoescolástica ao reverter aos padres da Igreja e ao preparo para o Segundo Concílio Vaticano (752, 847 s., n. 39). Taylor associa a Ireneu de Lyon sua própria concepção de educação humana com base em uma violência enraizada na natureza animal do ser humano, que se torna culturalmente transformada bem cedo (668) — é claro, ele poderia também ter mencionado Lessing[11].

As coisas se tornam ainda mais complicadas se a discussão sobre secularização se aplica não ao cristianismo em si, mas à religião em geral. Afinal, comparado com religiões nacionais antigas, mesmo o cristianismo parece ser uma força secularizante, como não só Friedrich Schiller reconhece em "*Die Götter Grienchenlandes*" [*Os deuses da Grécia*]. O próprio Taylor escreve: "houve motivos cristãos importantes para ir à rota do desencanto" (26, cf. 74; 143;

---

11 É claro, Taylor está correto em admitir que o mecanismo de projeção subjacente à violência humana (686) é muito mais alheio ao humanismo secular, que tem muito mais um problema com pessoas "inúteis" do que o cristianismo (684).

375). O desencanto não pode ser igualado ao declínio da religião, como Max Weber erroneamente supôs (553). De fato, a Reforma foi tanto uma expansão quanto uma limitação do sagrado (79), permanecendo a questão de como avaliar a transição de religiões nacionais para religiões universais durante a chamada Era Axial, um período a que Taylor, seguindo Karl Jaspers, dedica muita atenção[12]. De um lado, Taylor lamenta a perda de cultos populares cuja importância ele valoriza bastante, como a Mircea Eliade e, especialmente, Victor Turner (47 ss.). Esses cultos sobreviveram parcialmente durante a Era Axial, e até mesmo pelo período de cristianização, até o século XIX. Mas a culpa reside nas autoridades da Igreja por reprimi-los mais e mais. Hoje, paradoxalmente, seria o movimento pentecostal que pararia essa tendência profana à "excarnação" que prevaleceu na Reforma (614). "Um estranho rumo dos eventos, que surpreenderia Calvino, se ele voltasse!" (503). "O grande desembaraço", a dissolução individualista das comunidades orgânicas da Antiguidade, inicia com a Era Axial (146). De outro lado, Taylor leva em conta que apenas a Era Axial tornou possível desenvolver um conceito de transcendência, um conceito estranho a religiões anteriores, para as quais o divino compreendia tanto o bem quanto o mal. "Visto de outro ângulo, isso significa uma mudança em nossa atitude diante do mal, como o lado destrutivo e causador de dano das coisas. Não há mais apenas uma parte da ordem das coisas a ser aceita como tal. Algo precisa ser feito sobre ele" (153). Pela primeira vez, surgiu a necessidade de transcender a natureza e a comunidade.

O contrailuminismo imanente parece, nessa perspectiva, não algo irreligioso, mas uma tentativa de retornar a uma forma anterior (e mais *primitiva*, eu não hesito em dizer) de religiosidade, como uma forma, nas palavras de Peter Gay, de "paganismo moderno" (771). Aqui, surge novamente a questão central sobre sua própria posição: quem negar, contra o aristotelismo, uma fundamentação imanentista da ética reconhecerá, nas religiões universais, a descoberta crucial de uma forma superior de consciência moral e, portanto, também religiosa que encontra sua articulação conceitual mais clara em Kant. Por último, o modelo de equilíbrio do início da modernidade (176 ss.) é mais próximo da visão de Aristóteles do que da visão de Kant, de acordo com quem a morali-

---

12 Evidentemente, também antes da Era Axial, houve sérias mudanças na história da religião, inclusive dentro da mesma cultura. Não é fácil — aliás, é impossível — mensurar suas contribuições para a secularização. Considere, por exemplo, a separação emergente da área sagrada como *temenos* nos séculos obscuros da Grécia, em contraste com os templos-palácio dos micênicos. Essa separação *revaloriza* ou *desvaloriza* o divino? Presumivelmente, ambas as ações ocorrem ao mesmo tempo, pois, de um lado, o religioso busca ser concebido como uma categoria independente e, de outro lado, inevitavelmente, reivindica ter impacto no mundo social inteiro.

dade nunca pode ser reduzida ao egoísmo racional ou à busca da felicidade. No entanto Taylor rejeita uma abordagem kantiana da ética (282), e mesmo que, seguindo Ivan Illich (737 ss.), ele veja a regulação legal da Igreja de forma excessivamente negativa ou, talvez, mesmo nomofóbica (cf. 707), deve-se concordar que a habilidade de superar teorias rígidas sobre justiça, como na Comissão da Verdade e na Reconciliação na África do Sul, é soberba (705 ss.). Mas isso não implica que o perdão seja um princípio moral superior? É lamentável que Taylor nunca mencione a obra inigualável de Rudolf Otto, *Das Heilige* [*A ideia do sagrado*], de 1917, que interpreta a história da religião a partir da tensão entre a experiência do numinoso e o imperativo moral.

Ainda assim, Taylor provavelmente faria uma objeção ao relato alternativo supracitado da secularização da seguinte maneira: a reconstrução da crença em Deus a partir da razão pura — seja teórica, seja prática — não faz justiça alguma ao poder social da religião. A religião, certamente, é mais que um discernimento teológico baseado em argumentos. Entretanto, depois do Iluminismo, a religião dificilmente pode ser ensinada, em boa consciência, *sem* tais argumentos. O que deve ser acrescentado aos argumentos são emoções socialmente compartilhadas, e, em geral, estas são evocadas apenas por histórias paradigmáticas. Uma interessante questão é como, após a erosão do estatuto de autoridade da Bíblia no século XIX, parcialmente por causa do método histórico, uma reapropriação existencial das narrativas bíblicas ocorreu na grande literatura mundial. *Great Expectations* [*Grandes esperanças*], de Charles Dickens, que tinha simpatia pelos unitaristas, é um excelente exemplo[13]. O *kitsch* religioso, por outro lado, não é apenas esteticamente inadmissível, mas ameaça alienar pessoas inteligentes de religiões tradicionais. Mais importante que boas histórias, é claro, são os exemplos vivos de fé; a necessidade desses exemplos é enorme, e só um papa como João XXIII pôde atrair mais pessoas para a religião tradicional que vários papas repulsivos afastaram. "Um papa só precisava soar como um cristão, e muitas resistências imemoriais derreteriam" (727). Presumivelmente, também é a experiência da falibilidade e da culpa humana, tal como vivenciada no resquício da Revolução Francesa e nas empreitadas totalitárias do século XX, que intensifica imensamente as dúvidas sobre a autoidolatria de humanos (cf. 598). A catástrofe ambiental para a qual estamos, inevitavelmente, caminhando, portanto, encorajará o fervor religioso no sentido estrito.

A construção da história do "eu encapsulado" é muito bem-sucedida e convida o leitor à especulação metafísica. Em *Philosophie der ökologischen Krise*

---

13   Cf. HÖSLE, V., The Lost Prodigal Son's Corporal Works of Mercy and the Bridegroom's Wedding: The Religious Subtext of Charles Dickens' *Great Expectations*, *Anglia*, v. 126, 2008, 477-502.

[*Filosofia da crise ecológica*]¹⁴, eu distingo entre cinco conceitos de natureza que, em última instância, culminam no dualismo cartesiano entre *res extensa* e *res cogitans*; de modo semelhante, em *Morals and Politics* [*Moral e política*]¹⁵, distingo entre cinco interpretações da relação entre "ser" e "dever", que alcançam o ápice no dualismo kantiano. Nesta obra, interpreto a tendência rumo à formação de centros subjetivos não apenas como uma lei do desenvolvimento de estados conscientes, mas, também, como um projeto metafísico que estrutura o desenvolvimento do mundo orgânico e, em última instância, a emergência do espírito com base no princípio da vida¹⁶. Na medida em que o autoempoderamento da subjetividade moderna é uma expressão dessa tendência, eu vejo nela, paradoxalmente, uma manifestação necessária do absoluto. Certamente, não é sua última aparência, mas temos de perseguir mais a fundo a modesta afirmação de Taylor de que "nós podemos mesmo estar tentados a dizer que a descrença moderna é providencial, mas isso pode ser uma forma muito provocativa de dizê-lo" (637)¹⁷. Apenas a experiência da contradição total de uma religião puramente secular pode levar a uma relação mais profunda com Deus, uma relação na qual a autonomia virá a desempenhar um papel mais importante que em épocas anteriores. "*Gottes ist der Orient! Gottes ist der Okzident!*" [*A Deus pertence o Oriente! A Deus pertence o Ocidente!*], como diz Goethe em *West-östlicher Diwan* [*Divã ocidento-oriental*]. A Deus também pertence o secularismo moderno.

---

14 HÖSLE, V., *Philosophie der ökologischen Krise: moskauer Vorträge*, München, Verlag C. H. Beck, 1991, 25 ss. Trad. bras.: HÖSLE, V., *Filosofia da crise ecológica. Conferências moscovitas*, trad. G. Assumpção, São Paulo, LiberArs, 2019.

15 *Morals and Politics*, 5 ss.

16 *Morals and Politics*, 226.

17 Portanto, mesmo que se concorde com GREGORY, B., *The Unintended Reformation: How a Religious Revolution Secularized Society*, Cambridge, MA, Belknap Press, 2012, de que a secularização tenha sido um resultado não pretendido da Reforma, pode-se chegar a uma visão mais positiva do protestantismo do que faz Gregory em seu estudo importante.

CRÉDITOS DAS FONTES

1   HÖSLE, V., The Idea of a Rationalistic Philosophy of Religion and Its Challenges, *Jahrbuch für Religionsphilosophie*, v. 6 (2007) 159-181; tradução para a língua alemã: ———. Die Idee einer rationalistischen Religionsphilosopie und ihre Herausforderungen. *Wiener Jahrbuch für Philosophie*, v. 42 (2010) 33-57.

2   ———. Why Teleological Principles Are Inevitable for Reason: Natural Theology after Darwin, in: AULETTA, G.; LERCLERC, M.; MARTINEZ, R. A. (orgs.), *Biological Evolution. Facts and Theories*, Rome, Gregorian & Biblical Press, 2011, 433-460; tradução alemã em: ———. Weshalb teleologische Prinzipien eine Notwendigkeit der Vernunft sind. Natürliche Theologie nach Darwin. in: KNAUP, M.; MÜLLER, T.; SPÄT, P. (orgs.), *Post-Physikalismus*, Freiburg/München, Alber, 2011, 271-305.

3   ———. Theodizeestrategien bei Leibniz, Hegel, Jonas, in: BELLO, A. (ed.), *Pensare Dio a Gerusalemme*, Roma, Lateran University Press, 2000, 219-243, bem como em: HERMANNI, F.; BREGER, H. (eds.), *Leibniz und die Gegenwart*, München, Wilhelm Fink, 2002, 27-51; tradução para o português: ———. Estratégias de teodiceia em Leibniz, Hegel e Jonas, OLIVEIRA, M.; ALMEIDA, C. (eds.), *O Deus dos filósofos modernos*, Petrópolis, Vozes, 2002, 201-222; tradução húngara: *Mérleg*, v. 41 (2005/2003) 283-310; tradução para o inglês por Benjamin Fairbrother: ———. Theodicy Strategies in Leibniz, Hegel, Jonas, *Philotheos*, v. 5 (2005) 68-86.

4   ———. Rationalism, Determinism, Freedom, in: ATMANSPACHER, H.; AMANN, A.; MÜLLER-HEROLD, U. (eds.), *On Quanta, Mind and Matter: Hans Primas in Context*, Dordrecht, Kluwer, 1999, 299-323; tradução alemã: ———. Rationalismus, Determinismus, Freiheit, *Jahrbuch für Philosophie des Forschungsinstituts für Philosophie Hannover*, v. 10 (1999) 15-43.

5   ———. Encephalius: Ein Gespräch über das Leib-Seele-Problem, in: HERMANNI, F.; BUCHHEIM, T. (eds.), *Das Leib Seele-Problem. Antwortversuche aus medizinisch-naturwissenschaftlicher, philosophischer und theologischer Sicht*, Mün-

chen, Wilhelm Fink, 2006, 107-136; tradução para o inglês por James Hebbeler: ———. Encefálio: a Conversation about the Mind-Body Problem, *Mind and Matter*, v. 5, n. 2 (2007) 135-165.

6 ———. Religion, Theologie, Philosophie, in: SCHREER, W.; STEINS, G. (orgs.), *Auf neue Art Kirche sein. Wirklichkeiten — Herausforderungen — Wandlungen. Festschrift für Bischof Dr. Josef Homeyer*, München, Bernward bei Don Bosco, 1999, 210-222; tradução húngara em: *Mérleg*, v. 37 (2001/1) 35-49. Tradução para o português por Luis Marcos Sander: ———. Religião, teologia, filosofia *Veritas*, v. 47, n. 4 (2002) 567-579; tradução para o inglês por Benjamin Fairbrother: ———. Religion, Theology, Philosophy, *Philotheos*, v. 3 (2003) 3-13.

7 ———. Philosophy and the Interpretation of the Bible, *Internationale Zeitschrift für Philosophie*, (1999/2002) 181-210; tradução para a língua alemã: ———. Die Philosophie und die Interpretation der Bibel, *Jahrbuch für Philosophie des Forschungsinstituts für Philosophie Hannover*, v. 12 (2001) 83-114; tradução para o húngaro: *Mérleg*, v. 38 (2002/2003) 250-179; tradução italiana: *Itinerari*, v. 3 (2008) 3-41.

8 ———. Inwieweit ist der Geistbegriff des deutschen Idealismus ein legitimer Erbe des Pneumabegriffs des Neuen Testament?, *Zeitschrift für Neues Testament*, v. 25, n. 13 (2010) 56-65; tradução para o inglês por Jeremy Neill: ———. To What Extent is the Concept of Spirit (*Geist*) in German Idealism a Legitimate Heir to the Concept of Spirit (*Pneuma*) in the New Testament?, *Philotheos*, v. 11 (2011), 162-174.

9 GOEBEL, B.; HÖSLE, V., Reasons, Emotions and God's Presence in Anselm of Canterbury's Dialogue *Cur Deus homo*, *Archiv für Geschichte der Philosophie*, v. 87 (2005) 189-210.

10 HÖSLE, V., Interreligious Dialogues during the Middle Ages and Early Modernity, in: OLSON, A. M.; STEINER, D. M.; TUULI, S., *Educating for Democracy: Paideia in an Age of Uncertainty*, Lanham, Rowman & Littlefield, 2004, 59-83.

11 ———. Platonism and Anti-Platonism in Nicholas of Cusa's Philosophy of Mathematics, *Graduate Faculty Philosophy Journal*, v. 13, n. 2 (1990) 79-112; ———. Platonism and Anti-Platonism in Nicholas of Cusa's Philosophy of Mathematics, in: DOMÍNGUEZ, F.; IMBACH, R.; TINDL, T.; WALTER, P., *Aristotelica et Lulliana... Charles H. Lohr... dedicata*, The Hague, Brepols, 1995, 517-543.

12 ———. Kan Abraham reddes? Og: Kan Søren Kierkegaard reddes? Et hegelsk oppgjør med, *Frygt og Bæven*, *Norsk Filosofisk Tidsskrift*, v. 27 (1992) 1-26; tradução para o inglês por Jason Miller: ———. Can Abraham be Saved? And: Can Kierkegaard be Saved? A Hegelian Discussion of *Fear and Trembling*, in:

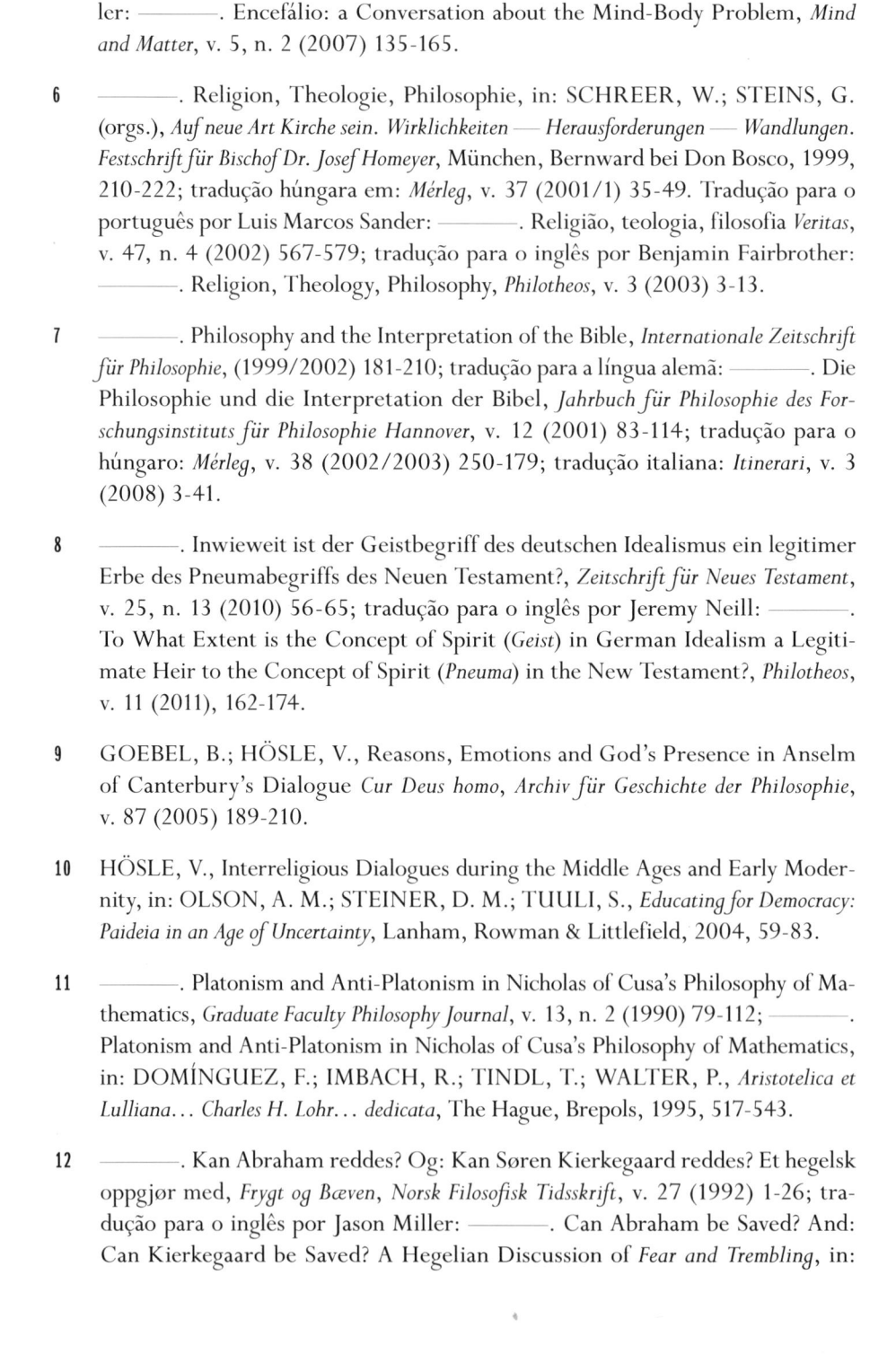

CUNNINGHAM, C.; CANDLER, P. M. (eds.), *Belief and Metaphysics*, London, SCM-Canterbury Press, 2007, 204-235.

13 ———. Eine metaphysische Geschichte des Atheismus, *Deutsche Zeitschrift für Philosophie*, v. 57 (2009) 319-327; tradução para o inglês por Jason Miller: ———. Review Essay: A Metaphysical History of Atheism. *Symposium. Canadian Journal of Continental Philosophy*, v. 14, n. 1 (2010) 52-65.

Os capítulos 4 e 6 foram também reimpressos em meu volume *Die Philosophie und die Wissenschaften* [*A filosofia e as ciências*]: HÖSLE, V., *Die Philosophie und die Wissenschaften*, München, C. H. Beck, 1999; e os capítulos 11 e 12, em meu volume *Philosophiegeschichte und objektiver Idealismus* [*História da filosofia e idealismo objetivo*]: HÖSLE, V., *Philosophiegeschichte und objektiver Idealismus*, München, C. H. Beck, 1996.

SOBRE A TRADUÇÃO BRASILEIRA

A tradução de *God as Reason: Essays in Philosophical Theology*, de Vittorio Hösle, foi um desafio e tanto, seja pela complexidade dos temas abordados, seja pela vastidão da obra. Além disso, a língua inglesa é subestimada por possuir uma gramática simples. A gramática relativamente simples do inglês é compensada por um vocabulário bem abrangente e complexo, além de muitas expressões idiomáticas. O fato de o autor não ser falante nativo do inglês também confere ao seu texto um inglês distinto, com construções que às vezes lembram o alemão. Ao traduzir, zelo sempre pela clareza na transmissão em prol de uma precisão exagerada, pois sou ciente de que o preciosismo pode acabar afastando leitoras e leitores, especialmente em se falando de filosofia.

Gabriel Almeida Assumpção
Bolsista de Pós-doutorado Júnior do CNPq em Filosofia
— processo nº 162879/2020-2. Instituição de Execução: UFOP.
Professor Convidado na PUC-Minas (Pós-graduação
em Psicologia Positiva). Doutor em Filosofia pela UFMG.

ÍNDICE ONOMÁSTICO

Abelardo, Pedro: X, 5, 176, 220, 233, 245, 247-250, 253, 255, 256, 261-264, 266-272, 274
Abraão e Isaac: XI, 184, 267, 309, 312-326, 328-330, 332
Adorno, Theodor W.: 83, 106
Agassiz, Louis: 43
Agostinho, Santo: 5, 13, 18, 19, 44, 72, 80, 82, 169-172, 175, 193, 238, 266
Alberto da Saxônia: 280
Ambrósio, Santo: 19, 171
Amós: 180
Anselmo de Cantuária: X, XII, 5, 6, 16, 157, 160, 219-243, 269, 295, 343
Apel, Karl-Otto: 109, 159, 161
Apolônio de Tiana: 213
Aquino, Tomás de: X, XI, 4, 11, 44, 51, 66, 72, 157, 162, 169, 176, 177, 180, 219, 220, 346
Aristóbulo: 173
Aristóteles: 13, 39, 52, 93, 134, 151, 152, 156, 162, 167, 176, 249, 258, 281, 283-286, 293, 334, 347
Arnauld, Antoine: 162
Arnóbio: 193
Arquimedes: 225, 280, 293, 300
Astruc, Jean: 203

Avesta: 61
Avicena: 270, 273

Baader, Franz von: 5, 188
Balcombe, Jonathan: 34
Barth, Karl: 16, 220, 334, 343
Bautain, Louis Eugène: 4
Bayle, Pierre: 252, 345
Benjamin, Walter: 83
Bento XVI: 3, 26
Berkeley, George: 91, 125, 126
Bertalanffy, Ludwig von: 299
Bloom, Harold: 199
Blumenberg, Hans: XI, 278
Bodin, Jean: X, 225, 235, 247, 248, 251-254, 256, 257, 260-263, 267, 271, 272, 274
Boécio: 92
Böhme, Jakob: 76, 80
Bolzano, Bernhard: 296
Bonner, Antoni: 253, 272
Borchert, Wolfgang: 84
Boso de Montivilliers: 221-224, 226-231, 233, 235-244
Bradwardine, Thomas: 277, 280
Breidert, Wolfgang: 305
Brentano, Franz: 278
Brown, David: 233
Bruce, Steve: 339

Bruno, Giordano: XI, 278, 296, 297, 299
Busch, Wilhelm: 337

Calov, Abraham: 16
Calvino, João: 179, 259, 347
Cantor, Georg: 13, 242, 296, 298, 300
Cantor, Moritz: 279, 307
Casanova, José: 339
Christina, Rainha: 252
Cícero, Marco Túlio: 171, 221, 255
Comte, Auguste: 44
Congar, Yves: 346
Conring, Hermann: 252
Contarini, Gasparo, Cardeal: 256

Daniélou, Jean: 346
Dante Alighieri: 19, 177, 192, 193
Darwin, Charles: VIII, 7, 29-51, 58, 85, 159, 190
Darwin, Emma: 32
Darwin, William: 41
Davidson, Donald: 125, 197
Dawkins, Richard: 30, 55
Desargues, Gérard: 297
Descartes, René: 8, 14, 64, 91, 93, 109, 111, 112, 124, 125, 130, 162, 211, 229, 243, 281, 319, 333, 343
Dickens, Charles: 15, 27, 39, 348
Dilthey, Wilhelm: 193, 197
Diodoro Crono: 90
Dominicanos: 177
Donoso Cortés, Juan: 327
Duns Escoto: 65, 72, 235
Durkheim, Émile: 330
Dworkin, Ronald: 345

Eadmer de Cantuária: 222, 223
Earman, John: 87, 88
Eccles, John: 111, 137
Eckhart, Mestre: 14, 154, 211, 277, 299
Einstein, Albert: 88

Eliade, Mircea: 347
Elias, Norbert: 338
Eliot, George: 32
Elizabeth de Schoenau: 222, 223
Empédocles: 39
Erígena, João Escoto: 5, 220
Ésquilo: 63
Euclides: 33, 280, 282, 284, 296, 300, 301
Eudoxo: 293
Euler, Leonhard: 40
Eurípedes: 63
Evans, Gillian: 172, 173, 176, 177, 224, 226

Feuerbach, Ludwig: 310
Fichte, Johann Gottlieb: X, 23, 118, 186, 187, 197, 211-215, 311, 318, 346
Ficino, Marsílio: 263
Fílon de Alexandria: 152, 173, 174
Findlay, John N.: 281
Forster, Edward M.: 221
Foucault, Michel: 338
Frege, Gottlob: 227, 242, 287
Frei, Hans W.: 170
Freud, Sigmund: 70, 79

Gadamer, Hans-Georg: X, 168, 169, 185, 193-197
Gaiser, Konrad: 281, 283, 304
Galileu Galilei: 8, 179, 277, 279
Gassendi, Pierre: 162
Gaunilo de Marmoutiers: 223
Gawlick, Günter: 260
Gay, Peter: 347
Gibbon, Edward: 337, 338
Gilberto Crispino: 224, 226, 251
Goethe, Johann Wolfgang von: 26, 141, 145, 213, 317, 345, 349
Gray, Asa: 30, 33, 36, 38, 42-50, 52
Gregório Magno: 175
Gregório XVI: 4

Gregory, Brad: 349
Grotius, Hugo: 252
Gunkel, Hermann: 210

Haenchen, Ernst: 208, 209, 217
Halevi, Yehuda: 247
Hamann, Johann Georg: 312
Hampshire, Stuart: 103
Harnack, Adolf von: 27, 202
Hawking, Stephen: 159
Hegel, Georg Wilhelm Friedrich:
    VII, VIII, X, 5, 9, 10, 14-16, 20,
    23, 39, 59, 63, 75-82, 84, 161,
    162, 184, 186-190, 195, 197,
    211-217, 235, 278, 291, 295, 298,
    309-314, 316-326, 328, 330,
    332-335, 337, 345
Heidegger, Martin: 4, 12, 118, 168, 193,
    197, 314, 318, 343, 344
Hellesnes, Jon: 322
Hempel, Carl G.: 40, 179
Henrique de Ghent: 65
Henrique de Langenstein: 172
Herder, Johann Gottfried: 213
Heron: 284
Herschel, John Frederick William: 41, 44
Hesíodo: 151
Hildebrando (Gregório VII): 338
Hobbes, Thomas: 11, 96, 109, 300,
    319, 330
Hofmann, Josef E.: 279, 280, 294
Hofmannsthal, Hugo von: 121
Holtzmann, Heinrich: 202
Homero: 173, 182, 183
Hopkins, Jasper: 228, 253, 269, 271,
    273, 295, 298
Horkheimer, Max: 83
Hösle, Johannes: 246
Hugo de São Vitor: 176
Hume, David: 6, 7, 42, 48, 52, 53, 74,
    75, 80, 91, 95, 96, 98, 155, 160,
    183, 184

Husserl, Edmund: 12, 196, 197
Hutton, James: 42
Huxley, Thomas H.: 42

Ibn Tufayl: 248
Ibsen, Henrik: 327
Irineu de Lyon: 82, 346
Isaacs, Marie E.: 206

Jacobi, Friedrich Heinrich: 37
Jacobi, Klaus: 224, 247, 250, 251, 306
Jâmblico: 284
Jaspers, Karl: 305, 318, 347
Jefferson, Thomas: 187, 344
Jerônimo, São: 180
Jesus Cristo: VIII, XI, 11, 24-26, 32, 39,
    154, 161, 172, 179, 181, 186-191,
    198, 203-205, 207-210, 213-217,
    223, 226, 231, 232, 234-237, 240,
    241, 244, 259-261, 264, 267, 268,
    270, 271, 273, 278, 294, 325,
    327, 330
João: 10, 185, 187, 189, 198, 204, 208,
    209, 215, 217, 235
João Paulo II: 3
João XXIII: 348
Joaquim de Fiore: 211
Jonas, Hans: VIII, 4, 59, 83-85, 111-113
Josué: 20, 180
Jüngel, Eberhard: 16
Justino Mártir: 24, 258

Kant, Immanuel: XI, 6, 7, 10, 11, 13,
    25, 40, 41, 47, 48, 52-55, 57, 62,
    70, 75, 97, 98, 101, 102, 106,
    160, 161, 183-188, 190, 197, 205,
    211, 212, 267, 268, 274, 300, 301,
    316, 318-320, 324, 328, 331, 332,
    336, 345-347
Kepler, Johannes: 8, 307
Kierkegaard, Søren: XI, 4, 10, 11, 184,
    217, 239, 309-314, 316-336

Kim, Jaegwon: 125
Koch, Josef: 280, 299
Korff, Friedrich W.: 325
Krämer, Hans J.: 281, 284
Kripke, Saul: 124
Küng, Hans: 20, 211
Kutschera, Franz von: 8, 98, 125

Laplace, Pierre-Simon: 89
Las Casas, Bartolomeu de: 329
Leibniz, Gottfried Wilhelm: VIII, 7, 9, 10, 13, 15, 34, 40, 41, 44, 50, 51, 59, 64-79, 82, 84, 90, 93-96, 98-100, 106, 107, 109-113, 162, 182, 211, 228, 252, 281, 290, 300, 305, 319, 335, 344, 346
Leopardi, Giacomo: 342
Leslie, John: 6
Lessing, Gotthold Ephraim: 25, 32, 157, 205, 225, 252, 324, 346
Lindemann, Ferdinand von: 293
Locke, John: 91, 95
Löwith, Karl: 83
Lubac, Henri de: 346
Lucas: 154, 204, 207
Lúlio, Raimundo: X, 5, 134, 220, 226, 235, 247, 248, 251, 253-256, 260, 262, 263, 265-267, 269-274, 277, 278, 291, 294, 326, 327, 329
Lullus, Raimundus. *Ver* Lúlio, Raimundo
Lutero, Martinho: 177, 178, 180, 191, 259, 271
Lyell, Charles: 42-44

Mackie, John L.: 59
Madre Teresa: 17, 150
Maier, Anneliese: 277, 296
Maimônides, Moisés: 155, 174, 181, 324
Malebranche, Nicolas: 44, 132, 162
Malthus, Thomas: 36, 50
Mann, Thomas: 25, 110, 329
Manuel II Paleólogo: 3

Marcos: 189, 204, 207-209
Marenbon, John: 249, 250
Marheineke, Philipp: 190
Martensen, Hans: 333
Marx, Karl: 79, 310, 321
Mateus: 204, 207
Maupertuis, Pierre Louis: 40
Maxwell, James Clerk: 49
McGinn, Colin: 125
Meier, John P.: 204
Melville, Herman: 342
Menelau de Alexandria: 297
Menzies, Robert P.: 207
Merlan, Philip: 282, 284, 286, 304
Milbank, John: 338
Mill, John Stuart: 48
Milo Crispino: 222, 238
Mivart, São George: 43
Moisés: 175, 178, 181, 183, 203, 264, 267
Molina, Luis de: 113
Mondolfo, Rodolfo: 293, 300
Montaigne, Michel de: 249
Montesquieu, Barão de: 214
Morus, Thomas: 253
Musil, Robert: 132

Newman, John Henry: 18
Newton, Isaac: 8, 39, 69, 79, 88, 137, 183
Nicolau de Cusa: X, XI, 5, 169, 178, 198, 220, 247, 248, 251, 253, 254, 256, 260, 262, 263, 265-267, 269-274, 277-307, 311, 340
Nicolau de Lira: 177
Nicômaco: 284
Nietzsche, Friedrich: 79, 85, 96, 187, 190-192, 325, 327, 336, 338, 340, 341

Oppenheim, Paul: 40, 179
Orígenes: 5, 174, 175, 178, 187
Otlo de Santo Emerão: 222, 223
Otto, Rudolf: 348

Paley, William: 32, 33, 44, 54
Paráclito: 208
Pascal, Blaise: 156, 162
Paulo, São: 25, 189, 191, 192, 209, 210
Paulus, Heinrich Eberhard Gottlob: 189
Peano, Giuseppe: 289
Pedro, o Venerável: 222
Pedro, São: 187, 192, 199, 208
Péguy, Charles: 343
Peirce, Benjamin: 43
Peirce, Charles Sanders: 43
Pentateuco: 181, 203
Peurbach, Georg von: 279, 297
Pio IX: 342
Planck, Max: 88, 101-103
Plantinga, Alvin: XII, 7, 37, 55, 98
Platão: VII, 9, 10, 12, 15, 92, 134, 151, 152, 182, 229, 249, 251, 255, 265, 281-290, 292, 293, 296, 301-304, 310, 311, 318, 334-336
Popper, Karl: 103, 111, 137
Porfírio: 213
Pothast, Ulrich: 102, 106
Powell, Baden, Reverendo: 18, 40
Proclo: 134, 280, 281, 284, 288, 296
Psellos, Michael: 284
Pseudo-Dionísio, o Areopagita: 134, 284

Rad, Gerhard von: 328, 329
Rahner, Karl: 24, 197, 267
Ramanuja: 52
Rashi: 174
Rawls, John: 345
Reale, Giovanni: 281
Regiomontano: 280, 297
Reimarus, Hermann Samuel: 189
Rhabdas, Nikolaos: 284
Rohls, Jan: 233
Rose, Paul L.: 251, 279
Rosenkranz, Karl: 190
Rousseau, Jean-Jacques: 161, 325
Rupert de Deutz: 235

Saccheri, Girolamo: 300
Saint-Exupéry, Antoine: 132
Samuel: 173, 174
Sanders, Ed Parish: 204
Sartre, Jean-Paul: 318
Scheler, Max: 12, 322
Schelling, Friedrich Wilhelm Joseph: X, 5, 76, 110, 111, 211-213, 216, 341
Schiller, Friedrich: 346
Schleiermacher, Friedrich: 284, 334, 346
Schmidt, Josef: 8
Schopenhauer, Arthur: 34, 35, 52, 65, 66, 71, 80, 85, 96-98, 100, 108, 110, 112, 184, 273, 342
Schramm, Matthias: 40, 50
Schütz, Christian: 207
Schweitzer, Albert: 189
Sebond, Raymond: 220
Senger, Hans G.: 280
Septuaginta: 174, 191, 206
Servetus, Michael: 179
Simon, Richard: 181
Smalley, Beryl: 173, 174
Smolin, Lee: 57
Sócrates: 24, 190, 230, 325, 336
Sófocles: 63
Spinoza, Baruch: 15, 32, 40, 41, 57, 63-65, 68, 75, 76, 84, 88, 91-94, 96, 110, 111, 155, 179-183, 185, 186, 190, 211, 213, 229, 319, 324, 325, 330, 345
Strauss, David Friedrich: 32, 169, 189-191
Strawson, Peter: 99, 107
Sweeney, Eileen: 230
Szlezák, Thomas A.: 281

Taylor, Charles: XI, 337-349
Temple, Frederick: 18, 39, 40
Theo: 284
Thomasius, Jacob: 252

Tindal, Matthew: 39
Tintoretto: 340
Tocqueville, Alexis de: 21, 204
Toland, John: 39
Toscanelli, Paolo: 279
Tóth, Imre: 299, 300
Troeltsch, Ernst: 202
Turner, Victor: 347

Valdenses: 177
Valla, Lorenzo: 113
Van Inwagen, Peter: 99
Vico, Giambattista: VII, 78, 182, 183, 189, 300, 302, 310, 328-330, 332
Vitorinos: 5, 19, 176, 220
Voltaire: 40, 65

Wagner, Hans: 39
Wahl, Jean: 326
Wallace, Alfred Russel: 43, 51
Weber, Max: 60, 61, 149, 341, 347
Weissmahr, Béla: 8
Wellhausen, Julius: 202
Wenck, John: 298
Westermann, Hartmut: 249, 250
Whewell, William: 41
Winstanley, Edward W.: 206
Wittgenstein, Ludwig: 100, 101, 310
Wolff, Christian: 47
Woolf, Virginia: 121
Wyller, Egil: 311, 336

Zaratustra: 206
Zimmermann, Albert: 306

Edições Loyola

editoração impressão acabamento
Rua 1822 n° 341 – Ipiranga
04216-000 São Paulo, SP
T 55 11 3385 8500/8501, 2063 4275
www.loyola.com.br